U0147600

Java 第2版
并发编程的艺术

The Art of Java Concurrency Programming
Second Edition

方腾飞 魏鹏 程晓明 ◎ 著

机械工业出版社
CHINA MACHINE PRESS

图书在版编目（CIP）数据

Java 并发编程的艺术 / 方腾飞，魏鹏，程晓明著 . —2 版 . —北京：机械工业出版社，2023.9
（Java 核心技术系列）

ISBN 978-7-111-73797-1

I. ① J… Ⅱ. ①方… ②魏… ③程… Ⅲ. ① JAVA 语言 – 程序设计 Ⅳ. ① TP312.8

中国国家版本馆 CIP 数据核字（2023）第 167882 号

机械工业出版社（北京市百万庄大街 22 号 邮政编码 100037）
策划编辑：杨福川　　　　　　责任编辑：杨福川
责任校对：李小宝　陈　洁　　责任印制：刘　媛
涿州市京南印刷厂印刷
2023 年 12 月第 2 版第 1 次印刷
186mm×240mm · 24.75 印张 · 552 千字
标准书号：ISBN 978-7-111-73797-1
定价：109.00 元

电话服务　　　　　　　　　网络服务
客服电话：010-88361066　　机　工　官　网：www.cmpbook.com
　　　　　010-88379833　　机　工　官　博：weibo.com/cmp1952
　　　　　010-68326294　　金　书　网：www.golden-book.com
封底无防伪标均为盗版　　机工教育服务网：www.cmpedu.com

毕玄　贝联珠贯创始人 /CEO

编写高并发程序是程序员需要掌握的核心技能，要写出高水平的高并发程序，需要对语言以及相关的库有深入的理解。本书详细地讲解了 Java 语言中与并发相关的知识及 Java 并发库，还在此基础上进一步讲解了分布式系统的核心问题，是 Java 程序员学习编写高水平的高并发程序的必读书。

冯嘉　华为云中间件首席专家兼云原生中间件部门总经理 / 顶级开源项目创始人

这不仅是一本关于 Java 并发编程的书籍，还是一本关于如何高效地进行分布式编程的实践指南书。随着云原生、微服务、Serverless 架构在生产环境的大量落地，高效和稳健地进行分布式编程成为开发者无法回避的话题。这本书为读者提供了很多实用的分布式编程技巧和工具，可以让读者更好地应对各种分布式编程挑战，掌握 Java 生态在分布式领域的新编程范式。

海纳　华为高级工程师

这本书深入浅出地介绍了 Java 并发编程的基本原理和具体实践，可以帮助读者快速地掌握并发编程技术。更难得的是，本书还融入了作者的实践经验。如果你正在处理并发问题或者想要提高自己的并发编程能力，这本书将是你的不二选择。

李三红　阿里云程序语言与编译器技术总监 /Java Champion

这本书的第 1 版于 2015 年出版，是 Java 领域的经典畅销书，第 2 版基于 JDK 11 对源码进行了更新，并涵盖了分布式编程的相关内容。对于有 Java 基础并希望深入学习并发编程的开发者来说，这是一本不容错过的好书。

李智慧　同程旅行资深架构师 /《高并发架构实战：从需求分析到系统设计》作者

这本书是 Java 并发编程领域的经典之作，由多位资深的 Java 技术专家共同撰写而成。

书中深入浅出地讲解了 Java 并发编程的原理、模型以及最佳实践，同时提供了大量的示例代码和案例分析。无论是初学者还是资深开发人员，都能从这本书中受益。

林宁　Thoughtworks 企业架构师 /"DDD 和微服务"公众号作者

如果你正在寻找一本能够让你深入了解 Java 并发编程细节的书籍，那么这本书绝对不能错过。它结合 JDK 的源码进行了深入剖析，覆盖了日常工作中涉及的大部分并发知识点，无论是进阶学习还是日常查阅，它都会为你提供非常大的帮助。

林子熠（博士）　阿里云 JVM 专家 /CCF 系统专委会执行委员 /《GraalVM 与 Java 静态编译原理与应用》作者 /Apache Committer

这本书全面涵盖了 Java 线程模型、锁、并发集合等核心概念，同时提供了大量的示例代码和案例分析，非常适合 Java 开发人员和并发编程爱好者阅读。

彭成寒　华为编译器虚拟机技术专家

并发编程是程序开发的难点之一，Java 语言提供了并发库以降低开发难度。本书作者通过深入浅出的方式介绍了并发库的原理和实现，还结合他们丰富的工作经验介绍了如何进行并发编程。和第 1 版相比，第 2 版体系更完善，实用性更强。无论你是初学者还是有一定经验的开发者，都可以从这本书中获益。

杨晓峰　腾讯 Kona JDK 负责人

这本书是 Java 并发编程领域的经典之作，不仅介绍了 Java 并发编程的基本概念和模型，还详细介绍了 Java 线程池、并发集合等高级主题。对比同类书籍，本书的特色之一是总结了头部互联网公司的分布式场景经验。通过阅读本书，读者能够深入理解 Java 并发编程的原理和方法，掌握提高程序的性能和可靠性的方法。这本书适合想要系统掌握 Java 并发编程的 Java 开发者和并发编程爱好者阅读。

张乎兴　阿里云高级技术专家 /Apache 基金会成员 /Apache Tomcat 和 Apache Dubbo PMC 成员

可以说，Java 并发编程是 Java 领域"皇冠上的明珠"。在 Java 的繁荣生态中，大量的基础框架类库都在使用 Java 并发编程来提升性能，但是 Java 并发编程以其复杂性著称，出现问题时往往很难稳定地复现，也很少有书籍能够把如此复杂的问题讲解清楚。我有幸和本书的作者共事多年，他们在大规模、高并发领域深耕多年，书中的内容均是他们多年来不断总结经验、不断打磨出来的知识结晶，具有极高的实战价值。如果你正在寻找一本深入剖析 Java 并发编程的书籍，那么这本书绝对是不二之选。

张家驹　RedHat 首席架构师

这本书内容丰富，讲解深入浅出，非常适合 Java 开发人员和并发编程爱好者阅读。书中提供了大量的示例代码和案例分析，让读者能够更好地理解和应用并发编程的知识。这是一本不可多得的 Java 并发编程指南书。

郑雨迪　甲骨文高级研究员 /GraalVM 核心开发人员

这本书涵盖了 Java 并发编程的各个方面，包括 Java 并发框架、线程池、分布式编程等。无论你是需要解决某个特定问题，还是想要深入了解某个技术点，都可以在这本书中找到答案。

周江丽　Google 高级工程师（以下仅代表个人观点，不代表任何公司与团体）

这本书全面讨论了 Java 并发编程技术，并对一些基本概念做了深入的解释，例如 Java 包（java.util.concurrent.locks 和 java.util.concurrent.atomic 等）和 API（ConcurrentHashMap 和 ConcurrentLinkedQueue 等）的细节和用法。在此基础上，本书详细介绍了 JSR-133（Java 内存模型和线程规范）对 JDK 和 JVM 的支持，特别是对 volatile 和 final 字段的支持。此外，书中还包括对内存屏障、不同 CPU 架构的弱内存模型与强内存模型、内存排序等的洞察。我认为这本书适合具有不同 Java 并发经验的开发人员阅读。

周志明　华为企业应用总工程师 /《深入理解 Java 虚拟机》《凤凰架构》作者

这本书的第 1 版是 Java 并发编程领域的经典之作，全面介绍了 Java 并发编程的原理和实践。第 2 版融入了新技术带来的诸多变化，使读者能深入理解 Java 线程模型、锁、并发集合等核心概念，掌握云计算时代并发编程的技巧和方法。无论你是初学者还是资深开发人员，都能从这本书中获得非常有用的帮助。

前　言 *Preface*

为什么要写这本书

记得第一次写并发编程的文章还是在 2012 年，当时我花了几个星期的时间写了一篇名为《深入分析 volatile 的实现原理》的文章，准备在自己的博客中发布。后来在同事建法的建议下，我抱着试一试的心态将其投向了 InfoQ，并幸运地在半小时后得到文章被 InfoQ 主编采纳的回复，喜悦之情无以言表。这是我第一次在专业媒体平台上发表文章。而后在 InfoQ 编辑张龙的不断鼓励和支持下，我陆续在 InfoQ 发表了几篇与并发编程相关的文章，有了"聊聊并发"专栏。在这个专栏的写作过程中，我得到非常多的帮助并有了快速的成长，在此非常感谢 InfoQ 的编辑们。2013 年，机械工业出版社的福川兄找到我，问我有没有兴趣写一本书。起初我觉得自己资历尚浅，婉言拒绝了，但和福川兄一直保持联系。又经过一段时间的沉淀，我决定把自己多年的并发编程经验分享出来，但并发编程领域的技术点非常多且深，所以我邀请了同事魏鹏和朋友晓明一起参与到本书的写作过程中。

第 2 版与第 1 版的区别

本书第 1 版是基于 JDK 7 的源码来介绍 Java 并发框架以及线程池原理的。第 2 版基于 JDK 11 对第 1 版的源码进行了更新。在第 2 版的写作过程中，长期支持版 JDK 17 正式发布。新 JDK 拥有更多的特性，所以第 2 版在第 1 版的基础上又介绍了自 JDK 8 起 Java 并发框架的一些新组件和变化，旨在帮助读者更好地理解和掌握它们。

此外，随着云原生以及微服务架构在生产环境的大量落地，怎样高效和稳健地进行分布式编程成为开发者无法回避的话题。为此，第 2 版增加了三章（第 12 ～ 14 章）分布式编程相关的内容。虽然有大量的框架可以简化分布式编程，但本书依旧选择回到原点，通过阐述分布式编程的基本原理帮助读者从本质上理解分布式编程的挑战以及在面对不同的分布式场景时如何选择合适的解决方案。

本书特色

本书结合 JDK 的源码介绍了 Java 并发框架、线程池的实现原理，使读者不仅知其然还知其所以然。本书对原理的剖析并没有局限于 Java 层面，而是深入 JVM 甚至 CPU 层面进行讲解，帮助读者从底层了解并发技术。

此外，本书结合线上应用，给出了一些并发编程实战技巧，以及线上处理并发问题的步骤和思路。

读者对象

❏ Java 开发工程师

❏ 架构师

❏ 并发编程爱好者

❏ 开设相关课程的大专院校师生

如何阅读本书

阅读本书之前，你必须有一定的 Java 基础和开发经验，最好还有一定的并发编程基础。如果你是一名并发编程初学者，建议按照顺序阅读本书，并按照书中的例子进行编码和实战。如果你有一定的并发编程经验，可以把本书当作一本手册，直接查看需要学习的章节。

本书共 14 章，由三位作者共同完成。其中第 1 章、第 5 章和第 13 章由魏鹏编写，第 4 章和第 10 章由程晓明编写，第 12 章由三位作者共同编写，第 14 章由程晓明和方腾飞编写，其余 7 章由方腾飞编写。

第 1 章从介绍多线程技术带来的好处开始，讲述了如何启动和终止线程以及线程的状态，详细阐述了多线程之间进行通信的基本方式和等待 / 通知的经典范式。

第 2 章介绍 Java 并发编程的挑战，说明了进入并发编程的世界可能会遇到哪些问题，以及如何解决。

第 3 章介绍 Java 并发机制的底层实现原理，以及在 CPU 和 JVM 层面是如何帮助 Java 实现并发编程的。

第 4 章深入介绍 Java 的内存模型。Java 线程之间的通信对程序员完全透明，内存可见性问题很容易困扰 Java 程序员，本章试图揭开 Java 内存模型的神秘面纱。

第 5 章介绍 Java 并发包中与锁相关的 API 和组件，以及这些 API 和组件的使用方式与实现细节。

第 6 章介绍 Java 中的大部分并发容器，并深入剖析实现原理，让读者领略大师的设计技巧。

第 7 章介绍 Java 中的原子操作类，并给出一些实例。

第 8 章介绍 Java 中提供的并发工具类，这是并发编程中的"瑞士军刀"。

第 9 章介绍 Java 中的线程池实现原理和使用建议。

第 10 章介绍 Executor 框架的整体结构和成员组件。

第 11 章给出几个并发编程实战案例，并介绍了排查并发编程问题的方法。

第 12 章介绍分布式编程基础知识，包括分布式编程原则、范式以及常见的分布式协议。

第 13 章介绍分布式锁，以及如何在分布式环境下进行并发控制，并给出一个支持扩展的分布式锁框架。

第 14 章介绍常见的分布式系统架构，并结合实际场景探讨了相应的架构方案。

勘误和支持

由于水平有限，编写时间仓促，书中难免会出现一些错误或者不准确的地方，恳请读者批评指正。为此，我特意创建了一个在线支持与应急方案的站点 http://ifeve.com/book/，读者可以将书中的错误发布在勘误表页面中，也可以访问 Q&A 页面，我将尽量在线上为读者提供满意的解答。书中的全部源文件可以从并发编程网站下载，我也会将相应的功能更新及时发布出来。如果读者有更多的宝贵意见，也欢迎发送邮件至邮箱 tengfei@ifeve.com，期待得到读者的真挚反馈。

致谢

写书的过程也是对自己研究和掌握的技术点进行整理的过程，在这个过程中，我得到了很多人的帮助和支持。

感谢方正电子的刘老师，是他带我进入了面向对象的世界。

感谢我的主管朱老板，他在工作和生活上给予我很多的帮助和支持，还经常鼓励我完成本书的编写。

最后感谢我的父母、岳父母和爱人，感谢他们的支持，并时时刻刻给予我信心和力量！

谨以此书献给我的儿子方熙皓，以及众多热爱并发编程的朋友们。

方腾飞

Contents 目　　录

Java 并发编程基础

Java 从诞生开始就明智地选择了内置对多线程的支持，这使得 Java 语言相比同一时期的其他语言具有明显的优势。多个线程同时执行，将显著提升程序性能，在多核环境中表现得更加明显。但是，过多地创建线程和对线程管理不当也容易带来问题。本章将着重介绍 Java 并发编程的基础知识——从启动一个线程到线程间不同的通信方式，最后通过简单的线程池示例以及应用（简单的 Web 服务器）来串联本章所介绍的内容。

1.1　线程简介

1.1.1　什么是线程

现代操作系统在运行一个程序时，会为其创建一个进程。例如，启动一个 Java 程序，操作系统就会创建一个 Java 进程。现代操作系统调度的最小单元是线程，也叫轻量级进程（Light Weight Process），在一个进程里可以创建多个线程，这些线程都拥有各自的计数器、堆栈和局部变量等属性，并且能够访问共享的内存变量。处理器在这些线程上高速切换，让使用者感觉到这些线程在同时执行。

一个 Java 程序从 main() 方法开始，然后按照既定的代码逻辑执行，看似没有其他线程参与，但实际上 Java 程序天生就是多线程程序，因为执行 main() 方法的是一个名为 main 的线程。下面使用 JMX 来查看一个普通的 Java 程序包含哪些线程，代码如下所示。

```
public class MultiThread{
    public static void main(String[] args) {
        // 获取 Java 线程管理 MXBean
```

```
ThreadMXBean threadMXBean = ManagementFactory.getThreadMXBean();
// 不需要获取同步的monitor和synchronizer信息，仅获取线程和线程堆栈信息
ThreadInfo[] threadInfos = threadMXBean.dumpAllThreads(false, false);
// 遍历线程信息，仅打印线程ID和线程名称信息
for (ThreadInfo threadInfo : threadInfos) {
    System.out.println("[" + threadInfo.getThreadId() + "] " + threadInfo.
    getThreadName());
    }
}
}
```

输出如下所示（输出内容可能不同）。

```
[4] Signal Dispatcher      // 分发和管理 JVM 信号的线程
[3] Finalizer              // 调用对象 finalize 方法的线程
[2] Reference Handler      // 清除 Reference 的线程
[1] main                   // main 线程, 用户程序入口
```

可以看到，一个 Java 程序的运行不仅是 main() 方法的运行，而且是 main 线程和多个其他线程的同时运行。

1.1.2 为什么要使用多线程

执行一个简单的"Hello, World!"，却启动了那么多的"无关"线程，是不是把简单的问题复杂化了？当然不是，因为正确使用多线程，总是能够给开发人员带来显著的好处。使用多线程的原因主要有以下几点。

（1）更多的处理器核心

随着处理器上的核心数量越来越多，以及超线程技术的广泛运用，现在大多数计算机都比以往更加擅长并行计算，而处理器性能的提升方式，也从更高的主频向更多的核心发展。如何利用好处理器上的多个核心成为现在的主要问题。

线程是大多数操作系统调度的基本单元，一个程序作为一个进程来运行，程序运行过程中能够创建多个线程，而一个线程在一个时刻只能运行在一个处理器核心上。试想一下，一个单线程程序在运行时只能使用一个处理器核心，那么再多的处理器核心加入也无法显著提升该程序的执行效率。相反，如果该程序使用多线程技术，将计算逻辑分配到多个处理器核心上，就会显著减少程序的处理时间，并且会随着更多处理器核心的加入而变得更有效率。

（2）更短的响应时间

有时我们会编写一些较为复杂的代码（这里的复杂不是说复杂的算法，而是复杂的业务逻辑），例如，一笔订单的创建包括插入订单数据、生成订单快照、发送邮件通知卖家和记录货品销售数量等。用户从单击"订购"按钮开始，就要等待这些操作全部完成才能看到订购成功的结果。但是这么多业务操作，如何能够让其更快地完成呢？

在上面的场景中，可以使用多线程技术，即将数据一致性不强的操作派发给其他线程

处理（也可以使用消息队列），如生成订单快照、发送邮件等。这样做的好处是响应用户请求的线程能够尽可能快地处理完成，缩短了响应时间，提升了用户体验。

（3）更好的编程模型

Java 为多线程编程提供了良好、考究并且一致的编程模型，使开发人员能够更加专注于解决问题，即为所遇到的问题建立合适的模型，而不是绞尽脑汁地考虑如何将其多线程化。一旦开发人员建立好了模型，稍加修改总是能够方便地映射到 Java 提供的多线程编程模型上。

1.1.3　线程优先级

现代操作系统基本采用分时的形式调度运行的线程，操作系统会分出一个个时间片，线程会被分配若干时间片，当线程的时间片用完了就会发生线程调度，并等待下次分配。线程被分配的时间片的多少决定了线程使用处理器资源的多少，而线程优先级就是决定线程需要被分配多少处理器资源的线程属性。

在 Java 线程中，通过一个整型成员变量 priority 来控制优先级，优先级的范围是 $1 \sim 10$，在构建线程时可以通过 setPriority(int) 方法来修改优先级，默认优先级是 5，优先级高的线程被分配的时间片的数量要多于优先级低的线程。设置线程优先级时，频繁阻塞（休眠或者 I/O 操作）的线程需要设置较高的优先级，而偏重计算（需要较多 CPU 时间）的线程则设置较低的优先级，以确保处理器不会被独占。在不同的 JVM 以及操作系统上，线程规划会存在差异，有些操作系统甚至会忽略对线程优先级的设定，示例如下。

```
public class Priority {
    private static volatile boolean notStart = true;
    private static volatile boolean notEnd = true;

    public static void main(String[] args) throws Exception {
        List<Job> jobs = new ArrayList<Job>();
        for (int i = 0; i < 10; i++) {
            int priority = i < 5 ? Thread.MIN_PRIORITY : Thread.MAX_PRIORITY;
            Job job = new Job(priority);
            jobs.add(job);
            Thread thread = new Thread(job, "Thread:" + i);
            thread.setPriority(priority);
            thread.start();
        }
        notStart = false;
        TimeUnit.SECONDS.sleep(10);
        notEnd = false;

        for (Job job : jobs) {
            System.out.println("Job Priority : " + job.priority + ",
            Count : " + job.jobCount);
        }
```

```
        }
        static class Job implements Runnable {
            private int priority;
            private long jobCount;
            public Job(int priority) {
                this.priority = priority;
            }
            public void run() {
                while (notStart) {
                    Thread.yield();
                }
                while (notEnd) {
                    Thread.yield();
                    jobCount++;
                }
            }
        }
    }
```

运行该示例，在笔者机器上对应的输出如下。

```
Job Priority : 1, Count : 1259592
Job Priority : 1, Count : 1260717
Job Priority : 1, Count : 1264510
Job Priority : 1, Count : 1251897
Job Priority : 1, Count : 1264060
Job Priority : 10, Count : 1256938
Job Priority : 10, Count : 1267663
Job Priority : 10, Count : 1260637
Job Priority : 10, Count : 1261705
Job Priority : 10, Count : 1259967
```

从输出可以看到线程优先级没有生效，优先级 1 和优先级 10 的 Job 的计数结果非常相近，没有明显差距。这表示程序的正确性不能依赖线程的优先级。

 线程优先级不能作为程序正确性的依赖，因为操作系统可以完全不理会 Java 线程对于优先级的设定。笔者的环境为 Mac OS X 10.10，Java 版本为 1.7.0_71。经过笔者验证，该环境下所有的 Java 线程优先级均为 5（通过 jstack 查看），对线程优先级的设置会被忽略。另外，在 Ubuntu 14.04 环境下运行该示例，输出结果也表明该环境忽略了线程优先级的设置。

1.1.4 线程的状态

Java 线程在运行的生命周期中可能处于表 1-1 所示的 6 种不同的状态，在给定的时刻，线程只能处于其中的一个状态。

表 1-1　Java 线程的状态

状态名称	说　　明
NEW	初始状态，线程被构建，但是还没有调用 start() 方法
RUNNABLE	运行状态，Java 线程将操作系统中的就绪和运行两种状态笼统地称作"运行中"
BLOCKED	阻塞状态，表示线程阻塞于锁
WAITING	等待状态，表示线程进入等待状态，进入该状态表示当前线程需要等待其他线程做出一些特定动作（通知或中断）
TIME_WAITING	超时等待状态，该状态不同于 WAITING，它是可以在指定的时间自行返回的
TERMINATED	终止状态，表示当前线程已经执行完毕

　　下面我们使用 jstack 工具（可以选择打开终端，键入 jstack 或者到 JDK 安装目录的 bin 目录下执行命令），尝试查看示例代码运行时的线程信息，以更加深入地理解线程状态，示例如下。

```java
public class ThreadState {
    public static void main(String[] args) {
        new Thread(new TimeWaiting (), "TimeWaitingThread").start();
        new Thread(new Waiting(), "WaitingThread").start();
        // 使用两个 Blocked 线程，一个获取锁成功，另一个被阻塞
        new Thread(new Blocked(), "BlockedThread-1").start();
        new Thread(new Blocked(), "BlockedThread-2").start();
    }

    // 该线程不断地进行睡眠
    static class TimeWaiting implements Runnable {
        @Override
        public void run() {
            while (true) {
                SleepUtils.second(100);
            }
        }
    }

    // 该线程在 Waiting.class 实例上等待
    static class Waiting implements Runnable {
        @Override
        public void run() {
            while (true) {
                synchronized (Waiting.class) {
                    try {
                        Waiting.class.wait();
                    } catch (InterruptedException e) {
                        e.printStackTrace();
                    }
                }
```

```
            }
        }
    }

    // 该线程在 Blocked.class 实例上加锁后，不会释放该锁
    static class Blocked implements Runnable {
        public void run() {
            synchronized (Blocked.class) {
                while (true) {
                    SleepUtils.second(100);
                }
            }
        }
    }
}
```

上述示例中使用的 SleepUtils 的代码如下所示。

```
public class SleepUtils {
    public static final void second(long seconds) {
        try {
            TimeUnit.SECONDS.sleep(seconds);
        } catch (InterruptedException e) {
        }
    }
}
```

运行该示例，打开终端或者命令提示符，键入 "jps"，输出如下。

```
611
935 Jps
929 ThreadState
270
```

可以看到运行示例对应的进程 ID 是 929，接着键入 "jstack 929"（这里的进程 ID 需要和读者自己键入 jps 得出的 ID 一致），部分输出如下所示。

```
// BlockedThread-2 线程阻塞在获取 Blocked.class 示例的锁上
"BlockedThread-2" prio=5 tid=0x00007feacb05d000 nid=0x5d03 waiting for monitor
entry [0x000000010fd58000]
    java.lang.Thread.State: BLOCKED (on object monitor)
// BlockedThread-1 线程获取到了 Blocked.class 的锁
"BlockedThread-1" prio=5 tid=0x00007feacb05a000 nid=0x5b03 waiting on condition
[0x000000010fc55000]
    java.lang.Thread.State: TIMED_WAITING (sleeping)
// WaitingThread 线程在 Waiting 实例上等待
"WaitingThread" prio=5 tid=0x00007feacb059800 nid=0x5903 in Object.wait()
[0x000000010fb52000]
    java.lang.Thread.State: WAITING (on object monitor)
// TimeWaitingThread 线程处于超时等待
"TimeWaitingThread" prio=5 tid=0x00007feacb058800 nid=0x5703 waiting on condition
```

```
[0x000000010fa4f000]
    java.lang.Thread.State: TIMED_WAITING (sleeping)
```

通过示例，我们了解到 Java 程序运行中线程状态的具体含义。线程在自身的生命周期中，并不是固定地处于某个状态，而是随着代码的执行在不同的状态之间进行切换。Java 线程状态变迁如图 1-1 所示。

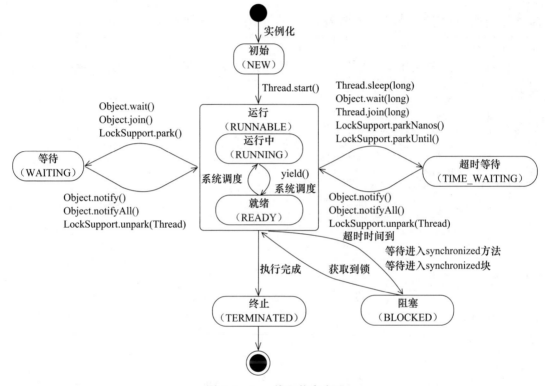

图 1-1　Java 线程状态变迁

由图 1-1 可以看到，线程创建之后，调用 start() 方法开始运行。当执行 wait() 方法之后，线程进入等待状态。进入等待状态的线程需要依靠其他线程的通知才能够返回运行状态，而超时等待状态相当于在等待状态的基础上增加了超时限制，也就是超时时间到时将会返回运行状态。当线程调用同步方法时，在没有获取到锁的情况下，线程将会进入阻塞状态。线程在执行 Runnable 的 run() 方法之后将进入终止状态。

注意　Java 将操作系统中的运行和就绪两个状态合并称为运行状态。阻塞状态是线程阻塞在进入 synchronized 关键字修饰的方法或代码块（获取锁）时的状态，但是阻塞在 java.concurrent 包中 Lock 接口的线程状态是等待状态，因为 java.concurrent 包中 Lock 接口对于阻塞的实现使用了 LockSupport 类中的相关方法。

1.1.5 Daemon 线程

Daemon 线程是一种支持型线程，因为它主要被用作程序中的后台调度以及支持工作。这意味着，当一个 Java 虚拟机中不存在非 Daemon 线程的时候，Java 虚拟机将退出。可以通过调用 Thread.setDaemon(true) 将线程设置为 Daemon 线程。

 注意 Daemon 属性需要在启动线程之前设置，不能在启动线程之后设置。

Daemon 线程被用作完成支持工作，但是在 Java 虚拟机退出时 Daemon 线程中的 finally 块并不一定会执行，示例如下。

```
public class Daemon {
    public static void main(String[] args) {
        Thread thread = new Thread(new DaemonRunner(), "DaemonRunner");
        thread.setDaemon(true);
        thread.start();
    }

    static class DaemonRunner implements Runnable {
        @Override
        public void run() {
            try {
                SleepUtils.second(10);
            } finally {
                System.out.println("DaemonThread finally run.");
            }
        }
    }
}
```

运行 Daemon 程序，可以看到在终端或者命令提示符上没有任何输出。main 线程（非 Daemon 线程）在启动了线程 DaemonRunner 之后随着 main 方法执行完毕而终止，而此时 Java 虚拟机中已经没有非 Daemon 线程，虚拟机需要退出。Java 虚拟机中的所有 Daemon 线程都需要立即终止，因此 DaemonRunner 立即终止，但是 DaemonRunner 中的 finally 块并没有执行。

 注意 在构建 Daemon 线程时，不能依靠 finally 块中的内容来确保执行关闭或清理资源的逻辑。

1.2   启动和终止线程

前面的示例通过调用线程的 start() 方法进行启动，随着 run() 方法执行完毕，线程也随之终止，下面将详细介绍线程的启动和终止。

1.2.1 构造线程

在运行线程之前首先要构造一个线程对象，线程对象在构造的时候需要提供线程所需要的属性，如线程所属的线程组、线程优先级、是不是 Daemon 线程等信息。如下代码摘自java.lang.Thread 中对线程进行初始化的部分。

```
private void init(ThreadGroup g, Runnable target, String name,long stackSize,
AccessControlContext acc) {
    if (name == null) {
        throw new NullPointerException("name cannot be null");
    }
    // 当前线程就是该线程的父线程
    Thread parent = currentThread();
    this.group = g;
    // 将 daemon、priority 属性设置为父线程的对应属性
    this.daemon = parent.isDaemon();
    this.priority = parent.getPriority();
    this.name = name.toCharArray();
    this.target = target;
    setPriority(priority);
    // 将父线程的 inheritableThreadLocals 复制过来
    if (parent.inheritableThreadLocals != null)
    this.inheritableThreadLocals=ThreadLocal.createInheritedMap(parent.
    inheritableThreadLocals);
    // 分配一个线程 ID
    tid = nextThreadID();
}
```

在上述过程中，一个新构造的线程对象是由其父线程来进行空间分配的，而子线程继承了父线程是不是 Daemon、优先级、加载资源的 contextClassLoader 以及可继承的 ThreadLocal，同时还会分配一个唯一的 ID 来标识这个子线程。至此，一个能够运行的线程对象就初始化好了，在堆内存中等待着运行。

1.2.2 启动线程

在线程对象初始化完成之后，调用 start() 方法就可以启动这个线程。start() 方法的含义是：当前线程（即父线程）同步告知 Java 虚拟机，只要线程规划器空闲，应立即启动调用start() 方法的线程。

注意　启动一个线程前，最好为这个线程设置线程名称，因为这样在使用 jstack 分析程序或者排查问题时，就会给开发人员一些提示。

1.2.3 理解中断

中断可以理解为线程的一个标识位属性，它表示一个运行中的线程是否被其他线程

进行了中断操作。中断好比其他线程对该线程打了个招呼，其他线程通过调用该线程的 interrupt() 方法对其进行中断操作。

线程通过检查自身是否被中断来进行响应，可以通过方法 isInterrupted() 来判断是否被中断，也可以调用静态方法 Thread.interrupted() 对当前线程的中断标识位进行复位。如果该线程已经处于终止状态，即使该线程被中断过，在调用该线程对象的 isInterrupted() 时也会返回 false。

从 Java 的 API 中可以看到，在许多声明抛出 InterruptedException 的方法（例如 Thread.sleep(long millis) 方法）之前，Java 虚拟机会先将该线程的中断标识位清除，然后抛出 InterruptedException，此时调用 isInterrupted() 方法将返回 false。

在如下所示的例子中，首先创建了两个线程 SleepThread 和 BusyThread，前者不停地睡眠，后者一直运行，然后对这两个线程分别进行中断操作，观察二者的中断标识位。

```java
public class Interrupted {
    public static void main(String[] args) throws Exception {
        // SleepThread 不停地尝试睡眠
        Thread sleepThread = new Thread(new SleepRunner(), "SleepThread");
        sleepThread.setDaemon(true);
        // BusyThread 不停地运行
        Thread busyThread = new Thread(new BusyRunner(), "BusyThread");
        busyThread.setDaemon(true);
        sleepThread.start();
        busyThread.start();
        // 休眠 5s，让 SleepThread 和 BusyThread 充分运行
        TimeUnit.SECONDS.sleep(5);
        sleepThread.interrupt();
        busyThread.interrupt();
        // 休眠 1s，确保主线程能够看到结果
        TimeUnit.SECONDS.sleep(1);
        System.out.println("SleepThread interrupted is " + sleepThread.isInterrupted());
        System.out.println("BusyThread interrupted is " + busyThread.isInterrupted());
        // 防止 sleepThread 和 busyThread 立刻退出
        SleepUtils.second(2);
    }

    static class SleepRunner implements Runnable {
        @Override
        public void run() {
            while (true) {
                SleepUtils.second(10);
            }
        }
    }

    static class BusyRunner implements Runnable {
        @Override
        public void run() {
```

```
            while (true) {
            }
        }
    }
}
```

输出如下。

```
SleepThread interrupted is false
BusyThread interrupted is true
```

从结果可以看出，抛出 InterruptedException 的线程 SleepThread，其中断标识位被清除了，而一直忙着运行的线程 BusyThread 的中断标识位没有被清除。

1.2.4　过期的 suspend()、resume() 和 stop()

大家对于 CD 机肯定不会陌生，如果把它播放音乐比作一个线程的运行，那么对音乐播放做出的暂停、恢复和停止操作在线程中就对应 suspend()、resume() 和 stop()。

下面的例子创建了一个线程 PrintThread，它以 1s 的频率进行打印，而主线程对其进行暂停、恢复和停止操作。

```java
public class Deprecated {
    public static void main(String[] args) throws Exception {
        DateFormat format = new SimpleDateFormat("HH:mm:ss");
        Thread printThread = new Thread(new Runner(), "PrintThread");
        printThread.setDaemon(true);
        printThread.start();
        TimeUnit.SECONDS.sleep(3);
        // 将 PrintThread 暂停，输出内容停止
        printThread.suspend();
        System.out.println("main suspend PrintThread at " + format.format(new Date()));
        TimeUnit.SECONDS.sleep(3);
        // 将 PrintThread 恢复，输出内容继续
        printThread.resume();
        System.out.println("main resume PrintThread at " + format.format(new Date()));
        TimeUnit.SECONDS.sleep(3);
        // 将 PrintThread 终止，输出内容停止
        printThread.stop();
        System.out.println("main stop PrintThread at " + format.format(new Date()));
        TimeUnit.SECONDS.sleep(3);
    }

    static class Runner implements Runnable {
        @Override
        public void run() {
            DateFormat format = new SimpleDateFormat("HH:mm:ss");
            while (true) {
                System.out.println(Thread.currentThread().getName() + " Run at " +
                    format.format(new Date()));
```

```
                            SleepUtils.second(1);
                    }
                }
            }
        }
```

输出如下（输出内容中的时间与示例执行的具体时间相关）。

```
PrintThread Run at 17:34:36
PrintThread Run at 17:34:37
PrintThread Run at 17:34:38
main suspend PrintThread at 17:34:39
main resume PrintThread at 17:34:42
PrintThread Run at 17:34:42
PrintThread Run at 17:34:43
PrintThread Run at 17:34:44
main stop PrintThread at 17:34:45
```

在执行过程中，PrintThread 运行了 3s，随后被暂停，3s 后恢复，最后经过 3s 被终止。

通过示例的输出可以看到，suspend()、resume() 和 stop() 方法分别完成了线程的暂停、恢复和停止工作，而且非常"人性化"。但是这些 API 是过期的，是不建议使用的。

不建议使用的原因主要有：以 suspend() 方法为例，在调用后，线程不会释放已经占有的资源（比如锁），而是占有着资源进入睡眠状态，这样容易引发死锁问题。同样，stop() 方法在终结一个线程时不会保证线程的资源正常释放，通常没有给予线程完成资源释放工作的机会，因此可能会导致程序工作在不确定状态下。

 注意 因为 suspend()、resume() 和 stop() 方法带来的副作用，所以这些方法才被标注为不建议使用的过期方法，而暂停和恢复操作可以用后面提到的等待 / 通知机制来替代。

1.2.5 安全地终止线程

1.2.3 节提到的中断状态是线程的一个标识位，而中断操作是一种简便的线程间交互方式，这种交互方式最适合用来取消或停止任务。除了中断以外，我们还可以利用一个 boolean 变量来控制是否需要停止任务并终止该线程。

本小节的例子创建了一个线程 CountThread，它不断地进行变量累加，而主线程尝试对其进行中断操作和停止操作。

```java
public class Shutdown {
    public static void main(String[] args) throws Exception {
        Runner one = new Runner();
        Thread countThread = new Thread(one, "CountThread");
        countThread.start();
        // 睡眠 1s，main 线程对 CountThread 进行中断，使 CountThread 能够感知中断而结束
        TimeUnit.SECONDS.sleep(1);
```

```
        countThread.interrupt();
        Runner two = new Runner();
        countThread = new Thread(two, "CountThread");
        countThread.start();
        // 睡眠 1s, main 线程对 Runner two 进行取消, 使 CountThread 能够感知 on 为 false 而结束
        TimeUnit.SECONDS.sleep(1);
        two.cancel();
    }

    private static class Runner implements Runnable {
        private long i;
        private volatile boolean on = true;
        @Override
        public void run() {
            while (on && !Thread.currentThread().isInterrupted()){
                i++;
            }
            System.out.println("Count i = " + i);
        }

        public void cancel() {
            on = false;
        }
    }
}
```

输出结果如下所示（输出内容可能不同）。

```
Count i = 543487324
Count i = 540898082
```

在执行过程中，main 线程通过中断操作和 cancel() 方法均可使 CountThread 终止。通过标识位或者中断操作来终止线程，而不是武断地将线程停止，将能够使线程在终止时有机会去清理资源，因此显得更加安全和优雅。

1.3　线程间通信

线程开始运行，拥有自己的栈空间，就如同一个脚本一样，按照既定的代码一步一步地执行，直到终止。但是，如果每个线程仅仅是孤立地运行，那么没有一点价值，或者说价值很小；如果多个线程能够相互配合完成工作，将会带来巨大的价值。

1.3.1　volatile 和 synchronized 关键字

Java 支持多个线程同时访问一个对象或者对象的成员变量，由于每个线程都可以拥有这个变量的副本（虽然对象以及成员变量分配的内存是在共享内存中的，但是每个执行的线程还是可以拥有一份副本，这样做的目的是加速程序的执行，这是现代多核处理器的一个显

著特性），所以在程序执行过程中，一个线程看到的变量并不一定是最新的。

关键字 volatile 可以用来修饰字段（成员变量），告知程序任何对该变量的访问均需要从共享内存中获取，而对它的改变必须同步刷新回共享内存。它能保证所有线程对变量访问的可见性。

举个例子，定义一个表示程序是否运行的成员变量 boolean on=true，那么另一个线程可能对它执行关闭动作（on=false），这里涉及多个线程对变量的访问，因此需要将其定义为 volatile boolean on=true，这样其他线程对它进行改变时，可以让所有线程感知到变化，因为所有对 on 变量的访问和修改都需要以共享内存为准。但是，过多地使用 volatile 是不必要的，因为它会降低程序执行的效率。

关键字 synchronized 可以修饰方法或者以同步块的形式来使用，它主要确保在同一个时刻只能有一个线程处于方法或者同步块中，从而保证了线程对变量访问的可见性和排他性。

下面的例子使用了同步块和同步方法，通过使用 javap 工具查看生成的 class 文件信息来分析 synchronized 关键字的实现细节。

```
public class Synchronized {
    public static void main(String[] args) {
        // 对 Synchronized Class 对象进行加锁
        synchronized (Synchronized.class) {
        }
        // 静态同步方法，对 Synchronized Class 对象进行加锁
        m();
    }

    public static synchronized void m() {
    }
}
```

在 Synchronized.class 同级目录执行 javap v Synchronized.class，部分相关输出如下所示：

```
public static void main(java.lang.String[]);
    // 方法修饰符，表示public staticflags: ACC_PUBLIC, ACC_STATIC
    Code:
        stack=2, locals=1, args_size=1
        0: ldc             #1  // class com/murdock/books/multithread/book/Synchronized
        2: dup
        3: monitorenter        // monitorenter: 监视器进入，获取锁
        4: monitorexit         // monitorexit: 监视器退出，释放锁
        5: invokestatic    #16 // Method m:()V
        8: return

    public static synchronized void m();
    // 方法修饰符，表示public static synchronized
    flags: ACC_PUBLIC, ACC_STATIC, ACC_SYNCHRONIZED
        Code:
            stack=0, locals=0, args_size=0
            0: return
```

在上面的 class 信息中，对于同步块的实现使用了 monitorenter 和 monitorexit 指令，而同步方法则是依靠方法修饰符上的 ACC_SYNCHRONIZED 完成的。无论采用哪种方式，其本质都是对一个对象的监视器（monitor）进行获取，而这个获取过程是排他的，也就是说，同一时刻只能有一个线程获取到由 synchronized 保护的对象的监视器。

任意一个对象都拥有自己的监视器，当这个对象由同步块或者同步方法调用时，执行方法的线程必须先获取该对象的监视器才能进入同步块或者同步方法，而没有获取到监视器（执行该方法）的线程将会被阻塞在同步块和同步方法的入口处，进入 BLOCKED 状态。

图 1-2 描述了对象、监视器、同步队列和执行线程之间的关系。

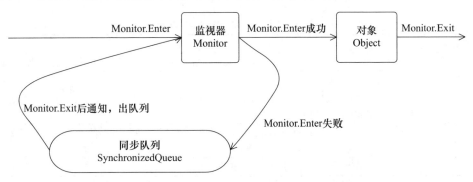

图 1-2　对象、监视器、同步队列和执行线程之间的关系

从图 1-2 中可以看到，任意线程对 Object（Object 由 synchronized 保护）的访问，首先要获得 Object 的监视器。如果获取失败，则线程进入同步队列，线程状态变为 BLOCKED。当访问 Object 的前驱（获得了锁的线程）释放了锁时，该释放操作将唤醒阻塞在同步队列中的线程，使其重新尝试对监视器的获取。

1.3.2　等待 / 通知机制

一个线程修改了一个对象的值，而另一个线程感知到了变化，然后进行相应的操作，整个过程开始于一个线程，而最终执行又是另一个线程。前者是生产者，后者就是消费者，这种模式隔离了"做什么"（What）和"怎么做"（How），在功能层面上实现了解耦，在体系结构上具备了良好的伸缩性，但是在 Java 语言中如何实现类似的功能呢？

简单的办法是让消费者线程不断地循环检查变量是否符合预期。如下面代码所示，在 while 循环中设置不满足的条件，如果条件满足则退出 while 循环，从而完成消费者的工作。

```
while (value != desire) {
    Thread.sleep(1000);
}
doSomething();
```

上面这段伪代码在条件不满足时只睡眠一段时间，这样做的目的是防止过快的"无效"尝试。这种方式看似能够实现所需的功能，但是却存在如下问题。

1）难以确保及时性。在睡眠时，基本不消耗处理器资源，但是如果睡得过久，就不能及时发现条件已经变化，也就是很难保证及时性。

2）难以降低开销。如果缩短睡眠的时间，比如休眠 1ms，消费者能更加迅速地发现条件变化，却可能会消耗更多的处理器资源，造成无端的浪费。

以上两个问题看似矛盾，难以调和，但是 Java 通过内置的等待 / 通知机制能够很好地解决这个矛盾并实现所需的功能。

等待 / 通知的相关方法是任意 Java 对象都具备的，因为这些方法被定义在所有对象的超类 java.lang.Object 上，如表 1-2 所示。

表 1-2　等待 / 通知的相关方法

方法名称	描　　述
notify()	通知一个在对象上等待的线程，使其从 wait() 方法返回，而返回的前提是该线程获取到了对象的锁
notifyAll()	通知所有等待在该对象上的线程
wait()	调用该方法的线程进入 WAITING 状态，只有等到另外线程的通知或被中断才会返回，需要注意，调用 wait() 方法后会释放对象的锁
wait(long)	超时等待一段时间，这里的时间参数是毫秒级，也就是等待长达 n 毫秒，如果没有通知就超时返回
wait(long, int)	对于超时时间更细粒度的控制，可以达到纳秒级

等待 / 通知机制是指一个线程 A 调用了对象 O 的 wait() 方法进入等待状态，而另一个线程 B 调用了对象 O 的 notify() 或者 notifyAll() 方法，线程 A 收到通知后从对象 O 的 wait() 方法返回，进而执行后续操作。上述两个线程通过对象 O 来完成交互，而对象上的 wait() 和 notify/notifyAll() 的关系就如同开关信号一样，用来完成等待方和通知方之间的交互工作。

下面的例子创建了两个线程——WaitThread 和 NotifyThread。前者检查 flag 值是否为 false，如果符合要求，则进行后续操作，否则在 lock 上等待。后者在睡眠了一段时间后对 lock 进行通知。

```java
public class WaitNotify {
    static boolean flag = true;
    static Object lock = new Object();

    public static void main(String[] args) throws Exception {
        Thread waitThread = new Thread(new Wait(), "WaitThread");
        waitThread.start();
        TimeUnit.SECONDS.sleep(1);
        Thread notifyThread = new Thread(new Notify(), "NotifyThread");
        notifyThread.start();
    }

    static class Wait implements Runnable {
        public void run() {
            // 加锁，拥有 lock 的 Monitor
            synchronized (lock) {
```

```
            // 当条件不满足时，继续等待，同时释放 lock 的锁
            while (flag) {
                try {
                    System.out.println(Thread.currentThread() + " flag is true. wait
                    @ " + new SimpleDateFormat("HH:mm:ss").format(new Date()));
                    lock.wait();
                } catch (InterruptedException e) {
                }
            }
            // 条件满足时，完成工作
            System.out.println(Thread.currentThread() + " flag is false. running
            @ " + new SimpleDateFormat("HH:mm:ss").format(new Date()));
        }
    }
}

static class Notify implements Runnable {
    public void run() {
        // 加锁，拥有 lock 的 Monitor
        synchronized (lock) {
            // 获取 lock 的锁，然后进行通知，通知时不会释放 lock 的锁，
            // 直到当前线程释放了 lock 后，WaitThread 才能从 wait 方法中返回
            System.out.println(Thread.currentThread() + " hold lock. notify @ " +
            new SimpleDateFormat("HH:mm:ss").format(new Date()));
            lock.notifyAll();
            flag = false;
            SleepUtils.second(5);
        }
        // 再次加锁
        synchronized (lock) {
            System.out.println(Thread.currentThread() + " hold lock again. sleep
            @ " + new SimpleDateFormat("HH:mm:ss").format(new Date()));
            SleepUtils.second(5);
        }
    }
}
}
```

输出如下（输出内容可能不同，主要区别在时间上）。

```
Thread[WaitThread,5,main] flag is true. wait @ 22:23:03
Thread[NotifyThread,5,main] hold lock. notify @ 22:23:04
Thread[NotifyThread,5,main] hold lock again. sleep @ 22:23:09
Thread[WaitThread,5,main] flag is false. running @ 22:23:14
```

上述第 3 行和第 4 行输出的顺序可能会互换，这里主要是为了说明调用 wait()、notify() 以及 notifyAll() 时需要注意的细节。

1）使用 wait()、notify() 和 notifyAll() 时需要先对调用对象加锁。

2）调用 wait() 方法后，线程状态由 RUNNING 变为 WAITING，并将当前线程放置到对象的等待队列。

3）调用 notify() 或 notifyAll() 方法后，等待线程依旧不会从 wait() 返回，需要调用 notify() 或 notifAll() 的线程释放锁之后，等待线程才有机会从 wait() 返回。

4）notify() 方法将等待队列中的一个等待线程移到同步队列中，而 notifyAll() 方法则是将等待队列中的所有线程移到同步队列中，被移动的线程状态由 WAITING 变为 BLOCKED。

5）从 wait() 方法返回的前提是获得了调用对象的锁。

从上述细节可以看到，等待 / 通知机制依托于同步机制，其目的就是确保等待线程从 wait() 方法返回时能够感知到通知线程对变量做出的修改。

图 1-3 描述了上述示例的过程。

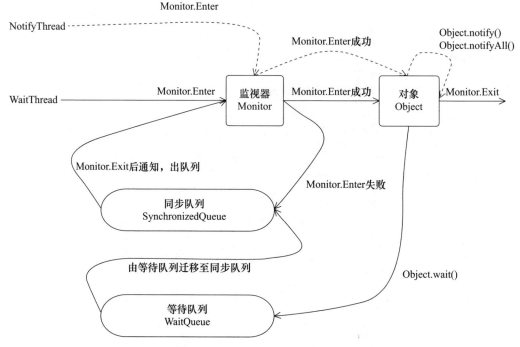

图 1-3　WaitNotify.java 运行过程

在图 1-3 中，WaitThread 首先获取对象的锁，然后调用对象的 wait() 方法，从而放弃锁并进入对象的等待队列 WaitQueue 中，进入等待状态。由于 WaitThread 释放了对象的锁，NotifyThread 随后获取了对象的锁，并调用对象的 notify() 方法，将 WaitThread 从 WaitQueue 移到 SynchronizedQueue 中，此时 WaitThread 的状态变为阻塞状态。当 NotifyThread 释放了锁之后，WaitThread 再次获取到锁并从 wait() 方法返回继续执行。

1.3.3　等待 / 通知的经典范式

从 1.3.2 节的示例中可以提炼出等待 / 通知的经典范式，该范式分为两部分，分别针对等待方（消费者）和通知方（生产者）。

等待方遵循如下原则。

1）获取对象的锁。

2）如果条件不满足，那么调用对象的 wait() 方法，被通知后仍要检查条件。

3）条件满足则执行对应的逻辑。

对应的伪代码如下。

```
synchronized( 对象 ) {
    while( 条件不满足 ) {
        对象 .wait();
    }
    对应的处理逻辑
}
```

通知方遵循如下原则。

1）获得对象的锁。

2）改变条件。

3）通知所有等待在对象上的线程。

对应的伪代码如下。

```
synchronized( 对象 ) {
    改变条件
    对象 .notifyAll();
}
```

1.3.4 管道输入 / 输出流

管道输入 / 输出流和普通的文件输入 / 输出流或者网络输入 / 输出流的不同之处在于，它主要用于线程之间的数据传输，而传输的媒介为内存。

管道输入 / 输出流主要包括 4 种具体实现——PipedOutputStream、PipedInputStream、PipedReader 和 PipedWriter，前两种面向字节，而后两种面向字符。

下面的例子创建了 PrintThread，用来接收 main 线程的输入，任何 main 线程的输入均通过 PipedWriter 写入，而 PrintThread 在另一端通过 PipedReader 将内容读出并打印。

```java
public class Piped {
    public static void main(String[] args) throws Exception {
        PipedWriter out = new PipedWriter();
        PipedReader in = new PipedReader();
        // 将输出流和输入流进行连接，否则在使用时会抛出 IOException
        out.connect(in);
        Thread printThread = new Thread(new Print(in), "PrintThread");
        printThread.start();
        int receive = 0;
        try {
            while ((receive = System.in.read()) != -1) {
                out.write(receive);
```

```
                }
            } finally {
                out.close();
            }
        }

        static class Print implements Runnable {
            private PipedReader in;
            public Print(PipedReader in) {
                this.in = in;
            }

            public void run() {
                int receive = 0;
                try {
                    while ((receive = in.read()) != -1) {
                        System.out.print((char) receive);
                    }
                } catch (IOException ex) {
                }
            }
        }
    }
```

运行该示例，输入一组字符串，可以看到被 PrintThread 进行了原样输出。

```
Repeat my words.
Repeat my words.
```

对于 Piped 类型的流，必须先进行绑定，也就是调用 connect() 方法，如果没有将输入/输出流绑定，对于该流的访问将会抛出异常。

1.3.5　thread.join() 的使用

如果一个线程 A 执行了 thread.join() 语句，其含义是：当前线程 A 等待线程终止之后才从 thread.join() 返回。线程除了提供 join() 方法之外，还提供了 join(long millis) 和 join(long millis, int nanos) 两个具备超时特性的方法。这两个超时方法表示，如果线程在给定的超时时间里没有终止，那么将会从该超时方法中返回。

下面的例子创建了 10 个线程，编号为 0 ~ 9，每个线程调用前一个线程的 join() 方法，也就是只有线程 0 结束了线程 1 才能从 join() 方法中返回，而线程 0 需要等待 main 线程结束。

```
public class Join {
    public static void main(String[] args) throws Exception {
        Thread previous = Thread.currentThread();
        for (int i = 0; i < 10; i++) {
            // 每个线程拥有前一个线程的引用，需要等待前一个线程终止才能从等待中返回
            Thread thread = new Thread(new Domino(previous), String.valueOf(i));
            thread.start();
```

```
            previous = thread;
        }
        TimeUnit.SECONDS.sleep(5);
        System.out.println(Thread.currentThread().getName() + " terminate.");
    }

    static class Domino implements Runnable {
        private Thread thread;
        public Domino(Thread thread) {
            this.thread = thread;
        }

        public void run() {
            try {
                thread.join();
            } catch (InterruptedException e) {
            }
            System.out.println(Thread.currentThread().getName() + " terminate.");
        }
    }
}
```

输出如下。

```
main terminate.
0 terminate.
1 terminate.
2 terminate.
3 terminate.
4 terminate.
5 terminate.
6 terminate.
7 terminate.
8 terminate.
9 terminate.
```

从上述输出可以看到，每个线程终止的前提是前驱线程的终止，每个线程等待前驱线程终止后才从 join() 方法返回，这里用到了等待 / 通知机制（等待前驱线程结束，接收前驱线程结束通知）。

下面是 JDK 中 thread.join() 方法的源码（进行了部分调整）。

```
// 加锁当前线程对象
public final synchronized void join() throws InterruptedException {
    // 条件不满足，继续等待
    while (isAlive()) {
        wait(0);
    }
    // 条件符合，方法返回
}
```

当线程终止时，调用线程自身的 notifyAll() 方法，通知所有等待在该线程对象上的线程。可以看到 join() 方法的逻辑结构与 1.3.3 节中描述的等待 / 通知的经典范式一致，即加锁、条件循环和处理逻辑 3 个步骤。

1.3.6 ThreadLocal 的使用

ThreadLocal 即线程变量，是一个以 ThreadLocal 对象为键、任意对象为值的存储结构。这个结构被附带在线程上，也就是说一个线程可以根据一个 ThreadLocal 对象查询到绑定在这个线程上的一个值。

可以通过 set(T) 方法来设置一个值，在当前线程下再通过 get() 方法获取到原先设置的值。

下面的例子构建了一个常用的 Profiler 类，它具有 begin() 和 end() 两个方法，而 end() 方法返回从 begin() 方法调用开始到 end() 方法被调用时的时间差，单位是 ms。

```
public class Profiler {
    // 第一次 get() 方法调用时会进行初始化 (如果 set 方法没有调用)，每个线程会调用一次
    private static final ThreadLocal<Long> TIME_THREADLOCAL = new ThreadLocal<Long>() {
        protected Long initialValue() {
            return System.currentTimeMillis();
        }
    }

    public static final void begin() {
        TIME_THREADLOCAL.set(System.currentTimeMillis());
    }

    public static final long end() {
        return System.currentTimeMillis() - TIME_THREADLOCAL.get();
    }

    public static void main(String[] args) throws Exception {
        Profiler.begin();
        TimeUnit.SECONDS.sleep(1);
        System.out.println("Cost: " + Profiler.end() + " mills");
    }
}
```

输出结果如下所示。

```
Cost: 1001 mills
```

Profiler 可以被复用到方法调用耗时统计场景，在方法的入口前执行 begin() 方法，在方法调用后执行 end() 方法，好处是两个方法的调用不需要在一个方法或者类中。比如在 AOP（面向方面编程）中，可以在方法调用前的切入点执行 begin() 方法，而在方法调用后的切入点执行 end() 方法，这样依旧可以获得方法的执行耗时。

1.4　线程应用实例

1.4.1　等待超时模式

开发人员经常会遇到这样的方法调用场景：调用一个方法时等待一段时间（一般来说是给定一个时间段），如果该方法能够在给定的时间段得到结果，那么立刻将结果返回，反之，超时返回默认结果。

前面介绍了等待/通知的经典范式，即加锁、条件循环和处理逻辑 3 个步骤，但这种范式无法做到超时等待。要想支持超时等待，只需要对经典范式做非常小的改动，改动内容如下所示。

假设超时时间段是 T，那么可以推断出在当前时间 now+T 之后就会超时。定义如下变量。

❏ 等待持续时间：REMAINING=T。

❏ 超时时间：FUTURE=now+T。

这时仅需要执行 wait(REMAINING)，在 wait(REMAINING) 返回之后将执行 REMAINING=FUTURE–now。如果 REMAINING 小于或等于 0，表示已经超时，直接退出，否则将继续执行 wait(REMAINING)。

上述描述等待超时模式的伪代码如下。

```
// 对当前对象加锁
public synchronized Object get(long mills) throws InterruptedException {
    long future = System.currentTimeMillis() + mills;
    long remaining = mills;
    // 超时大于 0 并且 result 返回值不满足要求
    while ((result == null) && remaining > 0) {
        wait(remaining);
        remaining = future - System.currentTimeMillis();
    }

    return result;
}
```

可以看出，等待超时模式就是在等待/通知的经典范式的基础上增加了超时控制，这使得该模式相比原有范式更具灵活性，因为即使方法的执行时间过长，也不会"永久"阻塞调用者，而是会按照调用者的要求"按时"返回。

1.4.2　一个简单的数据库连接池示例

我们使用等待超时模式来构造一个简单的数据库连接池，模拟从连接池中获取、使用和释放连接的过程，而客户端获取连接的过程被设定为等待超时的模式，也就是在 1000ms 内如果无法获取到可用连接，将会返回给客户端一个 null。设定连接池的大小为 10 个，然后通过调节客户端的线程数来模拟无法获取连接的场景。

首先看一下连接池的定义。它通过构造函数初始化连接的最大上限，通过一个双向队列来维护连接，调用者需要先调用 fetchConnection(long) 方法来指定在多少 ms 内超时获取连接，当连接使用完成后，需要调用 releaseConnection(Connection) 方法将连接放回线程池，示例代码如下。

```java
public class ConnectionPool {
    private LinkedList<Connection> pool = new LinkedList<Connection>();

    public ConnectionPool(int initialSize) {
        if (initialSize > 0) {
            for (int i = 0; i < initialSize; i++) {
                pool.addLast(ConnectionDriver.createConnection());
            }
        }
    }

    public void releaseConnection(Connection connection) {
        if (connection != null) {
            synchronized (pool) {
                // 连接释放后需要进行通知，这样其他消费者就能够感知到连接池中已经归还了一个连接
                pool.addLast(connection);
                pool.notifyAll();
            }
        }
    }

    // 在指定时间内无法获取到连接，将会返回 null
    public Connection fetchConnection(long mills) throws InterruptedException {
        synchronized (pool) {
            // 完全超时
            if (mills <= 0) {
                while (pool.isEmpty()) {
                    pool.wait();
                }
                return pool.removeFirst();
            } else {
                long future = System.currentTimeMillis() + mills;
                long remaining = mills;
                while (pool.isEmpty() && remaining > 0) {
                    pool.wait(remaining);
                    remaining = future - System.currentTimeMillis();
                }
                Connection result = null;
                if (!pool.isEmpty()) {
                    result = pool.removeFirst();
                }
                return result;
            }
        }
    }
}
```

　　由于 java.sql.Connection 是一个接口，最终的实现是由数据库驱动提供方来实现的，考虑到这只是个示例，我们通过动态代理构造了一个 Connection，该 Connection 的代理实现仅仅是在 commit() 方法调用时休眠 100ms，示例如下。

```
public class ConnectionDriver {
    static class ConnectionHandler implements InvocationHandler {
        public Object invoke(Object proxy, Method method, Object[] args) throws Throwable {
            if (method.getName().equals("commit")) {
                TimeUnit.MILLISECONDS.sleep(100);
            }
            return null;
        }
    }

    // 创建一个 Connection 的代理，在 commit() 方法调用时休眠 100ms
    public static final Connection createConnection() {
        return (Connection) Proxy.newProxyInstance(ConnectionDriver.class.getClassLoader(),
        new Class<?>[] { Connection.class }, new ConnectionHandler());
    }
}
```

　　下面通过一个示例来测试简易数据库连接池的工作情况。模拟客户端 ConnectionRunner 获取、使用、释放连接的过程，当它使用时将会增加获取到的连接的数量，反之，将会增加未获取到的连接的数量，示例如下。

```
public class ConnectionPoolTest {
    static ConnectionPool pool = new ConnectionPool(10);
    // 保证所有 ConnectionRunner 能够同时开始
    static CountDownLatch start = new CountDownLatch(1);
    // main 线程将会等待所有 ConnectionRunner 结束后再继续执行
    static CountDownLatch end;

    public static void main(String[] args) throws Exception {
        // 线程数量，可以修改线程数量进行观察
        int threadCount = 10;
        end = new CountDownLatch(threadCount);
        int count = 20;
        AtomicInteger got = new AtomicInteger();
        AtomicInteger notGot = new AtomicInteger();
        for (int i = 0; i < threadCount; i++) {
            Thread thread = new Thread(new ConnectionRunner(count, got, notGot),
            "ConnectionRunnerThread");
            thread.start();
        }
        start.countDown();
        end.await();
        System.out.println("total invoke: " + (threadCount * count));
        System.out.println("got connection:  " + got);
        System.out.println("not got connection " + notGot);
```

```
        }

        static class ConnectionRunner implements Runnable {
            int count;
            AtomicInteger got;
            AtomicInteger notGot;

            public ConnectionRunner(int count, AtomicInteger got, AtomicInteger notGot) {
                this.count = count;
                this.got = got;
                this.notGot = notGot;
            }

            public void run() {
                try {
                    start.await();
                } catch (Exception ex) {
                }
                while (count > 0) {
                    try {
                        // 从线程池中获取连接，如果1000ms内无法获取到，将会返回null
                        // 分别统计获取到的连接的数量got和未获取到的连接的数量notGot
                        Connection connection = pool.fetchConnection(1000);
                        if (connection != null) {
                            try {
                                connection.createStatement();
                                connection.commit();
                            } finally {
                                pool.releaseConnection(connection);
                                got.incrementAndGet();
                            }
                        } else {
                            notGot.incrementAndGet();
                        }
                    } catch (Exception ex) {
                    } finally {
                        count--;
                    }
                }
                end.countDown();
            }
        }
    }
```

上述示例中使用了 CountDownLatch 来确保 ConnectionRunnerThread 能够同时开始执行，并且在全部结束之后，才使 main 线程从等待状态中返回。当前设定的场景是 10 个线程同时运行来获取连接池（10 个连接）中的连接，通过调节线程数量来观察未获取到的连接的情况。线程数量、总获取次数、获取到的数量、未获取到的数量以及未获取到的比率如表 1-3 所示。笔者机器 CPU 为 i7-3635QM，内存为 8GB，实际输出可能与此表不同。

表 1-3　线程数量与连接获取的关系

线程数量	总获取次数	获取到的数量	未获取到的数量	未获取到的比率
10	200	200	0	0
20	400	387	13	3.25%
30	600	542	58	9.67%
40	800	700	100	12.5%
50	1000	828	172	17.2%

从表 1-3 中的数据统计可以看出，在资源一定的情况下（连接池中的 10 个连接），随着客户端线程的逐步增加，客户端出现超时无法获取连接的比率不断升高。虽然客户端线程在这种超时获取的模式下会出现连接无法获取的情况，但是它能够保证客户端线程不会一直挂在连接获取的操作上，而是"按时"返回，并告知客户端连接获取出现问题，这是系统的一种自我保护机制。数据库连接池的设计也可以复用到其他的资源获取场景，针对昂贵资源（比如数据库连接）的获取都应该进行超时限制。

1.4.3　线程池技术及其示例

服务端的程序经常面对的是客户端传入的短小任务（执行时间短、工作内容较为单一），需要快速处理并返回结果。如果服务端每次接收到一个任务就创建一个线程，然后执行，这在原型阶段是不错的选择，但是当成千上万的任务传入服务器时，如果还是采用一个任务一个线程的方式，那么将会创建数以万计的线程，这不是一个好的选择。因为这会使操作系统频繁地进行线程上下文切换，增加系统的负载，而线程的创建和消亡都是需要耗费系统资源的，也无疑造成系统资源的浪费。

线程池技术能够很好地解决这个问题，它预先创建了若干数量的线程，并设置用户不能直接对线程的创建进行控制，在这个前提下重复使用固定或较为固定数目的线程来完成任务的执行。这样做的好处是，一方面，消除了频繁创建和消亡线程的系统资源开销，另一方面，面对过量任务的提交能够平缓地劣化。

下面先看一个简单的线程池接口定义。

```java
public interface ThreadPool<Job extends Runnable> {
    // 执行一个 Job，这个 Job 需要实现 Runnable
    void execute(Job job);
    // 关闭线程池
    void shutdown();
    // 增加工作者线程
    void addWorkers(int num);
    // 减少工作者线程
    void removeWorker(int num);
    // 得到正在等待执行的任务数量
    int getJobSize();
}
```

　　客户端可以通过 execute(Job) 方法将 Job 提交进线程池执行，而客户端自身不用等待
Job 的执行完成。除了 execute(Job) 方法以外，线程池接口还提供了增加或减少工作者线程
以及关闭线程池的方法。这里工作者线程代表着一个重复执行 Job 的线程，而每个由客户端
提交的 Job 都将进入一个工作队列中等待工作者线程的处理。

　　接下来是线程池接口的默认实现，示例如下。

```java
public class DefaultThreadPool<Job extends Runnable> implements ThreadPool<Job> {
    // 线程池最大限制数
    private static final int MAX_WORKER_NUMBERS = 10;
    // 线程池默认的数量
    private static final int DEFAULT_WORKER_NUMBERS = 5;
    // 线程池最小的数量
    private static final int MIN_WORKER_NUMBERS = 1;
    // 这是一个工作列表，将会向里面插入工作
    private final LinkedList<Job> jobs = new LinkedList<>();
    // 工作者列表
    private final LinkedList<Worker> workers = new LinkedList<>();
    // 线程编号生成
    private final AtomicLong threadNum = new AtomicLong();
    // 工作者线程的数量
    private int workerNum = DEFAULT_WORKER_NUMBERS;

    public DefaultThreadPool() {
        initializeWorkers(DEFAULT_WORKER_NUMBERS);
    }

    public DefaultThreadPool(int num) {
        workerNum = num > MAX_WORKER_NUMBERS ? MAX_WORKER_NUMBERS :
            Math.max(num, MIN_WORKER_NUMBERS);
        initializeWorkers(workerNum);
    }

    public void execute(Job job) {
        if (job != null) {
            // 添加一个工作，然后进行通知
            synchronized (jobs) {
                jobs.addLast(job);
                jobs.notify();
            }
        }
    }

    public synchronized void shutdown() {
        removeWorker(workerNum);
    }

    public synchronized void addWorkers(int num) {
        // 限制新增的 Worker 数量不能超过最大值
        if (num + this.workerNum > MAX_WORKER_NUMBERS) {
```

```
                num = MAX_WORKER_NUMBERS - this.workerNum;
        }
        initializeWorkers(num);
        this.workerNum += num;
    }

    public synchronized void removeWorker(int num) {
        if (num > this.workerNum) {
            throw new IllegalArgumentException("beyond workNum");
        }
        // 按照给定的数量停止 Worker
        int count = 0;
        while (count < num) {
            workers.removeFirst().shutdown();
            count++;
        }
        this.workerNum -= count;

    }

    public int getJobSize() {
        return jobs.size();
    }

    // 初始化线程工作者
    private void initializeWorkers(int num) {
        for (int i = 0; i < num; i++) {
            Worker worker = new Worker();
            workers.addLast(worker);
            Thread thread = new Thread(worker, "ThreadPool-Worker-" + threadNum.
                incrementAndGet());
            thread.start();
        }
    }

    // 工作者，负责消费任务
    class Worker implements Runnable {
        // 是否工作
        private volatile boolean running = true;

        public void run() {
            while (running) {
                Job job = null;
                synchronized (jobs) {
                    // 如果工作者列表是空的，那么就等待
                    while (jobs.isEmpty()) {
                        try {
                            jobs.wait();
                        } catch (InterruptedException ex) {
                            // 感知到外部对 WorkerThread 的中断操作，返回
                            Thread.currentThread().interrupt();
```

```
                    return;
                }
            }
            // 取出一个 Job
            job = jobs.removeFirst();
        }
        if (job != null) {
            try {
                job.run();
            } catch (Exception ex) {
                // 忽略 Job 执行中的 Exception
            }
        }
    }
}

public void shutdown() {
    running = false;
}
    }
}
```

从线程池的实现可以看到，客户端调用 execute(Job) 方法时，会不断地向工作队列 jobs 中添加 Job，而每个工作者线程会不断地从 jobs 中取出一个 Job 并执行，当 jobs 为空时，工作者线程进入等待状态。

添加一个 Job 后，对工作队列 jobs 调用 notify() 方法，而不是 notifyAll() 方法，因为这里能够确定有工作者线程被唤醒，这时使用 notify() 方法将会比 notifyAll() 方法的开销更少（避免将等待队列中的线程全部移动到阻塞队列中）。

可以看到，线程池的本质就是使用了一个线程安全的工作队列连接工作者线程和客户端线程，客户端线程将任务放入工作队列后便返回，而工作者线程则不断地从工作队列中取出工作并执行。当工作队列为空时，所有的工作者线程均等待在工作队列上，当有客户端提交了一个任务之后会通知任意一个工作者线程，随着大量的任务被提交，更多的工作者线程会被唤醒。

1.4.4　一个基于线程池技术的简单 Web 服务器

目前的浏览器都支持多线程访问，比如在请求一个 HTML 页面的时候，页面中包含的图片资源、样式资源会被浏览器并发地获取，这样用户就不会遇到一直等到一个图片完全下载完成才能继续查看文字内容的尴尬情况。

如果 Web 服务器是单线程的，多线程的浏览器也没有用武之地，因为服务端是一个请求一个请求地顺序处理的。因此，大部分 Web 服务器都是支持并发访问的。常用的 Java Web 服务器，如 Tomcat、Jetty，在处理请求的过程中都用到了线程池技术。

下面使用前面的线程池来构造一个简单的 Web 服务器，这个 Web 服务器用来处理

HTTP 请求，目前只能处理简单的文本和 JPG 图片内容。这个 Web 服务器使用 main 线程不断地接收客户端 Socket 的连接，将连接以及请求提交给线程池处理，从而使得 Web 服务器能够同时处理多个客户端请求。

```java
public class SimpleHttpServer {
    // 处理 HttpRequest 的线程池
    static ThreadPool<HttpRequestHandler> threadPool = new DefaultThreadPool
        <HttpRequestHandler>(1);
    // SimpleHttpServer 的根路径
    static String basePath;
    static ServerSocket serverSocket;
    // 服务监听端口
    static int port = 8080;

    public static void setPort(int port) {
        if (port > 0) {
            SimpleHttpServer.port = port;
        }
    }

    public static void setBasePath(String basePath) {
        if (basePath != null && new File(basePath).exists() && new File(basePath).
        isDirectory()) {
            SimpleHttpServer.basePath = basePath;
        }
    }

    // 启动 SimpleHttpServer
    public static void start() throws Exception {
        serverSocket = new ServerSocket(port);
        Socket socket = null;
        while ((socket = serverSocket.accept()) != null) {
            // 接收一个客户端 Socket，生成一个 HttpRequestHandler，放入线程池执行
            threadPool.execute(new HttpRequestHandler(socket));
        }
        serverSocket.close();
    }

    static class HttpRequestHandler implements Runnable {
        private Socket socket;
        public HttpRequestHandler(Socket socket) {
            this.socket = socket;
        }

        @Override
        public void run() {
            String line = null;
            BufferedReader br = null;
            BufferedReader reader = null;
            PrintWriter out = null;
```

```
        InputStream in = null;
        try {
            reader = new BufferedReader(new InputStreamReader(socket.getInputStream()));
            String header = reader.readLine();
            // 由相对路径计算出绝对路径
            String filePath = basePath + header.split(" ")[1];
            out = new PrintWriter(socket.getOutputStream());
            // 如果请求资源的后缀为 jpg 或者 ico, 则读取资源并输出
            if (filePath.endsWith("jpg") || filePath.endsWith("ico")) {
                in = new FileInputStream(filePath);
                ByteArrayOutputStream baos = new ByteArrayOutputStream();
                int i = 0;
                while ((i = in.read()) != -1) {
                    baos.write(i);
                }
                byte[] array = baos.toByteArray();
                out.println("HTTP/1.1 200 OK");
                out.println("Server: Molly");
                out.println("Content-Type: image/jpeg");
                out.println("Content-Length: " + array.length);
                out.println("");
                socket.getOutputStream().write(array, 0, array.length);
            } else {
                br = new BufferedReader(new InputStreamReader(new
                FileInputStream(filePath)));
                out = new PrintWriter(socket.getOutputStream());
                out.println("HTTP/1.1 200 OK");
                out.println("Server: Molly");
                out.println("Content-Type: text/html; charset=UTF-8");
                out.println("");
                while ((line = br.readLine()) != null) {
                    out.println(line);
                }
            }
            out.flush();
        } catch (Exception ex) {
            out.println("HTTP/1.1 500");
            out.println("");
            out.flush();
        } finally {
            close(br, in, reader, out, socket);
        }
    }
}

// 关闭流或者 Socket
private static void close(Closeable... closeables) {
    if (closeables != null) {
        for (Closeable closeable : closeables) {
            try {
                closeable.close();
```

```
            } catch (Exception ex) {
            }
        }
    }
}
```

该 Web 服务器处理用户请求的时序图如图 1-4 所示。

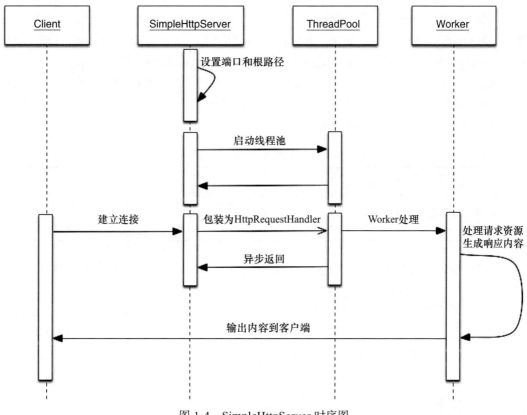

图 1-4　SimpleHttpServer 时序图

SimpleHttpServer 在建立了与客户端的连接之后，并不会处理客户端的请求，而是将其
包装成 HttpRequestHandler 并交由线程池处理。在线程池中的 Worker 处理客户端请求的同
时，SimpleHttpServer 能够继续完成后续客户端连接的建立，不会阻塞后续客户端的请求。

接下来，我们通过一个测试来认识线程池技术对服务器吞吐量的提升效果。我们准备
了一个简单的 HTML 页面，内容如下。

```
<html>
    <head>
        <title> 测试页面 </title>
    </head>
```

```
    <body align="center">
        <h1> 第一张图片 </h1>
        <img src="1.jpg" align="middle" />
        <h1> 第二张图片 </h1>
        <img src="2.jpg" align="middle" />
        <h1> 第三张图片 </h1>
        <img src="3.jpg" align="middle" />
    </body>
</html>
```

将 SimpleHttpServer 的根目录设定到该 HTML 页面所在目录，并启动 SimpleHttpServer，可以访问 http://localhost:8080/index.html 看到相应的网页。接下来通过 Apache HTTP server benchmarking tool（版本 2.3）来测试不同线程数下 SimpleHttpServer 的吞吐量。

测试场景是 5000 次请求，分 10 个线程并发执行，测试内容主要考察响应时间（越短越好）和每秒查询的数量（越多越好），测试结果如表 1-4 所示。笔者机器的 CPU 为 i7-3635QM，内存为 8GB，实际输出可能与此表不同。

表 1-4　测试结果

线程池线程数量	1	5	10
响应时间 /ms	0.352	0.246	0.163
每秒查询的数量	3 076	4 065	6 123
测试完成时间 /s	1.625	1.230	0.816

可以看到，随着线程池中线程数量的增加，SimpleHttpServer 的吞吐量不断增大，响应时间不断缩短，线程池的作用非常明显。

但是，线程池的线程数量并不是越多越好，具体的数量需要通过评估每个任务的处理时间，以及当前计算机的处理器能力和数量后再确定。使用的线程过少，无法发挥处理器的性能；使用的线程过多，将会增加系统的开销，起到相反的作用。

1.5　本章小结

本章从介绍多线程技术带来的好处开始，讲述了如何启动和终止线程以及线程的状态，详细阐述了多线程之间进行通信的基本方式和等待 / 通知的经典范式。在线程应用中，使用了等待超时、数据库连接池以及简单线程池 3 个不同的示例巩固 Java 多线程基础知识。最后通过一个简单的 Web 服务器将上述知识点串联起来，加深读者对知识点的理解。

第 2 章 | *Chapter 2*

并发编程的挑战

并发编程的目的是让程序运行得更快，但是，并不是启动更多的线程就能让程序最大限度地并发执行。在进行并发编程时，如果希望通过多线程执行任务让程序运行得更快，会面临非常多的挑战，比如上下文切换的问题、死锁的问题，以及受限于硬件和软件的资源限制问题，本章会介绍几种并发编程的挑战以及解决方案。

2.1 上下文切换

即使是单核处理器也支持多线程执行代码，CPU 可以通过给每个线程分配 CPU 时间片来实现这个机制。时间片是 CPU 分配给各个线程的时间，因为时间片非常短，所以 CPU 通过不停地切换线程执行，让我们感觉多个线程是同时执行的，时间片一般是几十毫秒（ms）。

CPU 通过时间片分配算法来循环执行任务，当前任务执行一个时间片后会切换到下一个任务。但是，在切换前会保存当前任务的状态，以便下次切换回这个任务时，可以再加载这个任务的状态。所以任务从保存到再加载的过程就是一次上下文切换。

这就像我们在读一本英文的技术书时，发现某个单词不认识，于是打开中英文字典，但是在放下英文技术书之前，大脑必须先记住这本书读到了多少页的第多少行，以便等查完单词之后，能够继续读这本书。这样的切换是会影响读书效率的，同样，上下文切换也会影响多线程的执行速度。

2.1.1 多线程一定快吗

下面的代码将演示串行和并发执行并累加操作的时间，请分析：下面的代码并发执行

一定比串行执行快吗？

```java
public class ConcurrencyTest {

    private static final long count = 10001;

    public static void main(String[] args) throws InterruptedException {
        concurrency();
        serial();
    }

    private static void concurrency() throws InterruptedException {
        long start = System.currentTimeMillis();
        Thread thread = new Thread(new Runnable() {
            @Override
            public void run() {
                int a = 0;
                for (long i = 0; i < count; i++) {
                    a += 5;
                }
            }
        });
        thread.start();
        int b = 0;
        for (long i = 0; i < count; i++) {
            b--;
        }
        thread.join();
        long time = System.currentTimeMillis() - start;
        System.out.println("concurrency :" + time+"ms,b="+b);
    }

    private static void serial() {
        long start = System.currentTimeMillis();
        int a = 0;
        for (long i = 0; i < count; i++) {
            a += 5;
        }
        int b = 0;
        for (long i = 0; i < count; i++) {
            b--;
        }
        long time = System.currentTimeMillis() - start;
        System.out.println("serial:" + time+"ms,b="+b+",a="+a);
    }

}
```

答案是"不一定"，测试结果如表 2-1 所示。

表 2-1 测试结果

循环次数	串行执行耗时 /ms	并发执行耗时	并发比串行快多少
1 亿	130	77	约 1 倍
1 千万	18	9	约 1 倍
1 百万	5	5	差不多
10 万	4	3	差不多
1 万	0	1	慢

从表 2-1 可以发现,当并发执行累加操作不超过 100 万次时,速度会比串行执行累加操作要慢。那么,为什么并发执行的速度会比串行慢呢?这是因为线程有创建和上下文切换的开销。

2.1.2 测试上下文切换次数和时长

下面我们来看看有什么工具可以度量上下文切换带来的消耗。

❑ 使用 Lmbench3[⊖]可以测量上下文切换的时长。

❑ 使用 vmstat 可以测量上下文切换的次数。

下面是利用 vmstat 测量上下文切换次数的示例。

```
$ vmstat 1
procs -----------memory---------- ---swap-- -----io---- --system-- -----cpu-----
 r  b   swpd   free   buff   cache   si   so    bi    bo   in   cs us sy id wa st
 0  0      0 127876 398928 2297092    0    0     0     4    2    2  0  0 99  0  0
 0  0      0 127868 398928 2297092    0    0     0     0  595 1171  0  1 99  0  0
 0  0      0 127868 398928 2297092    0    0     0     0  590 1180  1  0 100 0  0
 0  0      0 127868 398928 2297092    0    0     0     0  567 1135  0  1 99  0  0
```

cs(content switch)表示上下文切换的次数,从上面的测试结果中我们可以看到,上下文每 1s 切换 1000 多次。

2.1.3 如何减少上下文切换

减少上下文切换的方法有无锁并发编程、CAS 算法、使用最少线程和使用协程。

❑ 无锁并发编程。多线程竞争锁时,会引起上下文切换,所以多线程处理数据时,可以用一些办法来避免使用锁,如将数据的 ID 按照 Hash 算法取模分段,不同的线程处理不同段的数据。

❑ CAS 算法。Java 的 Atomic 包使用 CAS 算法来更新数据,而不需要加锁。

❑ 使用最少线程。避免创建不需要的线程,比如任务很少,但是创建了很多线程来处理,这样会造成大量线程都处于等待状态。

❑ 使用协程:在单线程里实现多任务的调度,并在单线程里维持多个任务间的切换。

⊖ Lmbench3 是一个性能分析工具。

2.1.4 减少上下文切换实战

本节将通过减少线上大量处于等待状态的线程，来减少上下文切换次数。

第一步：用 jstack 命令 dump 线程信息，看看 pid 为 31177 的进程里的线程都在做什么。

```
sudo -u admin /opt/ifeve/java/bin/jstack 31177 > /home/tengfei.fangtf/dump17
```

第二步：统计所有线程分别处于什么状态，发现有 305 个线程处于 WAITING（onobject-monitor）状态。

```
[tengfei.fangtf@ifeve ~ ]$ grep java.lang.Thread.State dump17 | awk '{print $2$3$4$5}'
   | sort | uniq -c
 39 RUNNABLE
 21 TIMED_WAITING(onobjectmonitor)
 6 TIMED_WAITING(parking)
 51 TIMED_WAITING(sleeping)
 305 WAITING(onobjectmonitor)
 3 WAITING(parking)
```

第三步：打开 dump 文件查看处于 WAITING（onobjectmonitor）状态的线程在做什么，发现这些线程基本全是 JBOSS 的工作线程，说明 JBOSS 线程池里线程接收到的任务太少，大量线程都闲着。

```
"http-0.0.0.0-7001-97" daemon prio=10 tid=0x000000004f6a8000 nid=0x555e in
    Object.wait() [0x0000000052423000]
java.lang.Thread.State: WAITING (on object monitor)
at java.lang.Object.wait(Native Method)
- waiting on <0x00000007969b2280> (a org.apache.tomcat.util.net.AprEndpoint$Worker)
at java.lang.Object.wait(Object.java:485)
at org.apache.tomcat.util.net.AprEndpoint$Worker.await(AprEndpoint.java:1464)
- locked <0x00000007969b2280> (a org.apache.tomcat.util.net.AprEndpoint$Worker)
at org.apache.tomcat.util.net.AprEndpoint$Worker.run(AprEndpoint.java:1489)
at java.lang.Thread.run(Thread.java:662)
```

第四步：减少 JBOSS 的工作线程数，找到 JBOSS 的线程池配置信息，将 maxThreads 降到 100。

```
<maxThreads="250" maxHttpHeaderSize="8192"
 emptySessionPath="false" minSpareThreads="40" maxSpareThreads="75"
    maxPostSize="512000" protocol="HTTP/1.1"
 enableLookups="false" redirectPort="8443" acceptCount="200" bufferSize="16384"
 connectionTimeout="15000" disableUploadTimeout="false" useBodyEncodingForURI=
    "true">
```

第五步：重启 JBOSS，再 dump 线程信息，然后统计处于 WAITING（onobjectmonitor）状态的线程，发现减少了 175 个。WAITING 状态的线程少了，系统上下文切换的次数就会少，因为每一次从 WAITTING 状态到 RUNNABLE 状态都会进行一次上下文的切换。读者也可以使用 vmstat 命令测试一下。

```
[tengfei.fangtf@ifeve ~ ]$ grep java.lang.Thread.State dump17 | awk '{print $2$3$4$5}'
    | sort | uniq -c
 44 RUNNABLE
 22 TIMED_WAITING(onobjectmonitor)
 9 TIMED_WAITING(parking)
 36 TIMED_WAITING(sleeping)
 130 WAITING(onobjectmonitor)
 1  WAITING(parking)
```

2.2　死锁

锁是一个非常有用的工具，运用场景非常多，因为它使用起来非常简单，而且易于理解。但它也会带来一些困扰，那就是可能会引起死锁，一旦产生死锁，就会造成系统功能不可用。我们先来看一段代码，这段代码会引起死锁，使线程 t1 和线程 t2 互相等待对方释放锁。

```java
public class DeadLockDemo {

    private static String A = "A";
    private static String B = "B";

    public static void main(String[] args) {

        new DeadLockDemo().deadLock();
    }

    private void deadLock() {
        Thread t1 = new Thread(new Runnable() {
            @Override
            publicvoid run() {
                synchronized (A) {
                    try { Thread.currentThread().sleep(2000);
                    } catch (InterruptedException e) {
                        e.printStackTrace();
                    }
                    synchronized (B) {
                        System.out.println("1");
                    }
                }
            }
        });

        Thread t2 = new Thread(new Runnable() {
            @Override
            publicvoid run() {
                synchronized (B) {
                    synchronized (A) {
```

```
                    System.out.println("2");
                }
            }
        }
    });

    t1.start();
    t2.start();
}

}
```

这段代码只是演示死锁的场景，在现实中你可能不会写出这样的代码。但是，在一些更为复杂的场景中，你可能会遇到这样的问题，比如 t1 拿到锁之后，因为一些异常情况没有释放锁（死循环）；再如 t1 拿到一个数据库锁，释放锁的时候抛出了异常，没释放掉。

一旦出现死锁，业务是可感知的，因为不能继续提供服务了，所以只能通过 dump 线程查看到底是哪个线程出现了问题。以下线程信息告诉我们是 DeadLockDemo 类的第 42 行和第 31 行引起的死锁。

```
"Thread-2" prio=5 tid=7fc0458d1000 nid=0x116c1c000 waiting for monitor entry [116c1b000]
    java.lang.Thread.State: BLOCKED (on object monitor)
        at com.ifeve.book.forkjoin.DeadLockDemo$2.run(DeadLockDemo.java:42)
        - waiting to lock <7fb2f3ec0> (a java.lang.String)
        - locked <7fb2f3ef8> (a java.lang.String)
        at java.lang.Thread.run(Thread.java:695)

"Thread-1" prio=5 tid=7fc0430f6800 nid=0x116b19000 waiting for monitor entry [116b18000]
    java.lang.Thread.State: BLOCKED (on object monitor)
        at com.ifeve.book.forkjoin.DeadLockDemo$1.run(DeadLockDemo.java:31)
        - waiting to lock <7fb2f3ef8> (a java.lang.String)
        - locked <7fb2f3ec0> (a java.lang.String)
        at java.lang.Thread.run(Thread.java:695)
```

现在我们介绍避免死锁的几种常见方法。

❑ 避免一个线程同时获取多个锁。

❑ 避免一个线程在锁内同时占用多个资源，尽量保证每个锁只占用一个资源。

❑ 尝试使用定时锁，使用 lock.tryLock（timeout）来替代内部锁机制。

❑ 对于数据库锁，加锁和解锁必须在一个数据库连接里，否则会出现解锁失败的情况。

2.3 资源限制的挑战

（1）什么是资源限制

资源限制是指在进行并发编程时，程序的执行速度受限于计算机硬件资源或软件资源。例如，服务器的带宽只有 2Mb/s，某个资源的下载速度是 1Mb/s，系统启动 10 个线程下载资源，下载速度不会变成 10Mb/s，所以在进行并发编程时，要考虑这些资源的限制。硬件资源限制有带宽的上传 / 下载速度、硬盘读写速度和 CPU 的处理速度。软件资源限制有数据库的连接数和 Socket 连接数等。

（2）资源限制引发的问题

在并发编程中，加快代码执行速度的原则是将代码中串行执行的部分变成并发执行，但是如果设置某段串行的代码并发执行，受限于资源，代码仍然在串行执行，这时候程序不仅不会加快执行，反而会更慢，因为增加了上下文切换和资源调度的时间。例如，之前看到一段程序使用多线程在办公网并发下载和处理数据时，导致 CPU 利用率达到 100%，几个小时都不能运行完成任务，后来修改成单线程，一个小时就执行完成了。

（3）如何解决资源限制的问题

对于硬件资源限制，可以考虑使用集群并行执行程序。既然单机的资源有限，那么就让程序在多机上运行。比如使用 ODPS、Hadoop 或者自己搭建服务器集群，让不同的机器处理不同的数据。可以通过"数据 ID% 机器数"计算得到一个机器编号，然后由对应编号的机器处理这笔数据。

对于软件资源限制，可以考虑使用资源池复用资源。比如使用连接池将数据库和 Socket 连接复用，或者在调用对方 WebService 接口获取数据时只建立一个连接。

（4）在资源限制情况下进行并发编程

如何在资源限制的情况下，让程序执行得更快呢？方法就是，根据不同的资源限制调整程序的并发度，比如下载文件程序依赖于两个资源——带宽和硬盘读写速度。有数据库操作时，涉及数据库连接数，如果 SQL 语句执行非常快，而线程的数量比数据库连接数大很多，则某些线程会被阻塞，等待数据库连接。

2.4　本章小结

本章介绍了在进行并发编程时大家可能会遇到的几个挑战，并给出了一些解决方案。有的并发程序写得不严谨，在并发下如果出现问题，定位起来会比较耗时和棘手。所以，强烈建议 Java 开发工程师多使用 JDK 并发包提供的并发容器和工具类来解决并发问题，因为这些类都已经通过了充分的测试和优化，可解决本章提到的几个挑战。

Chapter 3 第 3 章

Java 并发机制的底层实现原理

Java 代码在编译后会变成 Java 字节码，字节码被类加载器加载到 JVM 里，JVM 执行字节码，最终转化为汇编指令在 CPU 上执行。Java 中使用的并发机制依赖于 JVM 的实现和 CPU 的指令。本章我们将一起探索下 Java 并发机制的底层实现原理。

3.1　volatile 的应用

在多线程并发编程中 synchronized 和 volatile 都扮演着重要的角色，volatile 是轻量级的 synchronized，它在多处理器开发中保证了共享变量的"可见性"。可见性是指当一个线程修改一个共享变量时，另外一个线程能读到这个修改的值。如果 volatile 变量修饰符使用恰当的话，它的使用和执行成本比 synchronized 更低，因为它不会引起线程上下文的切换和调度。本文将深入分析 Intel 处理器是如何在硬件层面上实现 volatile 的，进而帮助读者正确地使用 volatile 变量。

我们先从了解 volatile 的定义开始。

1. volatile 的定义与实现原理

Java 语言规范第 3 版中对 volatile 的定义如下：Java 编程语言允许线程访问共享变量，为了确保共享变量能被准确和一致地更新，线程应该确保通过排他锁单独获得这个变量。Java 语言提供了 volatile，在某些情况下它比锁更方便。如果一个字段被声明成 volatile，那么 Java 线程内存模型将确保所有线程看到这个变量的值是一致的。

在了解 volatile 的实现原理之前，我们先来看一下与其实现原理相关的 CPU 术语与说明。表 3-1 是 CPU 术语的定义。

表 3-1　CPU 的术语定义

术语	英文单词	术语描述
内存屏障	memory barrier	是一组处理器指令，用于实现对内存操作的顺序限制
缓冲行	cache line	CPU 高速缓存中可以分配的最小存储单位。处理器填写缓存行时会加载整个缓存行，现代 CPU 需要执行几百次 CPU 指令
原子操作	atomic operation	不可中断的一个或一系列操作
缓存行填充	cache line fill	当处理器识别到从内存中读取的操作数可缓存时，处理器将读取整个高速缓存行到适当的缓存（L1、L2、L3 或所有）
缓存命中	cache hit	如果进行高速缓存行填充操作的内存位置仍然是下次处理器访问的地址时，处理器将从缓存中读取操作数，而不是从内存读取
写命中	write hit	当处理器将操作数写回到一个内存缓存的区域时，它首先会检查这个缓存的内存地址是否在缓存行中，如果存在一个有效的缓存行，则处理器将这个操作数写回到缓存，而不是写回到内存，这个操作被称为写命中
写缺失	write misses the cache	一个有效的缓存行被写入不存在的内存区域

volatile 是如何来保证可见性的呢？让我们在 X86 处理器下通过工具获取 JIT 编译器生成的汇编指令来查看对 volatile 进行写操作时，CPU 会做什么事情。

Java 代码如下。

```
instance = new Singleton();        // instance 是 volatile 变量
```

转变成汇编代码，如下。

```
0x01a3de1d: movb $0×0,0×1104800(%esi);0x01a3de24: lock addl $0×0,(%esp);
```

有 volatile 变量修饰的共享变量进行写操作的时候会多出第二行汇编代码，通过查《 IA-32 架构软件开发人员手册》可知，有 lock 前缀的指令在多核处理器下会引发了两件事情[○]。

1）将当前处理器缓存行的数据写回到系统内存。

2）这个写回内存的操作会使其他缓存了该内存地址的 CPU 里的数据无效。

为了提高处理速度，处理器不直接和内存进行通信，而是先将系统内存的数据读到内部缓存（L1、L2 或其他）后再进行操作，但操作完不知道何时会写到内存。如果对声明了 volatile 的变量进行写操作，JVM 就会向处理器发送一条有 lock 前缀的指令，将这个变量所在缓存行的数据写回到系统内存。但是，就算写回到内存，如果其他处理器缓存的值还是旧的，再执行计算操作就会有问题。所以，在多处理器下，为了保证各个处理器的缓存是一致的，就会实现缓存一致性协议。每个处理器通过嗅探在总线上传播的数据来检查自己缓存的值是不是过期了，当处理器发现自己缓存行对应的内存地址被修改后，它就会将当前处理器的缓存行设置成无效状态，当处理器对这个数据进行修改操作的时候，会重新从系统内存中把数据读到处理器缓存里。

○　这两件事情在《 IA-32 架构软件开发人员手册》第 3 卷的多处理器管理章节（第 8 章）中有详细阐述。

下面具体讲解 volatile 的两条实现原则。

1）lock 前缀指令会引起处理器缓存回写到内存。lock 前缀指令导致在执行指令期间，声言处理器的 LOCK# 信号。在多处理器环境中，LOCK# 信号确保在声言该信号期间，处理器可以独占任何共享内存[⊖]。但是，在最近的处理器里，LOCK #信号一般不锁总线，而是锁缓存，毕竟锁总线的开销比较大。对于 Intel486 和 Pentium 处理器，在锁操作时，总是在总线上声言 LOCK# 信号。但在 P6 和目前的处理器中，如果访问的内存区域已经缓存在处理器内部，则不会声言 LOCK# 信号。相反，它会锁定这块内存区域的缓存并回写到内存，同时使用缓存一致性机制来确保修改的原子性，此操作被称为"缓存锁定"。缓存一致性机制会阻止同时修改由两个以上处理器缓存的内存区域数据。

2）一个处理器的缓存回写到内存会导致其他处理器的缓存无效。IA-32 处理器和 Intel 64 处理器使用 MESI（修改、独占、共享、无效）控制协议去维护内部缓存和其他处理器缓存的一致性。在多核处理器系统中进行操作的时候，IA-32 和 Intel 64 处理器能嗅探其他处理器访问系统内存和它们的内部缓存。处理器使用嗅探技术保证它的内部缓存、系统内存和其他处理器的缓存的数据在总线上的一致性。例如，在 Pentium 和 P6 family 处理器中，如果通过嗅探一个处理器来检测其他处理器打算写内存地址，而这个地址当前处于共享状态，那么正在嗅探的处理器将使它的缓存行无效，在下次访问相同内存地址时，强制执行缓存行填充。

2. volatile 的使用优化

著名的 Java 并发编程大师 Doug Lea 在 JDK 7 的并发包里新增了一个队列集合类 Linked-TransferQueue，它在使用 volatile 变量时，用一种追加字节的方式来优化队列出队和入队的性能。LinkedTransferQueue 的代码如下。

```
/** 队列中的头部节点 */
private transient final PaddedAtomicReference<QNode> head;
/** 队列中的尾部节点 */
private transient final PaddedAtomicReference<QNode> tail;
static final class PaddedAtomicReference <T> extends AtomicReference <T> {
    // 使用很多 4 个字节的引用追加到 64 个字节
    Object p0, p1, p2, p3, p4, p5, p6, p7, p8, p9, pa, pb, pc, pd, pe;
    PaddedAtomicReference(T r) {
        super(r);
    }
}
public class AtomicReference <V> implements java.io.Serializable {
    private volatile V value;
    // 省略其他代码
}
```

追加字节能优化性能吗？这种方式看起来很神奇，但如果深入理解处理器架构就能发现其中的奥秘。我们先来看看 LinkedTransferQueue 这个类，它使用一个内部类来定义

⊖ 因为它会锁住总线，导致其他 CPU 不能访问总线，不能访问总线就意味着不能访问系统内存。

队列的头节点（head）和尾节点（tail），而这个内部类 PaddedAtomicReference 相对于父类 AtomicReference 只做了一件事情，就是将共享变量追加到 64 字节。我们可以来计算一下，一个对象的引用占 4 字节，它追加了 15 个变量（共占 60 字节），再加上父类的 value 变量，一共 64 字节。

为什么追加 64 字节能够提高并发编程的效率呢？ 因为英特尔酷睿 i7、酷睿、Atom 和 NetBurst，以及 Core Solo 和 Pentium M 处理器的 L1、L2 或 L3 缓存的高速缓存行是 64 字节，不支持部分填充缓存行，这意味着，如果队列的头节点和尾节点都不足 64 字节时，处理器会将它们都读到同一个高速缓存行中，在多处理器下每个处理器都会缓存同样的头、尾节点，当一个处理器试图修改头节点时，会将整个缓存行锁定，那么在缓存一致性机制的作用下，这会导致其他处理器不能访问自己高速缓存中的尾节点，而队列的入队和出队操作则需要不停修改头节点和尾节点，所以在多处理器的情况下将会严重影响到队列的入队和出队效率。Doug lea 使用追加到 64 字节的方式来填满高速缓冲区的缓存行，避免头节点和尾节点加载到同一个缓存行，使头、尾节点在修改时不会互相锁定。

那么是不是在使用 volatile 变量时都应该追加到 64 字节呢？ 不是的。在两种场景下不应该使用这种方式。

- ❑ **缓存行非 64 字节宽的处理器。** 如 P6 系列和奔腾处理器，它们的 L1 和 L2 高速缓存行是 32 字节宽。
- ❑ **共享变量不会被频繁地写。** 因为使用追加字节的方式需要处理器读取更多的字节到高速缓冲区，这本身就会带来一定的性能消耗，如果共享变量不被频繁写的话，锁的概率也非常小，就不需要通过追加字节的方式来避免相互锁定。

不过这种追加字节的方式在 Java 7 下可能不生效，因为 Java 7 会淘汰或重新排列无用字段，需要使用其他追加字节的方式。除了 volatile，Java 并发编程中应用较多的是 synchronized，下面一起来看一下。

3.2　synchronized 的实现原理与应用

在多线程并发编程中 synchronized 一直是元老级角色，很多人都会称呼它为重量级锁。但是，随着 Java SE 1.6 对 synchronized 进行了各种优化之后，有些情况下它就不那么重了。本文详细介绍 Java SE 1.6 为了减少获取锁和释放锁带来的性能消耗而引入的偏向锁和轻量级锁，以及锁的存储结构和升级过程。

先来看一下利用 synchronized 实现同步的基础：Java 中的每一个对象都可以作为锁。具体表现为以下 3 种形式。

- ❑ 对于普通同步方法，锁是当前实例对象。
- ❑ 对于静态同步方法，锁是当前类的 Class 对象。
- ❑ 对于同步方法块，锁是 Synchonized 括号里配置的对象。

当一个线程试图访问同步代码块时，它首先必须得到锁，退出或抛出异常时必须释放锁。那么锁到底存在哪里呢？锁里面会存储什么信息呢？

从 JVM 规范中可以看到 Synchonized 在 JVM 里的实现原理，JVM 基于进入和退出 Monitor 对象来实现代码块同步和方法同步，但两者的实现细节不一样。代码块同步是使用 monitorenter 和 monitorexit 指令实现的。方法同步是使用另外一种方式实现的，细节在 JVM 规范里并没有详细说明，但是，方法同步同样可以使用这两个指令来实现。

monitorenter 指令是在编译后插入到同步代码块的开始位置，而 monitorexit 是插入到方法结束处和异常处，JVM 要保证每个 monitorenter 必须有对应的 monitorexit 与之配对。任何对象都有一个 monitor 与之关联，当且一个 monitor 被持有后，它将处于锁定状态。线程执行到 monitorenter 指令时，将会尝试获取对象所对应的 monitor 的所有权，即尝试获得对象的锁。

3.2.1　Java 对象头

synchronized 用的锁是存在 Java 对象头里的。如果对象是数组类型，则虚拟机用 3 字（Word）宽存储对象头，如果对象是非数组类型，则用 2 字宽存储对象头。在 32 位虚拟机中，1 字宽等于 4 字节，即 32 位，如表 3-2 所示。

表 3-2　Java 对象头的长度

长　　度	内　　容	说　　明
32/64 位	Mark Word	存储对象的 hashCode 或锁信息等
32/64 位	Class Metadata Address	存储到对象类型数据的指针
32/32 位	Array length	数组的长度（如果当前对象是数组）

Java 对象头的 Mark Word 里默认存储对象的 HashCode、分代年龄、是不是偏向锁和锁标记位。32 位 JVM 的 Mark Word 的默认存储结构如表 3-3 所示。

表 3-3　32 位 Mark Word 的存储结构

锁状态	25 位	4 位	1 位是不是偏向锁	2 位锁标志位
无锁状态	对象的 hashCode	对象分代年龄	0	01

在运行期间，Mark Word 里存储的数据会随着锁标志位的变化而变化，如表 3-4 所示。

表 3-4　Mark Word 的状态变化

锁状态	25 位		4 位	1 位	2 位
	23 位	2 位		是不是偏向锁	锁标志位
轻量级锁	指向栈中锁记录的指针				00
重量级锁	指向互斥量（重量级锁）的指针				10
GC 标记	空				11
偏向锁	线程 ID	Epoch	对象分代年龄	1	01

在 64 位虚拟机下，Mark Word 是 64 位，其存储结构如表 3-5 所示。

表 3-5　64 位 Mark Word 的存储结构

锁状态	25 位	31 位	1 位	4 位	1 位	2 位
			cms_free	分代年龄	偏向锁	锁标志位
无锁	unused	hashCode			0	01
偏向锁	ThreadID(54bit) Epoch(2bit)				1	01

3.2.2　锁的升级与对比

Java SE 1.6 为了减少获取锁和释放锁带来的性能消耗，引入了"偏向锁"和"轻量级锁"。在 Java SE 1.6 中，锁一共有 4 种状态，级别从低到高依次是：无锁状态、偏向锁状态、轻量级锁状态和重量级锁状态，这几个状态会随着竞争情况逐渐升级。锁可以升级但不能降级，这意味着偏向锁升级成轻量级锁后不能降级成偏向锁。这种策略的目的是提高获取锁和释放锁的效率，下文会详细分析。

1. 偏向锁

HotSpot[⊖]的作者经过研究发现，大多数情况下，锁不仅不存在多线程竞争，而且总是由同一线程多次获得，所以为了让线程获取锁的代价更低而引入了偏向锁。当一个线程访问同步块并获取锁时，会在对象头和栈帧中的锁记录里存储锁偏向的线程 ID，以后该线程在进入和退出同步块时不需要进行 CAS 操作来加锁和解锁，只需简单地测试一下对象头的 Mark Word 里是否存储着指向当前线程的偏向锁。如果测试成功，表示线程已经获得了锁。如果测试失败，则需要再测试一下 Mark Word 中偏向锁的标识是否设置成 1（表示当前是偏向锁）：如果没有设置，则使用 CAS 竞争锁；如果设置了，则尝试使用 CAS 将对象头的偏向锁指向当前线程。

（1）偏向锁的撤销

偏向锁使用了一种等到竞争出现才释放锁的机制，所以当其他线程尝试竞争偏向锁时，持有偏向锁的线程才会释放锁。偏向锁的撤销，需要等待全局安全点（在这个时间点上没有正在执行的字节码）。它会首先暂停拥有偏向锁的线程，然后检查持有偏向锁的线程是否活着，如果线程不处于活动状态，则将对象头设置成无锁状态；如果线程仍然活着，拥有偏向锁的栈会被执行，遍历偏向对象的锁记录，栈中的锁记录和对象头的 Mark Word 要么重新偏向于其他线程，要么恢复到无锁或者标记对象不适合作为偏向锁，最后唤醒暂停的线程。图 3-1 中的线程 1 演示了偏向锁初始化的流程，线程 2 演示了偏向锁撤销的流程。

⊖　本节一些内容参考了 HotSpot 源码、对象头源码 markOop.hpp、偏向锁源码 biasedLocking.cpp，以及其他源码 ObjectMonitor.cpp 和 BasicLock.cpp。

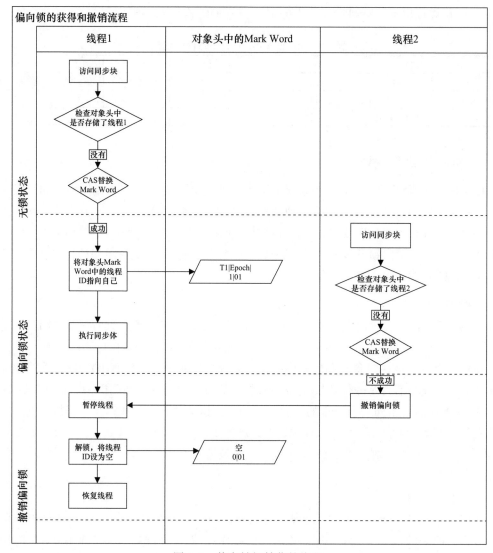

图 3-1　偏向锁初始化的流程

（2）关闭偏向锁

偏向锁在 Java 6 和 Java 7 里是默认启用的，但是它在应用程序启动几秒之后才激活，如有必要可以使用 JVM 参数来关闭延迟：-XX:BiasedLockingStartupDelay=0。如果你确定应用程序里所有的锁通常情况下处于竞争状态，可以通过 JVM 参数关闭偏向锁：-XX:-UseBiasedLocking=false，那么程序默认会进入轻量级锁状态。

2. 轻量级锁

（1）轻量级锁加锁

在线程执行同步块之前，JVM 会先在当前线程的栈桢中创建用于存储锁记录的空间，并将对象头中的 Mark Word 复制到锁记录中，官方称为 Displaced Mark Word。然后线程尝试使用 CAS 将对象头中的 Mark Word 替换为指向锁记录的指针。如果成功，当前线程获取锁，如果失败，表示其他线程在竞争锁，当前线程便尝试使用自旋来获取锁。

（2）轻量级锁解锁

轻量级解锁时，会使用原子的 CAS 操作将 Displaced Mark Word 替换回对象头，如果成功，则表示没有竞争发生。如果失败，表示当前锁存在竞争，锁就会膨胀成重量级锁。图 3-2 是两个线程同时争夺锁，导致锁膨胀的流程图。

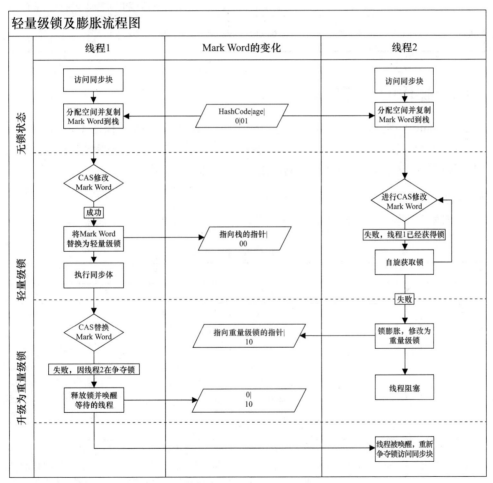

图 3-2　两个线程争夺锁导致锁膨胀的流程图

因为自旋会消耗 CPU，为了避免无用的自旋（比如获取锁的线程被阻塞住了），一旦锁升级成重量级锁，就不会再恢复到轻量级锁状态。当锁处于这个状态下，其他线程试图获取锁时，都会被阻塞住，当持有锁的线程释放锁之后会唤醒这些线程，被唤醒的线程就会进行新一轮的夺锁之争。

3. 锁的优缺点对比

表 3-6 是锁的优缺点的对比。

表 3-6 锁的优缺点的对比

锁	优　点	缺　点	适用场景
偏向锁	加锁和解锁不需要额外的消耗，和执行非同步方法相比仅存在纳秒级的差距	如果线程间存在锁竞争，会带来额外的锁撤销的消耗	适用于只有一个线程访问同步块的场景
轻量级锁	竞争的线程不会阻塞，程序的响应速度变快	如果始终得不到锁竞争的线程，使用自旋会消耗 CPU	追求响应时间 同步块执行速度非常快
重量级锁	线程竞争不使用自旋，不会消耗 CPU	线程阻塞，响应时间变长	追求吞吐量 同步块执行速度较慢

3.3　原子操作的实现原理

原子（atomic）本意是"不能被进一步分割的最小粒子"，而原子操作（atomic operation）意为"不可被中断的一个或一系列操作"。在多处理器上实现原子操作就变得有点复杂。下面我们一起来聊一聊如何在 Intel 处理器和 Java 里实现原子操作。

1. 术语定义

在了解原子操作的实现原理前，先要了解一下相关的 CPU 术语，如表 3-7 所示。

表 3-7　CPU 术语定义

术语名称	英　文	解　释
缓存行	cache line	缓存的最小操作单位
比较并交换	compare and swap	CAS 操作需要输入两个数值，一个旧值（期望操作前的值）和一个新值，在操作期间先比较旧值有没有发生变化，如果没有发生变化，则交换成新值，如果发生了变化则不交换
CPU 流水线	CPU pipeline	CPU 流水线的工作方式就像工业生产上的装配流水线，在 CPU 中由 5 ～ 6 个不同功能的电路单元组成一条指令处理流水线，然后将一条 X86 指令分成 5 ～ 6 步后再由这些电路单元分别执行，这样就能实现在一个 CPU 时钟周期完成一条指令，进而提高 CPU 的运算速度
内存顺序冲突	memory order violation	内存顺序冲突一般是由假共享引起的，假共享是指多个 CPU 同时修改同一个缓存行的不同部分而引起其中一个 CPU 的操作无效，当出现这个内存顺序冲突时，CPU 必须清空流水线

2. 处理器如何实现原子操作

32 位 IA-32 处理器使用基于对缓存加锁或总线加锁的方式来实现多处理器之间的原子操作。首先处理器会自动保证基本的内存操作的原子性。处理器保证从系统内存中读取或者写入一个字节是原子的，意思是当一个处理器读取一个字节时，其他处理器不能访问这个字节的内存地址。Pentium 6 和最新的处理器能自动保证单处理器对同一个缓存行里进行 16/32/64 位的操作是原子的，但是复杂的内存操作处理器是不能自动保证其原子性的，比如跨总线宽度、跨多个缓存行和跨页表的访问。因此，处理器提供总线锁定和缓存锁定两个机制来保证复杂内存操作的原子性。

（1）使用总线锁定保证原子性

第一个机制是通过总线锁定保证原子性。如果多个处理器同时对共享变量进行读改写操作（i++ 就是经典的读改写操作），那么共享变量就会被多个处理器同时操作，这样读改写操作就不是原子的，操作完之后共享变量的值会和期望的不一致。举个例子，如果 i=1，我们进行两次 i++ 操作，期望的结果是 3，但是结果有可能是 2，如图 3-3 所示。

原因可能是多个处理器同时从各自的缓存中读取变量 i，分别进行加 1 操作，然后分别写入系统内存中。那么，想要保证读改写共享变量的操作是原子的，就必须保证 CPU1 读改写共享变量的时候，CPU2 不能操作缓存了该共享变量内存地址的缓存。

处理器使用总线锁定来解决这个问题。所谓总线锁定就是使用处理器提供的一个 LOCK # 信号，当一个处理器在总线上输出此信号时，其他处理器的请求将被阻塞住，该处理器可以独占共享内存。

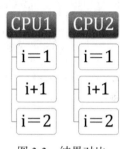

图 3-3　结果对比

（2）使用缓存锁定保证原子性

第二个机制是通过缓存锁定来保证原子性。在同一时刻，我们保证对某个内存地址的操作是原子性即可，但总线锁定把 CPU 和内存之间的通信锁住了，这使得锁定期间，其他处理器不能操作其他内存地址的数据，所以总线锁定的开销比较大，目前处理器在某些场合下使用缓存锁定代替总线锁定来进行优化。

频繁使用的内存会缓存在处理器的 L1、L2 和 L3 高速缓存里，那么原子操作就可以直接在处理器内部缓存中进行，并不需要声明总线锁定，在 Pentium 6 和目前的处理器中可以使用“缓存锁定”的方式来实现复杂的原子性。所谓“缓存锁定”是指内存区域如果被缓存在处理器的缓存行中，并且在 Lock 操作期间被锁定，那么当它执行锁操作回写到内存时，处理器不在总线上声言 LOCK # 信号，而是修改内部的内存地址，并允许它的缓存一致性机制来保证操作的原子性。缓存一致性机制会阻止同时修改由两个以上处理器缓存的内存区域数据，当其他处理器回写已被锁定的缓存行的数据时，会使缓存行无效。在如图 3-3 所示的例子中，当 CPU1 使用了缓存锁定修改缓存行中的 i 时，那么 CPU2 就不能同时缓存 i 的缓存行。

但是在两种情况下处理器不会使用缓存锁定。

第一种情况是：当操作的数据不能被缓存在处理器内部，或操作的数据跨多个缓存行时，处理器会调用总线锁定。

第二种情况是：有些处理器不支持缓存锁定。对于 Intel 486 和 Pentium 处理器，就算锁定的内存区域在处理器的缓存行中也会调用总线锁定。

针对以上两个机制，我们通过 Intel 处理器提供的很多 lock 前缀的指令来实现。例如，位测试和修改指令 BTS、BTR、BTC，交换指令 XADD、CMPXCHG，以及其他一些操作数和逻辑指令（如 ADD、OR）等，被这些指令操作的内存区域会加锁，导致其他处理器不能同时访问它。

3. Java 如何实现原子操作

在 Java 中可以通过**循环 CAS** 和**锁**的方式来实现原子操作。

（1）使用循环 CAS 实现原子操作

JVM 中的 CAS 操作正是利用了处理器提供的 CMPXCHG 指令实现的。自旋 CAS 实现的基本思路就是循环进行 CAS 操作直到成功为止。以下代码实现了一个基于 CAS 线程安全的计数器方法 safeCount 和一个非线程安全的计数器 count。

```java
public class Counter {
private AtomicInteger atomicI = new AtomicInteger(0);
    private int i = 0;
    public static void main(String[] args) {
        final Counter cas = new Counter();
        List<Thread> ts = new ArrayList<Thread>(600);
        long start = System.currentTimeMillis();
        for (int j = 0; j < 100; j++) {
            Thread t = new Thread(new Runnable() {
                @Override
                public void run() {
                    for (int i = 0; i < 10000; i++) {
                        cas.count();
                        cas.safeCount();
                    }
                }
            });
            ts.add(t);
        }
        for (Thread t : ts) {
            t.start();

        }
        // 等待所有线程执行完成
        for (Thread t : ts) {
            try {
                t.join();
            } catch (InterruptedException e) {
                e.printStackTrace();
            }

        }
        System.out.println(cas.i);
        System.out.println(cas.atomicI.get());
        System.out.println(System.currentTimeMillis() - start);
    }
```

```
/**               * 使用 CAS 实现线程安全计数器               */
private void safeCount() {
    for (;;) {
        int i = atomicI.get();
        boolean suc = atomicI.compareAndSet(i, ++i);
        if (suc) {
            break;
        }
    }
}
/**
 * 非线程安全计数器
 */
private void count() {
    i++;
}
}
```

从 Java 1.5 开始，JDK 的并发包里提供了一些类来支持原子操作，如 AtomicBoolean（用原子方式更新的 boolean 值）、AtomicInteger（用原子方式更新的 int 值）和 AtomicLong（用原子方式更新的 long 值）。这些原子包装类还提供了有用的工具方法，比如以原子的方式将当前值自增 1 和自减 1。

（2）CAS 实现原子操作的三大问题

Java 并发包中的一些并发框架也使用了自旋 CAS 的方式来实现原子操作，比如 LinkedTransferQueue 类的 Xfer 方法。CAS 虽然很高效地实现了原子操作，但是 CAS 仍然存在三大问题：ABA 问题，循环时间长开销大，以及只能保证一个共享变量的原子操作。

1）ABA 问题。因为 CAS 需要在操作值的时候，检查值有没有发生变化，如果没有发生变化则更新，但是如果一个值原来是 A，变成了 B，又变成了 A，那么使用 CAS 检查时会发现它的值没有发生变化，但是实际上却变化了。ABA 问题的解决思路是使用版本号。在变量前面追加版本号，每次变量更新的时候把版本号加 1，那么 A → B → A 就会变成 1A → 2B → 3A。从 Java 1.5 开始，JDK 的 Atomic 包里提供了一个类 AtomicStampedReference 来解决 ABA 问题。这个类的 compareAndSet 方法的作用是首先检查当前引用是否等于预期引用，并且检查当前标志是否等于预期标志，如果全部相等，则以原子方式将该引用和该标志的值设置为给定的更新值。

```
public boolean compareAndSet(
    V        expectedReference,    // 预期引用
    V        newReference,         // 更新后的引用
    int      expectedStamp,        // 预期标志
    int      newStamp              // 更新后的标志
)
```

2）循环时间长开销大。自旋 CAS 如果长时间不成功，会给 CPU 带来非常大的执行开销。如果 JVM 能支持处理器提供的 pause 指令，那么效率会有一定的提升。pause 指令有两

个作用:第一,它可以延迟流水线执行指令(de-pipeline),使 CPU 不会消耗过多的执行资源,延迟的时间取决于具体实现的版本,在一些处理器上延迟时间是零;第二,它可以避免在退出循环的时候因内存顺序冲突(Memory Order Violation)而引起 CPU 流水线被清空(CPU Pipeline Flush),从而提高 CPU 的执行效率。

3)**只能保证一个共享变量的原子操作**。当对一个共享变量操作时,我们可以使用循环 CAS 的方式来保证原子操作,但是当对多个共享变量操作时,循环 CAS 就无法保证操作的原子性,这时就可以用锁。还有一个取巧的办法,就是把多个共享变量合并成一个共享变量来操作。比如,有两个共享变量 i=2,j=a,合并一下 ij=2a,然后用 CAS 来操作 ij。从 Java 1.5 开始,JDK 提供了 AtomicReference 类来保证引用对象之间的原子性,可以把多个变量放在一个对象里来进行 CAS 操作。

(3)使用锁机制实现原子操作

锁机制保证了只有获取锁的线程才能够操作锁定的内存区域。JVM 内部实现了很多种锁机制,有偏向锁、轻量级锁和互斥锁。有意思的是除了偏向锁,JVM 实现锁的方式都用了循环 CAS,即当一个线程想进入同步块的时候使用循环 CAS 的方式来获取锁,当它退出同步块的时候使用循环 CAS 释放锁。

3.4　本章小结

本章我们一起研究了 volatile、synchronized 和原子操作的实现原理。Java 中的大部分容器和框架都依赖的 volatile 和原子操作的实现原理,了解这些原理对我们进行并发编程会更有帮助。

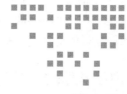

Java 内存模型

Java 线程之间的通信对程序员完全透明，内存可见性问题很容易困扰 Java 程序员，本章将揭开 Java 内存模型的神秘面纱。本章大致分四部分：Java 内存模型基础，主要介绍内存模型相关的基本概念；Java 内存模型中的顺序一致性，主要介绍重排序与顺序一致性内存模型；同步原语，主要介绍 3 个同步原语（synchronized、volatile 和 final）的内存语义及重排序规则在处理器中的实现；Java 内存模型的设计，主要介绍 Java 内存模型的设计原理，以及它与处理器内存模型和顺序一致性内存模型的关系。

4.1 Java 内存模型基础

4.1.1 并发编程模型的两个关键问题

在并发编程中，需要处理两个关键问题：线程之间如何通信及线程之间如何同步（这里的线程是指并发执行的活动实体）。通信是指线程之间以何种机制来交换信息。在命令式编程中，线程之间的通信机制有两种：共享内存和消息传递。

在共享内存的并发模型里，线程之间共享程序的公共状态，通过写 – 读内存中的公共状态进行隐式通信。在消息传递的并发模型里，线程之间没有公共状态，线程之间必须通过发送消息进行显式通信。

同步是指程序中用于控制不同线程间操作发生的相对顺序的机制。在共享内存的并发模型里，同步是显式进行的。程序员必须显式指定某个方法或某段代码需要在线程之间互斥执行。在消息传递的并发模型里，由于消息的发送必须在消息的接收之前，因此同步是隐式进行的。

　　Java 的并发采用的是共享内存模型，Java 线程之间的通信总是隐式进行的，整个通信过程对程序员完全透明。如果编写多线程程序的 Java 程序员不理解线程之间隐式通信的工作机制，那么他们很可能会遇到各种奇怪的内存可见性问题。

4.1.2　Java 内存模型的抽象结构

　　在 Java 中，所有实例域、静态域和数组元素都存储在堆内存中，堆内存在线程之间共享（本章用"共享变量"这个术语指代实例域、静态域和数组元素）。局部变量（Local Variable）、方法定义参数（Java 语言规范称之为 Formal Method Parameter）和异常处理器参数（Exception Handler Parameter）不会在线程之间共享，所以它们不会有内存可见性问题，也不受内存模型的影响。

　　Java 线程之间的通信由 Java 内存模型（本文简称为 JMM）控制，JMM 决定一个线程对共享变量的写入何时对另一个线程可见。从抽象的角度来看，JMM 定义了线程和主内存之间的抽象关系：线程之间的共享变量存储在主内存（Main Memory）中，每个线程都有一个私有的本地内存（Local Memory），本地内存中存储了该线程已读/写共享变量的副本。本地内存是 JMM 的一个抽象概念，并不真实存在。它涵盖了缓存、写缓冲区、寄存器以及其他的硬件和编译器优化。Java 内存模型的抽象结构示意如图 4-1 所示。

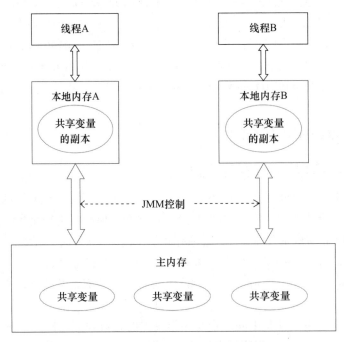

图 4-1　Java 内存模型的抽象结构示意图

　　从图 4-1 来看，如果线程 A 与线程 B 之间要通信的话，必须要经历下面两个步骤。

1）线程 A 把本地内存 A 中更新过的共享变量刷新到主内存中。

2）线程 B 到主内存中读取线程 A 已更新过的共享变量。

下面通过示意图（见图 4-2）来说明这两个步骤。

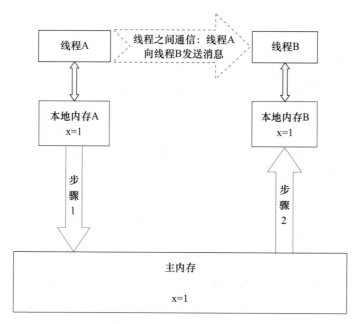

图 4-2　线程之间的通信图

本地内存 A 和本地内存 B 有主内存中共享变量 x 的副本。假设初始时，这 3 个内存中的 x 值都为 0。线程 A 在执行时，把更新后的 x 值（假设值为 1）临时存放在自己的本地内存 A 中。当线程 A 和线程 B 需要通信时，线程 A 首先会把自己本地内存中修改后的 x 值刷新到主内存中，此时主内存中的 x 值变为 1。随后，线程 B 到主内存中读取线程 A 更新后的 x 值，此时线程 B 的本地内存的 x 值也变为 1。

从整体来看，这两个步骤实质上是线程 A 在向线程 B 发送消息，而且这个通信过程必须要经过主内存。JMM 通过控制主内存与每个线程的本地内存之间的交互，来为 Java 程序员提供内存可见性保证。

4.1.3　从源代码到指令序列的重排序

在执行程序时，为了提高性能，编译器和处理器常常会对指令做重排序。重排序分 3 种类型。

1）编译器优化重排序。编译器在不改变单线程程序语义的前提下，可以重新安排语句的执行顺序。

2）指令级并行重排序。现代处理器采用了指令级并行（Instruction-Level Parallelism，

ILP）技术来重叠执行多条指令。如果不存在数据依赖性，处理器可以改变语句对应机器指令的执行顺序。

3）内存系统重排序。由于处理器使用缓存和读 / 写缓冲区，使得加载和存储操作看上去可能是在乱序执行。

从 Java 源代码到最终实际执行的指令序列会分别经历 3 种重排序，如图 4-3 所示。

图 4-3　从源码到最终执行的指令序列的示意图

上述第 1 种排序属于编译器重排序，第 2 种和第 3 种排序属于处理器重排序。这些重排序可能会导致多线程程序出现内存可见性问题。对于编译器，JMM 的编译器重排序规则会禁止特定类型的编译器重排序（不是所有的编译器重排序都禁止）。对于处理器重排序，JMM 的处理器重排序规则会要求 Java 编译器在生成指令序列时插入特定类型的内存屏障（Memory Barrier，Intel 称之为 Memory Fence）指令，通过内存屏障指令来禁止特定类型的处理器重排序。

JMM 属于语言级的内存模型，它确保在不同的编译器和不同的处理器平台之上，通过禁止特定类型的编译器重排序和处理器重排序，为程序员提供一致的内存可见性。

4.1.4　并发编程模型的分类

现代的处理器使用写缓冲区临时保存向内存写入的数据。写缓冲区可以保证指令流水线持续运行，避免由于处理器停顿下来等待向内存写入数据而产生的延迟。同时，通过以批处理的方式刷新写缓冲区，以及合并写缓冲区中对同一内存地址的多次写，减少对内存总线的占用。虽然写缓冲区有这么多好处，但每个处理器上的写缓冲区仅仅对它所在的处理器可见。这个特性会对内存操作的执行顺序产生重要的影响：处理器对内存的读 / 写操作的执行顺序，不一定与内存实际发生的读 / 写操作顺序一致！为了具体说明，请看表 4-1。

表 4-1　处理器操作内存的执行结果

示例项	处理器	
	处理器 A	处理器 B
代码	a = 1;　　//A1 x = b;　　//A2	b = 2;　　//B1 y = a;　　//B2
运行结果	初始状态：a = b = 0 处理器允许执行后得到结果：x = y = 0	

假设处理器 A 和处理器 B 按程序的顺序并行执行内存访问,最终可能得到 x = y = 0 的结果。具体的原因如图 4-4 所示。

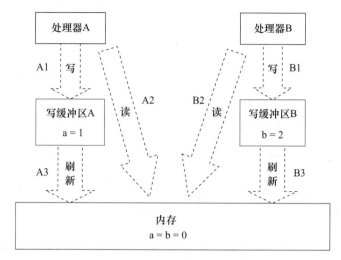

图 4-4 处理器和内存的交互

这里处理器 A 和处理器 B 可以同时把共享变量分别写入自己的写缓冲区(A1、B1),然后从内存中读取另一个共享变量(A2、B2),最后才把自己的写缓存区中保存的脏数据刷新到内存中(A3、B3)。当以这种时序执行时,程序就可以得到 x = y = 0 的结果。

从内存操作实际发生的顺序来看,直到处理器 A 执行 A3 来刷新自己的写缓存区,写操作 A1 才算真正执行了。虽然处理器 A 执行内存操作的顺序为 A1 → A2,但内存操作实际发生的顺序却是 A2 → A1。此时,处理器 A 的内存操作顺序被重排序了。处理器 B 的情况和处理器 A 一样,这里就不赘述了。

这里的关键是,由于写缓冲区仅对自己的处理器可见,导致处理器执行内存操作的顺序可能会与内存操作实际的执行顺序不一致,而现代的处理器都会使用写缓冲区,因此现代的处理器都允许对写 – 读操作进行重排序。

表 4-2 是常见的处理器允许的重排序规则。

表 4-2 处理器允许的重排序规则

处理器	规 则				
	Load-Load	Load-Store	Store-Store	Store-Load	数据依赖
SPARC-TSO	N	N	N	Y	N
X86	N	N	N	Y	N
IA64	Y	Y	Y	Y	N
PowerPC	Y	Y	Y	Y	N

注意，表 4-2 中的"N"表示处理器不允许操作重排序，"Y"表示允许重排序。

从表 4-2 我们可以看出：常见的处理器都允许 Store-Load 重排序，不允许对存在数据依赖的操作进行重排序。SPARC-TSO 和 X86 拥有相对较强的处理器内存模型，它们仅允许对 Store-Load 操作做重排序（因为它们都使用了写缓冲区）。

注意
- ❏ SPARC-TSO 是指以 TSO（Total Store Order）内存模型运行时 SPARC 处理器的特性。
- ❏ 表 4-2 中的 X86 包括 X64 及 AMD64。
- ❏ 由于 ARM 处理器的内存模型与 PowerPC 处理器的内存模型非常类似，本文将忽略它。
- ❏ 数据依赖会在后文专门说明。

为了保证内存可见性，Java 编译器会在生成指令序列的适当位置插入内存屏障指令来禁止特定类型的处理器重排序。JMM 把内存屏障分为 4 类，如表 4-3 所示。

表 4-3　内存屏障类型

屏障类型	指令示例	说　明
LoadLoad Barriers	Load1; LoadLoad; Load2	确保 Load1 数据的装载先于 Load2 及所有后续装载指令的装载
StoreStore Barriers	Store1; StoreStore; Store2	确保 Store1 数据对其他处理器可见（刷新到内存）先于 Store2 及所有后续存储指令的存储
LoadStore Barriers	Load1; LoadStore; Store2	确保 Load1 数据的装载先于 Store2 及所有后续的存储指令刷新到内存
StoreLoad Barriers	Store1; StoreLoad; Load2	确保 Store1 数据对其他处理器可见（刷新到内存）先于 Load2 及所有后续装载指令的装载。该类型屏障会保证在该屏障之前的所有内存访问指令（存储和装载指令）完成之后，才执行该屏障之后的内存访问指令

StoreLoad Barriers 是一个"全能型"屏障，它同时具有其他 3 个屏障的效果。现代的处理器大多支持该屏障（其他类型的屏障不一定被所有处理器支持）。执行该屏障的开销会很大，因为当前处理器通常要把写缓冲区中的数据全部刷新到内存中。

4.1.5　happens-before 简介

从 JDK 5 开始，Java 使用新的 JSR-133 内存模型（除非特别说明，本文针对的都是 JSR-133 内存模型）。JSR-133 使用 happens-before（先行发生）的概念来阐述操作之间的内存可见性。在 JMM 中，如果一个操作执行的结果需要对另一个操作可见，那么这两个操作之间必须存在 happens-before 关系。这里提到的两个操作既可以在同一个线程，也可以在不同线程。

与程序员密切相关的 happens-before 规则如下。

❏ 程序顺序规则：一个线程中的每个操作，均先行发生于该线程中的任意后续操作。

❑ 监视器锁规则：对一个锁的解锁，先行发生于随后对这个锁的加锁。

❑ volatile 变量规则：对一个 volatile 域的写操作，先行发生于任意后续对这个 volatile 域的读操作。

❑ 传递性规则：如果 A 先行发生于 B，且 B 先行发生于 C，那么 A 先行发生于 C。

注意　两个操作之间具有 happens-before 关系，并不意味着前一个操作必须要在后一个操作之前执行！happens-before 仅要求前一个操作（执行的结果）对后一个操作可见，且前一个操作按顺序排在第二个操作之前。happens-before 的定义很微妙，4.7 节会具体说明 happens-before 为什么要这么定义。

---

happens-before 与 JMM 的关系如图 4-5 所示。

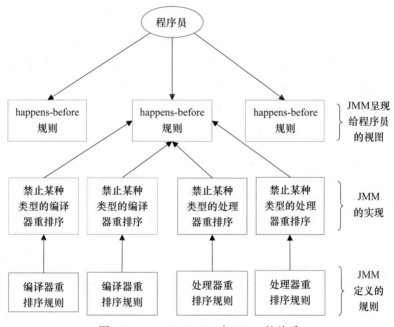

图 4-5　happens-before 与 JMM 的关系

一个 happens-before 规则对应于一个或多个编译器和处理器重排序规则。对于 Java 程序员来说，happens-before 规则简单易懂，它可以避免 Java 程序员为了理解 JMM 提供的内存可见性保证而去学习复杂的重排序规则以及这些规则的具体实现方法。

4.2　重排序

重排序是指编译器和处理器为了优化程序性能而对指令序列进行重新排序的一种手段。

4.2.1 数据依赖性

如果两个操作访问同一个变量，且这两个操作中有一个为写操作，这两个操作之间就存在数据依赖性。数据依赖分为 3 种类型，如表 4-4 所示。

表 4-4 数据依赖类型

名称	代码示例	说　明
写后读	a = 1; b = a;	写一个变量之后，再读这个位置
写后写	a = 1; a = 2;	写一个变量之后，再写这个变量
读后写	a = b; b = 1;	读一个变量之后，再写这个变量

对于上面 3 种类型，只要重排序两个操作的执行顺序，程序的执行结果就会改变。

前面提到，编译器和处理器可能会对操作做重排序。不过，编译器和处理器在重排序时会遵守数据依赖性，不会改变存在数据依赖关系的两个操作的执行顺序。

这里所说的数据依赖性仅针对单个处理器中执行的指令序列和单个线程中执行的操作，不同处理器之间和不同线程之间的数据依赖性不被编译器和处理器考虑。

4.2.2 as-if-serial 语义

as-if-serial 语义的意思是：不管怎么重排序（编译器和处理器为了提高并行度），（单线程）程序的执行结果不能被改变。编译器、runtime 和处理器都必须遵守 as-if-serial 语义。

为了遵守 as-if-serial 语义，编译器和处理器不会对存在数据依赖关系的操作做重排序，因为这种重排序会改变执行结果。但是，如果操作之间不存在数据依赖关系，这些操作就可能被编译器和处理器重排序。为了具体说明，请看下面计算圆面积的代码示例。

```
double pi   = 3.14;          //A
double r    = 1.0;           //B
double area = pi * r * r;     //C
```

上面 3 个操作的数据依赖关系如图 4-6 所示。

A 和 C 之间存在数据依赖关系，同时 B 和 C 之间也存在数据依赖关系。因此在最终执行的指令序列中，C 不能被重排序到 A 和 B 的前面（C 排到 A 和 B 的前面，程序的结果将会被改变）。但 A 和 B 之间没有数据依赖关系，编译器和处理器可以重排 A 和 B 之间的执行顺序。图 4-7 是该程序的两种执行顺序。

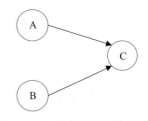

图 4-6　3 个操作的数据依赖关系

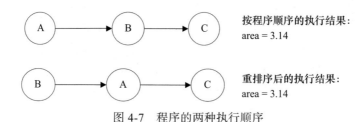

图 4-7　程序的两种执行顺序

as-if-serial 语义把单线程程序保护了起来，遵守 as-if-serial 语义的编译器、runtime 和处理器共同让编写单线程程序的程序员产生一个幻觉：单线程程序是按程序的顺序来执行的。as-if-serial 语义使单线程程序员无须担心重排序会干扰他们，也无须担心内存可见性问题。

4.2.3　程序顺序规则

根据 happens-before 的程序顺序规则，上面计算圆的面积的示例代码存在 3 个 happens-before 关系。

1）A　happens-before　B。

2）B　happens-before　C。

3）A　happens-before　C。

第 3 个 happens-before 关系是根据 happens-before 的传递性推导出来的。

这里 A happens-before B，但实际上 B 却可以排在 A 之前执行（看上面的重排序后的执行顺序）。虽然 A happens-before B，但 JMM 并不要求 A 一定要在 B 之前执行。JMM 仅仅要求前一个操作（执行的结果）对后一个操作可见，且前一个操作按顺序排在第二个操作之前。这里操作 A 的执行结果不需要对操作 B 可见，而且重排序操作 A 和操作 B 后的执行结果与操作 A 和操作 B 按 happens-before 顺序执行的结果一致。在这种情况下，JMM 会认为这种重排序不非法，会允许这种重排序。

在计算机中，软件技术和硬件技术有一个共同的目标：在不改变程序执行结果的前提下，尽可能提高并行度。编译器和处理器遵从这一目标，从 happens-before 的定义我们可以看出，JMM 同样遵从这一目标。

4.2.4　重排序对多线程的影响

现在让我们来看看重排序是否会改变多线程程序的执行结果。请看下面的示例代码。

```
class ReorderExample {
    int a = 0;
    boolean flag = false;

    public void writer() {
        a = 1;                      //1
```

```
        flag = true;           // 2
    }

    Public void reader() {
        if (flag) {             // 3
            int i =  a * a;     // 4
            ……
        }
    }
}
```

flag 变量是一个标记，用来标识变量 a 是否已被写入。这里假设有两个线程 A 和 B，A 首先执行 writer() 方法，随后 B 执行 reader() 方法。线程 B 在执行操作 4 时，能否看到线程 A 在执行操作 1 对共享变量 a 的写入呢？

答案是：不一定能看到。

操作 1 和操作 2 没有数据依赖关系，编译器和处理器可以对这两个操作重排序；同样，操作 3 和操作 4 没有数据依赖关系，编译器和处理器也可以对这两个操作重排序。我们先来看看，当操作 1 和操作 2 重排序时可能会产生什么效果。请看如图 4-8 所示的程序执行时序图。

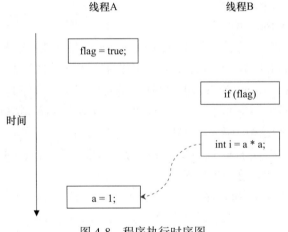

图 4-8　程序执行时序图

操作 1 和操作 2 做了重排序。程序执行时，线程 A 首先写标记变量 flag，随后线程 B 读这个变量。由于条件判断为真，线程 B 将读取变量 a。此时，变量 a 还没有被线程 A 写入，在这里多线程程序的语义被重排序破坏了！

注意　本文统一用虚箭头线标识错误的读操作，用实箭头线标识正确的读操作。

下面我们再来看看，当操作 3 和操作 4 重排序时会产生什么效果（借助这个重排序，可以顺便说明控制依赖性）。操作 3 和操作 4 重排序后程序的执行时序图如图 4-9 所示。

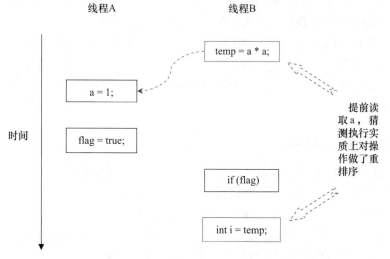

图 4-9 操作 3 和操作 4 重排序后程序的执行时序图

在程序中，操作 3 和操作 4 存在控制依赖关系。当代码中存在控制依赖性时，会影响指令序列执行的并行度。为此，编译器和处理器会采用猜测（Speculation）执行来克服控制相关性对并行度的影响。以处理器的猜测执行为例，执行线程 B 的处理器可以提前读取并计算 a*a，然后把计算结果临时保存到一个名为重排序缓冲（ReOrder Buffer，ROB）的硬件缓存中。当操作 3 的条件判断为真时，就把该计算结果写入变量 i 中。

从图 4-9 中我们可以看出，猜测执行实质上对操作 3 和操作 4 做了重排序。重排序在这里破坏了多线程程序的语义！

在单线程程序中，对存在控制依赖的操作重排序，不会改变执行结果（这也是 as-if-serial 语义允许对存在控制依赖的操作做重排序的原因）；但在多线程程序中，对存在控制依赖的操作重排序，可能会改变程序的执行结果。

4.3 顺序一致性

顺序一致性内存模型是一个理论参考模型，在设计的时候，处理器的内存模型和编程语言的内存模型都会以顺序一致性内存模型作为参照。

4.3.1 数据竞争与顺序一致性

当程序未正确同步时，就可能存在数据竞争。Java 内存模型规范对数据竞争的定义如下。

在一个线程中写一个变量，在另一个线程中读同一个变量，而且写和读没有通过同步来排序。

当代码中包含数据竞争时，程序的执行往往产生违反直觉的结果（前一章的示例正是如此）。如果一个多线程程序能正确同步，这个程序将是一个没有数据竞争的程序。

JMM 对正确同步的多线程程序的内存一致性做了如下保证。

如果程序是正确同步的，程序的执行将具有顺序一致性——程序的执行结果与该程序在顺序一致性内存模型中的执行结果相同。我们马上就会看到，这对于程序员来说是一个极强的保证。这里的同步是指广义上的同步，包括对常用同步原语（synchronized、volatile 和 final）的正确使用。

4.3.2 顺序一致性内存模型

顺序一致性内存模型是一个被计算机科学家理想化的理论参考模型，它为程序员提供了极强的内存可见性保证。顺序一致性内存模型有两大特性。

1）一个线程中的所有操作必须按照程序的顺序来执行。

2）（不管程序是否同步）所有线程都只能看到一个单一的操作执行顺序。在顺序一致性内存模型中，每个操作都必须原子执行且立刻对所有线程可见。

顺序一致性内存模型为程序员提供的视图如图 4-10 所示。

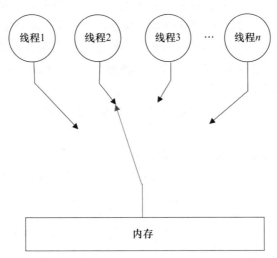

图 4-10 顺序一致性内存模型为程序员提供的视图

在概念上，顺序一致性内存模型有一个单一的全局内存，这个内存可以通过一个左右摆动的开关连接到任意一个线程，同时每一个线程必须按照程序的顺序来执行内存读 / 写操作。从图 4-10 可以看出，在任意时间点最多只能有一个线程连接到内存。当多个线程并发执行时，图中的开关装置能把所有线程的所有内存读 / 写操作串行化，即在顺序一致性内存模型中，所有操作之间具有全序关系。

为了更好地理解，下面通过两个示意图来对顺序一致性内存模型的特性做进一步说明。

假设有两个线程 A 和 B 并发执行。其中线程 A 有 3 个操作，它们在程序中的顺序是：A1 → A2 → A3。线程 B 也有 3 个操作，它们在程序中的顺序是：B1 → B2 → B3。

假设这两个线程使用监视器锁来正确同步：线程 A 的 3 个操作执行后释放监视器锁，随后线程 B 获取同一个监视器锁。那么程序在顺序一致性内存模型中的执行效果将如图 4-11 所示。

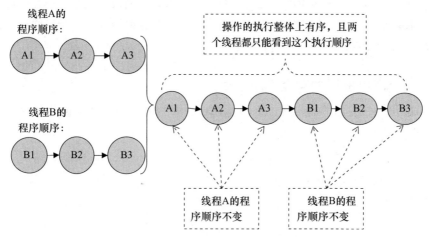

图 4-11　顺序一致性内存模型中的一种执行效果

现在我们再假设这两个线程没有做同步，这个未同步程序在顺序一致性内存模型中的执行效果如图 4-12 所示。

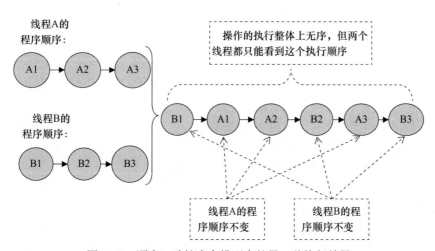

图 4-12　顺序一致性内存模型中的另一种执行效果

未同步程序在顺序一致性内存模型中虽然整体执行顺序是无序的，但所有线程都只能看到一个一致的整体执行顺序。以图 4-12 为例，线程 A 和线程 B 看到的执行顺序都是

B1 → A1 → A2 → B2 → A3 → B3。之所以能得到这个保证，是因为顺序一致性内存模型中的每个操作必须立即对任意线程可见。

但是，JMM 中没有这个保证。未同步程序在 JMM 中不但整体的执行顺序是无序的，而且所有线程看到的操作执行顺序也可能不一致。比如，当前线程把写过的数据缓存在本地内存中，还没有刷新到主内存之前，这个写操作仅对当前线程可见；从其他线程的角度来观察，它会认为这个写操作根本没有被当前线程执行。只有当前线程把本地内存中写过的数据刷新到主内存之后，这个写操作才能对其他线程可见。在这种情况下，当前线程和其他线程看到的操作执行顺序将不一致。

4.3.3 同步程序的顺序一致性效果

下面我们用锁对前面的示例程序 ReorderExample 同步，看看正确同步的程序如何具有顺序一致性。

请看下面的示例代码。

```
class SynchronizedExample {
    int a = 0;
    boolean flag = false;

    public synchronized void writer() {          // 获取锁
        a = 1;
        flag = true;
    }                                            // 释放锁

    public synchronized void reader() {          // 获取锁
        if (flag) {
            int i = a;
            ......
        }                                        // 释放锁
    }
}
```

在上面的示例代码中，假设线程 A 执行 writer() 方法后，线程 B 执行 reader() 方法。这是一个正确同步的多线程程序。根据 JMM 规范，该程序的执行结果将与该程序在顺序一致性内存模型中的执行结果相同。该程序在两个内存模型中的执行时序对比如图 4-13 所示。

在顺序一致性内存模型中，所有操作完全按程序的顺序串行执行。而在 JMM 中，临界区内的代码可以重排序（但 JMM 不允许临界区内的代码"逸出"到临界区之外，那样会破坏监视器的语义）。JMM 会在退出临界区和进入临界区这两个关键时间点做一些特别处理，使得线程在这两个时间点具有与顺序一致性内存模型相同的内存视图（具体细节后文会说明）。虽然线程 A 在临界区内做了重排序，但由于监视器互斥执行的特性，这里的线程 B 根本无法"观察"到线程 A 在临界区内的重排序。也就是说，这种重排序不仅提高了执行效率，而且没有改变程序的执行结果。

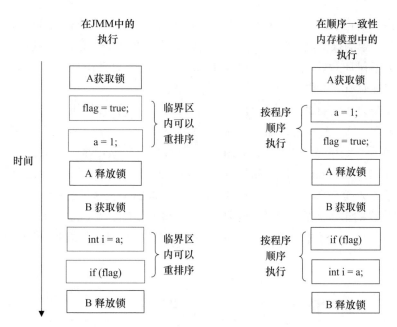

图 4-13　两个内存模型中的执行时序对比

从这里我们可以看到，JMM 在具体实现上的基本方针为：在不改变（正确同步的）程序执行结果的前提下，尽可能地为编译器和处理器的优化打开方便之门。

4.3.4　未同步程序的执行特性

对于未同步或未正确同步的多线程程序，JMM 只提供最小安全性：线程执行时读取到的值，要么是之前某个线程写入的值，要么是默认值（0、Null、False），不会无中生有。为了实现最小安全性，JVM 在堆上分配对象时，首先会对内存空间进行清零，然后才会在上面分配对象（JVM 内部会同步这两个操作）。因此，在已清零的内存空间（Pre-zeroed Memory）分配对象时，域的默认初始化已经完成了。

JMM 不保证未同步程序的执行结果与该程序在顺序一致性内存模型中的执行结果一致。因为如果想要保证执行结果一致，JMM 需要禁止大量的处理器和编译器的优化，这对程序的执行性能会产生很大的影响。而且未同步程序在顺序一致性内存模型中执行时，整体是无序的，其执行结果往往无法预知。此时，保证未同步程序在这两个模型中的执行结果一致并没有意义。

未同步程序在 JMM 中执行时，整体上也是无序的，其执行结果无法预知。未同步程序在两个模型中的执行特性有如下几个差异之处。

1）顺序一致性内存模型保证单线程内的操作按程序的顺序执行，而 JMM 不保证单线程内的操作按程序的顺序执行（比如上面正确同步的多线程程序在临界区内的重排序）。这一点前面已经讲过了，这里不再赘述。

2）顺序一致性内存模型保证所有线程只能看到一致的操作执行顺序，而 JMM 不保证所有线程看到一致的操作执行顺序。这一点前面也已经讲过，这里不再赘述。

3）JMM 不保证对 64 位的 long 型和 double 型变量的写操作具有原子性，而顺序一致性内存模型保证对所有的内存读 / 写操作都具有原子性。

第 3 个差异之处与处理器总线的工作机制密切相关。在计算机中，数据通过总线在处理器和内存之间传递。每次处理器和内存之间的数据传递都是通过一系列步骤来完成的，这一系列步骤称为总线事务（Bus Transaction）。总线事务包括读事务（Read Transaction）和写事务（Write Transaction）。读事务从内存传送数据到处理器，写事务从处理器传送数据到内存，每个事务会读 / 写内存中一个或多个物理上连续的字。这里的关键是，总线会同步试图并发使用总线的事务。在一个处理器执行总线事务期间，总线会禁止其他处理器和 I/O 设备执行内存的读 / 写操作。下面我们通过一个示意图来说明总线的工作机制，如图 4-14 所示。

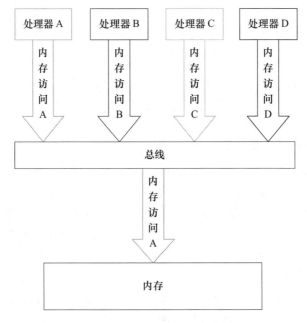

图 4-14　总线的工作机制

由图 4-14 可知，假设处理器 A、B 和 C 同时向总线发起总线事务，这时总线仲裁（Bus Arbitration）会对竞争做出裁决，这里假设总线在仲裁后判定处理器 A 在竞争中获胜（总线仲裁会确保所有处理器都能公平地访问内存）。此时处理器 A 继续它的总线事务，其他两个处理器则要等待处理器 A 的总线事务完成后才能再次执行内存访问。假设在处理器 A 执行总线事务期间（不管这个总线事务是读事务还是写事务），处理器 D 向总线发起了总线事务，此时处理器 D 的请求会被总线禁止。

总线的工作机制可以把所有处理器对内存的访问以串行化的方式来执行。在任意时间点，最多只能有一个处理器可以访问内存。这个特性确保了单个总线事务中的内存读/写操作具有原子性。

在一些 32 位的处理器上，如果要求对 64 位数据的写操作具有原子性，会有比较大的开销。为了照顾这种处理器，Java 语言规范鼓励但不强求 JVM 对 64 位的 long 型变量和 double 型变量的写操作具有原子性。当 JVM 在这种处理器上运行时，可能会把一个 64 位 long/double 型变量的写操作拆分为两个 32 位的写操作来执行。这两个 32 位的写操作可能会被分配到不同的总线事务中执行，此时对这个 64 位变量的写操作将不具有原子性。

当单个内存操作不具有原子性时，可能会产生意想不到的后果，如图 4-15 所示。

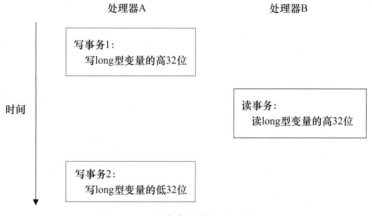

图 4-15　总线事务执行的时序图

假设处理器 A 写一个 long 型变量，同时处理器 B 要读这个 long 型变量。处理器 A 中 64 位的写操作被拆分为两个 32 位的写操作，且这两个 32 位的写操作被分配到不同的写事务中执行。同时，处理器 B 中 64 位的读操作被分配到单个的读事务中执行。当处理器 A 和 B 按图 4-15 中的时序来执行时，处理器 B 将看到仅仅被处理器 A "写了一半"的无效值。

注意，在 JSR-133 之前的旧内存模型中，一个 64 位 long/double 型变量的读/写操作可以拆分为两个 32 位的读/写操作来执行。从 JSR-133 内存模型开始（即从 JDK 5 开始），只允许把一个 64 位 long/double 型变量的写操作拆分为两个 32 位的写操作来执行，而任意读操作在 JSR-133 中都必须具有原子性（即任意读操作必须要在单个读事务中执行）。

4.4　volatile 的内存语义

当声明共享变量为 volatile 后，对这个变量的读/写将会很特别。为了揭开 volatile 的神秘面纱，下面将介绍 volatile 的内存语义及 volatile 内存语义的实现。

4.4.1 volatile 的特性

理解 volatile 特性的一个好方法是把对 volatile 变量的单个读 / 写，看成使用同一个锁对这些单个读 / 写操作做了同步。下面通过具体的示例来说明，代码如下。

```java
class VolatileFeaturesExample {
    volatile long v1 = 0L;                      // 使用 volatile 声明 64 位的 long 型变量

    public void set(long l) {
        v1 = l;                                 // 单个 volatile 变量的写
    }

    public void getAndIncrement () {
        v1++;                                   // 复合（多个）volatile 变量的读 / 写
    }


    public long get() {
        return v1;                              // 单个 volatile 变量的读
    }
}
```

假设有多个线程分别调用上面程序的 3 个方法，这个程序在语义上与下面的程序等价。

```java
class VolatileFeaturesExample {
    long v1 = 0L;                               // 64 位的 long 型普通变量

    public synchronized void set(long l) {      // 对单个普通变量的写用同一个锁同步
        v1 = l;
    }

    public void getAndIncrement () {            // 普通方法调用
        long temp = get();                      // 调用已同步的读方法
        temp += 1L;                             // 普通写操作
        set(temp);                              // 调用已同步的写方法
    }


    public synchronized long get() {            // 对单个普通变量的读用同一个锁同步
        return v1;
    }
}
```

如上面示例程序所示，一个 volatile 变量的单个读 / 写操作与一个普通变量的读 / 写操作都是使用同一个锁来同步，它们之间的执行效果相同。

锁的 happens-before 规则保证了释放锁和获取锁的两个线程之间的内存可见性，这意味着对一个 volatile 变量的读，总是能看到（任意线程）对这个 volatile 变量最后的写入。

　　锁的语义决定了临界区代码的执行具有原子性。这意味着，即使是 64 位的 long 型和 double 型变量，只要它是 volatile 变量，对该变量的读 / 写就具有原子性。如果是多个 volatile 操作或类似 volatile++ 的复合操作，这些操作整体上不具有原子性。

　　简而言之，volatile 变量自身具有下列特性。

❑ 可见性：对一个 volatile 变量的读，总是能看到（任意线程）对这个 volatile 变量最后的写入。

❑ 原子性：对任意单个 volatile 变量的读 / 写具有原子性，但类似 volatile++ 的复合操作不具有原子性。

4.4.2　volatile 写 – 读建立的 happens-before 关系

　　上面讲的是 volatile 变量自身的特性，对程序员来说，volatile 对线程的内存可见性的影响比 volatile 自身的特性更重要，也更需要我们去关注。

　　从 JSR-133 开始（即从 JDK 5 开始），volatile 变量的写 – 读可以实现线程之间的通信。

　　从内存语义的角度来说，volatile 的写 – 读与锁的释放 – 获取有相同的内存效果：volatile 的写和锁的释放有相同的内存语义；volatile 的读与锁的获取有相同的内存语义。

　　请看下面使用 volatile 变量的示例代码。

```
class VolatileExample {
    int a = 0;
    volatile boolean flag = false;

    public void writer() {
        a = 1;                  // 1
        flag = true;            // 2
    }

    public void reader() {
        if (flag) {             // 3
            int i = a;          // 4
            ......
        }
    }
}
```

　　假设线程 A 执行 writer() 方法后，线程 B 执行 reader() 方法。根据 happens-before 规则，这个过程建立的 happens-before 关系可以分为 3 类：

　　1）根据程序顺序规则，1 先行发生于 2，3 先行发生于 4。

　　2）根据 volatile 规则，2 先行发生于 3。

　　3）根据传递性规则，1 先行发生于 4。

　　上述 happens-before 关系的图形化表现形式如图 4-16 所示。

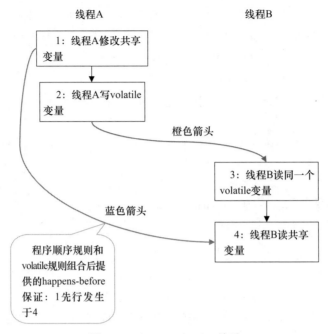

图 4-16 happens-before 关系

在图 4-16 中，每一个箭头链接的两个节点，代表了一个 happens-before 关系。黑色箭头表示程序顺序规则；橙色箭头表示 volatile 规则；蓝色箭头表示组合这些规则后提供的 happens-before 保证。

这里线程 A 写一个 volatile 变量后，线程 B 读同一个 volatile 变量。线程 A 在写 volatile 变量之前所有可见的共享变量，在线程 B 读同一个 volatile 变量后，将立即变得对 B 线程可见。

注意 本文统一用粗实线标识组合后产生的 happens-before 关系。

4.4.3 volatile 写 – 读的内存语义

volatile 写的内存语义如下。

当写一个 volatile 变量时，JMM 会把该线程对应的本地内存中的共享变量值刷新到主内存。

以 VolatileExample 为例，假设线程 A 首先执行 writer() 方法，随后线程 B 执行 reader() 方法，初始时两个线程的本地内存中的 flag 和 a 都是初始状态。图 4-17 是线程 A 执行 volatile 写后共享变量的状态示意图。

在 A 线程写 flag 变量后，本地内存 A 中被线程 A 更新过的两个共享变量的值被刷新到主内存中。此时，本地内存 A 和主内存中的共享变量的值是一致的。

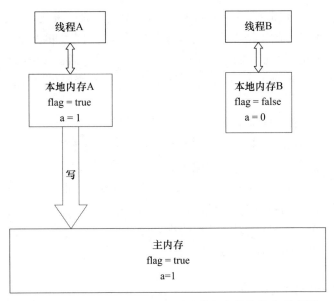

图 4-17 线程 A 执行 volatile 写后共享变量的状态示意图

volatile 读的内存语义如下。

当读一个 volatile 变量时，JMM 会把该线程对应的本地内存置为无效。线程接下来将从主内存中读取共享变量。

图 4-18 为线程 B 读同一个 volatile 变量后共享变量的状态示意图。

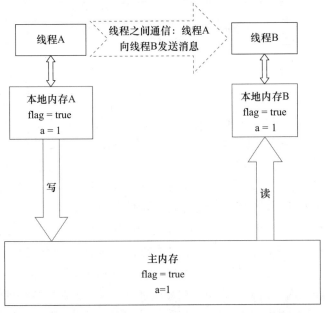

图 4-18 线程 B 读同一个 volatile 变量后共享变量的状态示意图

在读 flag 变量后，本地内存 B 包含的值已经被置为无效。此时，线程 B 必须从主内存中读取共享变量。线程 B 的读操作将使得本地内存 B 与主内存中的共享变量的值变成一致。

如果我们把 volatile 写和 volatile 读两个步骤综合来看的话，在读线程 B 读一个 volatile 变量后，写线程 A 在写这个 volatile 变量之前所有可见的共享变量的值都将立即变得对读线程 B 可见。

下面对 volatile 写和 volatile 读的内存语义做个总结。

❑ 线程 A 写一个 volatile 变量，实质上是线程 A 向接下来将要读这个 volatile 变量的某个线程发出了（其对共享变量所做修改的）消息。

❑ 线程 B 读一个 volatile 变量，实质上是线程 B 接收了之前某个线程发出的（在写这个 volatile 变量之前对共享变量所做修改的）消息。

❑ 线程 A 写一个 volatile 变量，随后线程 B 读这个 volatile 变量，这个过程实质上是线程 A 通过主内存向线程 B 发送消息。

4.4.4　volatile 内存语义的实现

下面来看看 JMM 是如何实现 volatile 写 / 读的内存语义的。

前文提到过重排序分为编译器重排序和处理器重排序。为了实现 volatile 内存语义，JMM 会分别限制这两种重排序类型。表 4-5 是 JMM 针对编译器制定的 volatile 重排序规则表。

表 4-5　volatile 重排序规则表

第一个操作	第二个操作		
	普通读 / 写	volatile 读	volatile 写
普通读 / 写			NO
volatile 读	NO	NO	NO
volatile 写		NO	NO

举例来说，第三行最后一个单元格的意思是：在程序中，当第一个操作为普通变量的读或写时，如果第二个操作为 volatile 写，则编译器不能重排序这两个操作。

从表 4-5 可以看出：

❑ 当第二个操作是 volatile 写时，不管第一个操作是什么，都不能重排序。这个规则确保了 volatile 写之前的操作不会被编译器重排序到 volatile 写之后。

❑ 当第一个操作是 volatile 读时，不管第二个操作是什么，都不能重排序。这个规则确保了 volatile 读之后的操作不会被编译器重排序到 volatile 读之前。

❑ 当第一个操作是 volatile 写，第二个操作是 volatile 读时，不能重排序。

为了实现 volatile 内存语义，编译器在生成字节码时，会在指令序列中插入内存屏障来禁止特定类型的处理器重排序。对于编译器来说，发现一个最优布置来最小化插入屏障的总数几乎不可能。为此，JMM 采取保守策略。下面是基于保守策略的 JMM 内存屏障插入策略。

❑ 在每个 volatile 写操作的前面插入一个 StoreStore 屏障。

❑ 在每个 volatile 写操作的后面插入一个 StoreLoad 屏障。

❑ 在每个 volatile 读操作的后面插入一个 LoadLoad 屏障。

❑ 在每个 volatile 读操作的后面插入一个 LoadStore 屏障。

上述内存屏障插入策略非常保守，但它可以保证在任意处理器平台，任意程序中都能得到正确的 volatile 内存语义。

在保守策略下，volatile 写插入内存屏障后生成的指令序列示意图如图 4-19 所示。

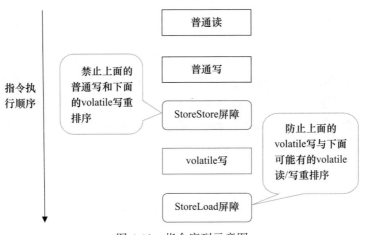

图 4-19   指令序列示意图

图 4-19 中的 StoreStore 屏障可以保证在 volatile 写之前，其前面的所有普通写操作已经对任意处理器可见。这是因为 StoreStore 屏障将保障上面所有的普通写在 volatile 写之前刷新到主内存。

这里比较有意思的是，volatile 写后面的 StoreLoad 屏障。此屏障的作用是避免 volatile 写与下面可能有的 volatile 读 / 写操作重排序。因为编译器常常无法准确判断在一个 volatile 写的后面是否需要插入一个 StoreLoad 屏障（比如，一个 volatile 写之后方法立即返回）。为了能正确实现 volatile 内存语义，JMM 采取了保守策略：在每个 volatile 写的后面或者在每个 volatile 读的前面插入一个 StoreLoad 屏障。从整体执行效率的角度考虑，JMM 最终选择了在每个 volatile 写的后面插入一个 StoreLoad 屏障。因为 volatile 写 – 读内存语义的常见使用模式是：一个写线程写 volatile 变量，多个读线程读同一个 volatile 变量。当读线程的数量大大超过写线程时，选择在 volatile 写之后插入 StoreLoad 屏障将带来可观的执行效率的提升。从这里可以看到 JMM 在实现上的一个特点：首先确保正确性，然后追求执行效率。

在保守策略下，volatile 读插入内存屏障后生成的指令序列示意图如图 4-20 所示。

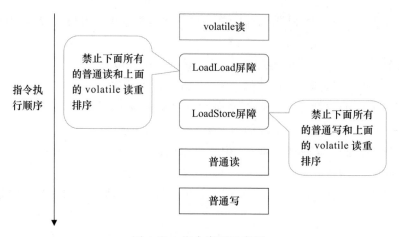

图 4-20 指令序列示意图

图 4-20 中的 LoadLoad 屏障用来禁止处理器把上面的 volatile 读与下面的普通读重排序。LoadStore 屏障用来禁止处理器把上面的 volatile 读与下面的普通写重排序。

上述 volatile 写和 volatile 读的内存屏障插入策略非常保守。在实际执行时，只要不改变 volatile 写 – 读的内存语义，编译器就可以根据具体情况省略不必要的屏障。下面通过具体的示例代码进行说明。

```
class VolatileBarrierExample {
    int a;
    volatile int v1 = 1;
    volatile int v2 = 2;

    void readAndWrite() {
        int i = v1;          // 第一个 volatile 读
        int j = v2;          // 第二个 volatile 读
        a = i + j;           // 普通写
        v1 = i + 1;          // 第一个 volatile 写
        v2 = j * 2;          // 第二个 volatile 写
    }

    ...                      // 其他方法
}
```

针对 readAndWrite() 方法，编译器在生成字节码时可以做如图 4-21 所示的优化。

注意，最后的 StoreLoad 屏障不能省略。因为第二个 volatile 写之后，方法立即返回。此时编译器可能无法准确断定后面是否会有 volatile 读或写。为了安全起见，编译器通常会在这里插入一个 StoreLoad 屏障。

上面的优化针对任意处理器平台，由于不同的处理器有不同"松紧度"的处理器内存模型，还可以根据具体的处理器内存模型继续优化。以 X86 处理器为例，图 4-21 中除最后的 StoreLoad 屏障外，其他的屏障都会被省略。

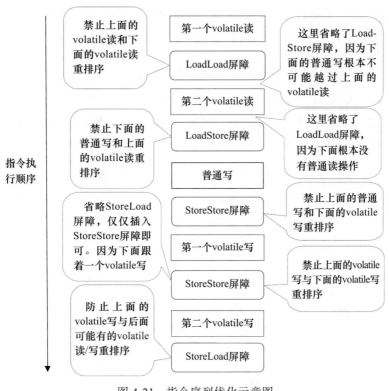

图 4-21　指令序列优化示意图

前面保守策略下的 volatile 读和写，在 X86 处理器平台可以优化成如图 4-22 所示。

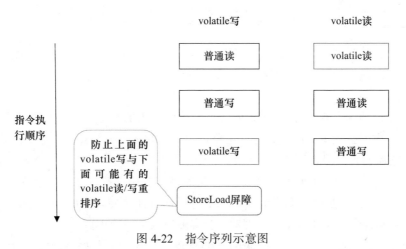

图 4-22　指令序列示意图

前文提到过，X86 处理器仅会对写 – 读操作做重排序。X86 不会对读 – 读、读 – 写和写 – 写操作做重排序，因此 X86 处理器会省略这 3 种操作类型对应的内存屏障。在 X86 中，JMM 仅需在 volatile 写后面插入一个 StoreLoad 屏障即可正确实现 volatile 写 – 读的内存语义。这意味着在 X86 处理器中，volatile 写的开销比 volatile 读的开销会大很多（因为执行 StoreLoad 屏障开销会比较大）。

4.4.5 JSR-133 为什么要增强 volatile 的内存语义

在 JSR-133 之前的旧 Java 内存模型中，虽然不允许 volatile 变量之间重排序，但允许 volatile 变量与普通变量重排序。在旧的内存模型中，VolatileExample 示例程序可能被重排序成如图 4-23 所示的时序来执行。

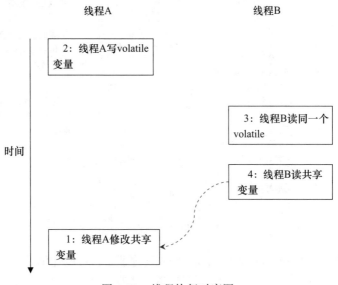

图 4-23　线程执行时序图

在旧的内存模型中，当 1 和 2 之间没有数据依赖关系时，1 和 2 就可能被重排序（3 和 4 类似）。其结果就是：读线程 B 执行 4 时，不一定能看到写线程 A 在执行 1 时对共享变量的修改。

因此，在旧的内存模型中，volatile 的写 - 读没有锁的释放 - 获取所具有的内存语义。为了提供一种比锁更轻量级的线程之间通信的机制，JSR-133 专家组决定增强 volatile 的内存语义：严格限制编译器和处理器对 volatile 变量与普通变量的重排序，确保 volatile 的写 - 读和锁的释放 - 获取具有相同的内存语义。从编译器重排序规则和处理器内存屏障插入策略来看，只要 volatile 变量与普通变量之间的重排序可能会破坏 volatile 的内存语义，这种重排序就会被编译器重排序规则和处理器内存屏障插入策略禁止。

由于 volatile 仅仅保证对单个 volatile 变量的读 / 写具有原子性，而锁的互斥执行的特性可以确保对整个临界区代码的执行具有原子性。因此，在功能上，锁比 volatile 更强大；在可伸缩性和执行性能上，volatile 更有优势。如果读者想在程序中用 volatile 代替锁，请一定谨慎，具体详情请参阅 Brian Goetz 的文章《Java 理论与实践：正确使用 volatile 变量》。

4.5　锁的内存语义

众所周知，锁可以让临界区互斥执行。这里将介绍锁的另一个同样重要但常常被忽视的功能：锁的内存语义。

4.5.1　锁的释放 – 获取建立的 happens-before 关系

锁是 Java 并发编程中最重要的同步机制。锁除了让临界区互斥执行外，还可以让释放锁的线程向获取同一个锁的线程发送消息。

下面是锁释放 – 获取的示例代码。

```
class MonitorExample {
    int a = 0;

    public synchronized void writer() {        // 1
        a++;                                    // 2
    }                                           // 3

    public synchronized void reader() {        // 4
        int i = a;                              // 5
        ......
    }                                           // 6
}
```

假设线程 A 执行 writer() 方法，随后线程 B 执行 reader() 方法。根据 happens-before 规则，这个过程包含的 happens-before 关系可以分为 3 类。

1）根据程序顺序规则，1 先行发生于 2，2 先行发生于 3，4 先行发生于 5，5 先行发生于 6。

2）根据监视器锁规则，3 先行发生于 4。

3）根据传递性规则，2 先行发生于 5。

上述 happens-before 关系的图形化表现形式如图 4-24 所示。

在图 4-24 中，每一个箭头链接的两个节点，代表了一个 happens-before 关系。黑色箭头表示程序顺序规则；橙色箭头表示监视器锁规则；蓝色箭头表示组合这些规则后提供的 happens-before 保证。

图 4-24 表示在线程 A 释放了锁之后，线程 B 获取同一个锁。这里 2 先行发生于 5。因此，线程 A 在释放锁之前所有可见的共享变量，在线程 B 获取同一个锁之后，将立刻变得对线程 B 可见。

4.5.2　锁的释放和获取的内存语义

当线程释放锁时，JMM 会把该线程对应的本地内存中的共享变量刷新到主内存中。以上面的 MonitorExample 程序为例，线程 A 释放锁后，共享数据的状态示意图如图 4-25 所示。

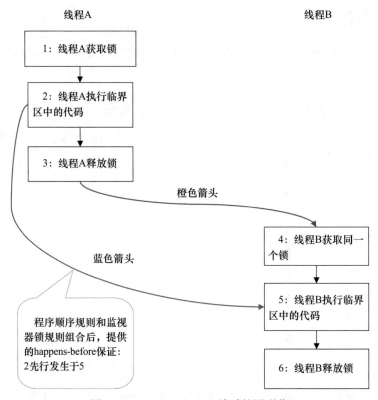

图 4-24 happens-before 关系的图形化

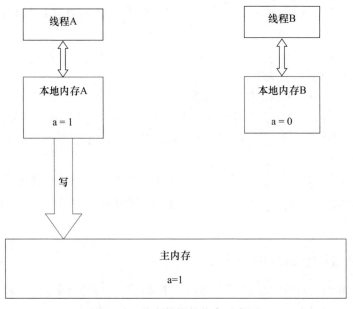

图 4-25 共享数据的状态示意图

当线程获取锁时，JMM 会把该线程对应的本地内存置为无效，从而使得被监视器保护的临界区代码必须从主内存中读取共享变量。图 4-26 是锁获取的状态示意图。

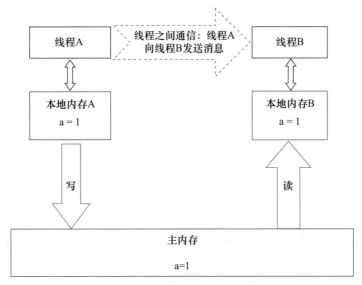

图 4-26　锁获取的状态示意图

对比锁释放 – 获取的内存语义与 volatile 写 – 读的内存语义可以看出：锁释放与 volatile 写有相同的内存语义；锁获取与 volatile 读有相同的内存语义。

下面对锁释放 – 获取的内存语义做个总结。

❑ 线程 A 释放一个锁，实质上是线程 A 向接下来将要获取这个锁的某个线程发出了（线程 A 对共享变量所做修改的）消息。

❑ 线程 B 获取一个锁，实质上是线程 B 接收了之前某个线程发出的（在释放这个锁之前对共享变量所做修改的）消息。

❑ 线程 A 释放锁，随后线程 B 获取这个锁，这个过程实质上是线程 A 通过主内存向线程 B 发送消息。

4.5.3　锁内存语义的实现

本文将借助 ReentrantLock 的源代码，来分析锁的内存语义的具体实现机制。

请看下面的示例代码。

```
class ReentrantLockExample {
    int a = 0;
    ReentrantLock lock = new ReentrantLock();

    public void writer() {
        lock.lock();                // 获取锁
```

```
        try {
            a++;
        } finally {
            lock.unlock();        // 释放锁
        }
    }

    public void reader () {
        lock.lock();              // 获取锁
        try {
            int i = a;
            ......
        } finally {
            lock.unlock();        // 释放锁
        }
    }
}
```

在 ReentrantLock 中，调用 lock() 方法获取锁，调用 unlock() 方法释放锁。

ReentrantLock 的实现依赖 Java 同步器框架 AbstractQueuedSynchronizer（本文简称为 AQS）。AQS 使用一个整型的 volatile 变量（命名为 state）来维护同步状态，马上我们会看到，这个 volatile 变量是 ReentrantLock 内存语义实现的关键。

图 4-27 是 ReentrantLock 的类图（仅画出与本文相关的部分）。

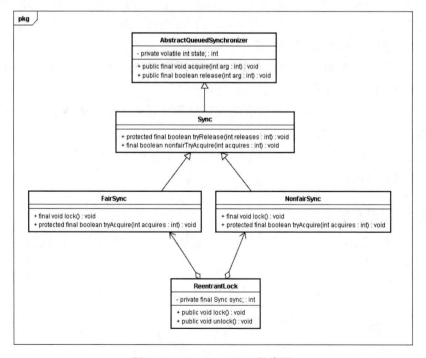

图 4-27　ReentrantLock 的类图

ReentrantLock 分为公平锁和非公平锁，我们首先分析公平锁。

使用公平锁时，加锁方法 lock() 的调用轨迹如下。

1）ReentrantLock : lock()。

2）FairSync : lock()。

3）AbstractQueuedSynchronizer : acquire(int arg)。

4）ReentrantLock : tryAcquire(int acquires)。

在第 4 步真正开始加锁，下面是该方法的源代码。

```
protected final boolean tryAcquire(int acquires) {
    final Thread current = Thread.currentThread();
    int c = getState();              // 获取锁的开始，首先读 volatile 变量 state
    if (c == 0) {
        if (isFirst(current) &&
            compareAndSetState(0, acquires)) {
                setExclusiveOwnerThread(current);
                return true;
            }
    }
    else if (current == getExclusiveOwnerThread()) {
        int nextc = c + acquires;
        if (nextc < 0)
            throw new Error("Maximum lock count exceeded");
        setState(nextc);
        return true;
    }
    return false;
}
```

从上面的源代码中我们可以看出，加锁方法首先读 volatile 变量 state。

在使用公平锁时，解锁方法 unlock() 的调用轨迹如下。

1）ReentrantLock : unlock()。

2）AbstractQueuedSynchronizer : release(int arg)。

3）Sync : tryRelease(int releases)。

在第 3 步真正开始释放锁，下面是该方法的源代码。

```
protected final boolean tryRelease(int releases) {
    int c = getState() - releases;
    if (Thread.currentThread() != getExclusiveOwnerThread())
        throw new IllegalMonitorStateException();
    boolean free = false;
    if (c == 0) {
        free = true;
        setExclusiveOwnerThread(null);
    }
    setState(c);                     // 释放锁的最后，写 volatile 变量 state
    return free;
}
```

从上面的源代码可以看出，在释放锁的最后写 volatile 变量 state。

公平锁在释放锁的最后写 volatile 变量 state，在获取锁时首先读这个 volatile 变量。根据 volatile 的 happens-before 规则，释放锁的线程在写 volatile 变量之前可见的共享变量，在获取锁的线程读取同一个 volatile 变量后将立即变得对获取锁的线程可见。

现在我们来分析非公平锁的内存语义的实现。非公平锁的释放和公平锁完全一样，所以这里仅仅分析非公平锁的获取。使用非公平锁时，加锁方法 lock() 的调用轨迹如下。

1）ReentrantLock : lock()。

2）NonfairSync : lock()。

3）AbstractQueuedSynchronizer : compareAndSetState(int expect, int update)。

在第 3 步真正开始加锁，下面是该方法的源代码。

```
protected final boolean compareAndSetState(int expect, int update) {
    return unsafe.compareAndSwapInt(this, stateOffset, expect, update);
}
```

该方法以原子操作的方式更新 state 变量，本文把 Java 的 compareAndSet() 方法调用简称为 CAS。JDK 文档对该方法的说明如下：如果当前状态值等于预期值，则以原子方式将同步状态设置为给定的更新值。此操作具有 volatile 读和写的内存语义。

我们分别从编译器和处理器的角度来分析，CAS 是如何同时具有 volatile 读和 volatile 写的内存语义的。

前文提到，编译器不会对 volatile 读与 volatile 读后面的任意内存操作重排序，也不会对 volatile 写与 volatile 写前面的任意内存操作重排序。组合这两个条件，意味着为了同时实现 volatile 读和 volatile 写的内存语义，编译器不能对 CAS 与 CAS 前面和后面的任意内存操作重排序。

下面我们来分析在常见的 Intel X86 处理器中，CAS 是如何同时具有 volatile 读和 volatile 写的内存语义的。

sun.misc.Unsafe 类的 compareAndSwapInt() 方法的源代码如下所示。

```
public final native boolean compareAndSwapInt(Object o, long offset,
                                              int expected,
                                              int x);
```

可以看到，这是一个本地方法调用。这个本地方法在 OpenJDK 中依次调用的 C++ 代码为：unsafe.cpp、atomic.cpp 和 atomic_windows_x86.inline.hpp。这个本地方法最终实现在 OpenJDK 的如下位置：openjdk-7-fcs-src-b147-27_jun_2011\openjdk\hotspot\src\os_cpu\windows_x86\vm\ atomic_windows_x86.inline.hpp（对应 Windows 操作系统，X86 处理器）。下面是对应 Intel X86 处理器的源代码的片段。

```
inline jint    Atomic::cmpxchg   (jint    exchange_value, volatile jint*    dest,
        jint       compare_value) {
```

```
    int mp = os::is_MP();
    __asm {
        mov edx, dest
        mov ecx, exchange_value
        mov eax, compare_value
        LOCK_IF_MP(mp)
        cmpxchg dword ptr [edx], ecx
    }
}
```

如上面的源代码所示，程序会根据当前处理器的类型来决定是否为 cmpxchg 指令添加 lock 前缀。如果程序是在多处理器上运行，就为 cmpxchg 指令加上 lock 前缀（Lock Cmpxchg）。如果程序是在单处理器上运行，就省略 lock 前缀（单处理器会维护自身的顺序一致性，不需要 lock 前缀提供的内存屏障）。

Intel 的手册对 lock 前缀的说明如下。

1）确保对内存的读 – 改 – 写操作的原子性。在 Pentium 及 Pentium 之前的处理器中，带有 lock 前缀的指令在执行期间会锁住总线，使得其他处理器暂时无法通过总线访问内存。很显然，这会带来昂贵的开销。从 Pentium 4、Intel Xeon 及 P6 处理器开始，Intel 使用缓存锁定（Cache Locking）来保证指令执行的原子性。缓存锁定将大大降低 lock 前缀指令的执行开销。

2）禁止该指令，与之前和之后的读和写指令重排序。

3）把写缓冲区中的所有数据刷新到内存中。

上面的第 2 点和第 3 点所具有的内存屏障效果，足以同时实现 volatile 读和 volatile 写的内存语义。

经过上面的分析，现在我们终于能明白为什么 JDK 文档说 CAS 同时具有 volatile 读和 volatile 写的内存语义了。

现在我们对公平锁和非公平锁的内存语义做个总结。

❑ 公平锁和非公平锁释放时，最后都要写一个 volatile 变量 state。

❑ 公平锁获取时，首先会去读 volatile 变量。

❑ 非公平锁获取时，首先会用 CAS 更新 volatile 变量，这个操作同时具有 volatile 读和 volatile 写的内存语义。

从本文对 ReentrantLock 的分析可以看出，锁释放 – 获取的内存语义的实现至少有下面两种方式。

1）利用 volatile 变量的写 – 读所具有的内存语义。

2）利用 CAS 所附带的 volatile 读和 volatile 写的内存语义。

4.5.4　concurrent 包的实现

由于 Java 的 CAS 同时具有 volatile 读和 volatile 写的内存语义，因此 Java 线程之间的通信现在有下面 4 种方式。

1）线程 A 写 volatile 变量，随后线程 B 读这个 volatile 变量。

2）线程 A 写 volatile 变量，随后线程 B 用 CAS 更新这个 volatile 变量。

3）线程 A 用 CAS 更新一个 volatile 变量，随后线程 B 用 CAS 更新这个 volatile 变量。

4）线程 A 用 CAS 更新一个 volatile 变量，随后线程 B 读这个 volatile 变量。

Java 的 CAS 会使用现代处理器上提供的高效机器级别的原子指令，这些原子指令以原子方式对内存执行读 – 改 – 写操作，这是在多处理器中实现同步的关键。从本质上来说，能够支持原子性读 – 改 – 写指令的计算机，是顺序计算图灵机的异步等价机器，因此任何现代的多处理器都会支持某种能对内存执行原子性读 – 改 – 写操作的原子指令。同时，volatile 变量的读 / 写和 CAS 可以实现线程之间的通信。把这些特性整合在一起，就形成了整个 concurrent 包得以实现的基石。如果我们仔细分析 concurrent 包的源代码实现，会发现一个通用化的实现模式，分析如下。

首先，声明共享变量为 volatile。

然后，使用 CAS 的原子条件更新来实现线程之间的同步。

同时，配合使用 volatile 变量的读 / 写与 CAS 所具有的 volatile 读和写的内存语义来实现线程之间的通信。

AQS、非阻塞数据结构和原子变量类（java.util.concurrent.atomic 包中的类）这些 concurrent 包中的基础类都是使用这种模式来实现的，而 concurrent 包中的高层类又是依赖这些基础类来实现的。从整体来看，concurrent 包的实现示意图如图 4-28 所示。

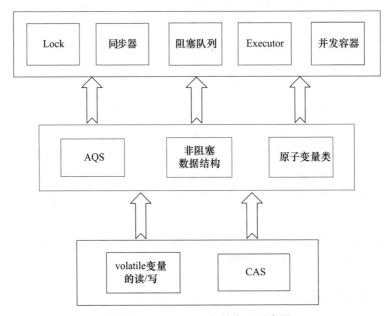

图 4-28　concurrent 包的实现示意图

4.6　final 域的内存语义

与前面介绍的锁和 volatile 相比，对 final 域的读和写更像是普通的变量访问。下面介绍 final 域的内存语义。

4.6.1　final 域的重排序规则

对于 final 域，编译器和处理器要遵守两个重排序规则。

1）在构造函数内对一个 final 域的写入，与随后把这个被构造对象的引用赋值给一个引用变量，这两个操作之间不能重排序。

2）初次读一个包含 final 域的对象的引用，与随后初次读这个 final 域，这两个操作之间不能重排序。

下面通过一些示例性的代码来分别说明这两个规则。

```
public class FinalExample {
    int i;                           // 普通变量
    final int j;                     // final 变量
    static FinalExample obj;

    public FinalExample () {         // 构造函数
        i = 1;                       // 写普通域
        j = 2;                       // 写 final 域
    }

    public static void writer () {   // 写线程 A 执行
        obj = new FinalExample ();
    }

    public static void reader () {   // 读线程 B 执行
        FinalExample object = obj;   // 读对象引用
        int a = object.i;            // 读普通域
        int b = object.j;            // 读 final 域
    }
}
```

这里假设一个线程 A 执行 writer() 方法，随后另一个线程 B 执行 reader() 方法。下面我们通过这两个线程的交互来说明这两个规则。

4.6.2　写 final 域的重排序规则

写 final 域的重排序规则禁止把 final 域的写重排序到构造函数之外。这个规则的实现包含下面两个方面。

1）JMM 禁止编译器把 final 域的写重排序到构造函数之外。

2）编译器会在 final 域的写之后，构造函数 return 之前，插入一个 StoreStore 屏障。这个屏障禁止处理器把 final 域的写重排序到构造函数之外。

现在让我们分析 writer() 方法。writer() 方法只包含一行代码：finalExample = new FinalExample()。这行代码包含两个步骤：

1）构造一个 FinalExample 类型的对象。

2）把这个对象的引用赋值给引用变量 obj。

假设线程 B 读对象引用与读对象的成员域之间没有重排序（马上会说明为什么需要这个假设），一种可能的执行时序如图 4-29 所示。

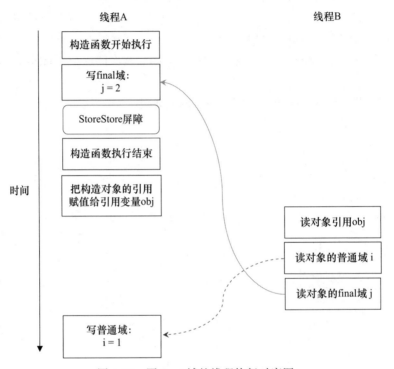

图 4-29　写 final 域的线程执行时序图

在图 4-29 中，写普通域的操作被编译器重排序到了构造函数之外，读线程 B 错误地读取了普通变量 i 初始化之前的值。而写 final 域的操作被写 final 域的重排序规则"限定"在构造函数之内，读线程 B 正确地读取了 final 变量初始化之后的值。

写 final 域的重排序规则可以确保：在对象引用为任意线程可见之前，对象的 final 域已经被正确初始化过了。普通域不具有这个保障。以图 4-29 为例，在读线程 B "看到"对象引用 obj 时，很可能 obj 对象还没有构造完成（对普通域 i 的写操作被重排序到构造函数外，此时初始值 1 还没有写入普通域 i）。

4.6.3　读 final 域的重排序规则

读 final 域的重排序规则是，在一个线程中，对于初次读对象引用与初次读该对象包含的 final 域这两个操作，JMM 禁止处理器对它们重排序（注意，这个规则仅仅针对处理器）。
编译器会在读 final 域操作的前面插入一个 LoadLoad 屏障。

初次读对象引用与初次读该对象包含的 final 域这两个操作之间存在间接依赖关系。由
于编译器遵守间接依赖关系，因此编译器不会重排序这两个操作。大多数处理器也会遵守间
接依赖，不会重排序这两个操作。但也有少数处理器允许对存在间接依赖关系的操作做重排
序（比如 alpha 处理器），这个规则就是专门针对这种处理器制定的。

reader() 方法包含 3 个操作。

❏ 初次读引用变量 obj。

❏ 初次读引用变量 obj 指向对象的普通域 j。

❏ 初次读引用变量 obj 指向对象的 final 域 i。

现在假设写线程 A 没有发生任何重排序，同时程序在不遵守间接依赖的处理器上执行，
一种可能的执行时序如图 4-30 所示。

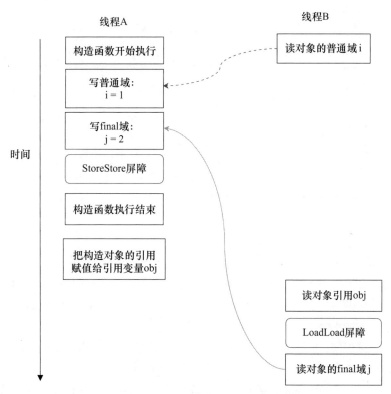

图 4-30 读 final 域的线程执行时序图

在图 4-30 中，读对象的普通域的操作被处理器重排序到读对象引用之前。读普通域时，
该域还没有被写线程 A 写入，这是一个错误的读取操作。而读 final 域的重排序规则会把读
对象 final 域的操作"限定"在读对象引用之后，此时该 final 域已经被 A 线程初始化过了，

这是一个正确的读取操作。

读 final 域的重排序规则可以确保：在读一个对象的 final 域之前，一定会先读包含这个 final 域的对象的引用。在这个示例程序中，如果该引用不为 null，那么引用对象的 final 域一定已经被 A 线程初始化过了。

4.6.4 final 域为引用类型

前文我们看到的 final 域是基础数据类型，如果 final 域是引用类型，将会有什么效果？请看下列示例代码。

```java
public class FinalReferenceExample {
    final int[] intArray;                      // final 是引用类型
    static FinalReferenceExample obj;

    public FinalReferenceExample () {          // 构造函数
        intArray = new int[1];                 // 1
        intArray[0] = 1;                       // 2
    }

    public static void writerOne () {          // 写线程 A 执行
        obj - new FinalRcferenceExample ();    // 3
    }

    public static void writerTwo () {          // 写线程 B 执行
        obj.intArray[0] = 2;                   // 4
    }

    public static void reader () {             // 读线程 C 执行
        if (obj != null) {                     // 5
            int temp1 = obj.intArray[0];       // 6
        }
    }
}
```

本例中的 final 域为一个引用类型，它引用一个 int 型的数组对象。对于引用类型，写 final 域的重排序规则对编译器和处理器增加了如下约束：对于在构造函数内对一个 final 引用的对象的成员域的写入，与随后在构造函数外把这个被构造对象的引用赋值给一个引用变量这两个操作，不能重排序。

对上面的示例程序，假设首先线程 A 执行 writerOne() 方法，然后线程 B 执行 writerTwo() 方法，最后线程 C 执行 reader() 方法。一种可能的线程执行时序如图 4-31 所示。

在图 4-31 中，1 是对 final 域的写入，2 是对这个 final 域引用的对象的成员域的写入，3 是把被构造的对象的引用赋值给某个引用变量。这里除了前面提到的 1 不能和 3 重排序外，2 和 3 也不能重排序。

JMM 可以确保读线程 C 至少能看到写线程 A 在构造函数中对 final 引用对象的成员域的写入。即 C 至少能看到数组下标 0 的值为 1。而对于写线程 B 对数组元素的写入，读线程 C 可能看得到，也可能看不到。JMM 不保证线程 B 的写入对读线程 C 可见，因为写线程 B 和读线程 C 之间存在数据竞争，此时的执行结果不可预知。

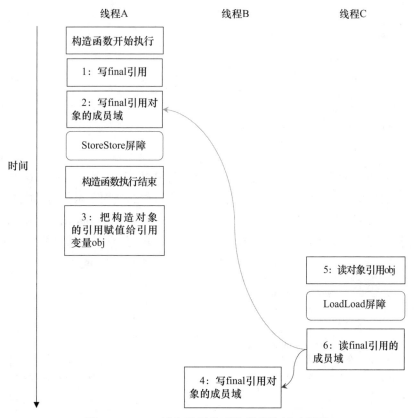

图 4-31　final 域为引用类型的线程执行时序图

如果想要确保读线程 C 看到写线程 B 对数组元素的写入，则写线程 B 和读线程 C 之间需要使用同步原语（lock 或 volatile）来确保内存可见性。

4.6.5　为什么 final 引用不能在构造函数中"逸出"

前面我们提到过，写 final 域的重排序规则可以确保：在引用变量为任意线程可见之前，该引用变量指向的对象的 final 域已经在构造函数中被正确初始化过了。其实，要得到这个效果，还需要一个保证：在构造函数内部，不能让这个被构造对象的引用对其他线程可见，也就是说，对象引用不能在构造函数中"逸出"。为了说明问题，我们来看下面的示例代码。

```
public class FinalReferenceEscapeExample {
    final int i;
    static FinalReferenceEscapeExample obj;

    public FinalReferenceEscapeExample () {
```

```
    i = 1;                           //1 写 final 域
    obj = this;                      //2 this 引用在此 " 逸出 "
}

public static void writer() {
    new FinalReferenceEscapeExample ();
}

public static void reader() {
    if (obj != null) {               //3
        int temp = obj.i;            //4
    }
}
}
```

假设一个线程 A 执行 writer() 方法，另一个线程 B 执行 reader() 方法。这里的操作 2 使得对象还未完成构造前就对线程 B 可见。即使这里的操作 2 是构造函数的最后一步，且在程序中排在操作 1 后面，执行 read() 方法的线程仍然可能无法看到 final 域被初始化后的值，因为这里的操作 1 和操作 2 之间可能被重排序。实际的多线程执行时序图可能如图 4-32 所示。

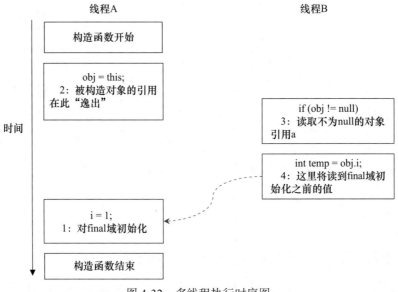

图 4-32　多线程执行时序图

从图 4-32 可以看出：在构造函数返回前，被构造对象的引用不能对其他线程所见，因为此时的 final 域可能还没有被初始化。在构造函数返回后，任意线程都将保证能看到 final 域正确初始化之后的值。

4.6.6　final 语义在处理器中的实现

现在我们以 X86 处理器为例，说明 final 语义在处理器中的具体实现。

前文提到，写 final 域的重排序规则会要求编译器在写 final 域的操作之后，构造函数返回之前插入一个 StoreStore 障屏。读 final 域的重排序规则要求编译器在读 final 域的操作前面插入一个 LoadLoad 屏障。

由于 X86 处理器不会对写 – 写操作做重排序，所以在 X86 处理器中，写 final 域需要的 StoreStore 障屏会被省略掉。同样，由于 X86 处理器不会对存在间接依赖关系的操作做重排序，所以在 X86 处理器中，读 final 域需要的 LoadLoad 屏障也会被省略掉。也就是说，在 X86 处理器中，final 域的读 / 写不会插入任何内存屏障！

4.6.7 JSR-133 为什么要增强 final 的语义

在旧的 Java 内存模型中，一个最严重的缺陷就是线程看到的 final 域的值可能会改变。比如，一个线程当前看到一个整型 final 域的值为 0（还未初始化之前的默认值），过一段时间之后再去读这个 final 域的值时，发现值变为 1（被某个线程初始化之后的值）。最常见的例子就是在旧的 Java 内存模型中，String 的值可能会改变。

为了修补这个漏洞，JSR-133 专家组增强了 final 的语义。通过为 final 域增加写和读重排序规则，为 Java 程序员提供初始化安全保证：只要对象是正确构造的（被构造对象的引用在构造函数中没有"逸出"），那么不需要使用同步原语（指 lock 和 volatile）就可以保证任意线程都能看到这个 final 域在构造函数中被初始化之后的值。

4.7 happens-before

happens-before 是 JMM 最核心的概念。对应 Java 程序员来说，理解 happens-before 是理解 JMM 的关键。

4.7.1 JMM 的设计

首先，我们来看 JMM 的设计意图。从 JMM 设计者的角度，在设计 JMM 时，需要考虑两个关键因素。

- ❑ 程序员对内存模型的使用。程序员希望内存模型易于理解、易于编程，希望基于一个强内存模型来编写代码。
- ❑ 编译器和处理器对内存模型的实现。编译器和处理器希望内存模型对它们的束缚越少越好，这样它们就可以做尽可能多的优化来提高性能。编译器和处理器希望实现一个弱内存模型。

由于这两个因素互相矛盾，所以 JSR-133 专家组在设计 JMM 时的核心目标就是找到一个好的平衡点：一方面，要为程序员提供足够强的内存可见性保证；另一方面，对编译器和处理器的限制要尽可能地放松。下面我们来看 JSR-133 是如何实现这一目标的。

```
double pi  = 3.14;              //A
```

```
double r  = 1.0;               // B
double area = pi * r * r;      // C
```

上面计算圆的面积的示例代码存在 3 个 happens-before 关系，如下。

❑ A happens-before B。

❑ B happens-before C。

❑ A happens-before C。

在 3 个 happens-before 关系中，2 和 3 是必需的，1 是不必要的。因此，JMM 把 happens-before 要求禁止的重排序分为下面两类。

❑ 会改变程序执行结果的重排序。

❑ 不会改变程序执行结果的重排序。

JMM 对这两种不同性质的重排序，采取了不同的策略，如下。

❑ 对于会改变程序执行结果的重排序，JMM 要求编译器和处理器必须禁止。

❑ 对于不会改变程序执行结果的重排序，JMM 对编译器和处理器不做要求（JMM 允许这种重排序）。

图 4-33 是 JMM 的设计示意图。

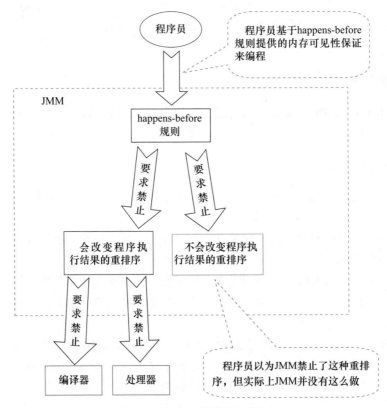

图 4-33   JMM 的设计示意图

从图 4-33 可以看出如下两点。

❑ JMM 向程序员提供的 happens-before 规则能满足程序员的需求。JMM 的 happens-before 规则不但简单易懂，而且也向程序员提供了足够强的内存可见性保证。有些内存可见性保证其实并不一定真实存在，比如上面的 A happens-before B。

❑ JMM 对编译器和处理器的束缚已经尽可能少。从上面的分析可以看出，JMM 其实是在遵循一个基本原则：只要不改变程序的执行结果（指的是单线程程序和正确同步的多线程程序），编译器和处理器怎么优化都行。例如，如果编译器经过细致的分析后，认定一个锁只会被单个线程访问，那么这个锁可以被消除。再如，如果编译器经过细致的分析后，认定一个 volatile 变量只会被单个线程访问，那么编译器可以把这个 volatile 变量当作一个普通变量来对待。这些优化既不会改变程序的执行结果，又能提高程序的执行效率。

4.7.2　happens-before 的定义

happens-before 的概念最初由 Leslie Lamport 在其一篇影响深远的论文" Time, Clocks and the Ordering of Events in a Distributed System"中提出。Leslie Lamport 使用 happens-before 来定义分布式系统中事件之间的偏序关系（partial ordering）。Leslie Lamport 在论文中给出了一个分布式算法，该算法可以将该偏序关系扩展为某种全序关系。

JSR-133 使用 happens-before 的概念来指定两个操作之间的执行顺序。由于这两个操作可以在同一个线程之内，也可以在不同线程之间，因此，JMM 可以通过 happens-before 关系向程序员提供跨线程的内存可见性保证。（如果线程 A 的写操作 a 与线程 B 的读操作 b 之间存在 happens-before 关系，尽管 a 操作和 b 操作在不同的线程中执行，但 JMM 向程序员保证 a 操作将对 b 操作可见。）

" JSR-133: Java Memory Model and Thread Specification"对 happens-before 关系的定义如下。

1）如果一个操作 happens-before 另一个操作，那么第一个操作的执行结果将对第二个操作可见，而且第一个操作的执行顺序排在第二个操作之前。

2）两个操作之间存在 happens-before 关系，并不意味着 Java 平台的具体实现必须要按照 happens-before 关系指定的顺序来执行。如果重排序之后的执行结果与按 happens-before 关系执行的结果一致，那么这种重排序并不非法。也就是说，JMM 允许这种重排序。

上面的 1）是 JMM 对程序员的承诺。从程序员的角度来看，可以这样理解 happens-before 关系：如果 A happens-before B，那么 Java 内存模型将向程序员保证——A 操作的结果将对 B 可见，且 A 的执行顺序排在 B 之前。注意，这只是 Java 内存模型向程序员做出的保证！

上面的 2）是 JMM 对编译器和处理器重排序的约束原则。正如前文所言，JMM 其实是在遵循一个基本原则：只要不改变程序（指单线程程序和正确同步的多线程程序）的执行结果，编译器和处理器怎么优化都行。JMM 这么做的原因是：程序员并不关心这两个操作是否真的被重排序，他们关心的是程序执行时的语义不能被改变（即执行结果不能被改变）。因此，happens-before 关系本质上和 as-if-serial 语义是一回事。

❑ as-if-serial 语义保证单线程内程序的执行结果不被改变，happens-before 关系保证正确同步的多线程程序的执行结果不被改变。

❑ as-if-serial 语义给编写单线程程序的程序员创造了一个幻境：单线程程序是按程序的顺序来执行的。happens-before 关系给编写正确同步的多线程程序的程序员创造了一个幻境：正确同步的多线程程序是按 happens-before 指定的顺序来执行的。

as-if-serial 语义和 happens-before 这么做的目的都是在不改变程序执行结果的前提下，尽可能地提高程序执行的并行度。

4.7.3 happens-before 规则

"JSR-133: Java Memory Model and Thread Specification"定义了如下 happens-before 规则。

1）程序顺序规则：一个线程中的每个操作，happens-before 于该线程中的任意后续操作。

2）监视器锁规则：对一个锁的解锁，happens-before 于随后对这个锁的加锁。

3）volatile 变量规则：对一个 volatile 域的写，happens-before 于任意后续对这个 volatile 域的读。

4）传递性：如果 A happens-before B，且 B happens-before C，那么 A happens-before C。

5）start() 规则：如果线程 A 执行操作 ThreadB.start()（启动线程 B），那么 A 线程的 ThreadB.start() 操作 happens-before 于线程 B 中的任意操作。

6）join() 规则：如果线程 A 执行操作 ThreadB. join() 并成功返回，那么线程 B 中的任意操作 happens-before 于线程 A 从 ThreadB. join() 操作成功返回。

规则 1）、2）、3）和 4）在前面都讲到过，这里再做个总结。由于 2）和 3）情况类似，这里只以 1）、3）和 4）为例来说明。图 4-34 是 volatile 写 – 读建立的 happens-before 关系图。

结合图 4-34，我们做以下分析。

❑ 1 happens-before 2 和 3 happens-before 4 由程序顺序规则产生。由于编译器和处理器都要遵守 as-if-serial 语义，也就是说，as-if-serial 语义保证了程序顺序规则。因此，可以把程序顺序规则看作对 as-if-serial 语义的"封装"。

❑ 2 happens-before 3 由 volatile 规则产生。前面提到过，对一个 volatile 变量的读，总是能看到（任意线程）之前对这个 volatile 变量最后的写入。因此，volatile 的这个特性可以保证实现 volatile 规则。

❑ 1 happens-before 4 是由传递性规则产生的。这里的传递性是由 volatile 的内存屏障插入策略和 volatile 的编译器重排序规则共同来保证的。

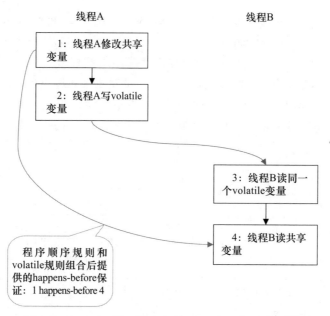

图 4-34　volatile 写 – 读建立的 happens-before 关系图

下面我们来看 start() 规则。假设线程 A 在执行的过程中通过执行 ThreadB.start() 来启动线程 B，同时线程 A 在执行 ThreadB.start() 之前修改了一些共享变量，线程 B 在开始执行后会读这些共享变量。图 4-35 是 start() 规则对应的 happens-before 关系图。

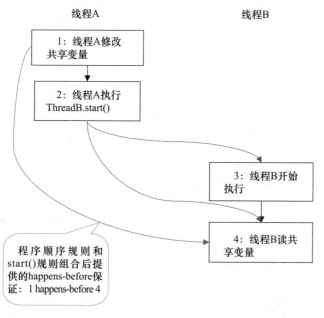

图 4-35　start() 规则对应的 happens-before 关系图

在图 4-35 中，1 happens-before 2 由程序顺序规则产生，2 happens-before 4 由 start() 规则产生。根据传递性，将有 1 happens-before 4。这意味着，线程 A 在执行 ThreadB.start() 之前对共享变量所做的修改，在线程 B 开始执行后都将对线程 B 可见。

下面我们来看 join() 规则。假设线程 A 在执行的过程中通过执行 ThreadB.join() 来等待线程 B 终止，同时线程 B 在终止之前修改了一些共享变量，线程 A 从 ThreadB.join() 返回后会读这些共享变量。图 4-36 是 join() 规则对应的 happens-before 关系图。

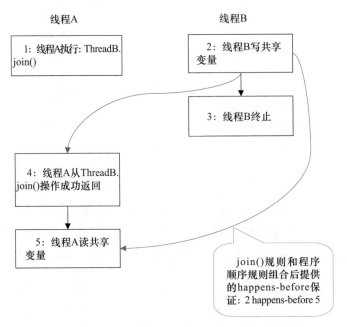

图 4-36　join() 规则对应的 happens-before 关系图

在图 4-36 中，2 happens-before 4 由 join() 规则产生，4 happens-before 5 由程序顺序规则产生。根据传递性规则，将有 2 happens-before 5。这意味着，线程 A 执行操作 ThreadB.join() 并成功返回后，线程 B 中的任意操作都将对线程 A 可见。

4.8　双重检查锁定与延迟初始化

在 Java 多线程程序中，有时候需要采用延迟初始化来降低初始化类和创建对象的开销。双重检查锁定（Double-Checked Locking）是常见的延迟初始化技术，但这是一种错误的用法。本文将分析双重检查锁定的错误根源，以及两种线程安全的延迟初始化方案。

4.8.1　双重检查锁定的由来

在 Java 程序中，有时候可能需要推迟一些高开销的对象初始化操作，并且只有在使用这些对象时才进行初始化。此时，程序员可能会采用延迟初始化。但要正确实现线程安全的延迟初始化需要一些技巧，否则很容易出现问题。比如，下面是非线程安全的延迟初始化对象的示例代码。

```
public class UnsafeLazyInitialization {
    private static Instance instance;

    public static Instance getInstance() {
        if (instance == null)                      // 1：线程 A 执行
            instance = new Instance();             // 2：线程 B 执行
        return instance;
    }
}
```

在 UnsafeLazyInitialization 类中，假设线程 A 执行代码 1 的同时，线程 B 执行代码 2。此时，线程 A 可能会看到 instance 引用的对象还没有完成初始化（出现这种情况的原因见4.8.2 节）。

对于 UnsafeLazyInitialization 类，我们可以对 getInstance() 方法做同步处理来实现线程安全的延迟初始化。示例代码如下。

```
public class SafeLazyInitialization {
    private static Instance instance;

    public synchronized static Instance getInstance() {
        if (instance == null)
            instance = new Instance();
        return instance;
    }
}
```

由于对 getInstance() 方法做了同步处理，synchronized 将导致性能开销。如果 getInstance() 方法被多个线程频繁地调用，将会导致程序执行性能的下降。反之，如果 getInstance() 方法不会被多个线程频繁地调用，那么这个延迟初始化方案将能提供令人满意的性能。

在早期的 JVM 中，synchronized（甚至是无竞争的 synchronized）存在巨大的性能开销。因此，人们想出了一个"聪明"的技巧——双重检查锁定，以此来降低同步的开销。下面是使用双重检查锁定来实现延迟初始化的示例代码。

```
public class DoubleCheckedLocking {                      // 1
    private static Instance instance;                    // 2

    public static Instance getInstance() {               // 3
        if (instance == null) {                          // 4：第一次检查
            synchronized (DoubleCheckedLocking.class) {  // 5：加锁
                if (instance == null)                    // 6：第二次检查
                    instance = new Instance();           // 7：问题的根源出在这里
```

```
        }                                           // 8
    }                                               // 9
    return instance;                                // 10
    }                                               // 11
}
```

如上面代码所示，如果第一次检查 instance 不为 null，那么就不需要执行下面的加锁和初始化操作。因此，可以大幅降低 synchronized 带来的性能开销。上面代码看起来似乎很完美。

❑ 多个线程试图在同一时间创建对象时，会通过加锁来保证只有一个线程能创建对象。

❑ 在对象创建好之后，执行 getInstance() 方法将不需要获取锁，直接返回已创建好的对象即可。

但这是一个错误的优化！在线程执行到第 4 行，代码读取到 instance 不为 null 时，instance 引用的对象有可能还没有完成初始化。

4.8.2 问题的根源

前面的双重检查锁定示例代码的第 7 行（instance = new Singleton();）创建了一个对象。这一行代码可以分解为如下 3 行伪代码。

```
memory = allocate();        // 1：分配对象的内存空间
ctorInstance(memory);       // 2：初始化对象
instance = memory;          // 3：设置 instance 指向刚分配的内存地址
```

伪代码中的 2 和 3 可能会被重排序（在一些即时编译器上，这种重排序是真实发生的）。2 和 3 重排序之后的执行时序如下。

```
memory = allocate();        // 1：分配对象的内存空间
instance = memory;          // 3：设置 instance 指向刚分配的内存地址
                            // 注意，此时对象还没有被初始化！
ctorInstance(memory);       // 2：初始化对象
```

根据"The Java Language Specification, Java SE 7 Edition"（后文简称为 Java 语言规范），所有线程在执行 Java 程序时必须遵守线程内语义（intra-thread semantic）。intra-thread semantic 保证重排序不会改变单线程内的程序执行结果。换句话说，intra-thread semantic 允许那些在单线程内，不会改变单线程程序执行结果的重排序。伪代码的 2 和 3 虽然被重排序了，但这个重排序并不会违反 intra-thread semantic。同时，这个重排序在没有改变单线程程序执行结果的前提下，可以提高程序的执行性能。

为了更好地理解 intra-thread semantic，请看如图 4-37 所示的示意图。这里假设一个线程 A 在构造对象后会立即访问这个对象。

只要保证 2 排在 4 的前面，即使 2 和 3 重排序了，也不会违反 intra-thread semantic。

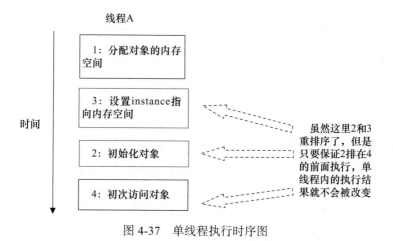

图 4-37　单线程执行时序图

下面我们再来查看多线程并发执行的情况，如图 4-38 所示。

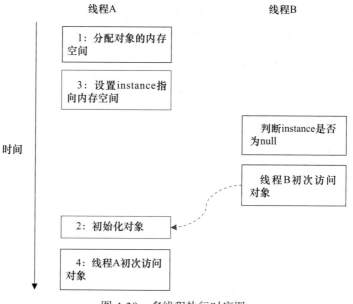

图 4-38　多线程执行时序图

单线程内要遵守 intra-thread semantic，从而保证线程 A 的执行结果不会被改变。但是，当线程 A 和线程 B 按如图 4-38 所示的时序执行时，线程 B 将看到一个还没有被初始化的对象。

回到本文的主题，DoubleCheckedLocking 示例代码的第 7 行（instance = new Instance();）如果发生重排序，另一个并发执行的线程 B 就有可能在第 4 行判断 instance 不为 null。线程 B 接下来将访问 instance 所引用的对象，但此时这个对象可能还没有被线程 A 初始化！表 4-6 是这个场景的具体执行时序。

表 4-6　多线程执行时序表

时间	线程 A	线程 B
t1	A1：分配对象的内存空间	
t2	A3：设置 instance 指向内存空间	
t3		B1：判断 instance 是否为空
t4		B2：由于 instance 不为 null，线程 B 将访问 instance 引用的对象
t5	A2：初始化对象	
t6	A4：访问 instance 引用的对象	

这里 A2 和 A3 虽然重排序了，但 Java 内存模型的 intra-thread semantic 将确保 A2 一定排在 A4 前面执行。因此，线程 A 的 intra-thread semantic 没有改变，但 A2 和 A3 的重排序将导致线程 B 在 B1 处判断出 instance 不为空，进而访问 instance 引用的对象。此时，线程 B 将会访问到一个还未初始化的对象。

在知晓了问题发生的根源之后，我们可以想出两种办法来实现线程安全的延迟初始化。

1）不允许 2 和 3 重排序。

2）允许 2 和 3 重排序，但不允许其他线程"看到"这个重排序。

后文介绍的两种解决方案，分别对应上面这两点。

4.8.3　基于 volatile 的解决方案

对于前面的基于双重检查锁定来实现延迟初始化的方案（指 DoubleCheckedLocking 示例代码），我们只需要做一点小的修改（把 instance 声明为 volatile 型），就可以实现线程安全的延迟初始化。请看下面的示例代码。

```java
public class SafeDoubleCheckedLocking {
    private volatile static Instance instance;

    public static Instance getInstance() {
        if (instance == null) {
            synchronized (SafeDoubleCheckedLocking.class) {
                if (instance == null)
                    instance = new Instance();// instance 为 volatile, 现在没问题了
            }
        }
        return instance;
    }
}
```

> 注意　这种解决方案需要 JDK 5 或更高版本，因为从 JDK 5 开始使用新的 JSR-133 内存模型规范，这个规范增强了 volatile 的语义。

当声明对象的引用为 volatile 后，4.8.2 节中伪代码的 2 和 3 之间的重排序会在多线程环境中被禁止。上面示例代码将按如图 4-39 所示的时序执行。

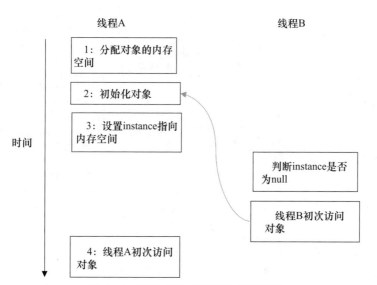

图 4-39　优化后的多线程执行时序图

这种方案本质上是通过禁止图 4-39 中 2 和 3 之间的重排序来保证线程安全的延迟初始化的。

4.8.4　基于类初始化的解决方案

JVM 在类的初始化阶段（即在 Class 被加载后，且被线程使用之前）会执行类的初始化。在执行类的初始化期间，JVM 会获取一个锁。这个锁可以同步多个线程对同一个类的初始化。

基于这个特性，我们可以实现另一种线程安全的延迟初始化方案（这种方案被称为 Initialization On Demand Holder idiom）。

```java
public class InstanceFactory {
    private static class InstanceHolder {
        public static Instance instance = new Instance();
    }

    public static Instance getInstance() {
        return InstanceHolder.instance ;          // 这里将导致 InstanceHolder 类被初始化
    }
}
```

假设两个线程并发执行 getInstance() 方法，执行的示意图如图 4-40 所示。

这种方案的实质是：允许 4.8.2 节中的伪代码的 2 和 3 之间的重排序，但不允许非构造线程（这里指线程 B）"看到"这个重排序。

对类的初始化，包括执行这个类的静态初始化和初始化在这个类中声明的静态字段。根据 Java 语言规范，在首次发生下列任意一种情况时，一个类或接口类型 T 将被立即初始化。

1）T 是一个类，而且一个 T 类型的实例被创建。

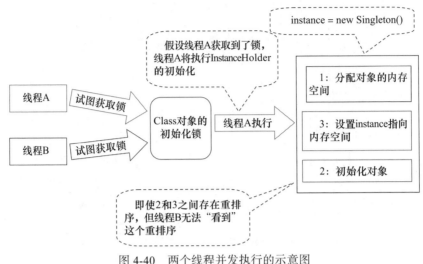

图 4-40　两个线程并发执行的示意图

2）T 是一个类，且 T 中声明的一个静态方法被调用。

3）T 中声明的一个静态字段被赋值。

4）T 中声明的一个静态字段被使用，而且这个字段不是一个常量字段。

5）T 是一个顶级类（Top Level Class，见 Java 语言规范的 7.6 节），而且一个断言语句嵌套在 T 内部被执行。

在 InstanceFactory 示例代码中，首次执行 getInstance() 方法的线程将导致 InstanceHolder 类被初始化（符合情况 4）。

由于 Java 语言是多线程的，多个线程可能会在同一时间尝试初始化同一个类或接口（比如这里多个线程可能在同一时刻调用 getInstance() 方法来初始化 InstanceHolder 类）。因此，在 Java 中初始化一个类或者接口时，需要做细致的同步处理。

Java 语言规范规定，对于每一个类或接口 C，都有一个唯一的初始化锁 LC 与之对应。从 C 到 LC 的映射，由 JVM 自由实现。JVM 在类初始化期间会获取这个初始化锁，并且每个线程至少要获取一次锁来确保这个类已经被初始化了。事实上，Java 语言规范允许 JVM 的具体实现在这里做一些优化，见后文的说明。

对于类或接口的初始化，Java 语言规范制定了精巧而复杂的类初始化处理过程。Java 初始化一个类或接口的处理过程如下。这里对类初始化处理过程的说明省略了与本文无关的部分。同时为了更好地说明类初始化过程中的同步处理机制，笔者人为地把类初始化的处理过程分为 5 个阶段。

第 1 阶段：通过在 Class 对象上同步（即获取 Class 对象的初始化锁），来控制类或接口的初始化。获取锁的线程会一直等待，直到当前线程能够获取到这个初始化锁。

假设 Class 对象当前还没有被初始化（初始化状态 state，此时被标记为 state = noInitialization），且有两个线程 A 和 B 试图同时初始化这个 Class 对象。图 4-41 是第 1 阶段的示意图。

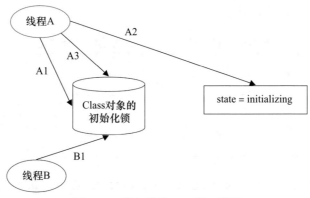

图 4-41　类初始化——第 1 阶段

表 4-7 是第 1 阶段的执行时序表。

表 4-7　类初始化——第 1 阶段的执行时序表

时间	线程 A	线程 B
t1	A1：尝试获取 Class 对象的初始化锁。这里假设线程 A 获取到了初始化锁	B1：尝试获取 Class 对象的初始化锁，由于线程 A 获取到了锁，线程 B 将一直等待获取初始化锁
t2	A2：线程 A 看到线程还未被初始化（因为读取到 state == noInitialization），设置 state = initializing	
t3	A3：线程 A 释放初始化锁	

第 2 阶段：线程 A 执行类的初始化，同时线程 B 在初始化锁对应的 condition 上等待，如图 4-42 所示。

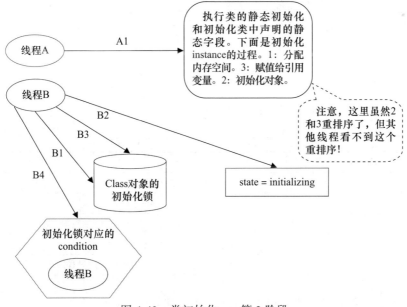

图 4-42　类初始化——第 2 阶段

表 4-8 是第 2 阶段的执行时序表。

表 4-8　类初始化——第 2 阶段的执行时序表

时间	线程 A	线程 B
t1	A1: 执行类的静态初始化和初始化类中声明的静态字段	B1：获取到初始化锁
t2		B2：读取到 state = initializing
t3		B3：释放初始化锁
t4		B4：在初始化锁的 condition 中等待

第 3 阶段：线程 A 设置 state = initialized，然后唤醒在 condition 中等待的所有线程，如图 4-43 所示。

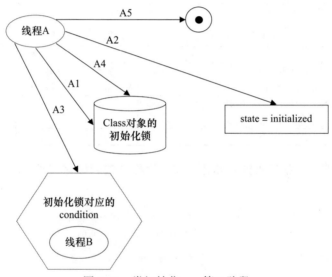

图 4-43　类初始化——第 3 阶段

表 4-9 是第 3 阶段的执行时序表。

表 4-9　类初始化——第 3 阶段的执行时序表

时间	线程 A
t1	A1：获取初始化锁
t2	A2：设置 state = initialized
t3	A3：唤醒在 condition 中等待的所有线程
t4	A4：释放初始化锁
t5	A5：线程 A 的初始化处理过程完成

第 4 阶段：线程 B 结束类的初始化处理，如图 4-44 所示。

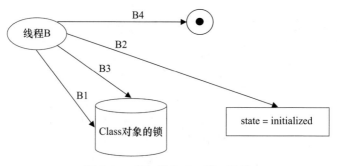

图 4-44　类初始化——第 4 阶段

表 4-10 是第 4 阶段的执行时序表。

表 4-10　类初始化——第 4 阶段的执行时序表

时间	线程 B	时间	线程 B
t1	B1：获取初始化锁	t3	B3：释放初始化锁
t2	B2：读取到 state = initialized	t4	B4：线程 B 的类初始化处理过程完成

线程 A 在第 2 阶段的 A1 执行类的初始化，并在第 3 阶段的 A4 释放初始化锁；线程 B 在第 4 阶段的 B1 获取同一个初始化锁，并在第 4 阶段的 B4 之后才开始访问这个类。根据 Java 内存模型规范的锁规则，这里将存在如图 4-45 所示的 happens-before 关系。

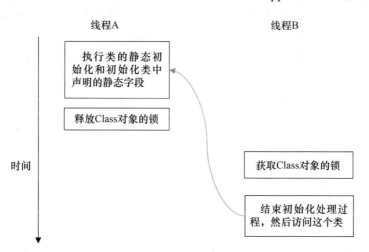

图 4-45　多线程执行时序图

这个 happens-before 关系将保证：线程 A 执行类的初始化时的写入操作（执行类的静态初始化和初始化类中声明的静态字段）一定能被线程 B 看到。

第 5 阶段：线程 C 执行类的初始化的处理，如图 4-46 所示。

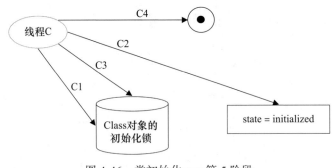

图 4-46 类初始化——第 5 阶段

表 4-11 是第 5 阶段的执行时序表。

表 4-11 类初始化——第 5 阶段的执行时序表

时间	线程 B
t1	C1：获取初始化锁
t2	C2：读取到 state = initialized
t3	C3：释放初始化锁
t4	C4：线程 C 的类初始化处理过程完成

在第 3 阶段之后，类已经完成了初始化。因此线程 C 在第 5 阶段的类初始化处理过程相对简单一些（前面的线程 A 和 B 的类初始化处理过程都经历了两次锁获取 – 锁释放，线程 C 的类初始化处理只需要经历一次锁获取 – 锁释放）。

线程 A 在第 2 阶段的 A1 执行类的初始化，并在第 3 阶段的 A4 释放锁；线程 C 在第 5 阶段的 C1 获取同一个锁，并在第 5 阶段的 C4 之后才开始访问这个类。根据 Java 内存模型规范的锁规则，这里将存在如图 4-47 所示的 happens-before 关系。

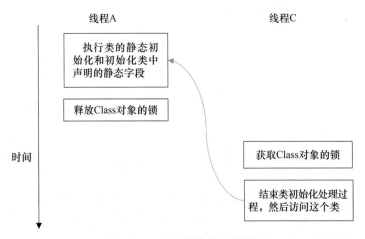

图 4-47 多线程执行时序图

这个 happens-before 关系将保证：线程 A 执行类的初始化时的写入操作一定能被线程 C 看到。

注意 这里的 condition 和 state 标记是本文虚构出来的。Java 语言规范并没有规定一定要使用 condition 和 state 标记。JVM 只要实现类似功能即可。

注意 Java 语言规范允许 Java 的具体实现，优化类的初始化处理过程（对这里的第 5 阶段做优化），具体细节参见 Java 语言规范的 12.4.2 节。

通过对比基于 volatile 的双重检查锁定的方案和基于类初始化的方案，我们会发现基于类初始化的方案的实现代码更简洁。但基于 volatile 的双重检查锁定的方案有一个额外的优势：除了可以对静态字段实现延迟初始化外，还可以对实例字段实现延迟初始化。

字段延迟初始化降低了初始化类或创建实例的开销，但增加了访问被延迟初始化的字段的开销。在大多数情况下，正常的初始化要优于延迟初始化。如果确实需要对实例字段使用线程安全的延迟初始化，请使用基于 volatile 的延迟初始化的方案；如果确实需要对静态字段使用线程安全的延迟初始化，请使用基于类初始化的方案。

4.9 Java 内存模型综述

前面对 Java 内存模型的基础知识和内存模型的具体实现进行了说明。下面对 Java 内存模型的相关知识做一个总结。

4.9.1 处理器的内存模型

顺序一致性内存模型是一个理论参考模型，JMM 和处理器内存模型在设计时通常会以顺序一致性内存模型为参照。在设计时，JMM 和处理器内存模型会对顺序一致性内存模型做一些放松，因为如果完全按照顺序一致性内存模型来实现处理器和 JMM，那么很多的处理器和编译器优化都要被禁止，这对执行性能将会有很大的影响。

根据对不同类型的读 / 写操作组合的执行顺序的放松，可以把常见的处理器内存模型划分为如下几种类型。

❑ 放松程序中写 – 读操作的顺序，由此产生了 Total Store Ordering（简称为 TSO）内存模型。

❑ 在上面的基础上，继续放松程序中写 – 写操作的顺序，由此产生了 Partial Store Order（简称为 PSO）内存模型。

❑ 在前面两条的基础上，继续放松程序中读 – 写和读 – 读操作的顺序，由此产生了 Relaxed Memory Order（简称为 RMO）内存模型和 PowerPC 内存模型。

注意，这里处理器对读/写操作的放松，是以两个操作之间不存在数据依赖性为前提的（因为处理器要遵守 as-if-serial 语义，不会对存在数据依赖性的两个内存操作做重排序）。

表 4-12 展示了常见的处理器内存模型的特征表。

表 4-12　处理器内存模型的特征表

内存模型名称	对应的处理器	Store-Load 重排序	Store-Store 重排序	Load-Load 和 Load-Store 重排序	可以更早读取到其他处理器的写	可以更早读取到当前处理器的写
TSO	sparc-TSO X64	Y				Y
PSO	sparc-PSO	Y	Y			Y
RMO	ia64	Y	Y	Y		Y
PowerPC	PowerPC	Y	Y	Y	Y	Y

从表 4-12 中可以看到，所有处理器内存模型都允许写 – 读重排序，原因在第 1 章已经说明过：它们都使用了写缓存区。写缓存区可能导致写 – 读操作重排序。同时，我们可以看到这些处理器内存模型都允许更早读到当前处理器的写，原因同样是因为写缓存区。由于写缓存区仅对当前处理器可见，这个特性导致当前处理器可以比其他处理器先看到临时保存在自己写缓存区中的写。

表 4-12 中的处理器内存模型从上到下，性能由强变弱。越是追求性能的处理器，内存模型设计得越弱。因为这些处理器希望内存模型对它们的束缚越少越好，这样它们就可以做尽可能多的优化来提高性能。

由于常见的处理器内存模型比 JMM 要弱，Java 编译器在生成字节码时，会在执行指令序列的适当位置插入内存屏障来限制处理器的重排序。同时，由于各种处理器内存模型的强弱不同，为了在不同的处理器平台向程序员展示一个一致的内存模型，JMM 在不同的处理器中需要插入的内存屏障的数量和种类也不相同。图 4-48 是 JMM 在不同处理器内存模型中需要插入的内存屏障的示意图。

JMM 屏蔽了不同处理器内存模型的差异，以便在不同的处理器平台上为 Java 程序员呈现了一个一致的内存模型。

4.9.2　各种内存模型之间的关系

JMM 是语言级的内存模型，处理器内存模型是硬件级的内存模型，顺序一致性内存模型是理论参考模型。语言内存模型、处理器内存模型和顺序一致性内存模型的强弱对比示意图如图 4-49 所示。

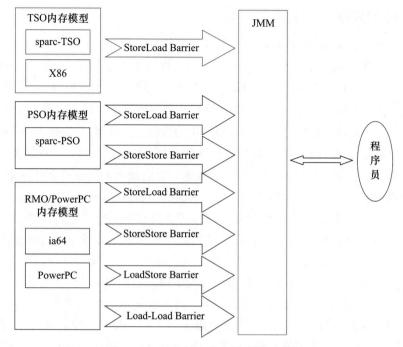

图 4-48　JMM 插入内存屏障的示意图

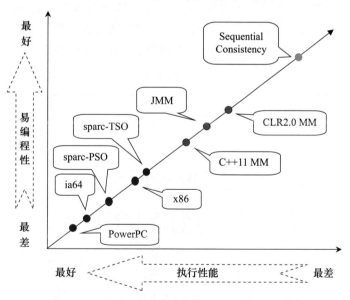

图 4-49　各种 CPU 内存模型的强弱对比示意图

从图 4-49 中可以看出：常见的 4 种处理器内存模型比常用的 3 种语言内存模型弱，处理器内存模型和语言内存模型都比顺序一致性内存模型弱。同处理器内存模型一样，越是追求执行性能的语言，内存模型设计会越弱。

4.9.3 JMM 的内存可见性保证

按程序类型，Java 程序的内存可见性保证可以分为下列 3 类。

❑ 单线程程序。单线程程序不会出现内存可见性问题。编译器、runtime 和处理器会共同确保单线程程序的执行结果与该程序在顺序一致性内存模型中的执行结果相同。

❑ 正确同步的多线程程序。正确同步的多线程程序的执行将具有顺序一致性（程序的执行结果与该程序在顺序一致性内存模型中的执行结果相同）。这是 JMM 关注的重点，JMM 通过限制编译器和处理器的重排序来为程序员提供内存可见性保证。

❑ 未同步 / 未正确同步的多线程程序。JMM 为它们提供了最小安全性保障：线程执行时读取到的值，要么是之前某个线程写入的值，要么是默认值（0、null、false）。

注意，最小安全性保障与 64 位数据的非原子性写并不矛盾。它们是两个不同的概念，它们"发生"的时间点也不同。最小安全性保证对象默认初始化之后（设置成员域为 0、null 或 false），才会被任意线程使用。最小安全性"发生"在对象被任意线程使用之前。64 位数据的非原子性写"发生"在对象被多个线程使用的过程中（写共享变量）。当发生问题时（处理器 B 看到仅仅被处理器 A"写了一半"的无效值），这里虽然处理器 B 读取到一个被写了一半的无效值，但这个值仍然是处理器 A 写入的，只是处理器 A 还没有写完而已。最小安全性保证线程读取到的值，要么是之前某个线程写入的值，要么是默认值（0、null、false）。但最小安全性并不保证线程读取到的值一定是某个线程写完后的值。最小安全性保证线程读取到的值不会无中生有，但并不保证线程读取到的值一定是正确的。

图 4-50 展示了这 3 类程序在 JMM 中与在顺序一致性内存模型中的执行结果的异同。

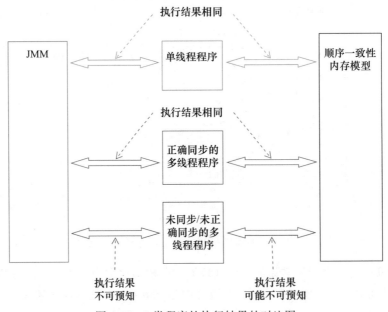

图 4-50 3 类程序的执行结果的对比图

只要多线程程序是正确同步的，JMM 就能保证该程序在任意的处理器平台上的执行结果与该程序在顺序一致性内存模型中的执行结果一致。

4.9.4　JSR-133 对旧内存模型的修补

JSR-133 对 JDK 5 之前的旧内存模型的修补主要有两个。

- 增强 volatile 的内存语义。旧内存模型允许 volatile 变量与普通变量重排序。JSR-133 严格限制 volatile 变量与普通变量的重排序，使 volatile 的写 – 读和锁的释放 – 获取具有相同的内存语义。
- 增强 final 的内存语义。在旧内存模型中，多次读取同一个 final 变量的值可能会不相同。为此，JSR-133 为 final 增加了两个重排序规则。在保证 final 引用不会从构造函数内逸出的情况下，使 final 具有了初始化安全性。

4.10　JDK 9 内存顺序模型

Java 在推出 JDK 5 时推出了 JSR-133 内存模型规范，该规范对 Java 早期内存模型规范进行了重大修改。到了 JDK 9，Java 对 JSR-133 做了一些升级，主要添加了 VarHandle 来细粒度地控制内存访问。

4.10.1　背景

在 JDK 9 之前，Java 已经有了监视器锁（synchronized 和 ReentrantLock）和 volatile 这两种内存模型。在多核盛行的时代，我们需要更多种类的内存模型来处理并发编程。为此，JDK 9 针对专家级程序员提供了 java.lang.invoke.Varhandle。通过 VarHandle，我们可以细粒度地控制内存访问顺序。

VarHandle 建议声明为静态 final 字段，并在静态代码块中显式初始化。所有需要并发访问的字段建议声明为 volatile，这样在不使用 VarHandle 的直接访问的情况下，也可以提供强内存一致性保障。

```
import java.lang.invoke.MethodHandles;
import java.lang.invoke.VarHandle;
class Point {
    volatile int x, y;
    private static final VarHandle X;
    static {
        try {
            X = MethodHandles.lookup().
                findVarHandle(Point.class, "x", int.class);
        } catch (ReflectiveOperationException e) {
            throw new Error(e);
        }
```

```
        }
    // ...
}
```

JDK 9 的新内存顺序模型，从弱到强依次为：Plain、Opaque、Release/Acquire 和 Volatile。Plain 和 Volatile，与 JDK 9 之前的内存模型保持兼容。

> **注意** 由于目前 Java 还没有推出新版本的内存模型规范，所以本节只能参考 Doug Lea 的 "Using JDK 9 Memory Order Modes"。

4.10.2 Plain

Plain 模型对应普通的非 volatile 字段（比如 int v=aPoint.x）的读 / 写，以及静态字段和数组元素的读 / 写。Plain 模型对应默认的 VarHandle get/set 访问。Plain 模型对 int、char、short、float、byte 和引用类型的访问具有原子性，但对 long 和 double 类型，有可能返回一个错误的值，此值的高 32 位来自一个线程的写入，而低 32 位来自另一个线程的写入，因此这个错误值不能被使用。Plain 模型仅仅适用于单线程程序的场景。

4.10.3 Opaque

当程序员使用 VarHandle.getOpaque/setOpaque 的时候，此时对应于 JDK 9 内存模型的 Opaque 模型。Opaque 模型增强了对 Plain 模型的约束，当所有访问都是基于 Opaque 模型时，内存模型提供了最小"感知"：

❑ Per-variable antecedence acyclicity，对于仅仅在 Opaque 模型或者更强模型下访问的每个变量，仅针对这个变量的读 / 写访问有偏序的先后关系的保证。这个保证只适用于单个变量，不能保证对其他变量的读 / 写访问顺序，这种限制导致 Opaque 模型不适用于大多数的多线程程序。

❑ Coherence，如果对于每个变量，写入与稍后的读取，以及读取与稍后的写入，都使用 Opaque 模型（或者更强的模型），那么对这个变量的更新不会出现乱序。请注意，如果仅仅只是读取时使用 Opaque 模型，而写入时不使用 Opaque 模型，则这个保证不一定成立，因为 Plan 模型可能会跳过、推迟或者重排序某些写入。

❑ Progress，写入最终可见。例如，对变量的唯一修改是让一个线程以 Opaque 模型写入（X.setOpaque(this, 1)），任何其他线程执行 while(X.getOpaque(this)!=1){} 最终会终止。

❑ Bitwise Atomicity，如果所有读 / 写访问都使用 Opaque（或更强的）模型，那么对所有类型的读取，包括 long 和 double，都保证不会读取到混合了多个线程写入的值（指高 32 位和低 32 位分别由不同线程写入的 long/double 值）。

Opaque 模型的灵感来自 Linux 的 ACCESS_ONCE，Opaque 模型不适用于大多数的多线程程序。

4.10.4　Release/Acquire

Release/Acquire（或 RA）模型，是使用 VarHandle 的 setRelease/getAcquire 和相关方法获得的模型。RA 模型在 Opaque 模型的基础上增加了因果关系约束。RA 模型扩展了偏序关系，以确保同一个线程内的可能较弱的读 / 写访问顺序。相对于 volatile 模型提供的同一个线程内的更强的读 / 写访问顺序，具体强弱对比见 4.10.5 节的代码示例和说明。

❑ 如果在源代码中，一个读 / 写 A 在一个 Release（或更强）模型的写 W 的前面，则在线程 T 内，A 在 W 的前面。

❑ 如果在源代码中，一个 Acquire（或更强）模型的读 R 在一个读 / 写 A 的前面，则在线程 T 内，R 在 A 的前面。

下面通过示例代码说明因果一致性顺序的含义。

```
volatile int ready;        // 初始化 ready 为 0，VarHandle 变量 READY 对应于 ready
    int dinner;            // 与 RA 模型无关的变量 dinner

    Thread 1                          |  Thread 2
    dinner = 17;                      |  if (READY.getAcquire(this) == 1)
    READY.setRelease(this, 1); |      int d = dinner;   // 这里看到 dinner 的值为 17
```

在比 RA 弱的模型中，Thread 2 不一定能确保看到 17。

通常，我们会在生产者线程写入对数据的引用，然后在消费者线程中读取引用并获取被引用的值。

```
class Dinner {
    int desc;
    Dinner(int d) { desc = d; }
}
volatile Dinner meal;                // 初始化 meal 为 null，VarHandle 变量 MEAL 对应于 meal

Thread 1                          |  Thread 2
    Dinner f = new Dinner(17); |  Dinner m = MEAL.getAcquire();
    MEAL.setRelease(f);        |  if (m != null)
                               |      int d = m.desc;  // 这里看到 dinner 的值为 17
```

生产者 – 消费者设计、消息传递设计和许多其他设计都需要 RA 模型的因果关系保证。几乎所有的 java.util.concurrent 组件在其 API 文档中都指出此组件包含 "happens-before" 的因果一致性保证。比如，在 ConcurrentLinkedQueue 的 API 文档中指出："内存一致性效果是：当存在其他并发 collection 时，将对象放入 ConcurrentLinkedQueue 之前的线程中的操作 happens-before 随后通过另一个线程从 ConcurrentLinkedQueue 访问或移除该元素的操作。"

当两个或多个线程可能同时写入相同的变量时，RA 模型很少能保证合理的结果。推荐的做法是规定只有单个所有者可以写入，其他人只可以读取。比如，当一个线程最初构造一个对象时，它就是唯一的所有者，直到以某种方式将被构造对象提供给其他线程使用。还可以依赖释放 – 获取转移所有权——在使对象可访问后，之前的所有者不再使用它。一些特殊用途的消息传递组件，例如单生产者队列，将此限制作为组件使用者必须遵守的条件。总体来说，RA 模型适用的场景，在概念上接近于具有多个阅读器的无序"广播"。

4.10.5 volatile

volatile 模型是定义为 volatile 的字段的默认读 / 写访问模型，或与 VarHandle 的 setVolatile/getVolatile 及相关方法一起使用。它在 RA 模型的基础上添加了如下约束：（线程之间）的 volatile 模型的读 / 写访问是完全有序的。

当所有读 / 写访问都使用 volatile 模型时，程序的执行具有顺序一致性，在这种情况下，对于两个 volatile 模型访问 A 和 B，必须是 A 先于 B 执行，反之亦然。在 RA 模型，它们可能是无序和并发的。为了直观说明 volatile 模型与 RA 模型的差异，请看下面示例。

```
volatile int x, y;  // 初始化 x、y 为 0，VarHandles 变量 X/Y 对应于 x/y

Thread 1                    |  Thread 2
X.setM(this, 1);            |  Y.setM(this, 1);
int ry = Y.getM(this);      |  int rx = X.getM(this);
```

上面示例使用"M"在不同模型之间变化。如果使用 volatile 模型，那么在两个线程访问的所有可能顺序中，rx 和 ry 中至少有一个必须为 1。但是在 RA 模型允许的某些执行顺序中，两者都可以为 0。

4.10.6 总结

Doug Lea 对"Using JDK 9 Memory Order Modes"的论述，与 JSR133 内存模型规范保持了兼容，并对其进行了扩展。JSR133 内存模型规范是根据与顺序一致性内存模型的差异来论述的，而"Using JDK 9 Memory Order Modes"是从控制并行性的角度来论述的。

基于 VarHandle 的内存顺序模型，在 Plain 模型访问规则的基础上，通过增加若干约束，实现如下分层结构：

❑ Opaque 模型在 Plain 模型的基础上增加了无环（acyclicity）约束（不能有循环的依赖关系）。在 Opaque 模型中，对于每个变量，存在一个偏序关系，以及访问的原子性、一致性和进展性。Opaque 模型提供了比较弱的跨线程的变量感知能力。

❑ Release/Acquire 模型在 Opaque 模型的基础上，支持了因果约束，Opaque 模型提供的严格偏序允许跨线程的通信。

❑ Volatile 模型在 Release/Acquire 模型的基础上，增加了共识约束：读 / 写访问的全序，使线程之间能够就程序状态达成一致。

基于 VarHandle 的内存模型，不是针对普通程序员，而是针对开发并发组件的专业程序员。基于 VarHandle 的内存模型的基本方针是，大多数并发组件必须要确保因果关系才能被使用。

4.11 本章小结

本章对 Java 内存模型做了比较全面的解读。希望读者阅读本章之后，对 Java 内存模型能够有一个比较深入的了解；同时，也希望本章可帮助读者解决在 Java 并发编程中经常遇到的各种内存可见性问题。

Java 中的锁

本章将介绍 Java 并发包中与锁相关的 API 和组件，以及这些 API 和组件的使用方式与实现细节。内容主要围绕两个方面：**使用**，通过示例演示这些组件的使用方法，详细介绍与锁相关的 API；**实现**，通过分析源码来剖析实现细节，因为只有理解实现的细节才能更加得心应手且正确地使用这些组件。希望通过以上两个方面的讲解使开发者对锁的使用和实现有一定的了解。

5.1　Lock 接口

锁是用来控制多个线程访问共享资源的方式。一般来说，一个锁能够防止多个线程同时访问共享资源。（但是有些锁可以允许多个线程并发地访问共享资源，比如读写锁。）在 Lock 接口出现之前，Java 程序是靠 synchronized 关键字实现锁功能的，而 Java SE 5 之后，并发包中新增了 Lock 接口（以及相关实现类）用来实现锁功能，它提供了与 synchronized 关键字类似的同步功能，只是在使用时需要显式地获取和释放锁。虽然它缺少了（通过 synchronized 块或者方法所提供的）隐式获取释放锁的便捷性，但是却拥有了锁获取与释放的可操作性、可中断的获取锁以及超时获取锁等多种 synchronized 关键字所不具备的同步特性。

使用 synchronized 关键字将会隐式地获取锁，但是它将锁的获取和释放固化了，也就是先获取再释放。当然，这种方式简化了同步的管理，可是扩展性不如显式的锁获取和释放。例如，针对某个场景手把手进行锁获取和释放，先获得锁 A，再获取锁 B，当获得锁 B 后，释放锁 A 同时获取锁 C，当获得锁 C 后，再释放 B 同时获取锁 D，以此类推。在这种场景下，使用 synchronized 关键字就不那么容易实现了，而使用 Lock 却容易许多。

Lock 的使用也很简单，方式如下。

```
Lock lock = new ReentrantLock();
lock.lock();
try {
} finally {
    lock.unlock();
}
```

在 finally 块中释放锁，目的是保证在获取到锁之后，最终锁能够被释放。

不要将获取锁的过程写在 try 块中，因为如果在获取锁（自定义锁的实现）时发生了异常，异常抛出的同时，也会导致锁无故释放。

Lock 接口提供的 synchronized 关键字所不具备的主要特性如表 5-1 所示。

表 5-1　Lock 接口提供的 synchronized 关键字不具备的主要特性

特　性	描　述
尝试非阻塞地获取锁	当前线程尝试获取锁，如果这一时刻锁没有被其他线程获取到，则成功获取并持有锁
能被中断地获取锁	与 synchronized 不同，获取到锁的线程能够响应中断，当获取到锁的线程被中断时，中断异常将会被抛出，同时锁会被释放
超时获取锁	在指定的截止时间之前获取锁，如果截止时间到了仍旧无法获取锁，则返回

Lock 是一个接口，它定义了锁获取和释放的基本操作，Lock 的 API 如表 5-2 所示。

表 5-2　Lock 的 API

方法名称	描　述
void lock()	获取锁，调用该方法当前线程将会获取锁，当锁获得后，从该方法返回
void lockInterruptibly() throws InterruptedException	可中断地获取锁，和 lock() 方法的不同之处在于该方法会响应中断，即可以在锁的获取中中断当前线程
boolean tryLock()	尝试非阻塞地获取锁，调用该方法后立刻返回，如果能够获取则返回 true，否则返回 false
boolean tryLock (long time, TimeUnit unit) throws InterruptedException	超时地获取锁，当前线程在以下 3 种情况会返回： ①当前线程在超时时间内获取了锁 ②当前线程在超时时间内被中断 ③超时时间结束，返回 false
void unlock()	释放锁
Condition newCondition()	获取等待通知组件，该组件和当前的锁绑定，当前线程只有获得了锁，才能调用该组件的 wait() 方法，而调用后，当前线程将释放锁

这里先简单介绍一下 Lock 接口的 API，随后的章节会详细介绍同步器 AbstractQueued-Synchronizer 以及常用 Lock 接口的实现 ReentrantLock。Lock 接口的实现基本都是通过聚合了一个同步器的子类来完成线程访问控制的。

5.2 队列同步器

队列同步器 AbstractQueuedSynchronizer（以下简称同步器），是用来构建锁或者其他同步组件的基础框架，它使用了一个 int 成员变量表示同步状态，通过内置的 FIFO 队列来完成资源获取线程的排队工作。并发包的作者（Doug Lea）期望它能够成为实现大部分同步需求的基础。

同步器的主要使用方式是继承，子类通过继承同步器并实现它的抽象方法来管理同步状态，在抽象方法的实现过程中免不了要对同步状态进行更改，这时就需要使用同步器提供的 3 个方法（getState()、setState(int newState) 和 compareAndSetState(int expect, int update)）来进行操作，因为它们能够保证状态的改变是安全的。子类推荐被定义为自定义同步组件的静态内部类。同步器自身没有实现任何同步接口，它仅仅是定义了若干同步状态获取和释放的方法来供自定义同步组件使用。同步器既可以支持独占式地获取同步状态，又可以支持共享式地获取同步状态，这样就可以方便地实现不同类型的同步组件（ReentrantLock、ReentrantReadWriteLock 和 CountDownLatch 等）。

同步器是实现锁（也可以是任意同步组件）的关键，在锁的实现中聚合同步器，利用同步器实现锁的语义。可以这样理解二者之间的关系：锁是面向使用者的，它定义了使用者与锁交互的接口（比如可以允许两个线程并行访问），隐藏了实现细节；同步器面向的是锁的实现者，它简化了锁的实现方式，屏蔽了同步状态管理、线程的排队、等待与唤醒等底层操作。锁和同步器很好地隔离了使用者和实现者所需关注的领域。

5.2.1 队列同步器的接口与示例

同步器的设计是基于模板方法模式的，也就是说，使用者需要继承同步器并重写指定的方法，随后将同步器组合在自定义同步组件的实现中，并调用同步器提供的模板方法，而这些模板方法将会调用使用者重写的方法。

重写同步器指定的方法时，需要使用同步器提供的如下 3 个方法来访问或修改同步状态。

❏ getState()：获取当前同步状态。

❏ setState(int newState)：设置当前同步状态。

❏ compareAndSetState(int expect, int update)：使用 CAS 设置当前状态，该方法能够保证状态设置的原子性。

同步器可重写的方法与描述如表 5-3 所示。

表 5-3 同步器可重写的方法与描述

方法名称	描　　述
protected boolean tryAcquire(int arg)	独占式获取同步状态，需要查询当前状态并判断同步状态是否符合预期，然后再进行 CAS 设置同步状态

（续）

方法名称	描　述
protected boolean tryRelease(int arg)	独占式释放同步状态，等待获取同步状态的线程将有机会获取同步状态
protected int tryAcquireShared(int arg)	共享式获取同步状态，如果返回大于或等于 0 的值，表示获取成功，反之，获取失败
protected boolean tryReleaseShared(int arg)	共享式释放同步状态
protected boolean isHeldExclusively()	当前同步器是否在独占模式下被线程占用，一般该方法表示是否被当前线程所独占

实现自定义同步组件时，将会调用同步器提供的模板方法，这些（部分）模板方法与描述如表 5-4 所示。

表 5-4　同步器提供的（部分）模板方法描述

方法名称	描　述
void acquire(int arg)	独占式获取同步状态，如果当前线程获取同步状态成功，则由该方法返回，否则，将进入同步队列等待，该方法将调用重写的 tryAcquire(int arg) 方法
void acquireInterruptibly(int arg)	与 acquire(int arg) 相同，但是该方法响应中断，当前线程未获取到同步状态时会进入同步队列中，如果当前线程被中断，则该方法会抛出 InterruptedException 并返回
boolean tryAcquireNanos(int arg, long nanos)	在 acquireInterruptibly(int arg) 基础上增加了超时限制，如果当前线程在超时时间内没有获取到同步状态，那么返回 false，反之，返回 true
void acquireShared(int arg)	共享式的获取同步状态，如果当前线程未获取到同步状态，将会进入同步队列等待，与独占式获取的主要区别是在同一时刻可以有多个线程获取到同步状态
void acquireSharedInterruptibly(int arg)	与 acquireShared(int arg) 相同，该方法响应中断
boolean tryAcquireSharedNanos(int arg, long nanos)	在 acquireSharedInterruptibly(int arg) 基础上增加了超时限制
boolean release(int arg)	独占式释放同步状态，该方法会在释放同步状态之后，将同步队列中第一个节点包含的线程唤醒
boolean releaseShared(int arg)	共享式释放同步状态
Collection<Thread> getQueuedThreads()	获取等待在同步队列上的线程集合

同步器提供的模板方法基本分为 3 类：独占式获取与释放同步状态、共享式获取与释放同步状态和查询同步队列中的等待线程情况。自定义同步组件将使用同步器提供的模板方法来实现自己的同步语义。

只有掌握了同步器的工作原理才能更加深入地理解并发包中其他的并发组件，所以下面通过一个独占锁的示例来深入了解同步器的工作原理。

顾名思义，独占锁就是在同一时刻只能有一个线程获取到锁，而其他获取锁的线程只能在同步队列中等待，只有获取锁的线程释放了锁，后继的线程才能够获取锁，代码如下所示。

```java
class Mutex implements Lock {
    // 静态内部类，自定义同步器
    private static class Sync extends AbstractQueuedSynchronizer {
        // 是否处于占用状态
        protected boolean isHeldExclusively() {
            return getState() == 1;
        }
        // 当状态为 0 的时候获取锁
        public boolean tryAcquire(int acquires) {
            if (compareAndSetState(0, 1)) {
                setExclusiveOwnerThread(Thread.currentThread());
                return true;
            }
            return false;
        }
        // 释放锁，将状态设置为 0
        protected boolean tryRelease(int releases) {
            if (getState() == 0) throw new
            IllegalMonitorStateException();
            setExclusiveOwnerThread(null);
            setState(0);
            return true;
        }
        // 返回一个 Condition，每个 condition 都包含了一个 condition 队列
        Condition newCondition() { return new ConditionObject(); }
    }
    // 仅需要将操作代理到 Sync 上即可
    private final Sync sync = new Sync();
    public void lock() { sync.acquire(1); }
    public boolean tryLock() { return sync.tryAcquire(1); }
    public void unlock() { sync.release(1); }
    public Condition newCondition() { return sync.newCondition(); }
    public boolean isLocked() { return sync.isHeldExclusively(); }
    public boolean hasQueuedThreads() { return sync.hasQueuedThreads(); }
    public void lockInterruptibly() throws InterruptedException {
        sync.acquireInterruptibly(1);
    }
    public boolean tryLock(long timeout, TimeUnit unit) throws InterruptedException {
        return sync.tryAcquireNanos(1, unit.toNanos(timeout));
    }
}
```

上述示例中，独占锁 Mutex 是一个自定义同步组件，它在同一时刻只允许一个线程占有锁。Mutex 中定义了一个静态内部类，该内部类继承了同步器并实现了独占式获取和释放同步状态。在 tryAcquire(int acquires) 方法中，如果经过 CAS 设置成功（同步状态设置

为 1），则代表获取了同步状态，而在 tryRelease(int releases) 方法中只是将同步状态重置为 0。用户使用 Mutex 时并不会直接和内部同步器打交道，而是调用 Mutex 提供的方法。在 Mutex 的实现中，以获取锁的 lock() 方法为例，只需要在方法实现中调用同步器的模板方法 acquire(int args) 即可，当前线程调用该方法获取同步状态失败后会被加入同步队列中进行等待，这样可以大大降低实现一个可靠自定义同步组件的门槛。

5.2.2　队列同步器的实现分析

接下来将从实现角度分析同步器是如何完成线程同步的，主要包括同步队列、独占式同步状态获取与释放、共享式同步状态获取与释放以及独占式超时获取同步状态等同步器的核心数据结构与模板方法。

1. 同步队列

同步器依赖内部的同步队列（一个 FIFO 双向队列）来完成同步状态的管理，当前线程获取同步状态失败时，同步器会将当前线程以及等待状态等信息构造成一个节点（Node）并将其加入同步队列，同时阻塞当前线程，当同步状态释放时，会把首节点中的线程唤醒，使其再次尝试获取同步状态。

同步队列中的节点用来保存获取同步状态失败的线程引用、等待状态以及前驱和后继节点，节点的属性类型与名称以及描述如表 5-5 所示。

表 5-5　节点的属性类型与名称以及描述

属性类型与名称	描　　　述
int waitStatus	等待状态，包含如下状态 ① CANCELLED，值为 1，由于在同步队列中等待的线程等待超时或者被中断，需要从同步队列中取消等待，节点进入该状态将不会变化 ② SIGNAL，值为 –1，后继节点的线程处于等待状态，而当前节点的线程如果释放了同步状态或者被取消，将会通知后继节点，使后继节点的线程得以运行 ③ CONDITION，值为 –2，节点在等待队列中，节点线程等待在 Condition 上，当其他线程对 Condition 调用了 signal() 方法后，该节点将会从等待队列中转移到同步队列中，加入到对同步状态的获取中 ④ PROPAGATE，值为 –3，表示下一次共享式同步状态获取将会无条件地传播下去 ⑤ INITIAL，值为 0，初始状态
Node prev	前驱节点，当节点加入同步队列时设置（尾部添加）
Node next	后继节点
Node nextWaiter	等待队列中的后继节点。如果当前节点是共享的，那么这个字段将是一个 SHARED 常量，也就是说节点类型（独占和共享）和等待队列中的后继节点共用一个字段
Thread thread	获取同步状态的线程

节点是构成同步队列（等待队列，在 5.6 节中将会介绍）的基础，同步器拥有首节点（head）和尾节点（tail），没有成功获取同步状态的线程将会成为节点并加入该队列的尾部。同步队列的基本结构如图 5-1 所示。

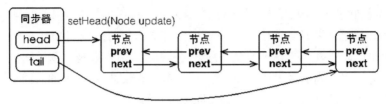

图 5-1 同步队列的基本结构

在图 5-1 中，同步器包含两个节点类型的引用，一个指向头节点，另一个指向尾节点。试想一下，当一个线程成功地获取了同步状态（或者锁），其他线程将无法获取到同步状态，转而被构造成为节点并加入同步队列中，而这个加入队列的过程必须保证线程安全，因此同步器提供了一个基于 CAS 的设置尾节点的方法：compareAndSetTail(Node expect, Node update)。该方法需要传递当前线程"认为"的尾节点和当前节点，只有设置成功后，当前节点才能正式与之前的尾节点建立关联。

同步器将节点加入同步队列的过程如图 5-2 所示。

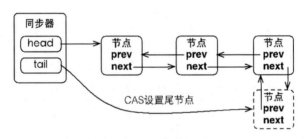

图 5-2 将节点加入同步队列

同步队列遵循 FIFO，首节点是获取同步状态成功的节点，首节点的线程在释放同步状态时，将会唤醒后继节点，而后继节点将会在获取同步状态成功时将自己设置为首节点，设置过程如图 5-3 所示。

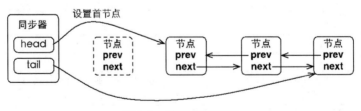

图 5-3 首节点的设置

在图 5-3 中，设置首节点是通过获取同步状态成功的线程来完成的，由于只有一个线程能够成功获取到同步状态，因此设置头节点的方法并不需要使用 CAS 来保证，将首节点设置成为原首节点的后继节点并断开原首节点的 next 引用即可。

2. 独占式同步状态获取与释放

通过调用同步器的 acquire(int arg) 方法可以获取同步状态，该方法对中断不敏感，也就是说，线程获取同步状态失败后会进入同步队列，后续对线程进行中断操作时，线程不会从同步队列中移出，该方法代码如下所示。

```
public final void acquire(int arg) {
    if (!tryAcquire(arg) &&
        acquireQueued(addWaiter(Node.EXCLUSIVE), arg))
        selfInterrupt();
}
```

上述代码主要完成了同步状态获取、节点构造、加入同步队列以及在同步队列中自旋等待的相关工作，其主要逻辑是：首先调用自定义同步器实现的 tryAcquire(int arg) 方法，该方法保证线程安全地获取同步状态，如果同步状态获取失败，则构造同步节点（独占式 Node.EXCLUSIVE，同一时刻只能有一个线程成功获取同步状态）并通过 addWaiter(Node node) 方法将该节点加入同步队列的尾部，最后调用 acquireQueued(Node node, int arg) 方法，使得该节点以"死循环"的方式获取同步状态。如果获取不到则阻塞节点中的线程，而被阻塞线程的唤醒主要依靠前驱节点的出队或阻塞线程被中断来实现。

下面分析一下相关工作。首先是节点的构造以及加入同步队列，如下所示。

```
private Node addWaiter(Node mode) {
    Node node = new Node(Thread.currentThread(), mode);
    // 快速尝试在尾部添加
    Node pred = tail;
    if (pred != null) {
        node.prev = pred;
        if (compareAndSetTail(pred, node)) {
            pred.next = node;
            return node;
        }
    }
    enq(node);
    return node;
}

private Node enq(final Node node) {
    for (;;) {
        Node t = tail;
        if (t == null) { // Must initialize
            if (compareAndSetHead(new Node()))
                tail = head;
        } else {
            node.prev = t;
            if (compareAndSetTail(t, node)) {
                t.next = node;
```

```
                  return t;
              }
          }
      }
}
```

上述代码通过使用 compareAndSetTail(Node expect, Node update) 方法来确保节点能够被线程安全添加。试想一下：如果使用一个普通的 LinkedList 来维护节点之间的关系，那么当一个线程获取了同步状态，而其他多个线程由于调用 tryAcquire(int arg) 方法获取同步状态失败而并发地被添加到 LinkedList 时，LinkedList 将难以保证 Node 的正确添加，最终的结果可能是节点的数量有偏差，而且顺序也是混乱的。

在 enq(final Node node) 方法中，同步器通过"死循环"来保证节点的正确添加，在"死循环"中只有通过 CAS 将节点设置为尾节点之后，当前线程才能从该方法返回，否则，当前线程将不断地尝试设置。可以看出，enq(final Node node) 方法将并发添加节点的请求通过 CAS 变得"串行化"了。

节点进入同步队列之后，就进入了一个自旋的过程，每个节点（或者说每个线程）都在自省地观察，当条件满足，获取到同步状态时，就可以从这个自旋过程中退出，否则依旧留在这个自旋过程中（并会阻塞节点的线程），如下所示。

```
final boolean acquireQueued(final Node node, int arg) {
    boolean failed = true;
    try {
        boolean interrupted = false;
        for (;;) {
            final Node p = node.predecessor();
            if (p == head && tryAcquire(arg)) {
                setHead(node);
                p.next = null; // help GC
                failed = false;
                return interrupted;
            }
            if (shouldParkAfterFailedAcquire(p, node) &&
            parkAndCheckInterrupt())
                interrupted = true;
        }
    } finally {
        if (failed)
            cancelAcquire(node);
    }
}
```

在 acquireQueued (final Node node, int arg) 方法中，当前线程在"死循环"中尝试获取同步状态，而只有前驱节点是头节点才能够尝试获取同步状态，这是为什么呢？原因有两个。

第一，头节点是成功获取到同步状态的节点，而头节点的线程释放了同步状态之后，将唤醒它的后继节点，后继节点的线程被唤醒后需要检查自己的前驱节点是不是头节点。

第二，维护同步队列的 FIFO 原则。在该方法中，节点自旋获取同步状态的行为如图 5-4 所示。

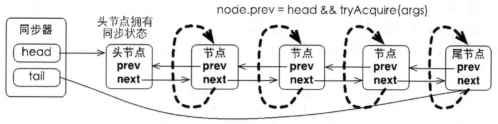

图 5-4 节点自旋获取同步状态

在图 5-4 中，由于非首节点线程前驱节点出队或者被中断而从等待状态返回，随后检查自己的前驱是不是头节点，如果是则尝试获取同步状态。可以看到节点和节点之间在循环检查的过程中基本不相互通信，而是简单地判断自己的前驱是不是头节点，这样就使得节点的释放规则符合 FIFO，并且也便于对过早通知的处理（过早通知是指前驱节点不是头节点的线程由于中断而被唤醒）。

独占式同步状态获取流程，也就是 acquire(int arg) 方法调用流程，如图 5-5 所示。

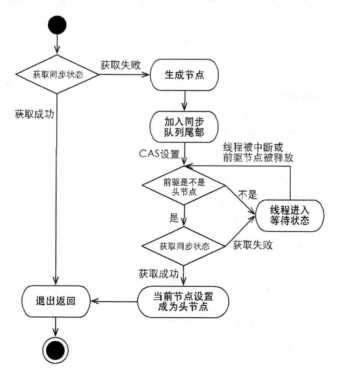

图 5-5 独占式同步状态获取流程

在图 5-5 中，前驱节点为头节点且能够获取同步状态的判断条件和线程进入等待状态是获取同步状态的自旋过程。当同步状态获取成功之后，当前线程从 acquire(int arg) 方法返回，对于锁这种并发组件而言，这代表当前线程获取了锁。

当前线程获取同步状态并执行了相应逻辑之后，就需要释放同步状态，使得后续节点能够继续获取同步状态。通过调用同步器的 release(int arg) 方法可以释放同步状态，该方法在释放了同步状态之后，会唤醒其后继节点，进而使后继节点重新尝试获取同步状态。代码如下所示。

```
public final boolean release(int arg) {
    if (tryRelease(arg)) {
        Node h = head;
        if (h != null && h.waitStatus != 0)
            unparkSuccessor(h);
        return true;
    }
    return false;
}
```

该方法执行时，会唤醒头节点的后继节点线程，unparkSuccessor(Node node) 方法使用 LockSupport（在后面的章节会专门介绍）来唤醒处于等待状态的线程。

分析了独占式同步状态获取和释放过程后，这里做个总结：在获取同步状态时，同步器维护一个同步队列，获取状态失败的线程都会被加入队列中并在队列中进行自旋；移出队列（或停止自旋）的条件是前驱节点为头节点且成功获取了同步状态。在释放同步状态时，同步器调用 tryRelease(int arg) 方法释放同步状态，然后唤醒头节点的后继节点。

3. 共享式同步状态获取与释放

共享式获取与独占式获取最主要的区别在于同一时刻能否有多个线程同时获取到同步状态。以文件的读写为例，如果一个程序在对文件进行读操作，那么这一时刻对于该文件的写操作均被阻塞，而读操作能够同时进行。写操作要求对资源的独占式访问，而读操作可以是共享式访问。两种不同的访问模式在同一时刻对文件或资源的访问情况，如图 5-6 所示。

图 5-6 的左半部分是共享式访问资源时，其他共享式的访问均被允许，而独占式访问被阻塞，右半部分是独占式访问资源时，同一时刻其他访问均被阻塞。

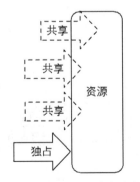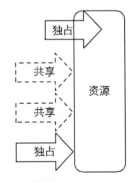

图 5-6　共享式与独占式访问资源的对比

通过调用同步器的 acquireShared(int arg) 方法可以共享式地获取同步状态，代码如下所示。

```
public final void acquireShared(int arg) {
    if (tryAcquireShared(arg) < 0)
        doAcquireShared(arg);
}

private void doAcquireShared(int arg) {
    final Node node = addWaiter(Node.SHARED);
    boolean failed = true;
    try {
        boolean interrupted = false;
        for (;;) {
            final Node p = node.predecessor();
            if (p == head) {
                int r = tryAcquireShared(arg);
                if (r >= 0) {
                    setHeadAndPropagate(node, r);
                    p.next = null;
                    if (interrupted)
                        selfInterrupt();
                    failed = false;
                    return;
                }
            }
            if (shouldParkAfterFailedAcquire(p, node) &&
            parkAndCheckInterrupt())
                interrupted = true;
        }
    } finally {
        if (failed)
            cancelAcquire(node);
    }
}
```

在 acquireShared(int arg) 方法中，同步器调用 tryAcquireShared(int arg) 方法尝试获取同步状态。tryAcquireShared(int arg) 方法的返回值为 int 类型，当返回值大于或等于 0 时，表示能够获取到同步状态。因此，在共享式获取的自旋过程中，成功获取到同步状态并退出自旋的条件就是 tryAcquireShared(int arg) 方法返回值大于或等于 0。可以看到，在 doAcquireShared(int arg) 方法的自旋过程中，如果当前节点的前驱为头节点时，尝试获取同步状态，如果返回值大于或等于 0，表示该次获取同步状态成功并从自旋过程中退出。

与独占式获取一样，共享式获取也需要释放同步状态，通过调用 releaseShared(int arg) 方法可以释放同步状态，代码如下所示。

```
public final boolean releaseShared(int arg) {
    if (tryReleaseShared(arg)) {
        doReleaseShared();
        return true;
    }
```

```
        return false;
    }
```

该方法在释放同步状态之后，将会唤醒后续处于等待状态的节点。对于能够支持多个线程同时访问的并发组件（比如 Semaphore），它和独占式的主要区别在于 tryReleaseShared(int arg) 方法必须确保同步状态（或者资源数）线程安全释放，一般是通过循环和 CAS 来保证的，因为释放同步状态的操作会同时来自多个线程。

4. 独占式超时获取同步状态

通过调用同步器的 doAcquireNanos(int arg, long nanosTimeout) 方法可以超时获取同步状态，即在指定的时间段内获取同步状态，如果获取到同步状态则返回 true，否则返回 false。该方法提供了传统 Java 同步操作（比如 synchronized 关键字）所不具备的特性。

在分析该方法的实现前，我们先介绍一下响应中断的同步状态获取过程。在 Java 5 之前，当一个线程获取不到锁而被阻塞在 synchronized 之外时，对该线程进行中断操作，此时该线程的中断标志位会被修改，但线程依旧会阻塞在 synchronized 上，等待获取锁。在 Java 5 中，同步器提供了 acquireInterruptibly(int arg) 方法，这个方法在等待获取同步状态时，如果当前线程被中断，会立刻返回，并抛出 InterruptedException。

超时获取同步状态过程可以视作响应中断获取同步状态过程的"增强版"，doAcquireNanos(int arg, long nanosTimeout) 方法在支持响应中断的基础上，增加了超时获取的特性。针对超时获取，主要需要计算出需要睡眠的时间间隔 nanosTimeout。为了防止过早通知，nanosTimeout 的计算公式为：nanosTimeout -= now – lastTime，其中 now 为当前唤醒时间，lastTime 为上次唤醒时间，如果 nanosTimeout 大于 0 则表示超时时间未到，需要继续睡眠，反之，表示已经超时，代码如下所示。

```
private boolean doAcquireNanos(int arg, long nanosTimeout)
throws InterruptedException {
    long lastTime = System.nanoTime();
    final Node node = addWaiter(Node.EXCLUSIVE);
    boolean failed = true;
    try {
        for (;;) {
            final Node p = node.predecessor();
            if (p == head && tryAcquire(arg)) {
                setHead(node);
                p.next = null; // help GC
                failed = false;
                return true;
            }
            if (nanosTimeout <= 0)
                return false;
            if (shouldParkAfterFailedAcquire(p, node)
                && nanosTimeout > spinForTimeoutThreshold)
                LockSupport.parkNanos(this, nanosTimeout);
```

```
            long now = System.nanoTime();
            // 计算时间，当前时间 now 减去睡眠之前的时间 lastTime 得到已经睡眠
            // 的时间 delta，然后被原有超时时间 nanosTimeout 减去，得到了
            // 还应该睡眠的时间
            nanosTimeout -= now - lastTime;
            lastTime = now;
            if (Thread.interrupted())
                throw new InterruptedException();
        }
    } finally {
        if (failed)
            cancelAcquire(node);
    }
}
```

该方法在自旋过程中，当节点的前驱节点为头节点时尝试获取同步状态，如果获取成功则从该方法返回，这个过程和独占式同步获取的过程类似，但是在同步状态获取失败的处理上有所不同。如果当前线程获取同步状态失败，则判断是否超时（nanosTimeout 小于或等于 0 表示已经超时），如果没有超时，重新计算超时间隔 nanosTimeout，然后使当前线程等待相应时间（当到达设置的超时时间时，该线程会从 LockSupport.parkNanos(Object blocker, long nanos) 方法返回）。

如果 nanosTimeout 小于或等于 spinForTimeoutThreshold（1000ns）时，将不会使该线程进行超时等待，而是进入快速的自旋过程。原因在于，非常短的超时等待无法做到十分精确，如果这时再进行超时等待，会让 nanosTimeout 的超时从整体上表现得不精确。因此，在超时非常短的场景下，同步器会进入无条件的快速自旋。

独占式超时获取同步状态的流程如图 5-7 所示。

从图 5-7 中可以看出，独占式超时获取同步状态 doAcquireNanos(int arg, long nanosTimeout) 和独占式获取同步状态 acquire(int args) 在流程上非常相似，主要区别在于未获取到同步状态时的处理逻辑。acquire(int args) 在未获取到同步状态时，将会使当前线程一直处于等待状态，而 doAcquireNanos(int arg, long nanosTimeout) 会使当前线程等待 nanosTimeout 纳秒，如果当前线程在 nanosTimeout 纳秒内没有获取到同步状态，将会从等待逻辑中自动返回。

5. 自定义同步组件——TwinsLock

在前面的章节中，我们对同步器 AbstractQueuedSynchronizer 进行了实现层面的分析，本节通过编写一个自定义同步组件来加深对同步器的理解。

设计一个同步工具：该工具在同一时刻，只允许至多两个线程同时访问，超过两个线程的访问将被阻塞，我们将这个同步工具命名为 TwinsLock。

首先，确定访问模式。TwinsLock 能够在同一时刻支持多个线程的访问，这显然是共享式访问，因此，需要使用同步器提供的 acquireShared(int args) 等与共享式相关的方法，这就要求 TwinsLock 必须重写 tryAcquireShared(int args) 方法和 tryReleaseShared(int args) 方

法，从而才能保证同步器的共享式同步状态的获取与释放方法得以执行。

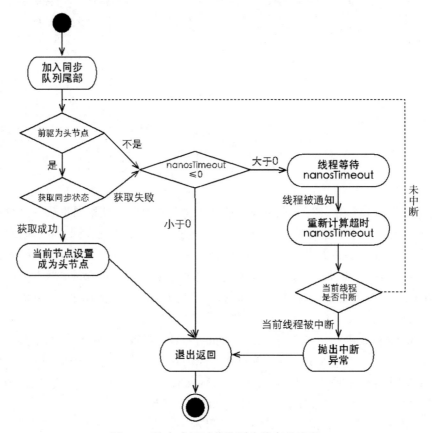

图 5-7 独占式超时获取同步状态的流程

其次，定义资源数。TwinsLock 在同一时刻允许至多两个线程的同时访问，表明同步资源数为 2，这样可以设置初始状态 state 为 2，当一个线程进行获取时，state 减 1，该线程释放，则 state 加 1，状态的合法范围为 0、1 和 2，其中 0 表示当前已经有两个线程获取了同步资源，此时再有其他线程对同步状态进行获取时，该线程只能被阻塞。在同步状态变更时，需要使用 compareAndSet(int expect, int update) 方法做原子性保障。

最后，组合自定义同步器。前面提到，自定义同步组件通过组合自定义同步器来完成同步功能，一般情况下自定义同步器会被定义为自定义同步组件的内部类。

TwinsLock（部分）代码如下所示。

```
public class TwinsLock implements Lock {
    private final Sync    sync  = new Sync(2);
    private static final class Sync extends AbstractQueuedSynchronizer {
        Sync(int count) {
            if (count <= 0) {
```

```
                throw new IllegalArgumentException("count must large
                than zero.");
            }
            setState(count);
        }
        public int tryAcquireShared(int reduceCount) {
            for (;;) {
                int current = getState();
                int newCount = current - reduceCount;
                if (newCount < 0 || compareAndSetState(current,
                newCount)) {
                    return newCount;
                }
            }
        }
        public boolean tryReleaseShared(int returnCount) {
            for (;;) {
                int current = getState();
                int newCount = current + returnCount;
                if (compareAndSetState(current, newCount)) {
                    return true;
                }
            }
        }
    }
    public void lock() {
        sync.acquireShared(1);
    }
    public void unlock() {
        sync.releaseShared(1);
    }

    // 其他接口方法略
}
```

在上述示例中，TwinsLock 实现了 Lock 接口，提供了面向使用者的接口。使用者调用 lock() 方法获取锁，随后调用 unlock() 方法释放锁，而同一时刻只能有两个线程同时获取到锁。TwinsLock 同时包含一个自定义同步器 Sync，而该同步器面向线程访问和同步状态控制。以共享式获取同步状态为例：同步器会先计算出获取后的同步状态，然后通过 CAS 确保状态的正确设置，当 tryAcquireShared(int reduceCount) 方法返回值大于或等于 0 时，当前线程才获取同步状态，对于上层的 TwinsLock 而言，这表示当前线程获得了锁。

同步器作为一个桥梁，连接线程访问以及同步状态控制等底层技术与不同并发组件（比如 Lock、CountDownLatch 等）的接口语义。

下面编写一个测试来验证 TwinsLock 是否能按照预期工作。测试用例定义了工作者线程 Worker，该线程在执行过程中获取锁，当获取锁之后使当前线程睡眠 1s（并不释放锁），随后打印当前线程名称，最后再次睡眠 1s 并释放锁，代码如下所示。

```java
public class TwinsLockTest {
    @Test
    public void test() {
        final Lock lock = new TwinsLock();
        class Worker extends Thread {
            public void run() {
                while (true) {
                    lock.lock();
                    try {
                        SleepUtils.second(1);
                        System.out.println(Thread.currentThread().getName());
                        SleepUtils.second(1);
                    } finally {
                        lock.unlock();
                    }
                }
            }
        }
        // 启动 10 个线程
        for (int i = 0; i < 10; i++) {
            Worker w = new Worker();
            w.setDaemon(true);
            w.start();
        }
        // 每隔 1s 换行
        for (int i = 0; i < 10; i++) {
            SleepUtils.second(1);
            System.out.println();
        }
    }
}
```

运行该测试用例，可以看到线程名称成对输出，也就是在同一时刻只有两个线程能够获取到锁，表明 TwinsLock 可以按照预期正常工作。

5.3 重入锁

重入锁（ReentrantLock），顾名思义，就是支持重进入的锁，它表示该锁能够支持一个线程对资源的重复加锁。除此之外，该锁还支持获取锁时的公平和非公平性选择。

回忆 5.2 节中的示例（Mutex），同时考虑如下场景：当一个线程调用 Mutex 的 lock() 方法获取锁之后，如果再次调用 lock() 方法，则该线程将会被自己所阻塞，原因是 Mutex 在实现 tryAcquire(int acquires) 方法时没有考虑占有锁的线程再次获取锁的场景，所以在调用 tryAcquire(int acquires) 方法时返回了 false，导致该线程被阻塞。简单地说，Mutex 是一个不支持重进入的锁。而 synchronized 关键字隐式地支持重进入，比如一个 synchronized 修饰的递归方法，在方法执行时，执行线程在获取了锁之后仍能连续多次地获得该锁，而不会出现 Mutex 这样由于获取了锁，而在下一次获取锁时阻塞的情况。

ReentrantLock 虽然没能像 synchronized 关键字一样支持隐式的重进入，但是在调用 lock() 方法时，已经获取到锁的线程，能够再次调用 lock() 方法获取锁而不被阻塞。

这里提到一个锁获取的公平性问题，如果在绝对时间上，先对锁进行获取的请求一定先被满足，那么这个锁是公平的，反之，是不公平的。公平地获取锁，也就是等待时间最长的线程最先获取锁，也可以说锁获取是顺序的。ReentrantLock 提供了一个构造函数，能够控制锁是不是公平的。

事实上，公平的锁机制往往没有非公平的效率高，但是，并不是任何场景都是以 TPS 作为唯一的指标，公平锁能够减少“饥饿”发生的概率，等待越久的请求越能够得到优先满足。

下面将着重分析 ReentrantLock 实现重进入和公平性获取锁的特性，并通过测试来验证公平性获取锁对性能的影响。

1. 实现重进入

重进入是指任意线程在获取到锁之后能够再次获取该锁而不会被锁所阻塞，该特性的实现需要解决以下两个问题。

1）**线程再次获取锁**。锁需要去识别获取锁的线程是否为当前占据锁的线程，如果是，则再次成功获取。

2）**锁的最终释放**。线程重复 n 次获取了锁，随后在第 n 次释放该锁后，其他线程能够获取到该锁。锁的最终释放要求锁对于获取进行计数自增，计数表示当前锁被重复获取的次数，而锁被释放时，计数自减，当计数等于 0 时表示锁已经成功释放。

ReentrantLock 通过组合自定义同步器来实现锁的获取与释放，以非公平性（默认的）实现为例，获取同步状态的代码如下所示。

```
final boolean nonfairTryAcquire(int acquires) {
    final Thread current = Thread.currentThread();
    int c = getState();
    if (c == 0) {
        if (compareAndSetState(0, acquires)) {
            setExclusiveOwnerThread(current);
            return true;
        }
    } else if (current == getExclusiveOwnerThread()) {
        int nextc = c + acquires;
        if (nextc < 0)
            throw new Error("Maximum lock count exceeded");
        setState(nextc);
        return true;
    }
    return false;
}
```

该方法增加了再次获取同步状态的处理逻辑：通过判断当前线程是否为获取锁的线程来决定获取操作是否成功，如果是获取锁的线程再次请求，则将同步状态值进行增加并返回 true，表示成功获取同步状态。

成功获取锁的线程再次获取锁，只是增加了同步状态值，这也就要求 ReentrantLock 在释放同步状态时减少同步状态值，该方法的代码如下所示。

```
protected final boolean tryRelease(int releases) {
    int c = getState() - releases;
    if (Thread.currentThread() != getExclusiveOwnerThread())
        throw new IllegalMonitorStateException();
    boolean free = false;
    if (c == 0) {
        free = true;
        setExclusiveOwnerThread(null);
    }
    setState(c);
    return free;
}
```

如果该锁被获取了 n 次，那么前 $n-1$ 次 tryRelease(int releases) 方法必须返回 false，而只有同步状态完全释放了，才能返回 true。可以看到，该方法将同步状态是否为 0 作为最终释放的条件，当同步状态为 0 时，将占有线程设置为 null，并返回 true，表示释放成功。

2. 公平与非公平获取锁的区别

公平性与否是针对获取锁而言的，如果一个锁是公平的，那么锁的获取顺序就应该符合请求的绝对时间顺序，也就是 FIFO。

回顾上一小节中介绍的 nonfairTryAcquire(int acquires) 方法，对于非公平锁，只要 CAS 设置同步状态成功，则表示当前线程获取了锁，而公平锁则不同，如下所示。

```
protected final boolean tryAcquire(int acquires) {
    final Thread current = Thread.currentThread();
    int c = getState();
    if (c == 0) {
        if (!hasQueuedPredecessors() && compareAndSetState(0, acquires)) {
            setExclusiveOwnerThread(current);
            return true;
        }
    } else if (current == getExclusiveOwnerThread()) {
        int nextc = c + acquires;
        if (nextc < 0)
            throw new Error("Maximum lock count exceeded");
        setState(nextc);
        return true;
    }
    return false;
}
```

该方法与 nonfairTryAcquire(int acquires) 比较，唯一不同的位置为判断条件多了 hasQueuedPredecessors() 方法，即加入了同步队列中当前节点是否有前驱节点的判断，如果该方法返回 true，则表示有线程比当前线程更早地请求获取锁，因此需要等待前驱线程获取并释放锁之后才能继续获取锁。

下面编写一个测试来观察公平锁和非公平锁在获取锁时的区别。测试用例定义了内部类 ReentrantLock2，该类主要公开了 getQueuedThreads() 方法，该方法返回正在等待获取锁的线程列表，由于列表是逆序输出，为了方便观察结果，将其进行反转，测试用例（部分）如下所示。

```java
public class FairAndUnfairTest {
    private static Lock fairLock = new ReentrantLock2(true);
    private static Lock unfairLock = new ReentrantLock2(false);
    @Test
    public void fair() {
        testLock(fairLock);
    }
    @Test
    public void unfair() {
        testLock(unfairLock);
    }
    private void testLock(Lock lock) {
        // 启动 5 个 Job（略）
    }
    private static class Job extends Thread {
        private Lock lock;
        public Job(Lock lock) {
            this.lock = lock;
        }
        public void run() {
            // 连续 2 次打印当前的 Thread 和等待队列中的 Thread（略）
        }
    }
    private static class ReentrantLock2 extends ReentrantLock {
        public ReentrantLock2(boolean fair) {
            super(fair);
        }
        public Collection<Thread> getQueuedThreads() {
            List<Thread> arrayList = new ArrayList<Thread>(super.
            getQueuedThreads());
            Collections.reverse(arrayList);
            return arrayList;
        }
    }
}
```

分别运行 fair() 和 unfair() 两个测试方法，输出结果如表 5-6 所示。

表 5-6　fair() 和 unfair() 两个测试方法的输出结果

Fair（公平锁）	Unfair（非公平锁）
Lock by [4], Waiting by [0]	Lock by [4], Waiting by [0, 1, 2, 3]
Lock by [0], Waiting by [1, 2, 3, 4]	Lock by [4], Waiting by [0, 1, 2, 3]
Lock by [1], Waiting by [2, 3, 4, 0]	Lock by [0], Waiting by [1, 2, 3]
Lock by [2], Waiting by [3, 4, 0, 1]	Lock by [0], Waiting by [1, 2, 3]
Lock by [3], Waiting by [4, 0, 1, 2]	Lock by [1], Waiting by [2, 3]
Lock by [4], Waiting by [0, 1, 2, 3]	Lock by [1], Waiting by [2, 3]
Lock by [0], Waiting by [1, 2, 3]	Lock by [2], Waiting by [3]
Lock by [1], Waiting by [2, 3]	Lock by [2], Waiting by [3]
Lock by [2], Waiting by [3]	Lock by [3], Waiting by []
Lock by [3], Waiting by []	Lock by [3], Waiting by []

观察表 5-6 所示的结果（其中每个数字代表一个线程），公平锁每次都是从同步队列中的第一个节点获取到锁，而非公平锁出现了一个线程连续获取锁的情况。

为什么会出现线程连续获取锁的情况呢？回顾 nonfairTryAcquire(int acquires) 方法，当一个线程请求锁时，只要获取了同步状态即成功获取锁。在这个前提下，刚释放锁的线程再次获取同步状态的概率会非常大，使得其他线程只能在同步队列中等待。

既然非公平锁可能会使线程"饥饿"，为什么它又被设定成默认的实现呢？再次观察表 5-6 的结果，如果把每次不同线程获取到锁定义为 1 次切换，公平锁在测试中进行了 10 次切换，而非公平锁只有 5 次切换，这说明非公平锁的开销更小。下面运行测试用例（测试环境：ubuntu server 14.04 i5-3470 8GB；测试场景：10 个线程，每个线程获取 100 000 次锁），通过 vmstat 统计测试运行时系统线程上下文切换的次数，运行结果如表 5-7 所示。

表 5-7　公平锁和非公平锁在系统线程上下文切换方面的对比

对比项	Fair（公平锁）	Unfair（非公平锁）
切换次数（每秒间隔）	187	159
	40 163	330
	350 577	14 390
	348 637	159
	349 682	
	349 994	
	354 223	
	211 737	
	183	
总共耗时（单位：毫秒）	5 754	61

在测试中公平锁的总耗时是非公平性锁的 94.3 倍，总切换次数是非公平锁的 133 倍。

可以看出，公平锁保证了锁的获取按照 FIFO 原则，而代价是进行大量的线程切换。非公平锁虽然可能造成线程"饥饿"，但极少的线程切换，保证了更大的吞吐量。

5.4 读写锁

之前提到的锁（如 Mutex 和 ReentrantLock）基本都是排他锁，这些锁在同一时刻只允许一个线程进行访问，而读写锁在同一时刻可以允许多个读线程访问，但是在写线程访问时，所有的读线程和其他写线程均被阻塞。读写锁维护了一对锁，一个读锁和一个写锁，通过分离读锁和写锁，使得并发性比一般的排他锁提升了很多。

除了保证写操作对读操作的可见性以及并发性的提升之外，读写锁能够简化读写交互场景的编程方式。假设在程序中定义一个共享的用作缓存的数据结构，它大部分时间提供读服务（例如查询和搜索），而写操作占有的时间很少，但是写操作完成之后的更新需要对后续的读服务可见。

在没有读写锁支持的（Java 5 之前）时候，要完成上述工作就需要使用 Java 的等待通知机制，即当写操作开始时，所有晚于写操作的读操作均会进入等待状态，只有写操作完成并进行通知之后，所有等待的读操作才能继续执行（写操作之间依靠 synchronized 关键进行同步）。这样做的目的是使读操作能读取到正确的数据，不会出现脏读。改用读写锁实现上述功能，只需要在读操作时获取读锁，在写操作时获取写锁即可。当写锁被获取到时，后续（非当前写操作线程）的读写操作都会被阻塞，写锁释放之后，所有操作继续执行，编程方式相对于使用等待通知机制的实现方式，变得简单明了。

一般情况下，读写锁的性能都会比排他锁好，因为在大多数场景中读是多于写的。在读多于写的情况下，读写锁能够提供比排他锁更好的并发性和吞吐量。Java 并发包提供读写锁的实现是 ReentrantReadWriteLock，它的特性如表 5-8 所示。

表 5-8　ReentrantReadWriteLock 的特性

特性	说　　明
公平性选择	支持非公平（默认）和公平的锁获取方式，吞吐量是非公平优于公平
重进入	该锁支持重进入，以读写线程为例：读线程在获取了读锁之后，能够再次获取读锁。而写线程在获取了写锁之后能够再次获取写锁，也可以获取读锁
锁降级	遵循获取写锁、获取读锁再释放写锁的次序，写锁能够降级成为读锁

5.4.1 读写锁的接口与示例

ReadWriteLock 仅定义了获取读锁和写锁的两个方法，即 readLock() 方法和 writeLock() 方法，而它的实现——ReentrantReadWriteLock，除了接口方法之外，还提供了一些便于外界监控内部工作状态的方法，这些方法以及描述如表 5-9 所示。

表 5-9　ReentrantReadWriteLock 提供的监控内部工作状态的方法

方法名称	描　　述
int getReadLockCount()	返回当前读锁被获取的次数。该次数不等于获取读锁的线程数，例如，仅一个线程，它连续获取（重进入）了 n 次读锁，那么占据读锁的线程数是 1，但该方法返回 n
int getReadHoldCount()	返回当前线程获取读锁的次数。Java 6 将该方法加入 ReentrantReadWriteLock 中，使用 ThreadLocal 保存当前线程获取的次数，这也使得 Java 6 的实现变得更加复杂
boolean isWriteLocked()	判断写锁是否被获取
int getWriteHoldCount()	返回当前写锁被获取的次数

接下来，通过一个缓存示例说明读写锁的使用方式，示例代码如下。

```java
public class Cache {
    static Map<String, Object> map = new HashMap<String, Object>();
    static ReentrantReadWriteLock rwl = new ReentrantReadWriteLock();
    static Lock r = rwl.readLock();
    static Lock w = rwl.writeLock();
    // 获取一个 key 对应的 value
    public static final Object get(String key) {
        r.lock();
        try {
            return map.get(key);
        } finally {
            r.unlock();
        }
    }
    // 设置 key 对应的 value, 并返回旧的 value
    public static final Object put(String key, Object value) {
        w.lock();
        try {
            return map.put(key, value);
        } finally {
            w.unlock();
        }
    }
    // 清空所有的内容
    public static final void clear() {
        w.lock();
        try {
            map.clear();
        } finally {
            w.unlock();
        }
    }
}
```

上述示例中，Cache 组合一个非线程安全的 HashMap 作为缓存的实现，同时使用读写锁的读锁和写锁来保证 Cache 是线程安全的。在读操作 get(String key) 方法中，需要获取读锁，这使得并发访问该方法时不会被阻塞。写操作 put(String key, Object value) 方法和

clear() 方法在更新 HashMap 时必须提前获取写锁，当获取写锁后，其他线程对于读锁和写锁的获取均被阻塞，只有写锁被释放之后，其他读写操作才能继续。Cache 使用读写锁来提升读操作的并发性，保证了每次写操作对所有的读写操作的可见性，同时简化了编程方式。

5.4.2　读写锁的实现分析

接下来分析 ReentrantReadWriteLock 的实现，主要包括：读写状态的设计、写锁的获取与释放、读锁的获取与释放以及锁降级（以下如果没有特别说明，读写锁均可认为是 ReentrantReadWriteLock）。

1. 读写状态的设计

读写锁同样依赖自定义同步器来实现同步功能，而读写状态就是其同步器的同步状态。回想 ReentrantLock 中自定义同步器的实现，同步状态表示锁被一个线程重复获取的次数，而读写锁的自定义同步器需要在同步状态（一个整型变量）上维护多个读线程和一个写线程的状态，使得该状态的设计成为读写锁实现的关键。

如果在一个整型变量上维护多种状态，就一定需要"按位切割使用"这个变量。读写锁将变量切分成两个部分，高 16 位表示读，低 16 位表示写，划分方式如图 5-8 所示。

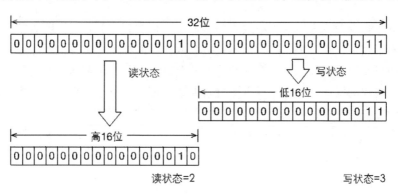

图 5-8　读写锁状态的划分方式

当前同步状态表示一个线程已经获取了写锁，且重进入了两次，同时连续获取了两次读锁。读写锁是如何迅速确定读和写各自的状态的呢？答案是通过位运算。假设当前同步状态值为 S，写状态等于 S & 0x0000FFFF（将高 16 位全部抹去），读状态等于 S>>>16（无符号补 0 右移 16 位）。当写状态增加 1 时，等于 S+1，当读状态增加 1 时，等于 S+(1<<16)，也就是 S+0x00010000。

根据状态的划分能得出一个推论：如果 S 不等于 0，当写状态（S & 0x0000FFFF）等于 0 时，则读状态（S>>>16）大于 0，即读锁已被获取。

2. 写锁的获取与释放

写锁是一个支持重进入的排他锁。如果当前线程已经获取了写锁，则增加写状态。如果当前线程在获取写锁时，读锁已经被获取（读状态不为 0）或者该线程不是已经获取写锁的线程，则当前线程进入等待状态，获取写锁的代码如下所示。

```
protected final boolean tryAcquire(int acquires) {
    Thread current = Thread.currentThread();
    int c = getState();
    int w = exclusiveCount(c);
    if (c != 0) {
        // 存在读锁或者当前获取线程不是已经获取写锁的线程
        if (w == 0 || current != getExclusiveOwnerThread())
            return false;
        if (w + exclusiveCount(acquires) > MAX_COUNT)
            throw new Error("Maximum lock count exceeded");
        setState(c + acquires);
        return true;
    }
    if (writerShouldBlock() || !compareAndSetState(c, c + acquires)) {
        return false;
    }
    setExclusiveOwnerThread(current);
    return true;
}
```

该方法除了包含重入条件（当前线程为获取了写锁的线程）之外，还增加了一个读锁是否存在的判断。如果存在读锁，则写锁不能被获取，原因在于：读写锁要确保写锁的操作对读锁可见，如果允许读锁在已被获取的情况下获取写锁，那么正在运行的其他读线程就无法感知到当前写线程的操作。因此，只有等待其他读线程都释放了读锁，写锁才能被当前线程获取，而写锁一旦被获取，则其他读写线程的后续访问均被阻塞。

写锁的释放与 ReentrantLock 的释放过程基本类似，每次释放均减少写状态，当写状态为 0 时表示写锁已被释放，等待的读写线程能够继续访问读写锁，同时前次写线程的修改对后续读写线程可见。

3. 读锁的获取与释放

读锁是一个支持重进入的共享锁，它能够被多个线程同时获取，在没有其他写线程访问（或者写状态为 0）时，读锁总会被成功地获取，而获取读锁也只是（线程安全的）增加读状态。如果当前线程已经获取了读锁，则增加读状态。如果当前线程在获取读锁时，写锁已被其他线程获取，则进入等待状态。获取读锁的实现从 Java 5 到 Java 6 变得复杂许多，主要原因是新增了一些功能，例如 getReadHoldCount() 方法，作用是返回当前线程获取读锁的次数。读状态是所有线程获取读锁次数的总和，而每个线程各自获取读锁的次数只能选择保存在 ThreadLocal 中，由线程自身维护，这使获取读锁的实现变得复杂。因此，这里将获取读锁的代码做了删减，保留必要的部分，如下所示。

```
protected final int tryAcquireShared(int unused) {
```

```
for (;;) {
    int c = getState();
    int nextc = c + (1 << 16);
    if (nextc < c)
        throw new Error("Maximum lock count exceeded");
    if (exclusiveCount(c) != 0 && owner != Thread.currentThread())
        return -1;
    if (compareAndSetState(c, nextc))
        return 1;
    }
}
```

在 tryAcquireShared(int unused) 方法中，如果其他线程已经获取了写锁，则当前线程获取读锁失败，进入等待状态。如果当前线程获取了写锁或者读锁未被获取，则当前线程（线程安全，依靠 CAS 保证）增加读状态，成功获取读锁。

读锁的每次释放（线程安全的，可能有多个读线程同时释放读锁）均减少读状态，减少的值是（1<<16）。

4. 锁降级

锁降级是指写锁降级成为读锁。如果当前线程拥有写锁，将其释放，再获取读锁这种分段完成的过程不能称为锁降级。锁降级是指把持住（当前拥有的）写锁，再获取到读锁，随后释放（先前拥有的）写锁的过程。

接下来看一个锁降级的示例。因为数据不常变化，所以多个线程可以并发地进行数据处理，当数据变更后，如果当前线程感知到数据变化，则进行数据的准备工作，同时其他处理线程被阻塞，直到当前线程完成数据的准备工作，如下所示。

```
public void processData() {
    readLock.lock();
    if (!update) {
        // 必须先释放读锁
        readLock.unlock();
        // 锁降级从获取到写锁开始
        writeLock.lock();
        try {
            if (!update) {
                // 准备数据的流程（略）
                update = true;
            }
            readLock.lock();
        } finally {
            writeLock.unlock();
        }
        // 锁降级完成，写锁降级为读锁
    }
    try {
```

```
        // 使用数据的流程（略）
    } finally {
        readLock.unlock();
    }
}
```

上述示例中，当数据发生变更后，update 变量（布尔类型且 volatile 修饰）被设置为 false，此时所有访问 processData() 方法的线程都能够感知到变化，但只有一个线程能够获取到写锁，其他线程会被阻塞在读锁和写锁的 lock() 方法上。当前线程获取写锁完成数据准备之后，再获取读锁，随后释放写锁，完成锁降级。

锁降级中读锁的获取是否必要呢？答案是必要的。这样做主要是为了保证数据的可见性，如果当前线程不获取读锁而是直接释放写锁，假设此刻另一个线程（记作线程 T）获取了写锁并修改了数据，那么当前线程无法感知线程 T 的数据更新。如果当前线程获取读锁，即遵循锁降级的步骤，则线程 T 将会被阻塞，直到当前线程使用数据并释放读锁之后，线程 T 才能获取写锁进行数据更新。

ReentrantReadWriteLock 不支持锁升级（把持读锁、获取写锁，最后释放读锁的过程），目的也是保证数据可见性，如果读锁已被多个线程获取，其中任意线程成功获取了写锁并更新了数据，则它的更新对其他获取到读锁的线程是不可见的。

5.5　StampedLock

StampedLock 是 Java 8 引入的一款锁，在功能层面与 ReentrantReadWriteLock（以下简称 RRWLock）相似，但它被定义为内部工具类，用来创建其他的线程安全组件。Stamp 意为邮戳，邮戳是盖在信件上的标记，它一般包含了时间和地点，如同信件的快照摘要一样。使用 StampedLock 获取锁时，就会得到一个邮戳，StampedLock 的邮戳是对锁状态的快照摘要，当后续操作锁（比如释放锁）时，需要传入先前获取到的邮戳，StampedLock 会校验邮戳与当前锁状态，假设二者能够匹配，则表示操作是线程安全的，否则会抛出异常，因为锁状态已经发生变化，当前操作可能存在并发安全问题。可以看到，邮戳的出现，使得 StampedLock 的使用方式不同于现有 Lock。以获取写锁为例，StampedLock 的使用方式如下所示。

```
StampedLock stampedLock = new StampedLock();
long stamp = stampedLock.writeLock();
try {
    // 写操作的同步逻辑
} finallY {
    stampedLock.unlockWrite(stamp);
}
```

可以看到调用 writeLock() 方法会获取写锁并返回一个长整型的邮戳 stamp，当执行完写操作的同步逻辑后，在释放锁时需要传入先前获取的 stamp。如果在获取写锁时，写锁或读锁已被获取，则 writeLock() 方法会阻塞，最终返回一个邮戳。由于使用方式与 Lock 不同，所以 StampedLock 没有直接实现 Lock 或者 ReadWriteLock 接口，但是为了便于使用，它提供了一些视图方法，比如 asReadLock()、asWriteLock() 以及 asReadWriteLock()。

StampedLock 获取锁有三种模式，分别是读模式、写模式和乐观读模式。前两种与 RRWLock 中获取读写锁的功能相似，最后一种，即乐观读模式很特别，它不会阻塞写锁的获取，可以看作读模式的一个弱化版本。举个例子，假设线程 A 获取了乐观读锁，稍后线程 B 获取了写锁，而线程 A 有方法可以感知到锁的变化，并根据变化情况来进行重试，避免使用到过期的数据。乐观读模式在读多写少的情况下表现很好，因为它能减少竞争并提升吞吐量，但它使用起来有些麻烦：获取乐观读锁后会得到邮戳，同步逻辑需要将使用到的字段读取到本地变量，再通过 validate(long stamp) 方法校验邮戳，校验通过后，方可以使用这些字段执行逻辑，否则需要进行重试。

StampedLock 并没有基于同步器 AbstractQueuedSynchronizer 来实现，而是选择重新实现了一个类似 CLH 队列的变体，基于全新的状态和队列设计，优化了读锁和写锁的访问，相比 RRWLock，在性能方面有了很大提升。在读多写少的场景下，RRWLock 往往会造成写线程的"饥饿"，而 StampedLock 的队列采用了一种相对公平的排队策略，使得该问题得以缓解，同时在队列首节点引入随机的自旋，有效地减少了（日益昂贵的）上下文切换。RRWLock 仅支持写锁降级为读锁，StampedLock 则能够做到读锁和写锁之间的相互转换，但它不支持重进入和 Condition，并且有特定的编程方式，如果使用不当，会导致死锁或其他问题。

5.5.1　StampedLock 的接口与示例

StampedLock 提供了很多方法，乍一看有些乱，但它们可以分为以下五类：获取与释放读锁、获取与释放写锁、获取状态与校验邮戳、获取锁视图和转换锁模式。获取与释放读锁的主要方法如表 5-10 所示。

表 5-10　获取与释放读锁的主要方法

方法名称	描　　述
long readLock()	获取读锁并返回 long 类型的邮戳，如果当前存在写锁，那么该方法会阻塞，直到获取到读锁，邮戳可以用来解锁以及转换当前的锁模式。该方法不响应中断，但与 Lock 接口类似，提供了 readLockInterruptibly() 方法
long tryReadLock(long time, TimeUnit unit)	在给定的超时时间内，尝试获取读锁并返回 long 类型的邮戳，如果未获取到读锁，返回 0
long tryOptimisticRead()	获取乐观读锁并返回 long 类型的邮戳，该方法不会产生阻塞，也不会阻塞其他线程获取锁，如果当前写锁已经被获取，则返回 0。返回的邮戳可以使用 validate(long stamp) 方法进行校验
void unlockRead(long stamp)	根据指定的邮戳释放读锁

写锁的操作和读锁类似，而获取锁视图与前文类似，可以通过调用 as 开头的方法来获取对应的锁视图，比如，调用 asReadWriteLock() 方法可以获得一个读写锁的视图引用。如果 StampedLock 提供了获取锁的视图方法，是不是可以不理会邮戳以及该类复杂的 API，直接用适配的方式来使用它就可以了？答案是否定的，以 StampedLock 提供的乐观读模式为例，需要配合校验邮戳的 boolean validate(long stamped) 方法才能工作，而该方法会校验获取乐观读锁后是否有其他线程获取了写锁，如果校验通过，则表示写锁没有被获取，本地数据是有效的。该过程在读多写少的场景下会带来性能的大幅提升，这点是通过锁视图无法做到的。当然，除了邮戳的校验，StampedLock 还支持获取锁的状态，比如支持 boolean isReadLocked() 方法来判断写锁是否已经被获取。

除了上述方法，StampedLock 还支持三种模式的相互转换，比如，在获取了读锁后，如果要升级为写锁，可以使用之前获取读锁的邮戳，调用 long tryConvertToWriteLock(long stamp) 将读锁升级为写锁，其他的转换方式可以查阅该类以 tryConvertTo 开头的方法，这里不再赘述。

1. 代码示例

StampedLock 使用不善会导致死锁和其他问题，因此有一套推荐的编程模式。接下来，我们通过一个缓存示例说明 StampedLock 的使用方式，示例代码如下。

```java
public class SLCache<K, V> implements Cache<K, V> {
    private final Map<K, V> map = new HashMap<>();
    private final StampedLock stampedLock = new StampedLock();

    @Override
    public V get(K k) {
        long stamp = stampedLock.tryOptimisticRead();
        try {
            for (; ; stamp = stampedLock.readLock()) {
                if (stamp == 0L) {
                    continue;
                }
                V v = map.get(k);
                if (!stampedLock.validate(stamp)) {
                    continue;
                }
                return v;
            }
        } finally {
            if (StampedLock.isReadLockStamp(stamp)) {
                stampedLock.unlockRead(stamp);
            }
        }
    }

    @Override
    public V put(K k, V v) {
```

```
        long stamp = stampedLock.writeLock();
        try {
            return map.put(k, v);
        } finally {
            stampedLock.unlockWrite(stamp);
        }
    }

    @Override
    public V putIfAbsent(K k, V v) {
        long stamp = stampedLock.tryOptimisticRead();
        try {
            for (; ; stamp = stampedLock.writeLock()) {
                if (stamp == 0L) {
                    continue;
                }
                V prev = map.get(k);
                if (!stampedLock.validate(stamp)) {
                    continue;
                }
                //校验通过，且存在值
                if (prev != null) {
                    return prev;
                }
                stamp = stampedLock.tryConvertToWriteLock(stamp);
                if (stamp == 0L) {
                    continue;
                }
                prev = map.get(k);
                if (prev == null) {
                    map.put(k, v);
                }
                return prev;
            }
        } finally {
            if (StampedLock.isWriteLockStamp(stamp)) {
                stampedLock.unlockWrite(stamp);
            }
        }
    }

    @Override
    public void clear() {
        long stamp = stampedLock.writeLock();
        try {
            map.clear();
        } finally {
            stampedLock.unlockWrite(stamp);
        }
    }
}
```

先看一下写操作 put(K k, V v) 方法，它通过调用 writeLock() 方法获取写锁以防止其他线程并发访问 HashMap 类型的成员变量 map，同时返回的邮戳需要保存到本地变量，在更新完 HashMap 后，通过传入邮戳调用 unlockWrite(long stamp) 进行解锁。

StampedLock 对写锁和读锁的操作与 Lock 接口基本类似，只需要注意邮戳的处理即可，不同之处在于乐观读锁的使用，它所遵循的编程模式伪代码如下所示。

```
// 获取乐观读锁
long stamp = stampedLock.tryOptimisticRead();
// 将锁保护的数据读入本地变量
copyDataToLocalVariable();
// 校验邮戳
if(!lock.validate(stamp)) {
    // 校验失败，升级为读锁，此时可能会阻塞
    stamp = stampedLock.readLock();
    try {
        // 刷新本地变量
        refreshLocalVariableData();
    } finally {
        lock.unlockRead(stamp);
    }
}
// 使用本地变量执行业务操作
doBizUseLocalVariable();
```

如上述伪代码所示，乐观读锁的获取方法仅仅返回了获取那一刻锁状态的邮戳，开销很低。获取到乐观读锁后，需要复制数据到本地变量，如果之后的邮戳校验失败，就需要获取读锁并刷新之前的本地变量。乐观读锁的编程模式会让人感到有些琐碎，需要获取多个本地变量，在刷新逻辑中稍有遗漏，就有可能使用到过期数据而导致问题。为了避免出现遗漏，在 SLCache 的读操作 get(K k) 方法中，通过使用 for 循环将 copyDataToLocalVariable() 以及 refreshLocalVariableDate() 两段逻辑合并来减少重复代码。

SLCache 的写操作 putIfAbsent(K k, V v) 方法演示了乐观读锁升级为写锁的用法，与 get(K k) 方法中升级到读锁类似，可以通过调用 tryConvertToWriteLock(long stamp) 方法来将"非阻塞轻量级"的乐观读锁升级为具备阻塞能力的"重量级"写锁。

如果升级转换失败，返回的邮戳为 0，则会调用 writeLock() 再次获取写锁。

可以看到 StampedLock 的使用复杂度主要是由乐观读锁带来的，既然编程难度增加了，那它的性能能提升多少呢？下面我们就通过测试来对比一下。

2. 微基准测试

开发者对于一些代码实现存在性能疑虑时，往往会编写测试代码，采用重复多次计数的方式来进行度量。随着 JVM 不断演进，以及本地缓存行命中率的影响，使得重复多少次才能够得到一个可信的测试结果变得让人困惑，这时候有经验的开发者就会引入预热，比如在测试执行前先循环上万次。没错！这样做确实可以获得一个偏向正确的测试结果，但是

Java 提供了更好的解决方案，即 JMH（Java Microbenchmark Harness），它能够照看好 JVM 的预热和代码优化，让测试过程更加简单，测试结果更加专业。

JMH 的使用较为简单，首先在项目中新增 jmh-core 以及 jmh-generator-annprocess 的依赖，maven 坐标如下所示。

```
<dependency>
    <groupId>org.openjdk.jmh</groupId>
    <artifactId>jmh-core</artifactId>
    <version>1.34</version>
</dependency>
<dependency>
    <groupId>org.openjdk.jmh</groupId>
    <artifactId>jmh-generator-annprocess</artifactId>
    <version>1.34</version>
</dependency>
```

创建测试类 StampedLockJMHTest，代码如下所示。

```java
import org.openjdk.jmh.annotations.Benchmark;
import org.openjdk.jmh.annotations.Scope;
import org.openjdk.jmh.annotations.Setup;
import org.openjdk.jmh.annotations.State;

@State(Scope.Benchmark)
public class StampedLockJMHTest {

    private Cache<String, String> rwlCache = new RWLCache<>();
    private Cache<String, String> slCache = new SLCache<>();

    @Setup
    public void fill() {
        rwlCache.put("A", "B");
        slCache.put("A", "B");
    }

    @Benchmark
    public void readWriteLock() {
        rwlCache.get("A");
    }

    @Benchmark
    public void stampedLock() {
        slCache.get("A");
    }
}
```

如上述测试代码所示，fill() 方法标注了 @Setup 注解，表示在微基准测试运行前调用它初始化两种缓存实现。另外两个方法，readWriteLock() 和 stampedLock()，标注了 @Benchmark 的注解，声明对应方法为微基准测试方法。JMH 会在编译期生成基准测试的代码，并运行它。StampedLockJMHTest 还需要入口类来启动它，如下所示。

```
import org.openjdk.jmh.runner.Runner;
import org.openjdk.jmh.runner.RunnerException;
import org.openjdk.jmh.runner.options.Options;
import org.openjdk.jmh.runner.options.OptionsBuilder;

public class StampedLockJMHRunner {
    public static void main(String[] args) throws RunnerException {
        Options opt = new OptionsBuilder()
            .include("StampedLockJMH")
            .warmupIterations(3)
            .measurementIterations(3)
            .forks(3)
            .threads(10)
            .build();
        new Runner(opt).run();
    }
}
```

如上述代码所示，StampedLockJMHRunner 不仅是一个入口，它还完成了 JMH 测试的配置工作。默认场景下，JMH 会找寻标注了 @Benchmark 类型的方法，但也有可能跑到一些你不期望运行的测试，毕竟微基准测试跑起来比较耗时，这样就需要通过 include 和 exclude 两个方法来实现包含以及排除的功能。

warmupIterations(3) 是指预热做 3 轮，measurementIterations(3) 代表正式计量测试做 3 轮，而每次都是先执行完预热再执行正式计量，执行内容都是调用标注了 @Benchmark 的代码。forks(3) 是指做 3 轮测试，因为一次测试无法有效地代表结果，所以通过多轮测试以期望获得更加准确的结果。threads(10) 是指运行微基准测试的线程数，这里使用了 10 个线程。

运行 StampedLockJMHRunner（测试环境：i9-8950HK 32GB），测试结果（部分）输出如下。

```
Benchmark                            Mode   Cnt        Score            Error  Units
StampedLockJMHTest.readWriteLock     thrpt    9    5166194.657  ±    235170.493  ops/s
StampedLockJMHTest.stampedLock       thrpt    9  828896328.843  ±  22702892.910  ops/s
```

可以看到，基于 StampedLock 实现的缓存在 get 操作上每秒执行次数是 RRWLock 实现的 160 多倍，达到了每秒 8 亿次以上。

Mode 类型为 thrpt，也就是 Throughput 吞吐量，代表每秒完成的次数。Error 表示误差的范围。

5.5.2　StampedLock 的实现分析

接下来分析 StampedLock 的实现，主要包括状态与（同步队列运行时）结构设计、写锁的获取与释放以及读锁的获取与释放。

1. 状态与结构设计

StampedLock 没有选择使用 AQS 来实现，原因是 AQS 无法满足它对状态和同步队列的需求。

首先是状态，StampedLock 需要状态能够体现出版本的概念，随着写锁的获取与释放，状态会不断自增，而自增的状态能够反映出锁的历史状况。如果状态能够像数据库表中的主键一样，提供唯一约束的能力，那么该状态就可以作为快照返回给获取锁的使用者，这个快照就是邮戳。邮戳可以被用来同当前锁状态进行比对，以此来判断数据是否发生了更新。相比之下，AQS 的状态反映的是任意时刻锁的占用情况，不具备版本的概念，因此 StampedLock 的状态需要全新设计。

其次是同步队列，AQS 对同步队列中的节点出入队以及运作方式做了高度的抽象，这种使用模版方法模式的好处在于扩展成本较低，但问题是面对新场景力不从心。在大部分场景中，程序虽然运行在多处理器环境下，但并发冲突并不是常态。以获取锁为例，适当的自旋重试要优于一旦无法获取锁就立刻进入阻塞状态，AQS 的实现在自旋的使用上有些不足，从而导致过多的上下文切换，因此 StampedLock 需要重新实现同步队列。

StampedLock 使用了名为 state 的 long 类型成员变量来维护锁状态，其中低 7 位表示读，第 8 位表示写，其他高位表示版本，划分方式如图 5-9 所示。

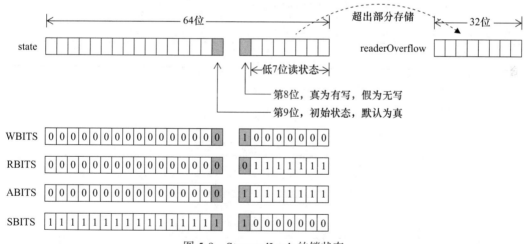

图 5-9　StampedLock 的锁状态

如图 5-9 所示，state 实际仅使用低 8 位来存储当前锁的状态，其中第 8 位为真代表存在写，反之，则不存在。由于写锁具有排他性，使用一个位来表示，理论是足够的，但读锁具有共享性，需要使用一个数来保存状态。多个线程获取到读锁时，会增加低 7 位的数，而释放读锁时，也会相应地减少它，但二进制的 7 位最大仅能描述 127，所以一旦超过范围，

StampedLock 便会使用一个名为 readerOverflow 的 int 类型成员变量来保存"溢出"的读状态。

StampedLock 仅用一位来表示写状态，所以不能像 AQS 实现的读写锁那样，用一个 16 位的数来描述写被获取了多少次，从这里就能看出该锁不支持重进入的原因。如果写锁被获取，第 8 位会被置为 1，但写锁的释放不是简单地将第 8 位取反，而是将 state 加上 WBITS，这样不仅可以将第 8 位置为 0，还可以产生进位，影响到高 56 位，让高 56 位产生（版本）自增，也就是说，每次写锁的获取与释放，都会使得（数据）版本变得不同。回想 SLCache 示例，如果不同线程看到的锁版本是一致的，那么它们本地所保存受到锁保护的数据也应该是相同的，这也就是乐观读锁运行的基础。

StampedLock 实际使用包含了写操作位的高 57 位作为锁的版本。

StampedLock 定义了若干 long 类型的常量，比如描述写操作位为真的 WBITS、state 能够描述的最大读状态 RBITS 等，这些常量与状态进行表达式运算时可以实现一些锁相关的语义，比如判断锁是否存在读等。主要锁语义以及对应表达式和描述如表 5-11 所示。

表 5-11　StampedLock 锁语义以及对应表达式和描述

语义	表达式	描述
是否存在读	state & RBITS > 0	为真代表存在读
是否存在写	state & WBITS != 0	为真代表存在写
校验邮戳（或版本）	(stamp & SBITS) == (state & SBITS)	stamp 为指定的邮戳，校验邮戳会比对 stamp 和 state 的高 57 位
是否没有读写	state & ABITS == 0	为真代表没有读写

状态能够表示锁的读写状况，而等待获取锁的读写请求如何排队，就需要同步队列来表示。StampedLock 自定义了同步队列，该队列由自定义节点（WNode）组成，该节点比 AQS 中的节点复杂一些，它的属性与描述如表 5-12 所示。

表 5-12　WNode 的属性与描述

属性名称	属性类型	描述
prev	WNode	节点的前驱
next	WNode	节点的后继
cowait	WNode	读链表，实际是栈
thread	Thread	等待获取锁的线程
status	int	节点的状态，0 表示默认，1 表示取消，-1 表示等待
mode	int	节点的类型，0 表示读，1 表示写

WNode 通过 prev 和 next 组成双向链表，而 cowait 会将等待获取锁的读请求以栈的形式进行分组排队。接下来用一个例子说明队列是如何运作的，假设有 5 个线程（名称分别为

A、B、C、D 和 E）顺序获取 StampedLock，其中线程 A 和 E 获取写锁，而其他 3 个线程获取读锁，这些线程都只是获取锁而不释放锁，因此只有线程 A 可以获取到写锁，其他线程都会被阻塞。当线程 E 尝试获取写锁后，同步队列中的节点如图 5-10 所示。

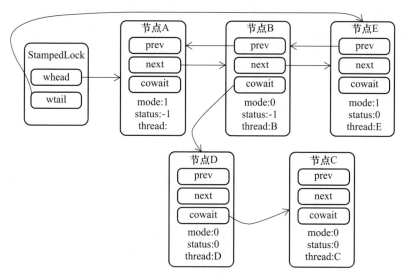

图 5-10　StampedLock 的同步队列

StampedLock 通过 whead 和 wtail 分别指向同步队列的头、尾节点。节点 A 是头节点，它是由第一个未获取到锁而被阻塞的线程所创建的，在这里就是线程 B，该节点的类型是写，状态为等待。节点 E 是尾节点，线程 E 由于未获取到写锁，会创建该节点并加入队列中，节点类型为写，状态为默认。节点状态的修改，是由后继节点在获取锁的过程中完成的，因为没有第 6 个线程获取锁，所以节点 E 的状态是默认，而非等待，获取锁的过程会在后续章节中详细介绍。

可以看到，同步队列的主队列是横向的节点 A、B 和 E，而在节点 B 出现了纵向的子队列，原因是 StampedLock 将连续被阻塞的读请求进行了分组排队。节点 B 先进入同步队列，随后读类型的节点 C 会挂在前者 cowait 引用下，形成一条从节点 B 到节点 C 的纵向队列。线程 D 由于未能获得读锁，也会创建节点并加入同步队列，此时尾节点是节点 B，StampedLock 选择将节点 D 入栈，形成顺序为节点 B、D 和 C 的栈。为什么纵向队列使用栈来实现，而不是链表呢？原因在于读类型的节点新增只需要由读类型的尾节点发起，这样做既省时间又省空间，不需要遍历到链表的尾部，更不需要保有一个链表尾节点的引用。

如果有被阻塞的离散读请求，中间再混有若干写请求，则会产生多个纵向子队列（栈），此时保有纵向读请求链表尾节点引用的实现方式就显得不切合实际了。

如果线程 E 是获取读锁，那么栈中节点的顺序是节点 B、E、D 和 C。在这个例子中，假设有第 6 个线程获取锁，不论是它是获取读锁还是写锁，都会排在节点 E 之后，同时节点 E 的状态会被设置为 –1，即等待状态。

2. 写锁的获取与释放

获取写锁的流程主要包括两部分，尝试获取写锁并自旋入队和队列中自旋获取写锁。如果打开 StampedLock 源码，会发现获取写锁的逻辑看起来十分复杂，包含大量的循环以及分支判断，它的主要逻辑并不是在一个分支中就能完成的，而是由多次循环逐步达成。获取写锁的主要流程如图 5-11 所示。

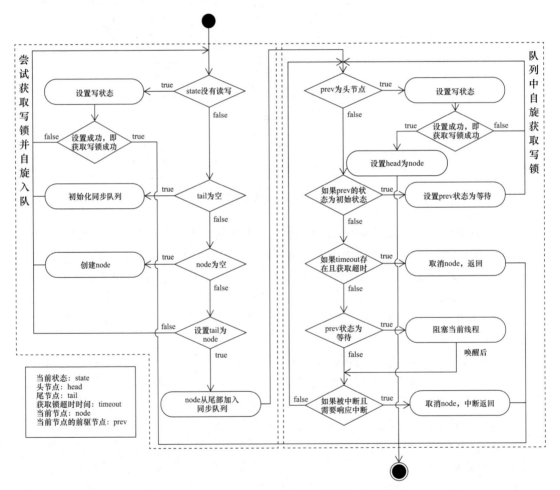

图 5-11　StampedLock 获取写锁的主要流程

图 5-11 左右两侧分别对应流程的两部分。线程在获取写锁时，首先会尝试自旋获取，而获取的操作就是在没有读写状态的情况下设置写状态，如果设置成功会立刻返回，否则将会创建节点并加入同步队列。接下来，在同步队列中，如果该节点的前驱节点处于等待状

态，则会阻塞当前线程。在队列中成功获取写锁的条件是前驱节点是头节点，并成功设置写状态，而被阻塞的线程会被前驱节点的释放操作所唤醒，这点与 AQS 的同步队列工作机制相似。

成功获取写锁后会得到当前状态的快照，即邮戳，在释放写锁时，需要传入该邮戳。释放写锁的主要流程如图 5-12 所示。

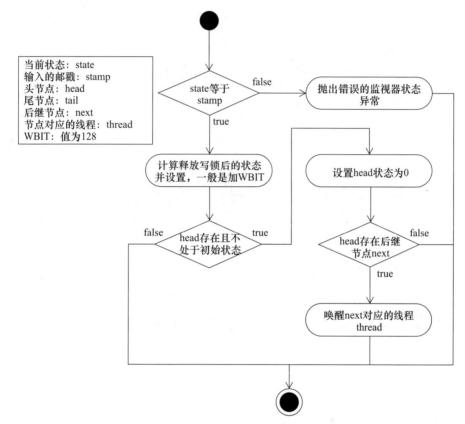

图 5-12　StampedLock 释放写锁的主要流程

如图 5-12 所示，（外部）输入的邮戳与状态理论上应该相同，因为写锁具有排他性，从写锁的获取到释放，状态不会发生改变，所以之前返回的邮戳和当前状态应该相等。释放写锁会唤醒后继节点对应的线程，被唤醒的线程会继续执行自身获取锁的逻辑，在队列中自旋获取锁。

3. 读锁的获取与释放

获取读锁的流程与写锁类似，但实现要复杂得多，主要原因是 cowait 读栈的存在，使得新加入队列的读类型节点会根据尾节点的类型来执行不同的操作。获取读锁的主要流程如图 5-13 所示。

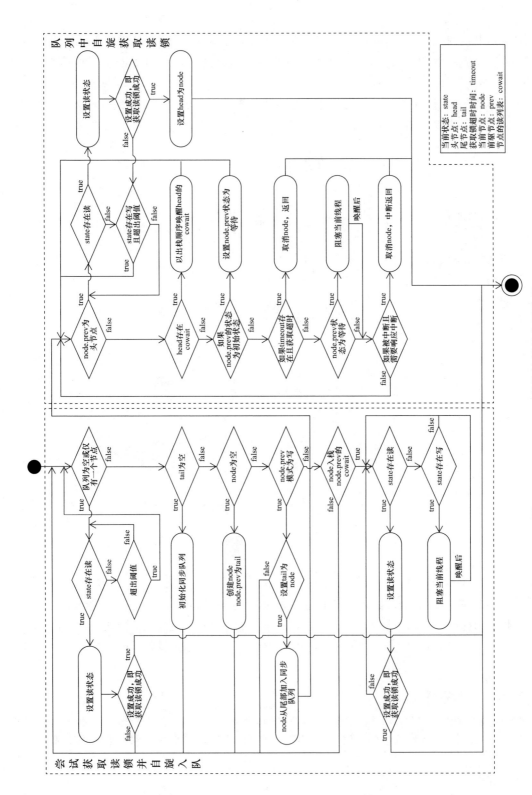

图 5-13 StampedLock 获取读锁的主要流程

如图 5-13（左侧）所示，节点 node 在加入同步队列时，会判断当前尾节点的类型，如果是读类型，就选择入栈尾节点的 cowait，否则将会被设置为同步队列的尾节点。进入 cowait 读栈的节点会成为栈顶节点的附属，当栈顶节点被唤醒时，它们也会随之被唤醒。进入横向主队列的节点会尝试自旋获取读锁，当其前驱节点为头节点时，如果锁的状态仅存在读，则进行读状态的设置，设置读状态成功则代表获取到了读锁。读状态的设置需要判断现有的读状态是否超出 state 读状态的上限，如果超过就需要自增 readerOverflow。

StampedLock 中的 state 与 readerOverflow 合力维护了读状态，因此读锁的释放相比写锁要复杂一些，写锁一旦释放就可以唤醒后继节点，而释放读锁不能立刻唤醒后继节点，需要等到读状态减为 0 时才能执行。释放读锁的主要流程如图 5-14 所示。

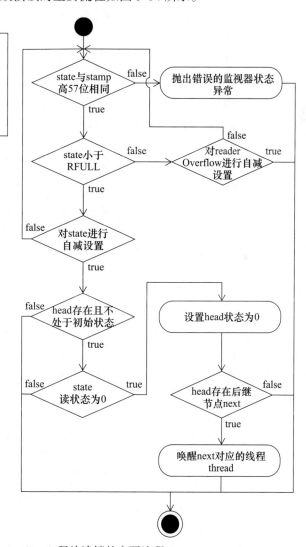

图 5-14　StampedLock 释放读锁的主要流程

释放读锁需要先判断当前状态与传入的邮戳的版本（也就是高 57 位）是否相同，如果相同则会对读状态进行自减操作。当读状态为 0 时，释放读锁会唤醒后继节点对应的线程，被唤醒的线程会继续自身获取锁的逻辑，在队列中自旋获取锁。

StampedLock 为了避免状态以及同步队列头尾指针出现数据不一致的情况，在实现锁的获取与释放时，都会提前将其复制到本地变量。实现涉及大量的 for 循环和 if 判断，读懂它需要花些时间，建议读者结合流程图阅读一下源码，感受一下作者（Doug Lea）缜密的逻辑。

5.6 LockSupport 工具

回顾 5.2 节，当需要阻塞或唤醒一个线程的时候，都会使用 LockSupport 工具类来完成相应工作。LockSupport 定义了一组公共静态方法，这些方法提供了最基本的线程阻塞和唤醒功能，而 LockSupport 也成为构建同步组件的基础工具。

LockSupport 定义了一组以 park 开头的方法用来阻塞当前线程，以及 unpark(Thread thread) 方法来唤醒一个被阻塞的线程。Park 有停车的意思，假设线程为车辆，那么 park 方法代表着停车，而 unpark 方法则是指车辆启动离开，这些方法以及描述如表 5-13 所示。

表 5-13　LockSupport 提供的阻塞和唤醒方法

方法名称	描　　述
void park()	阻塞当前线程，如果调用 unpark(Thread thread) 方法或者当前线程被中断，才能从 park() 方法返回
void parkNanos(long nanos)	阻塞当前线程，最长不超过 nanos 纳秒，返回条件在 park() 的基础上增加了超时返回
void parkUntil(long deadline)	阻塞当前线程，直到 deadline 时间（从 1970 年开始到 deadline 时间的毫秒数）
void unpark(Thread thread)	唤醒处于阻塞状态的线程 thread

在 Java 6 中，LockSupport 增加了 park(Object blocker)、parkNanos(Object blocker, long nanos) 和 parkUntil(Object blocker, long deadline)3 个方法，用于实现阻塞当前线程的功能，其中参数 blocker 是用来标识当前线程在等待的对象（以下称为阻塞对象），该对象主要用于问题排查和系统监控。

下面的示例中，将对比 parkNanos(long nanos) 方法和 parkNanos(Object blocker, long nanos) 方法来展示阻塞对象 blocker 的用处，代码片段和线程 dump（部分）如表 5-14 所示。

表 5-14　Blocker 在线程 dump 中的作用

对比项	方　　法	
	parkNanos(long nanos)	parkNanos(Object blocker, long nanos)
代码片段	LockSupport.parkNanos(TimeUnit.SECONDS.toNanos(10));	LockSupport.parkNanos(this, TimeUnit.SECONDS.toNanos(10));

（续）

对比项	方　　法	
	parkNanos(long nanos)	parkNanos(Object blocker, long nanos)

线程
dump
结果
	`"main" prio=5 tid=0x00007fe773000800 nid=0x1303 waiting on condition [0x000000010bb85000]`
	`  java.lang.Thread.State: TIMED_WAITING (parking)`
	`    at sun.misc.Unsafe.park(Native Method)`
	`    at java.util.concurrent.locks.LockSupport.parkNanos(LockSupport.java:349)`
		`"main" prio=5 tid=0x00007fd248805800 nid=0x1303 waiting on condition [0x000000010d75f000]`
		`  java.lang.Thread.State: TIMED_WAITING (parking)`
		`    at sun.misc.Unsafe.park(Native Method)`
		`    - parking to wait for <0x00000007d593ec98> (a com.murdock.books.multithread.book.LockSupportTest)`
		`    at java.util.concurrent.locks.LockSupport.parkNanos(LockSupport.java:226)`

如表 5-14 所示，代码片段的内容都是阻塞当前线程 10 秒，但从线程 dump 结果可以看出，有阻塞对象的 parkNanos 方法能够传递给开发人员更多的现场信息。这是由于在 Java 5 之前，当线程阻塞（使用 synchronized 关键字）在一个对象上时，通过线程 dump 能够查看到该线程的阻塞对象，方便问题定位，而 Java 5 推出的 Lock 等并发工具却遗漏了这一点，致使在线程 dump 时无法提供阻塞对象的信息。因此，在 Java 6 中，LockSupport 新增了上述 3 个含有阻塞对象的 park 方法，用以替代原有的 park 方法。

5.7　Condition 接口

任意一个 Java 对象都拥有一组监视器方法（定义在 java.lang.Object 上），主要包括 wait()、wait(long timeout)、notify() 以及 notifyAll() 方法，这些方法与 synchronized 同步关键字配合，可以实现等待 / 通知模式。Condition 接口也提供了类似 Object 的监视器方法，与 Lock 配合可以实现等待 / 通知模式，但是这两者在使用方式以及功能特性上还是有差别的。

通过对比 Object 的监视器方法和 Condition 接口，我们可以更详细地了解 Condition 的特性，如表 5-15 所示。

表 5-15　Object 的监视器方法与 Condition 接口的对比

对比项	Object Monitor Methods	Condition
前置条件	获取对象的锁	调用 Lock.lock() 获取锁 调用 Lock.newCondition() 获取 Condition 对象
调用方式	直接调用 如：object.wait()	直接调用 如：condition.await()
等待队列个数	一个	多个
当前线程释放锁并进入等待状态	支持	支持

（续）

对比项	Object Monitor Methods	Condition
当前线程释放锁并进入等待状态，在等待状态中不响应中断	不支持	支持
当前线程释放锁并进入超时等待状态	支持	支持
当前线程释放锁并进入等待状态到将来的某个时间	不支持	支持
唤醒等待队列中的一个线程	支持	支持
唤醒等待队列中的全部线程	支持	支持

5.7.1　Condition 的接口与示例

Condition 定义了等待 / 通知两种类型的方法，当线程调用这些方法时，需要提前获取到 Condition 对象关联的锁。Condition 对象是由 Lock 对象（调用 Lock 对象的 newCondition() 方法）创建出来的，换句话说，Condition 是依赖 Lock 对象的。

Condition 的使用方式比较简单，需要注意在调用方法前获取锁，示例代码如下。

```
Lock lock = new ReentrantLock();
Condition condition = lock.newCondition();

public void conditionWait() throws InterruptedException {
    lock.lock();
    try {
        condition.await();
    } finally {
        lock.unlock();
    }
}

public void conditionSignal() throws InterruptedException {
    lock.lock();
    try {
        condition.signal();
    } finally {
        lock.unlock();
    }
}
```

如代码所示，一般都会将 Condition 对象作为成员变量。当调用 await() 方法后，当前线程会释放锁并在此等待，直到其他线程调用 Condition 对象的 signal() 方法，通知当前线程后，当前线程才从 await() 方法返回，并且在返回前已经获取了锁。

Condition 定义的（部分）方法以及描述如表 5-16 所示。

表 5-16 Condition 的（部分）方法以及描述

方法名称	描　　述
void await() throws Interru-ptedException	当前线程进入等待状态直到被通知（signal）或中断，然后进入运行状态并从 await() 方法返回，包括： ❑ 其他线程调用该 Condition 的 signal() 或 signalAll() 方法，而当前线程被唤醒 ❑ 其他线程（调用 interrupt() 方法）中断当前线程 ❑ 如果当前等待线程从 await() 方法返回，那么表明该线程已经获取了 Condition 对象所对应的锁
void awaitUninterruptibly()	当前线程进入等待状态直到被通知，从方法名称上可以看出该方法对中断不敏感
long awaitNanos(long nanos-Timeout) throws Interrupted-Exception	当前线程进入等待状态直到被通知、中断或者超时。返回值表示剩余的时间，如果在 nanosTimeout 纳秒之前被唤醒，那么返回值就是 (nanosTimeout− 实际耗时)。如果返回值是 0 或者负数，那么可以认定已经超时了
boolean awaitUntil(Date deadline) throws Interru-ptedException	当前线程进入等待状态直到被通知、中断或者到某个时间。如果没有到指定时间就被通知，方法返回 true，否则，表示到了指定时间，方法返回 false
void signal()	唤醒一个等待在 Condition 上的线程，该线程从等待方法返回前必须获得与 Condition 相关联的锁
void signalAll()	唤醒所有等待在 Condition 上的线程，能够从等待方法返回的线程必须获得与 Condition 相关联的锁

必须通过 Lock 的 newCondition() 方法获取一个 Condition。下面通过一个有界队列的示例来深入了解 Condition 的使用方式。有界队列是一种特殊的队列，当队列为空时，队列的获取操作将会阻塞获取线程，直到队列中有新增元素；当队列已满时，队列的插入操作将会阻塞插入线程，直到队列出现"空位"，代码如下所示。

```
public class BoundedQueue<T> {
    private Object[]     items;
    // 添加的下标、删除的下标和数组当前数量
    private int addIndex, removeIndex, count;
    private Lock lock = new ReentrantLock();
    private Condition notEmpty = lock.newCondition();
    private Condition notFull = lock.newCondition();

    public BoundedQueue(int size) {
        items = new Object[size];
    }
    // 添加一个元素，如果队列已满，则添加线程进入等待状态，直到有 " 空位 "
    public void add(T t) throws InterruptedException {
        lock.lock();
        try {
            while (count == items.length)
                notFull.await();
            items[addIndex] = t;
            if (++addIndex == items.length)
                addIndex = 0;
            ++count;
```

```
                notEmpty.signal();
        } finally {
            lock.unlock();
        }
    }
    // 由头部删除一个元素，如果队列为空，则删除线程进入等待状态，直到有新添加元素
    @SuppressWarnings("unchecked")
    public T remove() throws InterruptedException {
        lock.lock();
        try {
            while (count == 0)
                notEmpty.await();
            Object x = items[removeIndex];
            if (++removeIndex == items.length)
                removeIndex = 0;
            --count;
            notFull.signal();
            return (T) x;
        } finally {
            lock.unlock();
        }
    }
}
```

上述示例中，BoundedQueue 通过 add(T t) 方法添加一个元素，通过 remove() 方法移出一个元素。以添加方法为例，首先需要获得锁，目的是确保数组修改的可见性和排他性。当数组数量等于数组长度时，表示数组已满，则调用 notFull.await()，当前线程随之释放锁并进入等待状态。如果数组数量不等于数组长度，表示数组未满，则添加元素到数组中，同时通知等待在 notEmpty 上的线程，数组中已经有新元素可以获取。

在添加和删除方法中使用 while 循环而非 if 判断，目的是防止过早或意外的通知，只有条件符合才能退出循环。回想之前提到的等待 / 通知的经典范式，二者是非常类似的。

5.7.2　Condition 的实现分析

ConditionObject 实现了 Condition 接口，因为 Condition 的操作需要获取相关联的锁，所以 ConditionObject 以同步器 AbstractQueuedSynchronizer 内部类的形式存在。每个 Condition 对象都包含一个队列（以下称为等待队列），该队列是 Condition 对象实现等待 / 通知功能的关键。

下面将分析 Condition 的实现，主要包括等待队列、等待和通知，下面提到的 Condition 如果不加说明均指 ConditionObject。

1. 等待队列

等待队列是一个 FIFO 队列，队列中的每个节点都包含了一个线程引用，该线程就是在 Condition 对象上等待的线程，如果一个线程调用了 Condition.await() 方法，那么该线程

将会释放锁、构造新的节点加入等待队列并进入等待状态。事实上，节点的定义复用了同步器中节点的定义，也就是说，同步队列和等待队列的节点类型都是同步器的静态内部类 AbstractQueuedSynchronizer.Node。

一个 Condition 包含一个等待队列，Condition 拥有首节点（firstWaiter）和尾节点（lastWaiter）。当前线程调用 Condition.await() 方法，将会以当前线程构造节点，并将节点从尾部加入等待队列。等待队列的基本结构如图 5-15 所示。

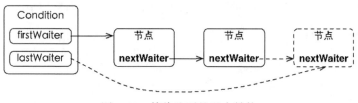

图 5-15　等待队列的基本结构

如图 5-15 所示，Condition 拥有首尾节点的引用，而新增节点只需要将原有的尾节点 nextWaiter 指向它，并更新尾节点即可。上述节点引用更新的过程并没有使用 CAS 保证，原因在于调用 await() 方法的线程必定是获取了锁的线程，也就是说该过程是由锁来保证线程安全的。

在 Object 的监视器模型上，一个对象拥有一个同步队列和等待队列，而并发包中的 Lock（更确切地说是同步器）拥有一个同步队列和多个等待队列，同步队列与等待队列的对应关系如图 5-16 所示。

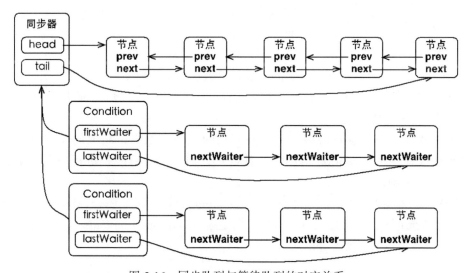

图 5-16　同步队列与等待队列的对应关系

如图 5-16 所示，Condition 的实现是同步器的内部类，因此每个 Condition 实例都能够访问同步器提供的方法，相当于每个 Condition 都拥有所属同步器的引用。

2. 等待

调用 Condition 的 await() 方法（或者以 await 开头的方法），会使当前线程进入等待队列并释放锁，同时线程状态变为等待状态。当从 await() 方法返回时，当前线程一定获取了 Condition 相关联的锁。

如果从队列（同步队列和等待队列）的角度看 await() 方法，当调用 await() 方法时，相当于同步队列的首节点（获取了锁的节点）移动到 Condition 的等待队列中。

Condition 的 await() 方法如下所示。

```
public final void await() throws InterruptedException {
    if (Thread.interrupted())
        throw new InterruptedException();
    // 当前线程加入等待队列
    Node node = addConditionWaiter();
    // 释放同步状态，也就是释放锁
    int savedState = fullyRelease(node);
    int interruptMode = 0;
    while (!isOnSyncQueue(node)) {
        LockSupport.park(this);
        if ((interruptMode = checkInterruptWhileWaiting(node)) != 0)
            break;
    }
    if (acquireQueued(node, savedState) && interruptMode != THROW_IE)
        interruptMode = REINTERRUPT;
    if (node.nextWaiter != null)
        unlinkCancelledWaiters();
    if (interruptMode != 0)
        reportInterruptAfterWait(interruptMode);
}
```

调用该方法的线程成功获取了锁的线程，也就是同步队列中的首节点，该方法会将当前线程构造成新的节点并加入等待队列，然后释放同步状态，唤醒同步队列中的后继节点，而当前线程会进入等待状态。

当等待队列中的节点被唤醒，则唤醒节点的线程开始尝试获取同步状态。如果不是通过其他线程调用 Condition.signal() 方法唤醒，而是对等待线程进行中断，则会抛出 InterruptedException。

如果从队列的角度去看，当前线程加入 Condition 的等待队列的过程如图 5-17 所示。同步队列的首节点并不会直接加入等待队列，而是通过 addConditionWaiter() 方法把当前线程构造成一个新的节点后再加入等待队列。

3. 通知

调用 Condition 的 signal() 方法，将会唤醒在等待队列中等待时间最长的节点（首节点），在唤醒节点之前，会将节点移到同步队列中。

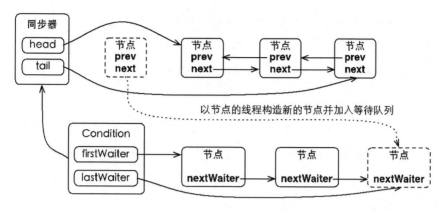

图 5-17　当前线程加入等待队列

Condition 的 signal() 方法如下所示。

```
public final void signal() {
    if (!isHeldExclusively())
        throw new IllegalMonitorStateException();
    Node first = firstWaiter;
    if (first != null)
        doSignal(first);
}
```

调用该方法的前置条件是当前线程获取了锁，可以看到 signal() 方法进行了 isHeldExclusively()
检查，也就是当前线程必须是获取了锁的线程。接着获取等待队列的首节点，将其移动到同
步队列并使用 LockSupport 唤醒节点中的线程。

节点从等待队列移动到同步队列的过程如图 5-18 所示。

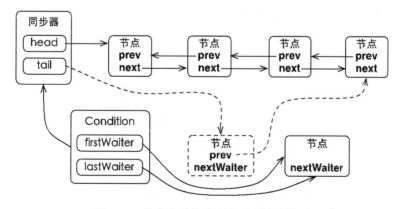

图 5-18　节点从等待队列移动到同步队列

通过调用同步器的 enq (Node node) 方法，等待队列中的头节点线程将安全地移动到同
步队列。当节点移动到同步队列后，当前线程再使用 LockSupport 唤醒该节点的线程。

被唤醒后的线程将从 await() 方法中的 while 循环中退出（isOnSyncQueue (Node node) 方法返回 true，节点已经在同步队列中），进而调用同步器的 acquireQueued() 方法加入获取同步状态的竞争中。

成功获取同步状态（或者说锁）之后，被唤醒的线程将从先前调用的 await() 方法返回，此时该线程已经成功地获取了锁。

Condition 的 signalAll() 方法相当于对等待队列中的每个节点执行一次 signal() 方法，效果就是将等待队列中所有节点全部移动到同步队列中，并唤醒每个节点的线程。

5.8　本章小结

本章介绍了 Java 并发包中与锁相关的 API 和组件，通过示例讲述了这些 API 和组件的使用方式以及需要注意的地方，并在此基础上详细地剖析了队列同步器、重入锁、读写锁以及 Condition 等 API 和组件的实现细节。只有理解这些 API 和组件的实现细节才能够更加准确地运用它们。

第 6 章 | *Chapter 6*

Java 并发容器和框架

Java 程序员进行并发编程时，相比于其他语言的程序员而言要更加幸福，因为并发编程大师 Doug Lea 不遗余力地为 Java 开发者提供了非常多的并发容器和框架。下面我们将一起见识一下大师操刀编写的并发容器和框架，并通过每节的原理分析学习如何设计出精妙的并发程序。

6.1 ConcurrentHashMap 的实现原理与使用

ConcurrentHashMap 是线程安全且高效的 HashMap。本节将介绍该容器是如何在保证线程安全的同时又能保证高效的操作的。

6.1.1 为什么要使用 ConcurrentHashMap

在并发编程中使用 HashMap 可能导致程序死循环，而使用线程安全的 HashTable 的效率又非常低，所以 ConcurrentHashMap 应运而生。

（1）线程不安全的 HashMap

在多线程环境下，使用 HashMap 进行 put 操作会引起死循环，导致 CPU 利用率接近 100%，所以在并发情况下不能使用 HashMap。例如，执行以下代码会引起死循环。

```
final HashMap<String, String> map = new HashMap<String, String>(2);
    Thread t = new Thread(new Runnable() {
        @Override
        public void run() {
            for (int i = 0; i < 10000; i++) {
```

```
new Thread(new Runnable() {
    @Override
    public void run() {
        map.put(UUID.randomUUID().toString(), "");
    }
}, "ftf" + i).start();
            }
        }
    }, "ftf");
    t.start();
    t.join();
```

HashMap 在并发执行 put 操作时会引起死循环的原因是多线程会导致 HashMap 的 Entry 链表形成环形数据结构，也就是说，Entry 的 next 节点永远不为空，导致获取 Entry 时进入死循环。

（2）效率低下的 HashTable

HashTable 容器使用 synchronized 来保证线程安全，但在线程竞争激烈的情况下 HashTable 的效率非常低下。因为当一个线程访问 HashTable 的同步方法，其他线程也访问 HashTable 的同步方法时，会进入阻塞或轮询状态。例如，在线程 1 使用 put 进行元素添加时，线程 2 不仅不能使用 put 方法添加元素，也不能使用 get 方法来获取元素，所以竞争越激烈，效率越低。

（3）ConcurrentHashMap 的锁分段技术可有效提升并发访问率

HashTable 容器在竞争激烈的并发环境下表现出效率低下的原因是所有访问 HashTable 的线程都必须竞争同一把锁，假如容器里有多把锁，每一把锁用于锁容器其中一部分数据，那么当多线程访问容器里不同数据段的数据时，线程间就不会存在锁竞争，从而可以有效提高并发访问效率，这就是 ConcurrentHashMap 所使用的锁分段技术。首先将数据分段存储，然后给每一段数据配一把锁，当一个线程占用锁访问其中某段数据的时候，其他段的数据也能被其他线程访问。

6.1.2 ConcurrentHashMap 的结构

通过 ConcurrentHashMap 的类图来分析 ConcurrentHashMap 的结构，如图 6-1 所示。

ConcurrentHashMap 是由 Segment 数组结构和 HashEntry 数组结构组成的。Segment 是一种可重入锁（ReentrantLock），在 ConcurrentHashMap 里扮演锁的角色；HashEntry 则用于存储键值对数据。一个 ConcurrentHashMap 里包含一个 Segment 数组。Segment 的结构和 HashMap 类似，是一种数组和链表结构。一个 Segment 包含一个 HashEntry 数组，每个 HashEntry 是一个链表结构的元素，每个 Segment 守护着一个 HashEntry 数组里的元素，当修改 HashEntry 数组的数据时，必须首先获得与它对应的 Segment 锁，如图 6-2 所示。

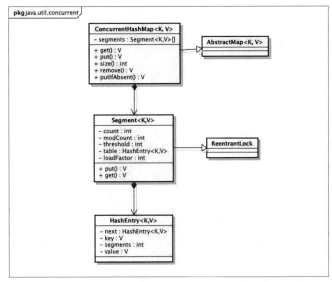

图 6-1　ConcurrentHashMap 的类图

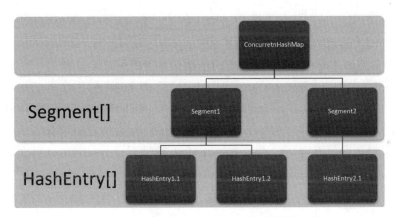

图 6-2　ConcurrentHashMap 的结构图

6.1.3　ConcurrentHashMap 的初始化

ConcurrentHashMap 的初始化是通过 initialCapacity、loadFactor 和 concurrencyLevel 等几个参数来初始化 Segment 数组、段偏移量 segmentShift、段掩码 segmentMask 和每个 Segment 里的 HashEntry 数组来实现的。

1. 初始化 Segment 数组

我们先看一下初始化 Segment 数组的源代码。

```
if (concurrencyLevel > MAX_SEGMENTS)
    concurrencyLevel = MAX_SEGMENTS;
```

```
int sshift = 0;
int ssize = 1;
while (ssize < concurrencyLevel) {
    ++sshift;
    ssize <<= 1;
}
segmentShift = 32 - sshift;
segmentMask = ssize - 1;
this.segments = Segment.newArray(ssize);
```

由上面的代码可知，Segment 数组的长度 ssize 是通过 concurrencyLevel 计算得出的。为了能通过按位与的散列算法来定位 Segment 数组的索引，必须保证 Segment 数组的长度是 2 的 N 次方（power-of-two size），所以必须计算出一个大于或等于 concurrencyLevel 的最小的 2 的 N 次方值来作为 Segment 数组的长度。假如 concurrencyLevel 等于 14、15 或 16，ssize 都会等于 16，即容器里锁的个数是 16。

 注意 concurrencyLevel 的最大值是 65535，这意味着 Segment 数组的长度最大为 65536，对应的二进制是 16 位。

---

2. 初始化 segmentShift 和 segmentMask

这两个全局变量需要在定位 Segment 时的散列算法里使用，sshift 等于 ssize 从 1 向左移位的次数，在默认情况下 concurrencyLevel 等于 16，1 需要向左按位移动 4 次，所以 sshift 等于 4。segmentShift 用于定位参与散列运算的位数，segmentShift 等于 32 减 sshift，所以等于 28，这里之所以用 32 是因为 ConcurrentHashMap 里的 hash() 方法输出的最大数是 32 位的，在后面的测试中我们可以看到这点。segmentMask 是散列运算的掩码，等于 ssize 减 1，即 15，掩码的二进制的各个位的值都是 1。因为 ssize 的最大长度是 65536，所以 segmentShift 的最大值是 16，segmentMask 的最大值是 65535，对应的二进制是 16 位，每个位都是 1。

3. 初始化每个 Segment

输入参数 initialCapacity 是 ConcurrentHashMap 的初始化容量，loadFactor 是每个 Segment 的负载因子，在构造方法里需要通过这两个参数来初始化数组中的每个 Segment。

```
if (initialCapacity > MAXIMUM_CAPACITY)
    initialCapacity = MAXIMUM_CAPACITY;
int c = initialCapacity / ssize;
if (c * ssize < initialCapacity)
    ++c;
int cap = 1;
while (cap < c)
    cap <<= 1;
for (int i = 0; i < this.segments.length; ++i)
    this.segments[i] = new Segment<K,V>(cap, loadFactor);
```

上面代码中的变量 cap 就是 Segment 里 HashEntry 数组的长度，它等于 initialCapacity 除以 ssize 的倍数 c，如果 c 大于 1，就会取大于或等于 c 的 2 的 N 次方值，所以 cap 不是 1，就是 2 的 N 次方。Segment 的容量 threshold=（int）cap*loadFactor，默认情况下 initialCapacity 等于 16，loadFactor 等于 0.75，通过运算得出 cap 等于 1，threshold 等于零。

6.1.4　定位 Segment

既然 ConcurrentHashMap 使用分段锁 Segment 来保护不同段的数据，那么在插入和获取元素的时候，必须先通过散列算法定位到 Segment。可以看到 ConcurrentHashMap 会首先使用 Wang/Jenkins hash 的变种算法对元素的 hashCode 进行一次再散列。

```
private static int hash(int h) {
    h += (h << 15) ^ 0xffffcd7d;
    h ^= (h >>> 10);
    h += (h << 3);
    h ^= (h >>> 6);
    h += (h << 2) + (h << 14);
    return h ^ (h >>> 16);
}
```

之所以进行再散列，目的是减少散列冲突，使元素能够均匀地分布在不同的 Segment 上，从而提高容器的存取效率。假如散列的质量差到极点，那么所有的元素都在一个 Segment 中，不仅存取元素缓慢，分段锁也会失去意义。笔者做了一个测试，不通过再散列而直接执行散列计算，计算后输出的散列值全是 15。

```
System.out.println(Integer.parseInt("0001111", 2) & 15);
System.out.println(Integer.parseInt("0011111", 2) & 15);
System.out.println(Integer.parseInt("0111111", 2) & 15);
System.out.println(Integer.parseInt("1111111", 2) & 15);
```

通过这个例子可以发现，如果不进行再散列，散列冲突会非常严重，因为只要低位一样，无论高位是什么数，其散列值总是一样的。我们再把上面的二进制数据进行再散列的结果如下（为了方便阅读，不足 32 位的高位补了 0，每隔 4 位用竖线分割下）。

```
0100 | 0111 | 0110 | 0111 | 1101 | 1010 | 0100 | 1110
1111 | 0111 | 0100 | 0011 | 0000 | 0001 | 1011 | 1000
0111 | 0111 | 0110 | 1001 | 0100 | 0110 | 0011 | 1110
1000 | 0011 | 0000 | 0000 | 1100 | 1000 | 0001 | 1010
```

可以发现，每一位的数据都散列开了，通过这种再散列能让数字的每一位都参加到散列运算当中，从而减少散列冲突。ConcurrentHashMap 通过以下散列算法定位 Segment。

```
final Segment<K,V> segmentFor(int hash) {
    return segments[(hash >>> segmentShift) & segmentMask];
}
```

默认情况下 segmentShift 为 28，segmentMask 为 15，再散列后的数最大是 32 位二进制，向右无符号移动 28 位，意思是让高 4 位参与到散列运算中，（hash >>> segmentShift）& segmentMask 的运算结果分别是 4、15、7 和 8，可以看到散列值没有发生冲突。

6.1.5　ConcurrentHashMap 的操作

本节介绍 ConcurrentHashMap 的 3 种操作——get 操作、put 操作和 size 操作。

1. get 操作

Segment 的 get 操作的实现非常简单和高效。先经过一次再散列，然后使用这个散列值通过散列运算定位到 Segment，再通过散列算法定位到元素，代码如下。

```
public V get(Object key) {
    int hash = hash(key.hashCode());
    return segmentFor(hash).get(key, hash);
}
```

get 操作的高效之处在于整个过程不需要加锁，除非读到的值是空才会加锁重读。我们知道 HashTable 容器的 get 方法是需要加锁的，那么 ConcurrentHashMap 的 get 操作是如何做到不加锁的呢？原因是它的 get 方法将要使用的共享变量都定义成 volatile 类型，如用于统计当前 Segment 大小的 count 字段和用于存储值的 HashEntry 的 value 字段。将变量都定义成 volatile 的变量，能够在线程之间保持可见性，被多线程同时读，并且保证不会读到过期的值，但是只能被单线程写（有一种情况可以被多线程写，就是写入的值不依赖原值）。get 操作里只需要读不需要写共享变量 count 和 value，所以可以不用加锁。之所以不会读到过期的值，是因为根据 Java 内存模型的 happen before 原则，对 volatile 字段的写入操作先于读操作，即使两个线程同时修改和获取 volatile 变量，get 操作也能取到最新的值，这是用 volatile 替换锁的经典应用场景。

```
transient volatile int count;
volatile V value;
```

在定位元素的代码里我们可以发现，定位 HashEntry 和定位 Segment 的散列算法虽然一样，都是数组的长度减去 1 再相"与"，但是相"与"的值不一样。定位 Segment 使用的是元素的 hashcode 通过再散列后得到的值的高位，而定位 HashEntry 直接使用的是再散列后的值。这样做的目的是避免两次散列后的值一样，虽然元素在 Segment 里散列开了，但是却没有在 HashEntry 里散列开。

```
hash >>> segmentShift) & segmentMask      // 定位 Segment 所使用的 hash 算法
int index = hash & (tab.length - 1);      // 定位 HashEntry 所使用的 hash 算法
```

2. put 操作

由于 put 方法里需要对共享变量进行写入操作，所以为了线程安全，在操作共享变量时必须加锁。put 方法首先定位到 Segment，然后在 Segment 里进行插入操作。插入操作需要经历两个步骤，第一步判断是否需要对 Segment 里的 HashEntry 数组进行扩容，第二步定位添加元素的位置，然后将其放在 HashEntry 数组里。

（1）是否需要扩容

在插入元素前会先判断 Segment 里的 HashEntry 数组是否超过容量（threshold），如果超过阈值，则对数组进行扩容。值得一提的是，Segment 的扩容判断比 HashMap 更恰当，因为 HashMap 是在插入元素后判断元素是否已经到达最大容量的，如果到达了就进行扩容，但是很有可能扩容之后没有新元素插入，这时 HashMap 就进行了一次无效的扩容。

（2）如何扩容

在扩容的时候，首先会创建一个容量是原来容量两倍的数组，然后将原数组里的元素进行再散列后插入新的数组里。为了高效，ConcurrentHashMap 不会对整个容器进行扩容，而只对某个 Segment 进行扩容。

3. size 操作

如果要统计整个 ConcurrentHashMap 里元素的大小，就必须统计所有 Segment 里元素的大小后求和。Segment 的全局变量 count 是一个 volatile 变量，在多线程场景下，是不是直接把所有 Segment 的 count 相加就可以得到整个 ConcurrentHashMap 的大小了呢？不是的，虽然相加时可以获取每个 Segment 的 count 的最新值，但是可能累加前使用的 count 发生了变化，那么统计结果就不准了。所以，最安全的做法是在统计 size 的时候把所有 Segment 的 put、remove 和 clean 方法全部锁住，但是这种做法显然非常低效。

因为在累加 count 操作过程中，之前累加过的 count 发生变化的概率非常小，所以 ConcurrentHashMap 的做法是先尝试 2 次通过不锁住 Segment 的方式来统计各个 Segment 的大小，如果在统计的过程容器的 count 发生了变化，再采用加锁的方式来统计所有 Segment 的大小。

那么 ConcurrentHashMap 是如何判断容器是否在统计的时候发生了变化呢？可以使用 modCount 变量，在 put、remove 和 clean 方法里操作元素前变量 modCount 都会加 1，通过统计 size 前后 modCount 是否发生变化，从而得知容器的大小是否发生变化。

6.1.6　JDK 8 中的 ConcurrentHashMap

前面的章节主要讲的是 JDK 6 中 ConcurrentHashMap 的实现原理，JDK 8 中的 ConcurrentHashMap 与 JDK 6 的版本在实现原理上有很大的差异，JDK 6 使用的是分段锁原理来实现线程安全，在 JDK 8 中，ConcurrentHashMap 的性能得到了进一步优化，使用了 CAS 操作来实现更新元素等。

6.2　ConcurrentLinkedQueue

在并发编程中，有时候需要使用线程安全的队列。有两种实现方式：一种是使用阻塞算法，另一种是使用非阻塞算法。使用阻塞算法的队列可以用一个锁（入队和出队用同一把锁）或两个锁（入队和出队用不同的锁）等方式来实现线程安全。使用非阻塞算法的队列则可以使用循环 CAS 的方式来实现线程安全。本节我们一起来研究一下 Doug Lea 是如何使用非阻塞的方式来实现线程安全队列的，相信从大师身上我们能学到不少并发编程的技巧。

ConcurrentLinkedQueue 是一个基于链接节点的无界线程安全队列，它采用先进先出的规则对节点进行排序，当我们添加一个元素的时候，它会将该元素添加到队列的尾部；当我们获取一个元素时，它会返回队列头部的元素。它采用 "wait-free" 算法（即 CAS 算法）来实现，该算法在 Michael & Scott 算法上进行了一些修改。

6.2.1   ConcurrentLinkedQueue 的结构

我们通过 ConcurrentLinkedQueue 的类图来分析一下它的结构，如图 6-3 所示。

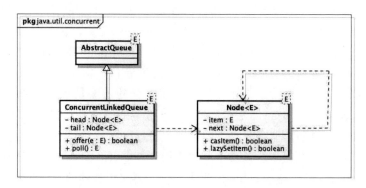

图 6-3   ConcurrentLinkedQueue 的类图

ConcurrentLinkedQueue 由 head 节点和 tail 节点组成，每个节点由节点元素（item）和指向下一个节点（next）的引用组成，节点与节点之间通过 next 关联起来，从而组成一张链表结构的队列。默认情况下 head 节点存储的元素为空，tail 节点等于 head 节点。

```
private transient volatile Node<E> tail = head;
```

6.2.2   入队列

本节将介绍入队列的相关知识。

1. 入队列的过程

入队列就是将入队节点添加到队列的尾部。为了方便理解入队时队列的变化，以及 head 节点和 tail 节点的变化，这里用一个示例来展开介绍。假设我们想在一个队列中依次插入 4 个节点，为了帮助大家理解，每添加一个节点就做了一个队列的快照图，如图 6-4 所示。

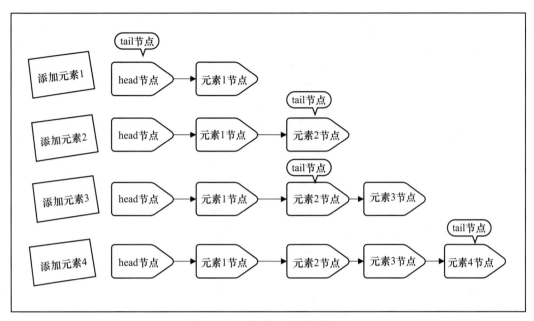

图 6-4　队列添加元素的快照图

入队列的过程如下。

❑ 添加元素 1。队列更新 head 节点的 next 节点为元素 1 节点。因为 tail 节点默认情况
下等于 head 节点，所以它们的 next 节点都指向元素 1 节点。

❑ 添加元素 2。队列首先设置元素 1 节点的 next 节点为元素 2 节点，然后更新 tail 节点
指向元素 2 节点。

❑ 添加元素 3，设置 tail 节点的 next 节点为元素 3 节点。

❑ 添加元素 4，设置元素 3 的 next 节点为元素 4 节点，然后将 tail 节点指向元素 4
节点。

通过调试入队过程并观察 head 节点和 tail 节点的变化，我们发现入队主要做两件事
情：第一件是将入队节点设置成当前队列尾节点的下一个节点；第二件是更新 tail 节点，如
果 tail 节点的 next 节点不为空，则将入队节点设置成 tail 节点，如果 tail 节点的 next 节点为
空，则将入队节点设置成 tail 的 next 节点，tail 节点不总是尾节点（理解这一点对于我们研
究源码会非常有帮助）。

通过对上面的分析，我们从单线程入队的角度理解了入队过程，但是多个线程同时进
行入队的情况就复杂了，因为可能会出现其他线程插队的情况。如果有一个线程正在入队，
那么它必须先获取尾节点，然后设置尾节点的下一个节点为入队节点，若这时有另外一个线
程插队了，那么队列的尾节点就会发生变化，当前线程要暂停入队操作，然后重新获取尾节
点。让我们再通过源码来详细分析一下它是如何使用 CAS 算法来入队的。

```
public boolean offer(E e) {
```

```
if (e == null) throw new NullPointerException();
// 入队前，创建一个入队节点
Node<E> n = new Node<E>(e);
retry:
// 死循环，入队不成功，反复入队
for (;;) {
    // 创建一个指向 tail 节点的引用
    Node<E> t = tail;
    // p 用来表示队列的尾节点，默认情况下等于 tail 节点
    Node<E> p = t;
    for (int hops = 0; ; hops++) {
    // 获得 p 节点的下一个节点
        Node<E> next = succ(p);
        // next 节点不为空，说明 p 不是尾节点，需要更新 p 后再将它指向 next 节点
        if (next != null) {
            // 循环了两次及以上，并且当前节点还是不等于尾节点
            if (hops > HOPS && t != tail)
                continue retry;
            p = next;
        }
        // 如果 p 是尾节点，则设置 p 节点的 next 节点为入队节点
        else if (p.casNext(null, n)) {
            /* 如果 tail 节点有大于或等于 1 个 next 节点，则将入队节点设置成 tail 节点，
               更新失败了也没关系，因为失败了表示有其他线程成功更新了 tail 节点 */
            if (hops >= HOPS)
                casTail(t, n); // 更新 tail 节点，允许失败
            return true;
        }
        // p 有 next 节点，表示 p 的 next 节点是尾节点，则重新设置 p 节点
        else {
            p = succ(p);
        }
    }
}
```

从源代码的角度来看，整个入队过程主要做两件事情：第一件是定位出尾节点；第二件是使用 CAS 算法将入队节点设置成尾节点的 next 节点，如不成功则重试。

2. 定位尾节点

tail 节点并不总是尾节点，所以每次入队都必须先通过 tail 节点来找到尾节点。尾节点可能是 tail 节点，也可能是 tail 节点的 next 节点。代码中循环体的第一个 if 就是判断 tail 是否有 next 节点，有则表示 next 节点可能是尾节点。获取 tail 节点的 next 节点时需要注意 p 节点等于 p 的 next 节点的情况，这时只有一种可能，就是 p 节点和 p 的 next 节点都等于空，表示这个队列刚初始化，正准备添加节点，所以需要返回 head 节点。获取 p 节点的 next 节点的代码如下。

```
final Node<E> succ(Node<E> p) {
```

```
    Node<E> next = p.getNext();
    return (p == next) ? head : next;
}
```

3. 设置入队节点为尾节点

p.casNext(null, n) 方法用于将入队节点设置为当前队列尾节点的 next 节点，如果 p 是 null，表示 p 是当前队列的尾节点，如果不为 null，表示有其他线程更新了尾节点，需要重新获取当前队列的尾节点。

4. HOPS 的设计意图

上面分析先进先出的队列入队时所要做的事情是将入队节点设置成尾节点，Doug Lea 写的代码和逻辑还是稍微有点复杂。那么，我用以下方式来实现是否可行？

```
public boolean offer(E e) {
    if (e == null)
            throw new NullPointerException();
        Node<E> n = new Node<E>(e);
        for (;;) {
            Node<E> t = tail;
            if (t.casNext(null, n) && casTail(t, n)) {
                return true;
            }
        }
}
```

让 tail 节点永远作为队列的尾节点，这样实现代码量非常少，而且逻辑清晰、易懂。但是，这么做有一个缺点，每次都需要使用循环 CAS 更新 tail 节点。如果能减少 CAS 更新 tail 节点的次数，就能提高入队的效率，所以 Doug Lea 使用 hops 变量来控制并减少 tail 节点的更新频率，并不是每次节点入队后都将 tail 节点更新成尾节点，而是当 tail 节点和尾节点的距离大于或等于常量 HOPS 的值（默认等于 1）时才更新 tail 节点。这样 tail 和尾节点的距离越长，使用 CAS 更新 tail 节点的次数就会越少。但是距离越长带来的负面效果就是每次入队时定位尾节点的时间就越长，因为循环体需要多循环一次来定位尾节点。不过，因为从本质上来看它通过增加对 volatile 变量的读操作来减少对 volatile 变量的写操作，而对 volatile 变量来说，写操作的开销要远远大于读操作，所以入队效率仍会有所提升。

```
private static final int HOPS = 1;
```

注意　入队方法永远返回 true，所以不要通过返回值判断入队是否成功。

6.2.3　出队列

出队列是指从队列里返回一个节点元素，并清空该节点对元素的引用。我们通过每个节点出队的快照来观察一下 head 节点的变化，如图 6-5 所示。

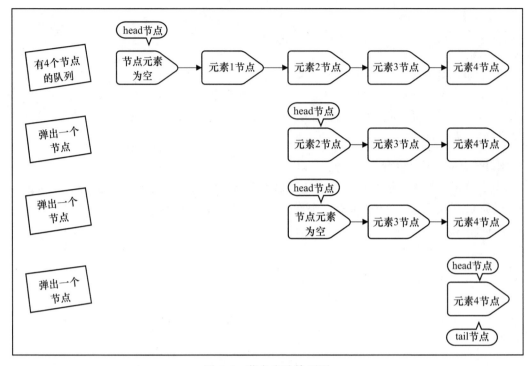

图 6-5　节点出队快照图

从图 6-5 中可知，并不是每次出队时都更新 head 节点，当 head 节点里有元素时，直接弹出 head 节点里的元素，而不会更新 head 节点。只有当 head 节点里没有元素时，出队操作才会更新 head 节点。这种做法也是通过 hops 变量来减少使用 CAS 更新 head 节点的消耗，从而提高出队效率。我们再通过源码来深入分析下出队过程。

```
public E poll() {
    Node<E> h = head;
    //p表示头节点，需要出队的节点
    Node<E> p = h;
    for (int hops = 0;; hops++) {
        //获取p节点的元素
        E item = p.getItem();
        //如果p节点的元素不为空，使用CAS设置p节点引用的元素为null，
        //如果成功则返回p节点的元素
        if (item != null && p.casItem(item, null)) {
            if (hops >= HOPS) {
                //将p节点的下一个节点设置成head节点
                Node<E> q = p.getNext();
                updateHead(h, (q != null) ? q : p);
            }
            return item;
        }
        //如果头节点的元素为空或头节点发生了变化，说明头节点已经被另外
```

```
// 一个线程修改了。那么获取 p 节点的下一个节点
Node<E> next = succ(p);
// 如果 p 的下一个节点也为空，说明这个队列已经空了
if (next == null) {
    // 更新头节点
    updateHead(h, p);
    break;
}
// 如果下一个元素不为空，则将头节点的下一个节点设置成头节点
p = next;
}
return null;
}
```

首先获取头节点的元素，然后判断头节点元素是否为空。如果为空，表示另外一个线程已经进行了一次出队操作将该节点的元素取走。如果不为空，则使用 CAS 的方式将头节点的引用设置成 null。如果 CAS 成功，则直接返回头节点的元素。如果不成功，表示另外一个线程已经进行了一次出队操作并更新了头节点，导致元素发生了变化，需要重新获取头节点。

6.3　Java 中的阻塞队列

本节将介绍什么是阻塞队列，以及 Java 中阻塞队列的 4 种处理方式，并介绍 Java 7 中提供的 7 个阻塞队列，最后分析阻塞队列的一种实现方式。

6.3.1　什么是阻塞队列

阻塞队列（BlockingQueue）是一个支持两个附加操作的队列。这两个附加操作支持阻塞的插入和移除方法。

1）支持阻塞的插入方法：当队列已满时，队列会阻塞插入元素的线程，直到队列不满。

2）支持阻塞的移除方法：当队列为空时，获取元素的线程会等待队列变为非空。

阻塞队列常用于生产者和消费者的场景，生产者是向队列里添加元素的线程，消费者是从队列里取元素的线程。阻塞队列就是生产者用来存放元素、消费者用来获取元素的容器。

在阻塞队列不可用时，这两个附加操作提供了 4 种处理方式，如表 6-1 所示。

表 6-1　插入和移除操作的 4 种处理方式

方法	抛出异常	返回特殊值	一直阻塞	超时退出
插入方法	add（e）	offer（e）	put（e）	offer（e, time, unit）
移除方法	remove()	poll()	take()	poll（time, unit）
检查方法	element()	peek()	不可用	不可用

❑ 抛出异常：当队列已满时，如果再往队列里插入元素，会抛出 IllegalStateException
("Queue full") 异常。当队列为空时，从队列里获取元素会抛出 NoSuchElementException
异常。

❑ 返回特殊值：当往队列插入元素时，会返回元素是否插入成功，成功返回 true。如果
是移除方法，则从队列里取出一个元素，如果没有则返回 null。

❑ 一直阻塞：当阻塞队列已满时，如果生产者线程往队列里插入元素，队列会一直阻
塞生产者线程，直到队列可用或者响应中断退出。当队列为空时，如果消费者线程
从队列里取元素，队列会阻塞消费者线程，直到队列不为空。

❑ 超时退出：当阻塞队列已满时，如果生产者线程往队列里插入元素，队列会阻塞生
产者线程一段时间，如果超过了指定的时间，生产者线程就会退出。

注意 如果是无界阻塞队列，则队列不可能出现满的情况，所以使用 put 或 offer 方法永远
不会被阻塞，而且使用 offer 方法时，该方法永远返回 true。

6.3.2　7 个阻塞队列

JDK 7 提供了 7 个阻塞队列，如下。

❑ ArrayBlockingQueue：一个由数组结构组成的有界阻塞队列。

❑ LinkedBlockingQueue：一个由链表结构组成的有界阻塞队列。

❑ PriorityBlockingQueue：一个支持优先级排序的无界阻塞队列。

❑ DelayQueue：一个使用优先级队列实现的无界阻塞队列。

❑ SynchronousQueue：一个不存储元素的阻塞队列。

❑ LinkedTransferQueue：一个由链表结构组成的无界阻塞队列。

❑ LinkedBlockingDeque：一个由链表结构组成的双向阻塞队列。

1. ArrayBlockingQueue

ArrayBlockingQueue 是一个用数组实现的有界阻塞队列。此队列按照先进先出（FIFO）
的原则对元素进行排序。

默认情况下不保证线程公平地访问队列，所谓公平访问队列是指阻塞的线程可以按照
阻塞的先后顺序访问队列，即先阻塞线程先访问队列。非公平性是指对先等待的线程是非公
平的，当队列可用时，阻塞的线程都可以争夺访问队列的资格，可能先阻塞的线程最后访问
队列。为了保证公平性，通常会降低吞吐量。我们可以使用以下代码创建一个公平的阻塞
队列。

```
ArrayBlockingQueue fairQueue = new  ArrayBlockingQueue(1000,true);
```

访问者的公平性是使用可重入锁实现的，代码如下。

```
public ArrayBlockingQueue(int capacity, boolean fair) {
    if (capacity <= 0)
        throw new IllegalArgumentException();
    this.items = new Object[capacity];
    lock = new ReentrantLock(fair);
    notEmpty = lock.newCondition();
    notFull =  lock.newCondition();
}
```

2. LinkedBlockingQueue

LinkedBlockingQueue 是一个用链表实现的有界阻塞队列。此队列的默认最大长度为 Integer.MAX_VALUE。此队列按照先进先出的原则对元素进行排序。

3. PriorityBlockingQueue

PriorityBlockingQueue 是一个支持优先级的无界阻塞队列。默认情况下元素采取自然顺序升序排列。也可以自定义类实现 compareTo() 方法来指定元素排序规则，或者初始化 PriorityBlockingQueue 时，指定构造参数 Comparator 来对元素进行排序。需要注意的是，不能保证同优先级元素的顺序。

4. DelayQueue

DelayQueue 是一个支持延时获取元素的无界阻塞队列。队列使用 PriorityQueue 来实现。队列中的元素必须实现 Delayed 接口，在创建元素时可以指定延迟多久才能从队列中获取当前元素。只有在延迟期满时才能从队列中提取元素。

DelayQueue 非常有用，可以将 DelayQueue 运用在以下场景。

❑ 缓存系统的设计：可以用 DelayQueue 保存缓存元素的有效期，使用一个线程循环查询 DelayQueue，一旦能从 DelayQueue 中获取元素，表示缓存有效期到了。

❑ 定时任务调度：使用 DelayQueue 保存当天将会执行的任务和执行时间，一旦从 DelayQueue 中获取到任务就开始执行，比如 TimerQueue 就是使用 DelayQueue 实现的。

（1）如何实现 Delayed 接口

DelayQueue 队列的元素必须实现 Delayed 接口。我们可以参考 ScheduledThreadPoolExecutor 里 ScheduledFutureTask 类的实现，一共有三步。

第一步：在创建对象的时候，初始化基本数据。使用 time 记录当前对象延迟到什么时候可以使用，使用 sequenceNumber 来标识元素在队列中的先后顺序。代码如下。

```
private static final AtomicLong sequencer = new AtomicLong(0);

ScheduledFutureTask(Runnable r, V result, long ns, long period) {
    super(r, result);
    this.time = ns;
    this.period = period;
```

```
    this.sequenceNumber = sequencer.getAndIncrement();
}
```

第二步：实现 getDelay 方法，该方法返回当前元素还需要延时多久，单位是纳秒，代码如下。

```
public long getDelay(TimeUnit unit) {
    return unit.convert(time - now(), TimeUnit.NANOSECONDS);
}
```

通过构造函数可以看出延迟时间参数 ns 的单位是纳秒，自己设计时最好使用纳秒，因为实现 getDelay() 方法时可以指定任意单位，一旦以秒或分作为单位，而延时时间又精确不到纳秒就麻烦了。使用时请注意当 time 小于当前时间时，getDelay 会返回负数。

第三步：实现 compareTo 方法来指定元素的顺序。例如，让延时最长的元素放在队列的末尾。实现代码如下。

```
public int compareTo(Delayed other) {
    if (other == this)   //compare zero ONLY if same object
        return 0;
    if (other instanceof ScheduledFutureTask) {
        ScheduledFutureTask<?> x = (ScheduledFutureTask<?>)other;
        long diff = time - x.time;
        if (diff < 0)
            return -1;
        else if (diff > 0)
            return 1;
        else if (sequenceNumber < x.sequenceNumber)
            return -1;
        else
            return 1;
    }
    long d = (getDelay(TimeUnit.NANOSECONDS) -
                other.getDelay(TimeUnit.NANOSECONDS));
    return (d == 0) ? 0 : ((d < 0) ? -1 : 1);
}
```

（2）如何实现延时阻塞队列

延时阻塞队列的实现很简单，当消费者从队列里获取元素时，如果元素没有达到延时时间，就阻塞当前线程。

```
long delay = first.getDelay(TimeUnit.NANOSECONDS);
if (delay <= 0)
    return q.poll();
else if (leader != null)
        available.await();
else {
    Thread thisThread = Thread.currentThread();
leader = thisThread;
```

```
    try {
            available.awaitNanos(delay);
        } finally {
            if (leader == thisThread)
            leader = null;
        }
    }
```

代码中的变量 leader 是一个等待获取队列头部元素的线程。如果 leader 不等于空，表示已经有线程在等待获取队列的头元素。所以，使用 await() 方法让当前线程等待信号。如果 leader 等于空，则把当前线程设置成 leader，并使用 awaitNanos() 方法让当前线程等待接收信号或等待 delay 时间。

5. SynchronousQueue

SynchronousQueue 是一个不存储元素的阻塞队列。每一个 put 操作必须等待一个 take 操作，否则不能继续添加元素。

它支持公平访问队列。默认情况下线程采用非公平性策略访问队列。使用以下构造方法可以创建公平访问的 SynchronousQueue，如果把 fair 设置为 true，则等待的线程会采用先进先出的顺序访问队列。

```
public SynchronousQueue(boolean fair) {
    transferer = fair ? new TransferQueue() : new TransferStack();
}
```

SynchronousQueue 可以看成是一个传球手，负责把生产者线程处理的数据直接传递给消费者线程。队列本身并不存储任何元素，非常适合传递性场景。SynchronousQueue 的吞吐量高于 LinkedBlockingQueue 和 ArrayBlockingQueue。

6. LinkedTransferQueue

LinkedTransferQueue 是一个由链表结构组成的无界阻塞队列。相对于其他阻塞队列，LinkedTransferQueue 多了 transfer 和 tryTransfer 方法。

（1）transfer 方法

如果当前有消费者正在等待接收元素（消费者使用 take() 方法或带时间限制的 poll() 方法时），transfer 方法可以把生产者传入的元素立刻传输给消费者。如果没有消费者在等待接收元素，transfer 方法会将元素存放在队列的 tail 节点，并等到该元素被消费者消费后才返回。transfer 方法的关键代码如下。

```
Node pred = tryAppend(s, haveData);
return awaitMatch(s, pred, e, (how == TIMED), nanos);
```

第一行代码是试图把存放当前元素的 s 节点作为 tail 节点。第二行代码是让 CPU 自旋等待消费者消费元素。因为自旋会消耗 CPU，所以自旋一定的次数后使用 Thread.yield() 方法来暂停当前正在执行的线程，并执行其他线程。

（2）tryTransfer 方法

tryTransfer 方法用于判断生产者传入的元素能否直接传给消费者。如果没有消费者等待接收元素，则返回 false。它和 transfer 方法的区别是无论消费者是否接收，tryTransfer 方法都会立即返回，而 transfer 方法必须等到消费者消费了才返回。

带有时间限制的 tryTransfer（E e，long timeout，TimeUnit unit）方法是指它会试图把生产者传入的元素直接传给消费者，但是如果没有消费者消费该元素则等待指定的时间再返回，如果超时还没有消费元素，则返回 false，如果在超时时间内消费了元素，则返回 true。

7. LinkedBlockingDeque

LinkedBlockingDeque 是一个由链表结构组成的双向阻塞队列。所谓双向队列是指可以从队列的两端插入和移出元素。双向队列因为多了一个操作队列的入口，所以在多线程同时入队时，也就减少了一半的竞争。相比于其他的阻塞队列，LinkedBlockingDeque 多了addFirst、addLast、offerFirst、offerLast、peekFirst 和 peekLast 等方法。以 First 单词结尾的方法表示插入、获取（peek）或移除双端队列的第一个元素。以 Last 单词结尾的方法表示插入、获取或移除双端队列的最后一个元素。另外，插入方法 add 等同于 addLast，移除方法 remove 等效于 removeFirst。但是 take 方法却等同于 takeFirst，不知道这是不是 JDK 的bug，使用时还是建议用带有 First 和 Last 后缀的方法。

在初始化 LinkedBlockingDeque 时可以设置队列容量以防止过度膨胀。另外，双向阻塞队列可以运用在"工作窃取"模式中。

6.3.3　阻塞队列的实现原理

如果队列是空的，消费者会一直等待，当生产者添加元素时，消费者是如何知道当前队列有元素呢？如果让你来设计阻塞队列，你会如何设计？如何让生产者和消费者高效地通信呢？我们先来看看 JDK 是如何实现的。

使用通知模式实现。所谓通知模式，就是当生产者往满的队列里添加元素时会阻塞生产者，当消费者消费了一个队列中的元素后，会通知生产者当前队列可用。通过查看 JDK 源码，我们发现 ArrayBlockingQueue 使用了 Condition 来实现，代码如下。

```
private final Condition notFull;
private final Condition notEmpty;

public ArrayBlockingQueue(int capacity, boolean fair) {
    // 省略其他代码
    notEmpty = lock.newCondition();
    notFull =  lock.newCondition();
}

public void put(E e) throws InterruptedException {
    checkNotNull(e);
    final ReentrantLock lock = this.lock;
```

```
        lock.lockInterruptibly();
        try {
            while (count == items.length)
                notFull.await();
            insert(e);
        } finally {
            lock.unlock();
        }
    }

    public E take() throws InterruptedException {
        final ReentrantLock lock = this.lock;
        lock.lockInterruptibly();
        try {
            while (count == 0)
                notEmpty.await();
            return extract();
        } finally {
            lock.unlock();
        }
    }

    private void insert(E x) {
        items[putIndex] = x;
        putIndex = inc(putIndex);
        ++count;
        notEmpty.signal();
    }
```

当往队列里插入一个元素时，如果队列不可用，那么阻塞生产者主要通过 LockSupport.
park（this）来实现。

```
    public final void await() throws InterruptedException {
        if (Thread.interrupted())
            throw new InterruptedException();
        Node node = addConditionWaiter();
        int savedState = fullyRelease(node);
        int interruptMode = 0;
        while (!isOnSyncQueue(node)) {
            LockSupport.park(this);
            if ((interruptMode = checkInterruptWhileWaiting(node)) != 0)
                break;
        }
        if (acquireQueued(node, savedState) && interruptMode != THROW_IE)
            interruptMode = REINTERRUPT;
        if (node.nextWaiter != null) // clean up if cancelled
            unlinkCancelledWaiters();
        if (interruptMode != 0)
            reportInterruptAfterWait(interruptMode);
    }
```

继续进入源码，发现调用 setBlocker 先保存了将要阻塞的线程，然后调用 unsafe.park 阻塞当前线程。

```
public static void park(Object blocker) {
    Thread t = Thread.currentThread();
    setBlocker(t, blocker);
    unsafe.park(false, 0L);
    setBlocker(t, null);
}
```

unsafe.park 是个本地方法，代码如下。

```
public native void park(boolean isAbsolute, long time);
```

park 方法会阻塞当前线程，只有以下 4 种情况中的任何一种发生时，该方法才会返回。

❏ 与 park 对应的 unpark 执行或已经执行。"已经执行"是指 unpark 先执行，然后再执行 park 的情况。

❏ 线程被中断。

❏ 等待完 time 参数指定的毫秒数。

❏ 异常现象发生，这个异常现象没有任何原因。

我们继续看一下 JVM 是如何实现 park 方法的：park 在不同的操作系统中使用不同的方式实现，在 Linux 下使用的是系统方法 pthread_cond_wait，在 JVM 源码路径 src/os/linux/vm/os_linux.cpp 里的 os::PlatformEvent::park 方法中，代码如下。

```
void os::PlatformEvent::park() {
    int v ;
    for (;;) {
        v = _Event ;
        if (Atomic::cmpxchg (v-1, &_Event, v) == v) break ;
    }
    guarantee (v >= 0, "invariant") ;
    if (v == 0) {
        int status = pthread_mutex_lock(_mutex);
        assert_status(status == 0, status, "mutex_lock");
        guarantee (_nParked == 0, "invariant") ;
        ++ _nParked ;
        while (_Event < 0) {
            status = pthread_cond_wait(_cond, _mutex);
            if (status == ETIME) { status = EINTR; }
            assert_status(status == 0 || status == EINTR, status, "cond_wait");
        }
        -- _nParked ;
        _Event = 0 ;
        status = pthread_mutex_unlock(_mutex);
        assert_status(status == 0, status, "mutex_unlock");
    }
    guarantee (_Event >= 0, "invariant") ;
}
```

pthread_cond_wait 是一个多线程的条件变量函数，cond 是 condition 的缩写，可以理解为线程在等待一个条件发生，这个条件是一个全局变量。这个方法接收两个参数：一个共享变量 _cond，一个互斥量 _mutex。而 unpark 方法在 Linux 下是使用 pthread_cond_signal 实现的。park 方法在 Windows 下则是使用 WaitForSingleObject 实现的。pthread_cond_wait 的实现方法可以参考 glibc-2.5 的 nptl/sysdeps/pthread/pthread_cond_wait.c。

当线程被阻塞队列阻塞时，线程会进入 WAITING（parking）状态。我们可以使用 jstack dump 阻塞的生产者线程看到这点。

```
"main" prio=5 tid=0x00007fc83c000000 nid=0x10164e000 waiting on condition [0x000000010164d000]
    java.lang.Thread.State: WAITING (parking)
        at sun.misc.Unsafe.park(Native Method)
        - parking to wait for  <0x0000000140559fe8> (a java.util.concurrent.locks.
        AbstractQueuedSynchronizer$ConditionObject)
        at java.util.concurrent.locks.LockSupport.park(LockSupport.java:186)
        at java.util.concurrent.locks.AbstractQueuedSynchronizer$ConditionObject.
        await(AbstractQueuedSynchronizer.java:2043)
        at java.util.concurrent.ArrayBlockingQueue.put(ArrayBlockingQueue.java:324)
        at blockingqueue.ArrayBlockingQueueTest.main(ArrayBlockingQueueTest.java:11)
```

6.4　Fork/Join 框架

本节将介绍 Fork/Join 框架的基本原理、算法、设计方式、应用与实现等。

6.4.1　什么是 Fork/Join 框架

Fork/Join 框架是 Java 7 提供的一个用于并行执行任务的框架，是一个把大任务分割成若干个小任务，最终汇总每个小任务结果后得到大任务结果的框架。

我们再通过 Fork 和 Join 这两个单词来理解一下 Fork/Join 框架。Fork 就是把一个大任务切分为若干个子任务并行执行，Join 就是合并这些子任务的执行结果，最后得到这个大任务的结果。比如计算 1+2+…+10 000，可以将它分割成 10 个子任务，每个子任务分别对 1000 个数求和，最终汇总这 10 个子任务的结果。Fork/Join 的运行流程如图 6-6 所示。

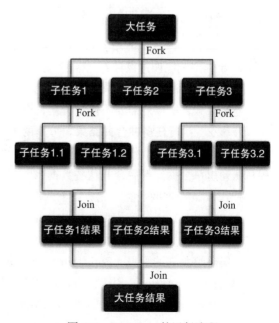

图 6-6　Fork/Join 的运行流程

6.4.2 工作窃取算法

工作窃取（work-stealing）算法是指某个线程从其他队列里窃取任务来执行。那么，为什么需要使用工作窃取算法呢？假如我们需要做一个比较大的任务，可以把这个任务分割为若干个互不依赖的子任务，为了减少线程间的竞争，把这些子任务分别放到不同的队列里，并为每个队列创建一个单独的线程来执行队列里的任务，线程与队列一一对应。比如 A 线程负责处理 A 队列里的任务。但是，有的线程会先完成自己队列里的任务，而其他线程对应的队列里还有任务等待处理。完成任务的线程与其等着，不如去帮其他线程干活，于是它就去其他线程的队列里窃取一个任务来执行，这时它们会访问同一个队列。为了减少窃取任务线程和被窃取任务线程之间的竞争，我们通常会使用双端队列，被窃取任务的线程永远从双端队列的头部拿任务执行，而窃取任务的线程永远从双端队列的尾部拿任务执行。

工作窃取算法的运行流程如图 6-7 所示。

工作窃取算法的优点：充分利用线程进行并行计算，减少了线程间的竞争。

工作窃取算法的缺点：在某些情况下还是存在竞争，比如双端队列里只有一个任务时。该算法会消耗更多的系统资源，比如创建多个线程和多个双端队列。

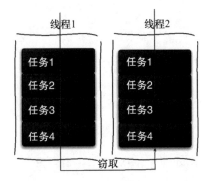

图 6-7   工作窃取算法的运行流程

6.4.3 Fork/Join 框架的设计

现在，我们已经很清楚 Fork/Join 框架的需求了，可以思考一下，如果我们要设计一个 Fork/Join 框架，该如何设计？

步骤 1   分割任务。首先我们需要有一个 Fork 类来把大任务分割成子任务，有可能子任务还是很大，所以还需要不停地分割，直到分割出的子任务足够小。

步骤 2   执行任务并合并结果。分割的子任务分别放在双端队列里，然后几个启动线程分别从双端队列里获取任务执行。子任务执行完的结果都统一放在一个队列里，启动一个线程从队列里拿数据，然后合并这些数据。

Fork/Join 使用两个类来完成以上两件事情。

① ForkJoinTask：我们要使用 ForkJoin 框架，就必须首先创建一个 ForkJoin 任务。它提供在任务中执行 fork() 和 join() 操作的机制。通常情况下，我们不需要直接继承 ForkJoinTask 类，只需要继承它的子类。Fork/Join 框架提供了以下两个子类。

❑ RecursiveAction：用于没有返回结果的任务。

❑ RecursiveTask：用于有返回结果的任务。

② ForkJoinPool：ForkJoinTask 需要通过 ForkJoinPool 来执行。

任务分割出的子任务会添加到当前工作线程所维护的双端队列中，进入队列的头部。当一个工作线程的队列里暂时没有任务时，它会随机从其他工作线程的队列的尾部获取一个任务。

6.4.4　使用 Fork/Join 框架

我们通过一个简单的需求来使用 Fork/Join 框架：计算 1+2+3+4 的结果。

使用 Fork/Join 框架时，首先要考虑到的是如何分割任务，如果希望每个子任务最多执行两个数的相加，那么我们需要将分割的阈值设置为 2，由于是 4 个数字相加，所以 Fork/Join 框架会把这个任务分割成两个子任务，子任务 1 负责计算 1+2，子任务 2 负责计算 3+4，然后再合并两个子任务的结果。因为是有结果的任务，所以必须继承 RecursiveTask，实现代码如下。

```java
package fj;

import java.util.concurrent.ExecutionException;
import java.util.concurrent.ForkJoinPool;
import java.util.concurrent.Future;
import java.util.concurrent.RecursiveTask;

public class CountTask extends RecursiveTask<Integer> {

    private static final int THRESHOLD = 2;    // 阈值
    private int start;
    private int end;

    public CountTask(int start, int end) {
        this.start = start;
        this.end = end;
    }

    @Override
    protected Integer compute() {
        int sum = 0;

        // 如果任务足够小就计算任务
        boolean canCompute = (end - start) <= THRESHOLD;
        if (canCompute) {
            for (int i = start; i <= end; i++) {
                sum += i;
            }
        } else {
            // 如果任务大于阈值，就分割成两个子任务计算
            int middle = (start + end) / 2;
            CountTask leftTask = new CountTask(start, middle);
            CountTask rightTask = new CountTask(middle + 1, end);
            // 执行子任务
```

```
            leftTask.fork();
            rightTask.fork();
            //等待子任务执行完，并得到计算结果
            int leftResult=leftTask.join();
            int rightResult=rightTask.join();
            //合并子任务
            sum = leftResult  + rightResult;
        }
        return sum;
    }

    public static void main(String[] args) {
        ForkJoinPool forkJoinPool = new ForkJoinPool();
        //生成一个计算任务，负责计算1+2+3+4
        CountTask task = new CountTask(1, 4);
        //执行一个任务
        Future<Integer> result = forkJoinPool.submit(task);
        try {
            System.out.println(result.get());
        } catch (InterruptedException e) {
        } catch (ExecutionException e) {
        }
    }

}
```

通过这个例子，我们进一步了解了 ForkJoinTask。ForkJoinTask 与一般任务的主要区别在于它需要实现 compute 方法。在这个方法里，首先需要判断任务是否足够小。如果足够小就直接执行任务。如果不够小，就必须分割成两个子任务。每个子任务在调用 fork 方法时，又会进入 compute 方法，看看当前子任务是否需要继续分割，如果不需要继续分割，则执行当前子任务并返回结果。使用 join 方法时需要等待子任务执行完并得到其结果。

6.4.5　Fork/Join 框架的异常处理

ForkJoinTask 在执行的时候可能会抛出异常，但是我们没办法在主线程里直接捕获异常，所以 ForkJoinTask 提供了 isCompletedAbnormally() 方法来检查任务是否已经抛出异常或已经被取消了，并且可以通过 ForkJoinTask 的 getException 方法获取异常。代码如下。

```
if(task.isCompletedAbnormally())
{
    System.out.println(task.getException());
}
```

getException 方法返回 Throwable 对象，如果任务被取消了则返回 CancellationException。如果任务没有完成或者没有抛出异常则返回 null。

6.4.6　Fork/Join 框架的实现原理

ForkJoinPool 由 ForkJoinTask 数组和 ForkJoinWorkerThread 数组组成，ForkJoinTask 数组负责存放用户提交给 ForkJoinPool 的任务，而 ForkJoinWorkerThread 数组负责执行这些任务。

（1）ForkJoinTask 的 fork 方法实现原理

当我们调用 ForkJoinTask 的 fork 方法时，程序会调用 ForkJoinWorkerThread 的 pushTask 方法异步地执行这个任务，然后立即返回结果，代码如下。

```
public final ForkJoinTask<V> fork() {
    ((ForkJoinWorkerThread) Thread.currentThread())
        .pushTask(this);
    return this;
}
```

pushTask 方法把当前任务存放在 ForkJoinTask 数组队列里，然后调用 ForkJoinPool 的 signalWork() 方法唤醒或创建一个工作线程来执行任务，代码如下。

```
final void pushTask(ForkJoinTask<?> t) {
    ForkJoinTask<?>[] q; int s, m;
    if ((q = queue) != null) {
        long u = (((s = queueTop) & (m = q.length - 1)) << ASHIFT) + ABASE;
        UNSAFE.putOrderedObject(q, u, t);
        queueTop = s + 1;
        if ((s -= queueBase) <= 2)
            pool.signalWork();
        else if (s == m)
            growQueue();
    }
}
```

（2）ForkJoinTask 的 join 方法实现原理

join 方法的主要作用是阻塞当前线程并等待获取结果。让我们一起看看 ForkJoinTask 的 join 方法的实现，代码如下。

```
public final V join() {
    if (doJoin() != NORMAL)
        return reportResult();
    else
        return getRawResult();
}
private V reportResult() {
    int s; Throwable ex;
    if ((s = status) == CANCELLED)
        throw new CancellationException();
    if (s == EXCEPTIONAL && (ex = getThrowableException()) != null)
        UNSAFE.throwException(ex);
```

```
        return getRawResult();
    }
```

首先，它调用了 doJoin() 方法，通过 doJoin() 方法得到当前任务的状态来判断返回什么结果，任务状态有 4 种：已完成（NORMAL）、被取消（CANCELLED）、信号（SIGNAL）和出现异常（EXCEPTIONAL）。

❑ 如果任务状态是已完成，则直接返回任务结果。

❑ 如果任务状态是被取消，则直接抛出 CancellationException。

❑ 如果任务状态是抛出异常，则直接抛出对应的异常。

我们再来分析一下 doJoin() 方法的实现代码。

```
private int doJoin() {
    Thread t; ForkJoinWorkerThread w; int s; boolean completed;
    if ((t = Thread.currentThread()) instanceof ForkJoinWorkerThread) {
        if ((s = status) < 0)
            return s;
        if ((w = (ForkJoinWorkerThread)t).unpushTask(this)) {
            try {
                completed = exec();
            } catch (Throwable rex) {
                return setExceptionalCompletion(rex);
            }
            if (completed)
                return setCompletion(NORMAL);
        }
        return w.joinTask(this);
    }
    else
        return externalAwaitDone();
}
```

在 doJoin() 方法里，首先通过查看任务的状态，了解任务是否已经执行完成，如果执行完成，则直接返回任务状态；如果没有执行完，则从任务数组里取出任务并执行。如果任务顺利执行完成，则设置任务状态为 NORMAL；如果出现异常，则记录异常，并将任务状态设置为 EXCEPTIONAL。

6.5 本章小结

本章介绍了 Java 提供的各种并发容器和框架，并分析了容器和框架的实现原理，从中我们能够领略到大师级的设计思路。希望读者能够充分理解这种设计思想，并在以后开发并发程序时，运用上这些并发编程的技巧。

Java 中的 13 个原子操作类

当程序更新一个变量时，如果多线程同时更新这个变量，可能得到期望之外的值，比如变量 $i=1$，A 线程更新 $i+1$，B 线程也更新 $i+1$，经过两个线程操作之后可能 i 不等于 3，而是等于 2。因为 A 线程和 B 线程在更新变量 i 的时候拿到的 i 都是 1，这就是线程不安全的更新操作。通常我们会使用 synchronized 来解决这个问题，synchronized 会保证多线程不会同时更新变量 i。

而 Java 从 JDK 5 开始提供了 java.util.concurrent.atomic 包（以下简称 Atomic 包），这个包中的原子操作类提供了一种用法简单、性能高效、线程安全地更新变量的方式。

因为变量的类型有很多种，所以 Atomic 包一共提供了 12 个类，属于 4 种类型的原子更新方式，分别是原子更新基本类型、原子更新数组类型、原子更新引用类型和原子更新字段（属性）类型。Atomic 包里的类基本都是使用 Unsafe 实现的包装类。

7.1 原子更新基本类型

使用原子的方式更新基本类型，Atomic 包提供了以下 3 个类。

❏ AtomicBoolean：原子更新布尔类型。

❏ AtomicInteger：原子更新整型。

❏ AtomicLong：原子更新长整型。

以上 3 个类提供的方法几乎一模一样，所以本节仅以 AtomicInteger 为例进行讲解。AtomicInteger 的常用方法如下。

❑ int addAndGet（int delta）：以原子方式将输入的数值与实例中的值（AtomicInteger 里的 value）相加，并返回结果。

❑ boolean compareAndSet（int expect，int update）：如果输入的数值等于预期值，则以原子方式将该值设置为输入的值。

❑ int getAndIncrement()：以原子方式将当前值加 1，注意，这里返回的是自增前的值。

❑ void lazySet（int newValue）：数值最终会设置成 newValue，使用 lazySet 设置值后，可能导致其他线程在之后的一小段时间内还是可以读到旧的值。关于该方法的更多信息可以参考并发编程网翻译的文章《 AtomicLong.lazySet 是如何工作的？》，文章地址是 http://ifeve.com/how-does-atomiclong-lazyset-work/。

❑ int getAndSet（int newValue）：以原子方式设置为 newValue 的值，并返回旧值。

AtomicInteger 的示例代码如下所示。

```
import java.util.concurrent.atomic.AtomicInteger;

public class AtomicIntegerTest {

    static AtomicInteger ai = new AtomicInteger(1);

    public static void main(String[] args) {
        System.out.println(ai.getAndIncrement());
        System.out.println(ai.get());
    }

}
```

输出结果如下。

```
1
2
```

那么 getAndIncrement 是如何实现原子操作的呢？ getAndIncrement 的源码如下所示。

```
public final int getAndIncrement() {
    for (;;) {
        int current = get();
        int next = current + 1;
        if (compareAndSet(current, next))
            return current;
    }
}

public final boolean compareAndSet(int expect, int update) {
    return unsafe.compareAndSwapInt(this, valueOffset, expect, update);
}
```

源码中 for 循环体的第一步是先取得 AtomicInteger 里存储的数值，第二步是对 AtomicInteger 的当前数值进行加 1 操作，关键的第三步是调用 compareAndSet 方法来进行原子更新操作，该方法先检查当前数值是否等于 current，等于意味着 AtomicInteger 的值没有被其他线程修改过，则将 AtomicInteger 的当前数值更新成 next 的值，如果不等，则 compareAndSet 方法会返回 false，程序会进入 for 循环重新进行 compareAndSet 操作。

Atomic 包提供了 3 种基本类型的原子更新，但是 Java 的基本类型里还有 char、float 和 double 等。那么问题来了，如何原子地更新其他的基本类型呢？ Atomic 包里的类基本都是使用 Unsafe 实现的，我们一起看一下 Unsafe 的源码，如下所示。

```
/**
 * 如果当前数值是 expected，则原子地将 Java 变量更新成 x
 * @return 如果更新成功则返回 true
 */
public final native boolean compareAndSwapObject(Object o,
                                                  long offset,
                                                  Object expected,
                                                  Object x);


public final native boolean compareAndSwapInt(Object o, long offset,
                                               int expected,
                                               int x);


public final native boolean compareAndSwapLong(Object o, long offset,
                                                long expected,
                                                long x);
```

通过代码，我们发现 Unsafe 只提供了 3 种 CAS 方法：compareAndSwapObject、compare-AndSwapInt 和 compareAndSwapLong。再看 AtomicBoolean 源码，我们发现它先把 Boolean 转换成整型，再使用 compareAndSwapInt 进行 CAS，所以原子更新 char、float 和 double 变量也可以用类似的思路来实现。

7.2 原子更新数组类型

通过原子的方式更新数组里的某个元素，Atomic 包提供了以下 3 个类。

❑ AtomicIntegerArray：原子更新整型数组里的元素。

❑ AtomicLongArray：原子更新长整型数组里的元素。

❑ AtomicReferenceArray：原子更新引用类型数组里的元素。

AtomicIntegerArray 类主要是提供原子的方式更新数组里的整型，常用方法如下。

❑ int addAndGet（int i，int delta）：以原子方式将输入值与数组中索引 i 的元素相加。

❑ boolean compareAndSet（int i，int expect，int update）：如果当前值等于预期值，则以原子方式将数组位置 i 的元素设置成 update 值。

以上几个类提供的方法几乎一样，所以本节仅以 AtomicIntegerArray 为例进行讲解，AtomicIntegerArray 的示例代码如下所示。

```java
public class AtomicIntegerArrayTest {

    static int[] value = new int[] { 1, 2 };

    static AtomicIntegerArray ai = new AtomicIntegerArray(value);

    public static void main(String[] args) {
        ai.getAndSet(0, 3);
        System.out.println(ai.get(0));
        System.out.println(value[0]);
    }

}
```

以下是输出的结果。

```
3
1
```

需要注意的是，数组 value 通过构造方法传递进去，然后 AtomicIntegerArray 会将当前数组复制一份，所以当 AtomicIntegerArray 对内部的数组元素进行修改时，不会影响传入的数组。

7.3 原子更新引用类型

原子更新基本类型的 AtomicInteger 只能更新一个变量，如果要原子更新多个变量，就需要使用原子更新引用类型提供的类。Atomic 包提供了以下 3 个类。

❏ AtomicReference：原子更新引用类型。

❏ AtomicReferenceFieldUpdater：原子更新引用类型里的字段。

❏ AtomicMarkableReference：原子更新带有标记位的引用类型。可以原子更新一个布尔类型的标记位和引用类型。构造方法是 AtomicMarkableReference（V initialRef, boolean initialMark）。

以上几个类提供的方法几乎一样，所以本节仅以 AtomicReference 为例进行讲解，AtomicReference 的示例代码如下所示。

```java
public class AtomicReferenceTest {

    public static AtomicReference<User> atomicUserRef = new
        AtomicReference<User>();

    public static void main(String[] args) {
        User user = new User("conan", 15);
```

```
        atomicUserRef.set(user);
        User updateUser = new User("Shinichi", 17);
        atomicUserRef.compareAndSet(user, updateUser);
        System.out.println(atomicUserRef.get().getName());
        System.out.println(atomicUserRef.get().getOld());
    }

    static class User {
        private String name;
        private int old;

        public User(String name, int old) {
            this.name = name;
            this.old = old;
        }

        public String getName() {
            return name;
        }

        public int getOld() {
            return old;
        }
    }
}
```

代码中首先构建一个 user 对象，然后把 user 对象设置到 AtomicReferenc 中，最后调用 compareAndSet 方法进行原子更新操作，实现原理同 AtomicInteger 里的 compareAndSet 方法。代码执行后输出如下结果。

```
Shinichi
17
```

7.4　原子更新字段类型

如果要原子更新某个类里的某个字段，就需要使用原子更新字段类型。Atomic 包提供了以下 3 个类进行原子字段更新。

❑ AtomicIntegerFieldUpdater：原子更新整型字段的更新器。

❑ AtomicLongFieldUpdater：原子更新长整型字段的更新器。

❑ AtomicStampedReference：原子更新带有版本号的引用类型。该类将整数值与引用关联起来，可用于原子更新数据和数据的版本号，以解决使用 CAS 进行原子更新时可能出现的 ABA 问题。

原子更新字段需要两步。第一步，因为原子更新字段类都是抽象类，所以每次使用的时候必须使用静态方法 newUpdater() 创建一个更新器，并且需要设置想要更新的类和属性。

第二步，更新类的字段（属性）必须使用 public volatile 修饰符。

以上 3 个类提供的方法几乎一样，所以本节仅以 AstomicIntegerFieldUpdater 为例进行讲解，AstomicIntegerFieldUpdater 的示例代码如下所示。

```java
public class AtomicIntegerFieldUpdaterTest {
    // 创建原子更新器，并设置需要更新的对象类和对象的属性
    private static AtomicIntegerFieldUpdater<User> a = AtomicIntegerFieldUpdater.
    newUpdater(User.class, "old");

    public static void main(String[] args) {
        // 设置柯南的年龄是 10 岁
        User conan = new User("conan", 10);
        // 柯南长了一岁，但是仍然会输出旧的年龄
        System.out.println(a.getAndIncrement(conan));
        // 输出柯南现在的年龄
        System.out.println(a.get(conan));
    }

    public static class User {
        private String name;
        public volatile int old;

        public User(String name, int old) {
            this.name = name;
            this.old = old;
        }

        public String getName() {
            return name;
        }

        public int getOld() {
            return old;
        }
    }
}
```

代码执行后输出如下结果。

```
10
11
```

7.5　JDK 8 中的原子更新新特性

JDK 8 在 java.util.concurrent.atomic 包中新增了 4 个工具类，分别是 DoubleAdder、LongAdder、DoubleAccumulator 和 LongAccumulator，它们通过一种"分散累加"的技术提升并发更新计数器的效率。这种技术将计数器的值分成多个部分，每个部分单独累加，最后

将它们加起来得到总和。

1. 高效的求和器

如果要在并发场景下，高效地对 Double 和 Long 类型数据求和，JDK 8 的 Atomic 包提供了以下两个类。

❏ DoubleAdder：原子 Double 求和器，底层用的是 Striped64 类的 doubleAccumulate 方法实现。

❏ LongAdder：原子 Long 求和器，底层用的是 Striped64 类的 longAccumulator 方法实现。

DoubleAdder 和 LongAdder 是 JDK 8 新增的原子类，用于高并发下的求和操作。相比 AtomicInteger 和 AtomicLong，它们可以支持更高的并发度。在使用时调用它们的 add 方法添加新元素实现数据的累加操作，然后通过 sum 方法获取当前累加器的值。

2. 高效的计数器

如果要在并发场景下，高效地更新 Long 类型和 Double 类型，JDK 8 的 Atomic 包提供了以下两个类。

❏ DoubleAccumulator：高效且原子更新浮点型数字的累加器。

❏ LongAccumulator：高效且原子更新长整型数字的累加器。

DoubleAccumulator 和 LongAccumulator 与 DoubleAdder 和 LongAdder 类似，都是用于高并发下的加法操作。不同的是，它们支持自定义的二元运算操作。在使用时需要传入一个二元运算操作函数，然后调用 accumulate 方法即可实现数据的累加操作，最后通过 get 方法获取当前累加器的值。

3. 总结

DoubleAdder、LongAdder、DoubleAccumulator 和 LongAccumulator 四个类都是用于实现高并发环境下的累加或求和操作。四个类都继承了 Striped64 类，Striped64 提供了支持累加器的并发组件。

7.6 本章小结

本章介绍了 JDK 中并发包里的 13 个原子操作类以及原子操作类的实现原理，读者需要熟悉这些类和使用场景，在适当的场合下使用它。

Java 中的并发工具类

JDK 的并发包提供了几个非常有用的并发工具类。例如，CountDownLatch、CyclicBarrier 和 Semaphore 工具类提供了并发流程控制的手段，Exchanger 工具类则提供了在线程间交换数据的手段。本章会配合一些应用场景来介绍如何使用这些工具类。

8.1 等待多线程完成的 CountDownLatch

CountDownLatch 允许一个或多个线程等待其他线程完成操作。

假如我们需要解析一个 Excel 里多个表单的数据，此时可以考虑使用多线程，每个线程解析一个表单里的数据，等到所有的表单都解析完之后，由程序提示解析完成。在这个需求中，要实现主线程等待所有线程完成表单的解析操作，最简单的做法是使用 join() 方法，代码如下所示。

```java
public class JoinCountDownLatchTest {

    public static void main(String[] args) throws InterruptedException {
        Thread parser1 = new Thread(new Runnable() {
            @Override
            public void run() {
            }
        });

        Thread parser2 = new Thread(new Runnable() {
            @Override
            public void run() {
```

```
                System.out.println("parser2 finish");
            }
        });

        parser1.start();
        parser2.start();
        parser1.join();
        parser2.join();
        System.out.println("all parser finish");
    }

}
```

join() 方法用于让当前执行线程等待 join 线程执行结束。其实现原理是不停检查 join 线程是否存活，如果 join 线程存活则让当前线程永远等待。其中，wait(0) 表示永远等待下去，代码片段如下。

```
while (isAlive()) {
wait(0);
}
```

只有当 join 线程中止后，线程的 this.notifyAll() 方法才会被调用。调用 notifyAll() 方法是在 JVM 里实现的，所以在 JDK 里看不到，大家可以查看 JVM 源码。

在 JDK 5 之后的并发包中提供的 CountDownLatch 也可以实现 join 的功能，并且比 join 的功能更多，代码如下所示。

```
public class CountDownLatchTest {

    staticCountDownLatch c = new CountDownLatch(2);

    public static void main(String[] args) throws InterruptedException {
        new Thread(new Runnable() {
            @Override
            public void run() {
                System.out.println(1);
                c.countDown();
                System.out.println(2);
                c.countDown();
            }
        }).start();

        c.await();
        System.out.println("3");
    }

}
```

CountDownLatch 的构造函数接收一个 int 类型的参数作为计数器，如果你想等待 N 个点完成，就传入 N。

当我们调用 CountDownLatch 的 countDown 方法时，N 就会减 1，CountDownLatch 的 await 方法会阻塞当前线程，直到 N 变成零。由于 countDown 方法可以用在任何地方，所以这里说的 N 个点，可以是 N 个线程，也可以是 1 个线程里的 N 个执行步骤。用在多个线程时，把这个 CountDownLatch 的引用传递到线程里即可。

如果有某个解析 sheet 的线程处理得比较慢，我们不可能让主线程一直等待，那么可以使用另外一个带指定时间的 await 方法——await（long time，TimeUnit unit），该方法等待特定时间后，将不再阻塞当前线程。join 也有类似的方法。

注 计数器必须大于或等于 0，只是等于 0 时，计数器才是零。调用 await 方法时不会阻塞
意 当前线程。CountDownLatch 不可能重新初始化或者修改 CountDownLatch 对象的内部
计数器的值。一个线程调用 countDown 方法先行发生于另外一个线程调用 await 方法。

8.2 同步屏障 CyclicBarrier

CyclicBarrier 的字面意思是可循环使用（Cyclic）的屏障（Barrier）。它要做的事情是，让一组线程到达一个屏障（也可以叫同步点）时被阻塞，直到最后一个线程到达屏障时，屏障才会开门，所有被屏障拦截的线程才会继续运行。

8.2.1　CyclicBarrier 简介

CyclicBarrier 默认的构造方法是 CyclicBarrier(int parties)，其参数表示屏障拦截的线程数量，每个线程通过调用 await 方法来告诉 CyclicBarrier 已经到达了屏障，然后当前线程被阻塞。示例代码如下所示。

```java
public class CyclicBarrierTest {

staticCyclicBarrier c = new CyclicBarrier(2);

public static void main(String[] args) {
    new Thread(new Runnable() {

        @Override
        public void run() {
            try {
                c.await();
            } catch (Exception e) {
            }
            System.out.println(1);
        }
    }).start();

    try {
```

```
            c.await();
        } catch (Exception e) {
        }
        System.out.println(2);
    }
}
```

因为主线程和子线程的调度是由 CPU 决定的，两个线程都有可能先执行，所以会产生两种输出，第一种可能输出如下。

```
1
2
```

第二种可能输出如下。

```
2
1
```

如果把 new CyclicBarrier(2) 修改成 new CyclicBarrier(3)，则主线程和子线程会永远等待，因为没有第三个线程执行 await 方法，即没有第三个线程到达屏障，所以之前到达屏障的两个线程都不会继续执行。

CyclicBarrier 还提供一个更高级的构造函数 CyclicBarrier(int parties，Runnable barrier-Action)，用于在线程到达屏障时，优先执行 barrierAction，以便处理更复杂的业务场景，代码如下所示。

```java
import java.util.concurrent.CyclicBarrier;

public class CyclicBarrierTest2 {

    static CyclicBarrier c = new CyclicBarrier(2, new A());

    public static void main(String[] args) {
        new Thread(new Runnable() {

            @Override
            public void run() {
                try {
                    c.await();
                } catch (Exception e) {

                }
                System.out.println(1);
            }
        }).start();

        try {
            c.await();
        } catch (Exception e) {

        }
```

```
        System.out.println(2);
    }

    static class A implements Runnable {

        @Override
        public void run() {
            System.out.println(3);
        }

    }

}
```

因为 CyclicBarrier 设置了拦截线程的数量是 2，所以必须等代码中的第一个线程和线程 A 都执行完之后，才会继续执行主线程，然后输出 2。代码执行后的输出如下。

```
3
1
2
```

8.2.2 CyclicBarrier 的应用场景

CyclicBarrier 可以用于多线程计算数据，最后合并计算结果的场景。例如，用一个 Excel 保存用户所有银行流水，每个表单保存一个账户近一年的每笔银行流水，现在需要统计用户的日均银行流水。先用多线程处理每个表单里的银行流水，都执行完之后，得到每个表单的日均银行流水，再用 barrierAction 调用这些线程的计算结果，计算出整个 Excel 的日均银行流水，代码如下所示。

```java
import java.util.Map.Entry;
import java.util.concurrent.BrokenBarrierException;
import java.util.concurrent.ConcurrentHashMap;
import java.util.concurrent.CyclicBarrier;
import java.util.concurrent.Executor;
import java.util.concurrent.Executors;

/**
 * 银行流水处理服务类
 *
 * @authorftf
 *
 */
public class BankWaterService implements Runnable {

    /**
     * 创建 4 个屏障，处理完之后执行当前类的 run 方法
     */
    private CyclicBarrier c = new CyclicBarrier(4, this);
```

```
/**
 * 假设只有 4 个表单，所以只启动 4 个线程
 */
private Executor executor = Executors.newFixedThreadPool(4);

/**
 * 保存每个表单计算出的银流结果
 */
private ConcurrentHashMap<String, Integer>sheetBankWaterCount = new
ConcurrentHashMap<String, Integer>();

private void count() {

    for (inti = 0; i< 4; i++) {

        executor.execute(new Runnable() {

            @Override
            public void run() {
                // 计算当前表单的银流数据，计算代码省略
                sheetBankWaterCount.put(Thread.currentThread().getName(), 1);
                // 银行流水计算完成，插入一个屏障
                try {
                        c.await();
                } catch (InterruptedException |
                    BrokenBarrierException e) {
                        e.printStackTrace();
                }

            }

        });
    }
}

@Override
public void run() {
    intresult = 0;
    // 汇总每个表单计算出的结果
    for (Entry<String, Integer>sheet : sheetBankWaterCount.entrySet()) {
        result += sheet.getValue();

    }
    // 将结果输出
    sheetBankWaterCount.put("result", result);
    System.out.println(result);
}


public static void main(String[] args) {
    BankWaterService bankWaterCount = new BankWaterService();
```

```
        bankWaterCount.count();
    }
}
```

使用线程池创建 4 个线程，分别计算每个表单里的数据，每个表单的计算结果是 1，再由 BankWaterService 线程汇总 4 个表单计算出的结果，输出结果如下。

```
4
```

8.2.3　CyclicBarrier 和 CountDownLatch 的区别

CountDownLatch 的计数器只能使用一次，而 CyclicBarrier 的计数器可以使用 reset() 方法重置。所以 CyclicBarrier 能处理更为复杂的业务场景。例如，如果计算发生错误，可以重置计数器，并让线程重新执行一次。

CyclicBarrier 还提供了其他有用的方法。比如 getNumberWaiting 方法可以用于获得 CyclicBarrier 阻塞的线程数量，isBroken() 方法可以用于了解阻塞的线程是否被中断。代码如下所示。

```java
importjava.util.concurrent.BrokenBarrierException;
importjava.util.concurrent.CyclicBarrier;

public class CyclicBarrierTest3 {

    staticCyclicBarrier c = new CyclicBarrier(2);

    public static void main(String[] args) throws InterruptedException,
    BrokenBarrierException {
        Thread thread = new Thread(new Runnable() {

            @Override
            public void run() {
                try {
                    c.await();
                } catch (Exception e) {
                }
            }
        });
        thread.start();
        thread.interrupt();
        try {
            c.await();
        } catch (Exception e) {
        System.out.println(c.isBroken());
        }
    }
}
```

输出如下所示。

```
true
```

8.3　控制并发线程数的 Semaphore

Semaphore（信号量）用来控制同时访问特定资源的线程数量，它通过协调各个线程，保证合理的使用公共资源。

多年以来，我都觉得从字面上很难理解 Semaphore 所表达的含义，只能把它比作控制流量的红绿灯。比如 ×× 马路要限制流量，只允许同时有一百辆车在这条路上行使，其他车辆都必须在路口等待，所以前一百辆车会看到绿灯，可以开进这条马路，后面的车会看到红灯，不能驶入 ×× 马路，但是如果前一百辆中有 5 辆车已经离开了 ×× 马路，那么后面就会允许 5 辆车驶入马路。这个例子中的车就是线程，驶入马路表示线程在执行，离开马路表示线程执行完成，看见红灯表示线程被阻塞，不能执行。

1. 应用场景

Semaphore 可以用于流量控制，特别适合用于公用资源有限的应用场景，比如数据库连接。假如我们要读取几万个文件的数据，因为都是 IO 密集型任务，可以启动几十个线程并发地读取，但是如果读到内存后还需要存储到数据库中，而数据库的连接数只有 10 个，这时我们就必须控制只有 10 个线程同时获取数据库连接来保存数据，否则程序会报错，无法获取数据库连接。这个时候，可以使用 Semaphore 来做流量控制，如下所示。

```java
public class SemaphoreTest {

    private static final int THREAD_COUNT = 30;

    private static ExecutorServicethreadPool = Executors
        .newFixedThreadPool(THREAD_COUNT);

    private static Semaphore s = new Semaphore(10);

    public static void main(String[] args) {
        for (inti = 0; i< THREAD_COUNT; i++) {
            threadPool.execute(new Runnable() {
                @Override
                public void run() {
                    try {
                        s.acquire();
                        System.out.println("save data");
                        s.release();
                    } catch (InterruptedException e) {
                    }
                }
            });
        }

        threadPool.shutdown();
    }
}
```

在代码中，虽然有 30 个线程在执行，但是只允许 10 个并发执行。Semaphore 的构造方法 Semaphore(int permits) 接收一个整型的数字，表示可用的许可证数量。Semaphore(10) 表示允许 10 个线程获取许可证，也就是最大并发数是 10。Semaphore 的用法也很简单，首先线程使用 Semaphore 的 acquire() 方法获取一个许可证，使用完之后调用 release() 方法归还许可证。还可以用 tryAcquire() 方法尝试获取许可证。

2. 其他方法

Semaphore 还提供了一些其他方法，具体如下。

❑ intavailablePermits()：返回此信号量中当前可用的许可证数。

❑ intgetQueueLength()：返回正在等待获取许可证的线程数。

❑ booleanhasQueuedThreads()：是否有线程正在等待获取许可证。

❑ void reducePermits（int reduction）：减少 reduction 个许可证，是个 protected 方法。

❑ Collection getQueuedThreads()：返回所有等待获取许可证的线程集合，是个 protected 方法。

8.4 线程间交换数据的 Exchanger

Exchanger（交换者）是一个用于线程间协作的工具类，用于线程间的数据交换。它提供一个同步点，在这个同步点，两个线程可以交换彼此的数据。这两个线程通过 exchange() 方法交换数据，如果第一个线程先执行 exchange() 方法，它会一直等待第二个线程也执行 exchange() 方法，当两个线程都到达同步点时，这两个线程就可以交换数据，将本线程生产出来的数据传递给对方。

下面来看一下 Exchanger 的应用场景。

Exchanger 可以用于遗传算法。遗传算法里需要选出两个人作为交换对象，交换两人的数据，并使用交叉规则得出 2 个交换结果。**Exchanger 也可以用于校对工作**。比如我们需要将纸制银行流水通过人工的方式转成电子银行流水，为了避免错误，采用 AB 岗两人进行录入，录入 Excel 之后，系统需要加载这两个 Excel，并对两个 Excel 数据进行校对，看看是否录入一致，代码如下所示。

```
public class ExchangerTest {

    private static final Exchanger<String>exgr = new Exchanger<String>();

    private static ExecutorServicethreadPool = Executors.newFixedThreadPool(2);

    public static void main(String[] args) {

        threadPool.execute(new Runnable() {
            @Override
```

```
    public void run() {
        try {
            String A = " 银行流水 A";              // A 录入银行流水数据
            exgr.exchange(A);
        } catch (InterruptedException e) {
        }
    }
});

threadPool.execute(new Runnable() {
    @Override
    public void run() {
        try {
            String B = " 银行流水 B";              // B 录入银行流水数据
            String A = exgr.exchange("B");
            System.out.println("A 和 B 数据是否一致: " + A.equals(B) + ",
            A 录入的是: "+ A + ", B 录入是: " + B);
        } catch (InterruptedException e) {
        }
    }
});

threadPool.shutdown();

    }
}
```

　　如果两个线程有一个没有执行 exchange() 方法，则会一直等待，如果担心有特殊情况发生，避免一直等待，可以使用 exchange(V x, longtimeout, TimeUnit unit) 设置最大等待时长。

8.5　本章小结

　　本章配合一些应用场景介绍了 JDK 中提供的几个并发工具类，大家记住这个工具类的用途，一旦有对应的业务场景，不妨试试这些工具类。

Chapter 9 第 9 章

Java 中的线程池

Java 中的线程池是运用场景最多的并发框架，几乎所有需要异步或并发执行任务的程序都会使用线程池。在开发过程中，合理地使用线程池能够带来 3 个好处。

第一：**降低资源消耗**。通过重复利用已创建的线程降低线程创建和销毁造成的消耗。

第二：**提高响应速度**。当任务到达时，任务可以不需要等到线程创建就能立即执行。

第三：**提高线程的可管理性**。线程是稀缺资源，如果无限制地创建，不仅会消耗系统资源，还会降低系统的稳定性。使用线程池可以进行统一分配、调优和监控。但是，要做到合理利用线程池，必须对其实现原理了如指掌。

9.1 线程池的实现原理

当向线程池提交一个任务之后，线程池是如何处理这个任务的呢？本节来看一下线程池的主要处理流程，如图 9-1 所示。

从图 9-1 中可以看出，当提交一个新任务到线程池时，线程池的处理流程如下。

1）线程池判断核心线程池里的线程是否都在执行任务。如果不是，则创建一个新的工作线程来执行任务。如果核心线程池里的线程都在执行任务，则进入下一个流程。

2）线程池判断工作队列是否已满。如果工作队列没有满，则将新提交的任务存储在这个工作队列里。如果工作队列满了，则进入下一个流程。

3）线程池判断线程池的线程是否都处于工作状态。如果没有，则创建一个新的工作线程来执行任务。如果已经满了，则交给饱和策略来处理这个任务。

ThreadPoolExecutor 执行 execute() 方法的示意图，如图 9-2 所示。

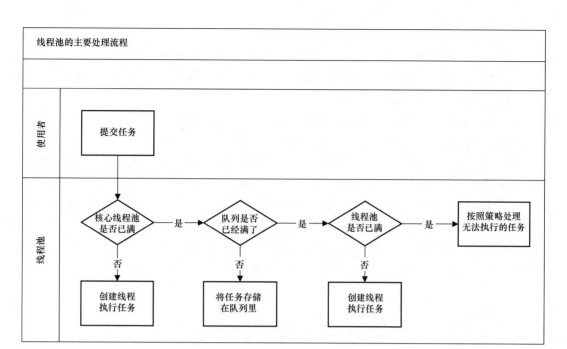

图 9-1　线程池的主要处理流程

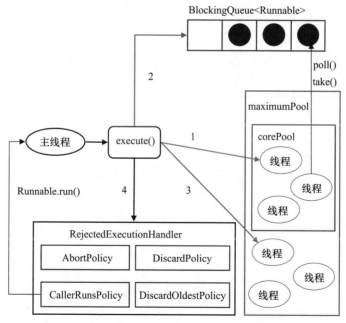

图 9-2　ThreadPoolExecutor 执行示意图

ThreadPoolExecutor 执行 execute() 方法时分为 4 种情况。

1）如果当前运行的线程少于 corePoolSize，则创建新线程来执行任务（注意，执行这一步骤需要获取全局锁）。

2）如果运行的线程等于或多于 corePoolSize，则将任务加入 BlockingQueue。

3）如果无法将任务加入 BlockingQueue（队列已满），则创建新的线程来处理任务（注意，执行这一步骤需要获取全局锁）。

4）如果创建新线程将使当前运行的线程超出 maximumPoolSize，则任务将被拒绝，并调用 RejectedExecutionHandler.rejectedExecution() 方法。

ThreadPoolExecutor 采取上述步骤的总体设计思路，是为了在执行 execute() 方法时，尽可能地避免获取全局锁（那将会是一个严重的可伸缩瓶颈）。在 ThreadPoolExecutor 完成预热之后（当前运行的线程数大于或等于 corePoolSize），几乎所有的 execute() 方法调用都是执行步骤 2，而步骤 2 不需要获取全局锁。

源码分析：上面的流程分析让我们很直观地了解了线程池的工作原理，下面我们通过源代码来看看是如何实现的，线程池执行任务的方法如下。

```java
public void execute(Runnable command) {
    if (command == null)
        throw new NullPointerException();
    // 如果线程数小于基本线程数，则创建线程并执行当前任务
    if (poolSize >= corePoolSize || !addIfUnderCorePoolSize(command)) {
        // 如果线程数大于或等于基本线程数或线程创建失败，则将当前任务放到工作队列中
        if (runState == RUNNING && workQueue.offer(command)) {
            if (runState != RUNNING || poolSize == 0)
                ensureQueuedTaskHandled(command);
        }
        // 如果线程池不处于运行中或任务无法放入队列，并且当前线程数量小于最大允许的线程数量
        // 则创建一个线程执行任务
        else if (!addIfUnderMaximumPoolSize(command))
            // 抛出 RejectedExecutionException 异常
            reject(command); // is shutdown or saturated
    }
}
```

工作线程：线程池创建线程时，会将线程封装成工作线程 Worker，Worker 在执行完任务后，还会循环获取工作队列里的任务来执行。我们可以从 Worker 类的 run() 方法里看到这点。

```java
public void run() {
    try {
        Runnable task = firstTask;
        firstTask = null;
        while (task != null || (task = getTask()) != null) {
            runTask(task);
            task = null;
        }
    } finally {
        workerDone(this);
    }
}
```

ThreadPoolExecutor 中线程执行任务的示意图如图 9-3 所示。

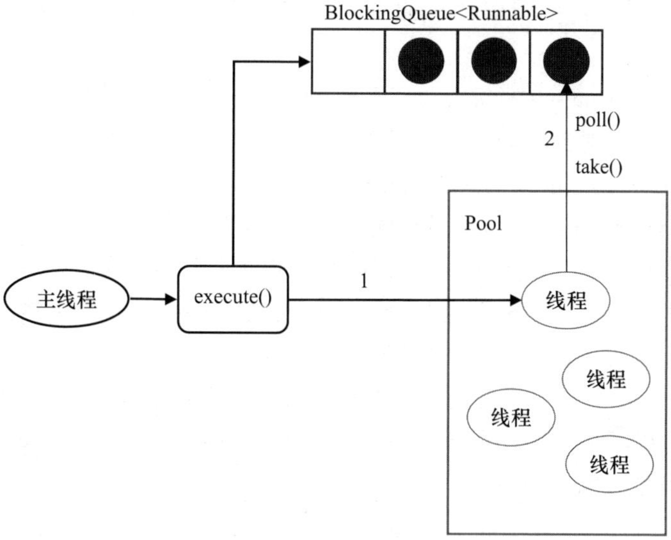

图 9-3 ThreadPoolExecutor 执行任务示意图

线程池中的线程执行任务时分两种情况，如下。

1）在 execute() 方法中创建一个线程，该线程会执行当前任务。

2）这个线程执行完图 9-3 中 1 的任务后，会反复从 BlockingQueue 获取任务来执行。

9.2 线程池的使用

9.2.1 线程池的创建

我们可以通过 ThreadPoolExecutor 来创建一个线程池。

```
new ThreadPoolExecutor(corePoolSize, maximumPoolSize, keepAliveTime,
milliseconds,runnableTaskQueue, handler);
```

创建一个线程池时需要输入几个参数，如下。

1）corePoolSize（线程池的基本大小）：当提交一个任务到线程池时，线程池会创建一个线程来执行任务，即使其他空闲的基本线程能够执行新任务，等到需要执行的任务数大于线程池基本大小时就不再创建。如果调用了线程池的 prestartAllCoreThreads() 方法，线程池会提前创建并启动所有基本线程。

2）runnableTaskQueue（任务队列）：用于保存等待执行的任务的阻塞队列。可以选择以下几个阻塞队列。

❑ ArrayBlockingQueue：一个基于数组结构的有界阻塞队列，此队列按 FIFO（先进先出）原则对元素进行排序。

- ❑ LinkedBlockingQueue：一个基于链表结构的阻塞队列，此队列按 FIFO 对元素进行排序，吞吐量通常要高于 ArrayBlockingQueue。静态工厂方法 Executors.newFixedThreadPool() 使用了这个队列。
- ❑ SynchronousQueue：一个不存储元素的阻塞队列。每个插入操作必须等到另一个线程调用移除操作，否则插入操作一直处于阻塞状态，吞吐量通常要高于 LinkedBlockingQueue，静态工厂方法 Executors.newCachedThreadPool 使用了这个队列。
- ❑ PriorityBlockingQueue：一个具有优先级的无限阻塞队列。

3）maximumPoolSize（线程池最大数量）：线程池允许创建的最大线程数。如果队列满了，并且已创建的线程数小于最大线程数，则线程池会创建新的线程来执行任务。值得注意的是，如果使用了无界的任务队列，那么这个参数就没什么效果了。

4）ThreadFactory：用于设置创建线程的工厂，可以通过线程工厂给每个创建出来的线程设置更有意义的名字。使用开源框架 guava 提供的 ThreadFactoryBuilder 可以快速给线程池里的线程设置有意义的名字，代码如下。

```
new ThreadFactoryBuilder().setNameFormat("XX-task-%d").build();
```

5）RejectedExecutionHandler（饱和策略）：当队列和线程池都满了，说明线程池处于饱和状态，那么必须采取一种策略处理提交的新任务。这个策略默认情况下是 AbortPolicy，表示无法处理新任务时抛出异常。在 JDK 5 中 Java 线程池框架提供了以下 4 种策略。

- ❑ AbortPolicy：直接抛出异常。
- ❑ CallerRunsPolicy：只用调用者所在线程来运行任务。
- ❑ DiscardOldestPolicy：丢弃队列里最近的一个任务，并执行当前任务。
- ❑ DiscardPolicy：不处理，丢弃掉。

当然，也可以根据应用场景需要来实现 RejectedExecutionHandler 接口自定义策略。如记录日志或持久化存储不能处理的任务。

- ❑ keepAliveTime（线程活动保持时间）：线程池的工作线程空闲后，保持存活的时间。所以，如果任务很多，并且每个任务执行的时间比较短，可以调大时间，提高线程的利用率。
- ❑ TimeUnit（线程活动保持时间的单位）：可选的单位有天（DAYS）、小时（HOURS）、分钟（MINUTES）、毫秒（MILLISECONDS）、微秒（MICROSECONDS，千分之一毫秒）和纳秒（NANOSECONDS，千分之一微秒）。

9.2.2 向线程池提交任务

可以使用两个方法向线程池提交任务，分别为 execute() 和 submit() 方法。

execute() 方法用于提交不需要返回值的任务，所以无法判断任务是否被线程池执行成功。通过以下代码可知 execute() 方法输入的任务是一个 Runnable 类的实例。

```
threadsPool.execute(new Runnable() {
    @Override
    public void run() {
        // TODO Auto-generated method stub
    }
});
```

submit() 方法用于提交需要返回值的任务。线程池会返回一个 future 类型的对象，通过这个 future 对象可以判断任务是否执行成功，并且可以通过 future 的 get() 方法来获取返回值。get() 方法会阻塞当前线程直到任务完成，而使用 get（long timeout，TimeUnit unit）方法则会阻塞当前线程一段时间后立即返回，这时有可能任务还没有执行完。

```
Future<Object> future = executor.submit(harReturnValuetask);
    try {
        Object s = future.get();
    } catch (InterruptedException e) {
        // 处理中断异常
    } catch (ExecutionException e) {
        // 处理无法执行任务异常
    } finally {
        // 关闭线程池
        executor.shutdown();
    }
```

9.2.3　关闭线程池

可以通过调用线程池的 shutdown 或 shutdownNow 方法来关闭线程池。它们的原理是遍历线程池中的工作线程，然后逐个调用线程的 interrupt 方法来中断线程，所以无法响应中断的任务可能永远无法终止。但是它们存在一定的区别，shutdownNow 首先将线程池的状态设置成 STOP，然后尝试停止所有的正在执行或暂停任务的线程，并返回等待执行任务的列表，而 shutdown 只是将线程池的状态设置成 SHUTDOWN 状态，然后中断所有没有正在执行任务的线程。

只要调用了这两个关闭方法中的任意一个，isShutdown 方法就会返回 true。当所有的任务都已关闭后，才表示线程池关闭成功，这时调用 isTerminated 方法会返回 true。至于调用哪一种方法来关闭线程池，应该由提交到线程池的任务特性决定，通常调用 shutdown 方法来关闭线程池。如果任务不一定要执行完，则可以调用 shutdownNow 方法。

9.2.4　合理地配置线程池

要想合理地配置线程池，就必须首先分析任务特性，可以从以下几个角度来分析。
❑ 任务的性质：CPU 密集型任务、IO 密集型任务和混合型任务。
❑ 任务的优先级：高、中和低。
❑ 任务的执行时间：长、中和短。

❑ 任务的依赖性：是否依赖其他系统资源，如数据库连接。

性质不同的任务可以用不同规模的线程池分开处理。CPU 密集型任务应配置尽可能小的线程，如配置 $N_{cpu}+1$ 个线程的线程池。由于 IO 密集型任务线程并不是一直在执行任务，则应配置尽可能多的线程，如 $2 \times N_{cpu}$。混合型的任务，如果可以拆分，则将其拆分成一个 CPU 密集型任务和一个 IO 密集型任务，只要这两个任务执行的时间相差不是太大，那么分解后执行的吞吐量将高于串行执行的吞吐量。如果这两个任务执行时间相差太大，则没必要进行分解。可以通过 Runtime.getRuntime().availableProcessors() 方法获得当前设备的 CPU 个数。

优先级不同的任务可以使用优先级队列 PriorityBlockingQueue 来处理。它可以让优先级高的任务先执行。

🔔 注意　如果一直有优先级高的任务提交到队列里，那么优先级低的任务可能永远不能执行。

执行时间不同的任务可以交给不同规模的线程池来处理，或者可以使用优先级队列，让执行时间短的任务先执行。

对于依赖数据库连接池的任务，因为线程提交 SQL 后需要等待数据库返回结果，等待的时间越长，CPU 空闲时间就越长，所以线程数应该设置得大一些，这样才能更好地利用 CPU。

建议使用有界队列。有界队列能增加系统的稳定性和预警能力，可以根据需要设大一点儿，比如几千。有一次我们系统里后台任务线程池的队列和线程池全满了，不断抛出抛弃任务的异常，通过排查发现是数据库出现了问题，后台任务线程池里的任务都需要向数据库查询和插入数据，线程池里的工作线程全部阻塞，任务积压在线程池里，导致执行 SQL 变得非常缓慢。如果当时我们设置成无界队列，那么线程池的队列就会越来越多，有可能会撑满内存，导致整个系统不可用，而不只是后台任务出现问题。当然，我们的系统的所有任务是用单独的服务器部署的，我们使用了不同规模的线程池来完成不同类型的任务，但是出现这样问题时也会影响到其他任务。

9.2.5　线程池的监控

如果在系统中大量使用线程池，则有必要对线程池进行监控，以便在出现问题时，根据线程池的使用状况快速定位问题。可以通过线程池提供的参数进行监控，在监控线程池的时候可以使用以下属性。

❑ taskCount：线程池需要执行的任务数量。

❑ completedTaskCount：线程池在运行过程中已完成的任务数量，小于或等于 taskCount。

❑ largestPoolSize：线程池里曾经创建过的最大线程数量。通过这个数据可以知道线程池是否曾经满过。如果该数值等于线程池的最大大小，则表示线程池曾经满过。

❑ getPoolSize：线程池的线程数量。如果线程池不销毁的话，线程池里的线程不会自
　动销毁，所以这个大小只增不减。

❑ getActiveCount：获取活动的线程数。

通过扩展线程池进行监控。可以通过继承线程池来自定义线程池，重写线程池的
beforeExecute、afterExecute 和 terminated 方法，也可以在任务执行前、执行后和线程池关
闭前执行一些代码来进行监控。例如，监控任务的平均执行时间、最大执行时间和最小执行
时间等。这几个方法在线程池里是空方法。

```
protected void beforeExecute(Thread t, Runnable r) { }
```

9.3　本章小结

在工作中我经常发现，很多人因为不了解线程池的实现原理，把线程池配置错误，从
而导致了各种问题。本章介绍了为什么要使用线程池、如何使用线程池和线程池的使用原
理，相信阅读完本章之后，读者能更准确、有效地使用线程池。

Executor 框架

在 Java 中,使用线程来异步执行任务。Java 线程的创建与销毁需要一定的开销,如果我们为每一个任务创建一个新线程来执行,这些线程的创建与销毁将消耗大量的计算资源。同时,这种为每一个任务创建一个新线程来执行的策略可能会使处于高负荷状态的应用最终崩溃。

Java 的线程既是工作单元,也是执行机制。从 JDK 5 开始,工作单元与执行机制被分离开来。工作单元包括 Runnable 和 Callable,而执行机制由 Executor 框架提供。

10.1 Executor 框架简介

10.1.1 Executor 框架的两级调度模型

在 HotSpot VM 的线程模型中,Java 线程(java.lang.Thread)被一对一映射为本地操作系统线程。Java 线程启动时会创建一个本地操作系统线程;当该 Java 线程终止时,这个操作系统线程也会被回收。操作系统会调度所有线程并将它们分配给可用的 CPU。

在上层,Java 多线程程序通常把应用分解为若干个任务,然后使用用户级的调度器(Executor 框架)将这些任务映射为固定数量的线程;在底层,操作系统内核将这些线程映射到硬件处理器上。这种两级调度模型的示意图如图 10-1 所示。

从图中可以看出,应用程序通过 Executor 框架控制上层的调度;而下层的调度由操作系统内核(OS kernel)控制,下层的调度不受应用程序的控制。

10.1.2 Executor 框架的结构与成员

本节将分两部分来介绍 Executor:Executor 框架的结构和 Executor 框架的成员。

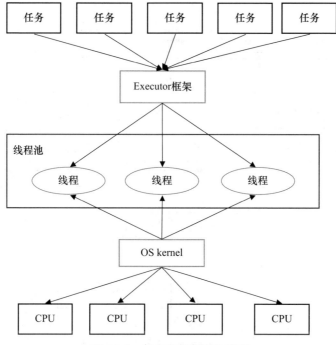

图 10-1　任务的两级调度模型

1. Executor 框架的结构

Executor 框架主要由三部分组成。

❑ 任务。包括被执行任务需要实现的接口：Runnable 接口或 Callable 接口。

❑ 任务的执行。包括任务执行机制的核心接口 Executor，以及继承自 Executor 的 ExecutorService 接口。Executor 框架有两个关键类实现了 ExecutorService 接口 （ThreadPoolExecutor 和 ScheduledThreadPoolExecutor）。

❑ 异步计算的结果。包括接口 Future 和实现 Future 接口的 FutureTask 类。

Executor 框架包含的主要的类与接口如图 10-2 所示。下面是这些类和接口的简介。

❑ Executor 是一个接口，它是 Executor 框架的基础，它将任务的提交与任务的执行分离开来。

❑ ThreadPoolExecutor 是线程池的核心实现类，用来执行被提交的任务。

❑ ScheduledThreadPoolExecutor 是一个实现类，可以在给定的延迟后运行命令，或者定期执行命令。ScheduledThreadPoolExecutor 比 Timer 更灵活，功能更强大。

❑ Future 接口和实现 Future 接口的 FutureTask 类，代表异步计算的结果。

❑ Runnable 接口和 Callable 接口的实现类，都可以被 ThreadPoolExecutor 或 Scheduled-ThreadPoolExecutor 执行。

Executor 框架的使用示意图如图 10-3 所示。

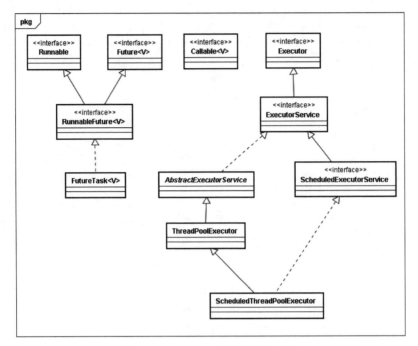

图 10-2   Executor 框架的类与接口

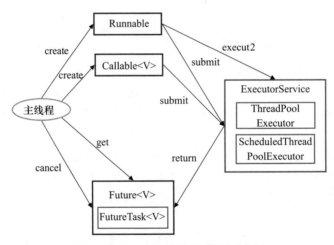

图 10-3   Executor 框架的使用示意图

主线程首先要创建实现 Runnable 或者 Callable 接口的任务对象。工具类 Executors 可以把一个 Runnable 对象封装为一个 Callable 对象（Executors.callable（Runnable task）或 Executors.callable（Runnable task，Object result））。

然后可以把 Runnable 对象直接交给 ExecutorService 执行（ExecutorService.execute（Runnable command））；也可以把 Runnable 对象或 Callable 对象提交给 ExecutorService 执行（Executor-

Service.submit（Runnable task）或 ExecutorService.submit（Callable<T> task））。

如果执行 ExecutorService.submit(...)，ExecutorService 将返回一个实现 Future 接口的对象（截至目前 JDK 版本，返回的是 FutureTask 对象）。由于 FutureTask 实现了 Runnable，因此程序员也可以创建 FutureTask，然后直接交给 ExecutorService 执行。

最后，主线程可以执行 FutureTask.get() 方法来等待任务执行完成。主线程也可以执行 FutureTask.cancel（boolean mayInterruptIfRunning）来取消此任务的执行。

2. Executor 框架的成员

本节将介绍 Executor 框架的主要成员：ThreadPoolExecutor、ScheduledThreadPoolExecutor、Future 接口、Runnable 接口、Callable 接口和 Executors。

（1）ThreadPoolExecutor

ThreadPoolExecutor 通常使用工厂类 Executors 来创建。Executors 可以创建 3 种类型的 ThreadPoolExecutor：FixedThreadPool、SingleThreadExecutor 和 CachedThreadPool。

下面分别介绍这 3 种 ThreadPoolExecutor。

1）FixedThreadPool。下面是 Executors 提供的，创建使用固定线程数的 FixedThreadPool 的 API。

```
public static ExecutorService newFixedThreadPool(int nThreads)
public static ExecutorService newFixedThreadPool(int nThreads, ThreadFactory
threadFactory)
```

FixedThreadPool 适用于为了满足资源管理的需求，而需要限制当前线程数量的应用场景，它适用于负载比较重的服务器。

2）SingleThreadExecutor。下面是 Executors 提供的，创建使用单个线程的 SingleThread-Executor 的 API。

```
public static ExecutorService newSingleThreadExecutor()
public static ExecutorService newSingleThreadExecutor(ThreadFactory threadFactory)
```

SingleThreadExecutor 适用于需要保证顺序地执行各个任务，并且在任意时间点，最多只有一个线程在运行的应用场景。

3）CachedThreadPool。下面是 Executors 提供的，创建一个会根据需要创建新线程的 CachedThreadPool 的 API。

```
public static ExecutorService newCachedThreadPool()
public static ExecutorService newCachedThreadPool(ThreadFactory threadFactory)
```

CachedThreadPool 是大小无界的线程池，适用于执行很多短期异步任务的小程序，或者负载较轻的服务器。

（2）ScheduledThreadPoolExecutor

ScheduledThreadPoolExecutor 通常使用工厂类 Executors 来创建。Executors 可以创建 2

种类型的 ScheduledThreadPoolExecutor，如下。

❑ ScheduledThreadPoolExecutor。包含若干个线程的 ScheduledThreadPoolExecutor。

❑ SingleThreadScheduledExecutor。只包含一个线程的 ScheduledThreadPoolExecutor。

下面是 Executors 提供的，创建固定个数线程的 ScheduledThreadPoolExecutor 的 API。

```
public static ScheduledExecutorService newScheduledThreadPool(int corePoolSize)
public static ScheduledExecutorService newScheduledThreadPool(int corePoolSize,
ThreadFactory threadFactory)
```

ScheduledThreadPoolExecutor 适用于需要多个后台线程执行周期任务，同时为了满足资源管理的需求而需要限制后台线程的数量的应用场景。下面是 Executors 提供的，创建单个线程的 SingleThreadScheduledExecutor 的 API。

```
public static ScheduledExecutorService newSingleThreadScheduledExecutor()
public static ScheduledExecutorService newSingleThreadScheduledExecutor
(ThreadFactory threadFactory)
```

SingleThreadScheduledExecutor 适用于需要单个后台线程执行周期任务，同时需要保证顺序地执行各个任务的应用场景。

（3）Future 接口

Future 接口和实现 Future 接口的 FutureTask 类用来表示异步计算的结果。当我们把 Runnable 接口或 Callable 接口的实现类提交给 ThreadPoolExecutor 或 ScheduledThreadPoolExecutor 时，ThreadPoolExecutor 或 ScheduledThreadPoolExecutor 会向我们返回一个 FutureTask 对象。下面是对应的 API。

```
<T> Future<T> submit(Callable<T> task)
<T> Future<T> submit(Runnable task, T result)
Future<?> submit(Runnable task)
```

有一点需要注意，截至 JDK 8，Java 通过上述 API 返回的是一个 FutureTask 对象。但从 API 可以看到，Java 仅仅保证返回的是一个实现了 Future 接口的对象。在将来的 JDK 实现中，返回的可能不一定是 FutureTask。

（4）Runnable 接口和 Callable 接口

Runnable 接口和 Callable 接口的实现类，都可以被 ThreadPoolExecutor 或 Scheduled-ThreadPoolExecutor 执行。它们的区别是 Runnable 不会返回结果，而 Callable 可以返回结果。

除了可以自己创建实现 Callable 接口的对象外，还可以使用工厂类 Executors 来把一个 Runnable 包装成一个 Callable。

下面是 Executors 提供的，把一个 Runnable 包装成一个 Callable 的 API。

```
public static Callable<Object> callable(Runnable task)   // 假设返回对象 Callable1
```

下面是 Executors 提供的，把一个 Runnable 和一个待返回的结果包装成一个 Callable 的 API。

```
public static <T> Callable<T> callable(Runnable task, T result)    //假设返回对象 Callable2
```

前面讲过，当我们把一个 Callable 对象（比如上面的 Callable1 或 Callable2）提交给 ThreadPoolExecutor 或 ScheduledThreadPoolExecutor 执行时，submit(...) 会向我们返回一个 FutureTask 对象。我们可以执行 FutureTask.get() 方法来等待任务执行完成。当任务成功完成后 FutureTask.get() 将返回该任务的结果。如果提交的是对象 Callable1，FutureTask.get() 方法将返回 null；如果提交的是对象 Callable2，FutureTask.get() 方法将返回 result 对象。

10.2　ThreadPoolExecutor 详解

Executor 框架最核心的类是 ThreadPoolExecutor，它是线程池的实现类，主要由下列 4 个组件构成。

❑ corePool：核心线程池的大小。

❑ maximumPool：最大线程池的大小。

❑ BlockingQueue：用来暂时保存任务的工作队列。

❑ RejectedExecutionHandler：当 ThreadPoolExecutor 已经关闭或 ThreadPoolExecutor 已经饱和时（达到了最大线程池大小且工作队列已满），execute() 方法将要调用的 Handler。

前文提到，通过 Executor 框架的工具类 Executors，可以创建 3 种类型的 ThreadPoolExecutor。下面将分别详细介绍这 3 种 ThreadPoolExecutor。

10.2.1　FixedThreadPool 详解

FixedThreadPool 被称为可重用固定线程数的线程池。下面是 FixedThreadPool 的源代码实现。

```
public static ExecutorService newFixedThreadPool(int nThreads) {
    return new ThreadPoolExecutor(nThreads, nThreads,
                                  0L, TimeUnit.MILLISECONDS,
                                  new LinkedBlockingQueue<Runnable>());
}
```

FixedThreadPool 的 corePoolSize 和 maximumPoolSize 都被设置为创建 FixedThreadPool 时指定的参数 nThreads。

当线程池中的线程数大于 corePoolSize 时，keepAliveTime 为多余的空闲线程等待新任务的最长时间，超过这个时间后多余的线程将被终止。这里把 keepAliveTime 设置为 0L，意味着多余的空闲线程会被立即终止。

FixedThreadPool 的 execute() 方法的运行示意图如图 10-4 所示。

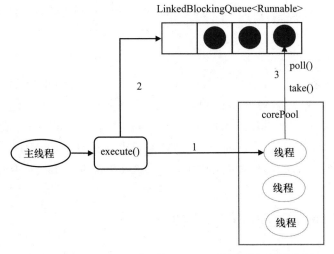

图 10-4　FixedThreadPool 的 execute() 方法的运行示意图

对图 10-4 的说明如下。

1）如果当前运行的线程数小于 corePoolSize，则创建新线程来执行任务。

2）在线程池完成预热之后（当前运行的线程数等于 corePoolSize），将任务加入 LinkedBlockingQueue。

3）线程执行完 1 中的任务后，会循环从 LinkedBlockingQueue 获取任务来执行。

FixedThreadPool 使用无界队列 LinkedBlockingQueue 作为线程池的工作队列（队列的容量为 Integer.MAX_VALUE）。使用无界队列作为工作队列会对线程池带来如下影响。

1）当线程池中的线程数达到 corePoolSize 后，新任务将在无界队列中等待，因此线程池中的线程数不会超过 corePoolSize。

2）由于 1，使用无界队列时 maximumPoolSize 将是一个无效参数。

3）由于 1 和 2，使用无界队列时 keepAliveTime 将是一个无效参数。

4）由于使用无界队列，运行中的 FixedThreadPool（未执行方法 shutdown() 或 shutdownNow()）不会拒绝任务（不会调用 RejectedExecutionHandler.rejectedExecution 方法）。

10.2.2　SingleThreadExecutor 详解

SingleThreadExecutor 是使用单个 worker 线程的 Executor。下面是 SingleThreadExecutor 的源代码实现。

```
public static ExecutorService newSingleThreadExecutor() {
    return new FinalizableDelegatedExecutorService
        (new ThreadPoolExecutor(1, 1,
                                0L, TimeUnit.MILLISECONDS,
                                new LinkedBlockingQueue<Runnable>()));
}
```

SingleThreadExecutor 的 corePoolSize 和 maximumPoolSize 被设置为 1。其他参数与 FixedThreadPool 相同。SingleThreadExecutor 使用无界队列 LinkedBlockingQueue 作为线程池的工作队列（队列的容量为 Integer.MAX_VALUE）。SingleThreadExecutor 使用无界队列作为工作队列对线程池带来的影响与 FixedThreadPool 相同，这里就不赘述了。

SingleThreadExecutor 的 execute() 方法的运行示意图如图 10-5 所示。

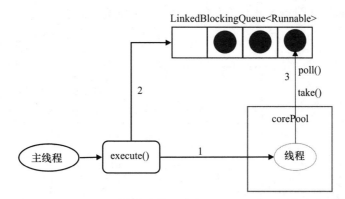

图 10-5　SingleThreadExecutor 的 execute() 方法的运行示意图

对图 10-5 的说明如下。

1）如果当前运行的线程数小于 corePoolSize（即线程池中无运行的线程），则创建一个新线程来执行任务。

2）在线程池完成预热之后（当前线程池中有一个运行的线程），将任务加入 Linked-BlockingQueue。

3）线程执行完 1 中的任务后，会在一个无限循环中反复从 LinkedBlockingQueue 获取任务来执行。

10.2.3　CachedThreadPool 详解

CachedThreadPool 是一个会根据需要创建新线程的线程池。下面是创建 CachedThread-Pool 的源代码实现。

```
public static ExecutorService newCachedThreadPool() {
    return new ThreadPoolExecutor(0, Integer.MAX_VALUE,
                                  60L, TimeUnit.SECONDS,
                                  new SynchronousQueue<Runnable>());
}
```

CachedThreadPool 的 corePoolSize 被设置为 0，即 corePool 为空；maximumPoolSize 被设置为 Integer.MAX_VALUE，即 maximumPool 是无界的。这里把 keepAliveTime 设置为 60L，意味着 CachedThreadPool 中的空闲线程等待新任务的最长时间为 60 秒，空闲线程超过 60 秒后将会被终止。

FixedThreadPool 和 SingleThreadExecutor 使用无界队列 LinkedBlockingQueue 作为线程池的工作队列。CachedThreadPool 使用没有容量的 SynchronousQueue 作为线程池的工作队列，但 CachedThreadPool 的 maximumPool 是无界的。这意味着，如果主线程提交任务的速度高于 maximumPool 中线程处理任务的速度时，则 CachedThreadPool 会不断创建新线程。极端情况下，CachedThreadPool 会因为创建过多线程而耗尽 CPU 和内存资源。

CachedThreadPool 的 execute() 方法的执行示意图如图 10-6 所示。

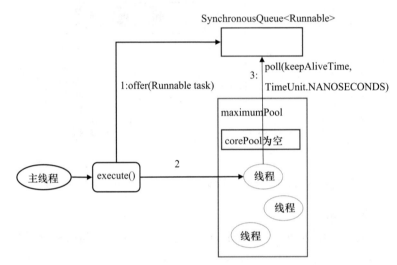

图 10-6　CachedThreadPool 的 execute() 方法的运行示意图

对图 10-6 的说明如下。

1）首先执行 SynchronousQueue. offer（Runnable task）。如果当前 maximumPool 中有空闲线程正在执行 SynchronousQueue. poll（keepAliveTime，TimeUnit.NANOSECONDS），那么主线程执行的 offer 操作与空闲线程执行的 poll 操作配对成功，主线程把任务交给空闲线程执行，execute() 方法执行完成；否则执行下面的步骤 2）。

2）当初始 maximumPool 为空，或者 maximumPool 中当前没有空闲线程时，将没有线程执行 SynchronousQueue. poll（keepAliveTime，TimeUnit.NANOSECONDS）。这种情况下，步骤 1）将失败。此时 CachedThreadPool 会创建一个新线程执行任务，execute() 方法执行完成。

3）在步骤 2）中新创建的线程将任务执行完后，会执行 SynchronousQueue. poll（keepAlive-Time，TimeUnit.NANOSECONDS）。这个 poll 操作会让空闲线程最多在 SynchronousQueue 中等待 60 秒钟。如果 60 秒内主线程提交了一个新任务（主线程执行步骤 1）），那么这个空闲线程将执行主线程提交的新任务；否则，这个空闲线程将终止。由于空闲 60 秒的空闲线程会被终止，因此长时间保持空闲的 CachedThreadPool 不会使用任何资源。

前面提到，SynchronousQueue 是一个没有容量的阻塞队列。每个插入操作必须等待另一个线程的对应移除操作，反之亦然。CachedThreadPool 使用 SynchronousQueue 把主线程提交的任务传递给空闲线程执行。CachedThreadPool 中任务传递的示意图如图 10-7 所示。

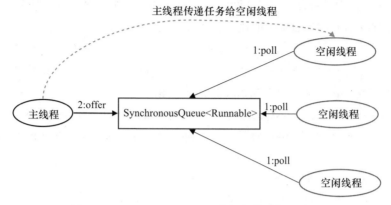

图 10-7　CachedThreadPool 中任务传递的示意图

10.3　ScheduledThreadPoolExecutor 详解

ScheduledThreadPoolExecutor 继承自 ThreadPoolExecutor。它主要用来在给定的延迟之后运行任务，或者定期执行任务。ScheduledThreadPoolExecutor 的功能与 Timer 类似，但 ScheduledThreadPoolExecutor 功能更强大、更灵活。Timer 对应的是单个后台线程，而 ScheduledThreadPoolExecutor 可以在构造函数中指定多个对应的后台线程数。

10.3.1　ScheduledThreadPoolExecutor 的运行机制

ScheduledThreadPoolExecutor 的执行示意图（本文基于 JDK 6）如图 10-8 所示。

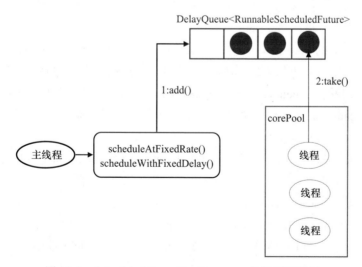

图 10-8　ScheduledThreadPoolExecutor 的执行示意图

DelayQueue 是一个无界队列，所以 ThreadPoolExecutor 的 maximumPoolSize 在 Scheduled-ThreadPoolExecutor 中没有什么意义（设置 maximumPoolSize 的大小没有什么效果）。

ScheduledThreadPoolExecutor 的执行主要分为两部分。

1）当调用 ScheduledThreadPoolExecutor 的 scheduleAtFixedRate() 方法或者 scheduleWith-FixedDelay() 方法时，会向 ScheduledThreadPoolExecutor 的 DelayQueue 添加一个实现了 RunnableScheduledFuture 接口的 ScheduledFutureTask。

2）线程池中的线程从 DelayQueue 中获取 ScheduledFutureTask，然后执行任务。

ScheduledThreadPoolExecutor 为了周期性地执行任务，对 ThreadPoolExecutor 做了如下修改。

❑ 使用 DelayQueue 作为任务队列。

❑ 获取任务的方式不同（后文会说明）。

❑ 执行周期任务后，增加了额外的处理（后文会说明）。

10.3.2 ScheduledThreadPoolExecutor 的实现

前面提到，ScheduledThreadPoolExecutor 会把待调度的任务（ScheduledFutureTask）放到一个 DelayQueue 中。

ScheduledFutureTask 主要包含 3 个成员变量，如下。

❑ long 型成员变量 time，表示这个任务将要被执行的具体时间。

❑ long 型成员变量 sequenceNumber，表示这个任务被添加到 ScheduledThreadPoolExecutor 中的序号。

❑ long 型成员变量 period，表示任务执行的间隔周期。

DelayQueue 封装了一个 PriorityQueue，这个 PriorityQueue 会对队列中的 Scheduled-FutureTask 进行排序。排序时，time 小的排在前面（时间早的任务将被先执行）。如果两个 ScheduledFutureTask 的 time 相同，就比较 sequenceNumber，sequenceNumber 小的排在前面。也就是说，如果两个任务的执行时间相同，那么先提交的任务将被先执行。

首先，让我们看看 ScheduledThreadPoolExecutor 中的线程执行周期任务的过程。图 10-9 是 ScheduledThreadPoolExecutor 中的线程 1 的 4 个任务执行步骤。

下面是对这 4 个步骤的说明。

1）线程 1 从 DelayQueue 中获取已到期的 ScheduledFutureTask（DelayQueue. take()）。到期任务是指 ScheduledFutureTask 的 time 大于或等于当前时间。

2）线程 1 执行 ScheduledFutureTask。

3）线程 1 将 ScheduledFutureTask 的 time 变量修改为下次要执行的时间。

4）线程 1 把修改 time 之后的 ScheduledFutureTask 放回 DelayQueue 中（Delay-Queue. add()）。

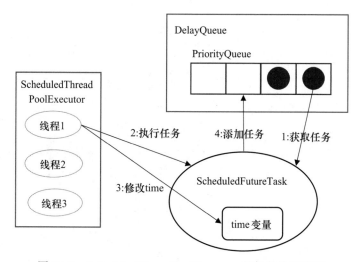

图 10-9　ScheduledThreadPoolExecutor 的任务执行步骤

接下来，让我们看看上面的步骤 1 ）获取任务的过程。下面是 DelayQueue. take() 方法的源代码实现。

```
public E take() throws InterruptedException {
    final ReentrantLock lock = this.lock;
    lock.lockInterruptibly();                                    // 1
    try {
        for (;;) {
            E first = q.peek();
            if (first == null) {
                available.await();                               // 2.1
            } else {
                long delay =  first.getDelay(TimeUnit.NANOSECONDS);
                if (delay > 0) {
                    long tl = available.awaitNanos(delay);       // 2.2
                } else {
                    E x = q.poll();                              // 2.3.1
                    assert x != null;
                    if (q.size() != 0)
                        available.signalAll();                   // 2.3.2
                    return x;

                }
            }
        }
    } finally {
        lock.unlock();                                           // 3
    }
}
```

图 10-10 是 DelayQueue.take() 获取任务的执行示意图。

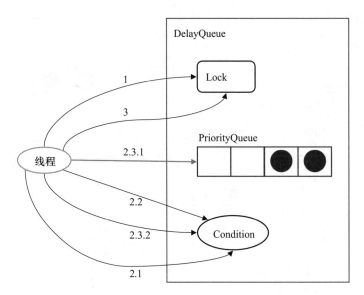

图 10-10 DelayQueue.take() 获取任务的执行示意图

如图 10-10 所示，获取任务分为 3 大步骤。

1）获取 Lock。

2）获取周期任务。

❑ 如果 PriorityQueue 为空，当前线程到 Condition 中等待；否则执行下面的 2.2。

❑ 如果 PriorityQueue 的头元素的 time 时间比当前时间大，则在 Condition 中等待到 time 时间；否则执行下面的 2.3。

❑ 获取 PriorityQueue 的头元素（2.3.1），如果 PriorityQueue 不为空，则唤醒在 Condition 中等待的所有线程（2.3.2）。

3）释放 Lock。

ScheduledThreadPoolExecutor 在一个循环中执行步骤 2，直到线程从 PriorityQueue 获取到一个元素之后（执行 2.3.1 之后），才会退出无限循环（结束步骤 2）。

最后，让我们看看 ScheduledThreadPoolExecutor 中线程执行任务的步骤 4，把 ScheduledFutureTask 放入 DelayQueue 的过程。下面是 DelayQueue. add() 的源代码实现。

```
public boolean offer(E e) {
    final ReentrantLock lock = this.lock;
    lock.lock();                           // 1
    try {
        E first = q.peek();
        q.offer(e);                        // 2.1
        if (first == null || e.compareTo(first) < 0)
            available.signalAll();         // 2.2
        return true;
    } finally {
```

```
        lock.unlock();                          // 3
    }
}
```

图 10-11 是 DelayQueue.add() 添加任务的执行示意图。

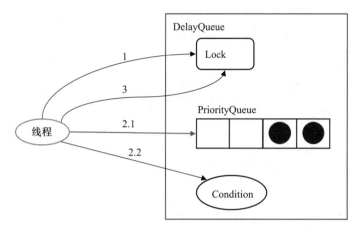

图 10-11　DelayQueue.add() 添加任务的执行示意图

如图 10-11 所示，添加任务分为 3 大步骤。

1）获取 Lock。

2）添加任务。

❑ 向 PriorityQueue 添加任务。

❑ 如果在上面 2.1 中添加的任务是 PriorityQueue 的头元素，则唤醒在 Condition 中等待的所有线程。

3）释放 Lock。

10.4　FutureTask 详解

Future 接口和实现 Future 接口的 FutureTask 类，代表异步计算的结果。

10.4.1　FutureTask 简介

FutureTask 除了实现 Future 接口外，还实现 Runnable 接口。因此，FutureTask 可以交给 Executor 执行，也可以由调用线程直接执行（FutureTask.run()）。根据 FutureTask.run() 方法被执行的时机，FutureTask 可以处于下面 3 种状态。

1）未启动。FutureTask.run() 方法还没有被执行之前，FutureTask 处于未启动状态。当创建一个 FutureTask，且没有执行 FutureTask.run() 方法之前，这个 FutureTask 处于未启动状态。

2）已启动。FutureTask.run() 方法被执行的过程中，FutureTask 处于已启动状态。

3）已完成。FutureTask.run() 方法执行完后正常结束，或被取消（FutureTask.cancel(...)），
或执行 FutureTask.run() 方法时抛出异常而异常结束，FutureTask 处于已完成状态。

图 10-12 是 FutureTask 的状态迁移示意图。

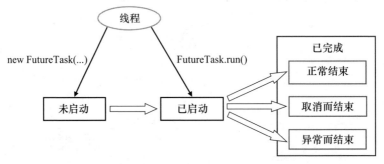

图 10-12　FutureTask 的状态迁移示意图

当 FutureTask 处于未启动或已启动状态时，执行 FutureTask.get() 方法将导致调用线程
阻塞；当 FutureTask 处于已完成状态时，执行 FutureTask.get() 方法将导致调用线程立即返
回结果或抛出异常。

当 FutureTask 处于未启动状态时，执行 FutureTask.cancel() 方法将导致此任务永远不会
被执行；当 FutureTask 处于已启动状态时，执行 FutureTask.cancel（true）方法将以中断执
行此任务线程的方式来试图停止任务；当 FutureTask 处于已启动状态时，执行 FutureTask.
cancel（false）方法将不会对正在执行此任务的线程产生影响（让正在执行的任务运行完成）；
当 FutureTask 处于已完成状态时，执行 FutureTask.cancel(...) 方法将返回 false。

图 10-13 是 get 方法和 cancel 方法的执行示意图。

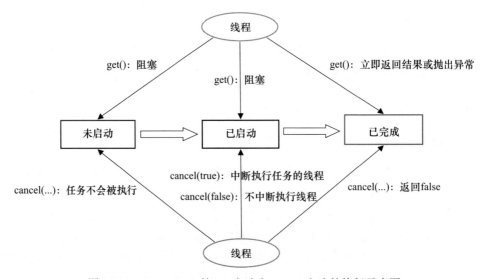

图 10-13　FutureTask 的 get 方法和 cancel 方法的执行示意图

10.4.2　FutureTask 的使用

可以把 FutureTask 交给 Executor 执行；也可以通过 ExecutorService.submit(...) 方法返回一个 FutureTask，然后执行 FutureTask.get() 方法或 FutureTask.cancel(...) 方法。除此以外，还可以单独使用 FutureTask。

当一个线程需要等待另一个线程把某个任务执行完后才能继续执行时，可以使用 FutureTask。假设有多个线程执行若干任务，每个任务最多只能被执行一次。当多个线程试图同时执行同一个任务时，只允许一个线程执行任务，其他线程需要等待这个任务执行完后才能继续执行。下面是对应的示例代码。

```java
private final ConcurrentMap<Object, Future<String>> taskCache =
        new ConcurrentHashMap<Object, Future<String>>();

private String executionTask(final String taskName)
        throws ExecutionException, InterruptedException {
    while (true) {
        Future<String> future = taskCache.get(taskName);     //1.1,2.1
        if (future == null) {
            Callable<String> task = new Callable<String>() {
                public String call() throws InterruptedException {
                    return taskName;
                }
            };
            //1.2 创建任务
            FutureTask<String> futureTask = new FutureTask<String>(task);
            future = taskCache.putIfAbsent(taskName, futureTask);//1.3
            if (future == null) {
                future = futureTask;
                futureTask.run();                    //1.4 执行任务
            }
        }

        try {
            return future.get();                //1.5,2.2 线程在此等待任务执行完成
        } catch (CancellationException e) {
            taskCache.remove(taskName, future);
        }
    }
}
```

上述代码的执行示意图如图 10-14 所示。

当两个线程试图同时执行同一个任务时，如果 Thread 1 执行 1.3 后 Thread 2 执行 2.1，那么接下来 Thread 2 将在 2.2 等待，直到 Thread 1 执行完 1.4 后 Thread 2 才能从 2.2（FutureTask. get()）返回。

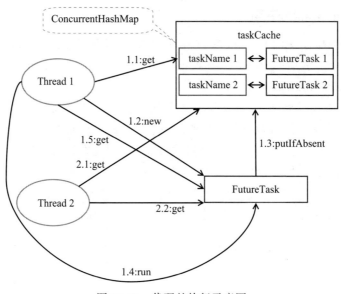

图 10-14　代码的执行示意图

10.4.3　JDK 6 的 FutureTask 实现

FutureTask 的实现基于 AbstractQueuedSynchronizer（以下简称为 AQS）。java.util.concurrent 中的很多可阻塞类（比如 ReentrantLock）都是基于 AQS 实现的。AQS 是一个同步框架，它提供通用机制来原子性管理同步状态、阻塞和唤醒线程，以及维护被阻塞线程的队列。AQS 被广泛使用于 JDK 6 中，基于 AQS 实现的同步器包括 ReentrantLock、Semaphore、ReentrantReadWriteLock、CountDownLatch 和 FutureTask。

每一个基于 AQS 实现的同步器都会包含两种类型的操作，如下。

❑ 至少一个 acquire 操作。这个操作阻塞调用线程，除非 / 直到 AQS 的状态允许这个线程继续执行。FutureTask 的 acquire 操作为 get()/get（long timeout，TimeUnit unit）方法调用。

❑ 至少一个 release 操作。这个操作改变 AQS 的状态，改变后的状态可允许一个或多个阻塞线程被解除阻塞。FutureTask 的 release 操作包括 run() 方法和 cancel(...) 方法。

基于"复合优先于继承"的原则，FutureTask 声明了一个内部私有的继承自 AQS 的子类 Sync，并将对 FutureTask 所有公有方法的调用委托给这个内部子类。

AQS 被作为"模板方法模式"的基础类提供给 FutureTask 的内部子类 Sync，这个内部子类只需要实现状态检查和状态更新的方法即可，这些方法将控制 FutureTask 的获取和释放操作。具体来说，Sync 实现了 AQS 的 tryAcquireShared（int）方法和 tryReleaseShared（int）方法，并通过这两个方法来检查和更新同步状态。

FutureTask 的设计示意图如图 10-15 所示。

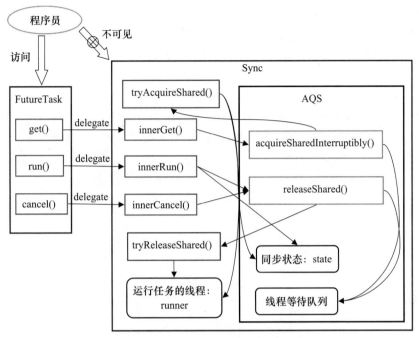

图 10-15　FutureTask 的设计示意图

如图 10-15 所示，Sync 是 FutureTask 的内部私有类，它继承自 AQS。创建 FutureTask 时会创建内部私有的成员对象 Sync，FutureTask 所有的公有方法都直接委托给了内部私有的 Sync。

FutureTask.get() 方法会调用 AQS.acquireSharedInterruptibly（int arg）方法，这个方法的执行过程如下。

1）调用 AQS.acquireSharedInterruptibly（int arg）方法，这个方法首先会回调在子类 Sync 中实现的 tryAcquireShared() 方法来判断 acquire 操作是否可以成功。acquire 操作可以成功的条件为：state 为执行完成状态 RAN 或已取消状态 CANCELLED，且 runner 不为 null。

2）如果成功则 get() 方法立即返回。如果失败则到线程等待队列中去等待其他线程执行 release 操作。

3）当其他线程执行 release 操作（比如 FutureTask.run() 或 FutureTask.cancel(...)）唤醒当前线程后，当前线程再次执行 tryAcquireShared() 将返回正值 1，同时离开线程等待队列并唤醒它的后继线程（这里会产生级联唤醒的效果，后面会介绍）。

4）最后返回计算的结果或抛出异常。

FutureTask.run() 的执行过程如下。

1）执行在构造函数中指定的任务（Callable.call()）。

2）以原子方式来更新同步状态（调用 AQS.compareAndSetState（int expect，int update），设置 state 为执行完成状态 RAN）。如果这个原子操作成功，则设置代表计算结果的变量

result 的值为 Callable.call() 的返回值，然后调用 AQS.releaseShared（int arg）。

3）AQS. releaseShared（int arg）首先会回调在子类 Sync 中实现的 tryReleaseShared（arg）来执行 release 操作（设置运行任务的线程 runner 为 null，然后会返回 true），然后唤醒线程等待队列中的第一个线程。

4）调用 FutureTask.done()。

当执行 FutureTask.get() 方法时，如果 FutureTask 不是处于执行完成状态 RAN 或已取消状态 CANCELLED，则当前执行线程将到 AQS 的线程等待队列中等待（见图 10-16 的线程 A、B、C 和 D）。当某个线程执行 FutureTask.run() 方法或 FutureTask.cancel(...) 方法时，会唤醒线程等待队列的第一个线程（见图 10-16 所示的线程 E 唤醒线程 A）。

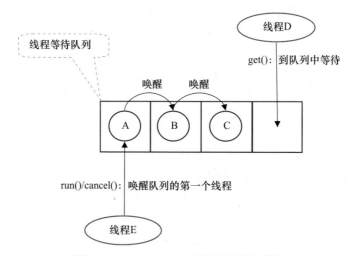

图 10-16　FutureTask 的级联唤醒示意图

假设开始时 FutureTask 处于未启动状态或已启动状态，等待队列中已经有 3 个线程（A、B 和 C）在等待，此时，线程 D 执行 get() 方法将导致线程 D 也到等待队列中去等待。

当线程 E 执行 run() 方法时，会唤醒队列中的第一个线程 A。线程 A 被唤醒后，首先把自己从队列中删除，然后唤醒它的后继线程 B，最后线程 A 从 get() 方法返回。线程 B、C 和 D 重复线程 A 的处理流程。最终，在队列中等待的所有线程都被级联唤醒并从 get() 方法返回。

10.4.4　JDK 8 的 FutureTask 实现

本节主要介绍 JDK 8 的 FutureTask 的相关内容。

1. 状态的迁移

JDK 7 和 JDK 8 重新实现了 FutureTask，JDK 8 的实现与 JDK 7 的实现有少许差别，本节基于 JDK 8 进行介绍。JDK 重新实现 FutureTask 的主要目的是要确保执行 FutureTask#run() 的任务线程与执行 FutureTask#cancel(true) 的取消线程并发执行产生竞争时，行为的合理性（具体分析见后文）。JDK 8 的 FutureTask 实现不再依赖于 AbstractQueuedSynchronizer，而是使用 CAS 更新内部维护的一个名为 state 的状态字段，同时维护了一个简单的等待线程的无锁并发栈。

下面是 FutureTask 的成员变量的定义。

```
private volatile int state;
private static final int NEW          = 0;
private static final int COMPLETING   = 1;
private static final int NORMAL       = 2;
private static final int EXCEPTIONAL  = 3;
private static final int CANCELLED    = 4;
private static final int INTERRUPTING = 5;
private static final int INTERRUPTED  = 6;

/** callable 对象；运行完之后会置为 null */
private Callable<V> callable;
/** 执行 get() 返回的结果对象，或者执行中抛出的异常对象 */
private Object outcome; // non-volatile, protected by state reads/writes
/** 运行 callable 对象的线程；在执行 run() 时用 CAS 值 */
private volatile Thread runner;
/** 等待线程的 Treiber stack */
private volatile WaitNode waiters;
```

这里的 state 就是 FutureTask 的状态字段，初始状态为 NEW。FutureTask 的状态字段只会在 set()、setException() 和 cancel() 中被设置为最终状态（NORMAL/EXCEPTIONAL/CANCELLED/INTERRUPTED）。在状态变为最终状态之前，可能会被设置为 COMPLETING（当正在设置结果时）或者 INTERRUPTING（当正在执行 FutureTask#cancel(true) 中断执行任务线程时）的临时中间状态。图 10-17 是 FutureTask 状态迁移的示意图。

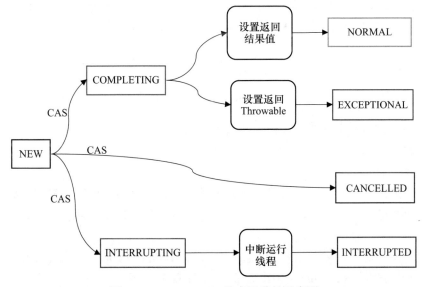

图 10-17　FutureTask 状态迁移的示意图

从状态迁移图我们可以看出，除了 NEW 到 CANCELLED 状态迁移是一步到位，其他三个最终状态都是先迁移到中间状态，然后再执行某个操作，最后迁移到最终状态。FutureTask 对从 NEW 到其他状态的设置都是使用 CAS 实现的，从而确保从 NEW 到其他状态的设置具有原子性。

2. run 方法

FutureTask 内部会持有一个实现 Callable 接口的 callable 对象。当我们调用 FutureTask(Runnable runnable, V result) 创建一个 FutureTask 对象时，会创建一个实现 Callable 接口的 callable 对象。FutureTask 实现了 Runnable 接口，当把 FutureTask 对象交给 ExecutorService 去执行，或者创建线程去直接执行 FutureTask 时，会调用 FutureTask#run()。FutureTask#run() 执行示意图如图 10-18 所示。

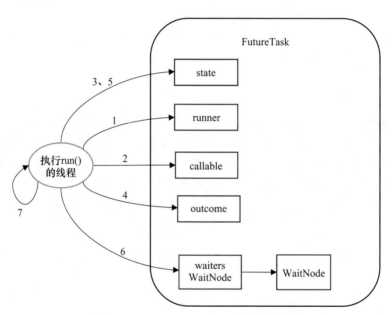

图 10-18　FutureTask#run() 执行示意图

FutureTask 的执行流程大致如下。

1）如果 state 为 NEW 状态，则 CAS 设置 runner 为当前执行任务的线程。

2）执行 callable.call()。

3）如果步骤 2 正常执行完成或者执行中抛出了任何异常，就用 CAS 把 state 从 NEW 设置为 COMPLETING。注意，CAS 设置成功才会执行后面的步骤 4 ～ 6，如果 CAS 设置失败就执行步骤 7。

4）如果步骤 2 正常执行完成，设置 outcome 为 callable.call() 返回的结果值；如果步骤 2 抛出了异常，则设置 outcome 为抛出异常的 Throwable 对象。

5）如果步骤 2 正常执行完成，设置 state 为 NORMAL；如果步骤 2 抛出了异常，设置 state 为 EXCEPTIONAL。

6）CAS 设置 waiters 变量为 null，依次遍历每个 WaitNode，调用 LockSupport.unpark(Thread) 解除 WaitNode 所对应线程的阻塞状态，调用 FutureTask#done()，设置 callable 为 null。

7）如果 state 的状态等于 INTERRUPTING，说明执行 run() 的任务线程在步骤 3 与执行 FutureTask# cancel(true) 的取消线程竞争时失败了，所以这里需要调用 Thread.yield()，等待调用 FutureTask# cancel(true) 的取消线程执行完 cancel(true) 方法。

FutureTask#run() 的执行分两个阶段，执行完 callable.call() 或执行 callable.call() 抛出了异常，设置 FutureTask 的返回值。上面步骤 3 的 CAS 执行成功，代表 FutureTask#run() 的第一阶段完成了，如果 CAS 执行失败则意味着第一阶段还没有结束前，其他线程抢先执行 FutureTask#cancel() 来修改了 state 的初始值 NEW。步骤 3 的 CAS 是后面介绍 run() 与 cancel(true) 发生竞争时的处理过程的关键点，后文会详细说明。

步骤 6 会调用 FutureTask#done()，在 FutureTask 中这是一个声明为 protected 的空方法。继承了 FutureTask 的某个子类可以重写这个方法，比如在后文介绍的 AbstractExecutorService#invokeAny 中，ExecutorCompletionService.QueueingFuture 就继承了 FutureTask 并重写了 done()。

3. get 方法

FutureTask#get() 等待任务执行完成，然后获取执行结果。如果任务被取消，会抛出 CancellationException。如果任务执行过程中抛出了任何异常，get() 会抛出 ExecutionException。FutureTask 内部会持有一个实现了 Callable 接口的 callable 对象。我们调用 FutureTask(Runnable runnable, V result) 创建一个 FutureTask 对象时，会创建一个实现 Callable 接口的 callable 对象。

FutureTask#get() 的执行流程大致分两个阶段。第一阶段流程大致如下。

1）如果 state 的值小于或等于 COMPLETING，在无限循环中执行下面的步骤 2 ～ 5。

2）如果 Thread.interrupted() 为 true，且当前线程正在 waiters 中排队，则从 waiters 中删除此线程对应的节点；否则抛出 InterruptedException，结束循环。

3）如果 state 大于 COMPLETING，返回 state，结束循环。

4）如果 state 等于 COMPLETING，为了等待 FutureTask 变为最终状态，所以执行 Thread.yield()，否则跳到步骤 2。

5）创建 WaitNode 对象，将 WaitNode 的 next 字段设置为 waiters，同时 CAS 设置 waiters 为当前创建的 WaitNode 对象，执行 LockSupport.park(this) 阻塞当前线程。

第二阶段的执行流程大致如下。

1）如果 state 为 NORMAL，返回执行 callable.call() 返回的结果值。

2）如果 state 大于或等于 CANCELLED，则创建并抛出一个 CancellationException 对象。

3）如果 state 既不满足 1 也不满足 2，说明状态为 EXCEPTIONAL，则创建并抛出一个 ExecutionException 对象。

4. cancel 方法

FutureTask#cancel() 会试图取消任务的执行。此方法有一个 boolean 类型的参数，用于决定是否应该以试图停止任务的方式来中断执行此任务的线程。

FutureTask#cancel(false) 会用 CAS 把 state 从 NEW 修改为 CANCELLED，如果修改失败，cancel() 返回 false，否则返回 true。

这里我们重点分析 FutureTask#cancel(true) 的执行流程。

1）用 CAS 把 state 从 NEW 修改为 INTERRUPTING（图 10-19 中的 a），如果 CAS 失败，则 cancel(true) 返回 false，否则继续执行后面的步骤 2 与 3。

2）执行 runner.interrupt() 中断 runner 线程（图 10-19 中的 b），设置 state 状态为 INTERRUPTED（图 10-19 中的 c）。

3）依次遍历每个 WaitNode，调用 LockSupport.unpark(Thread) 解除 WaitNode 对应线程的阻塞状态；调用 FutureTask#done()；设置 callable 为 null（图 10-19 中的 d）。

前面提到，JDK 7/JDK 8 重新实现 FutureTask 的主要目的是确保执行 FutureTask#run() 的任务线程与执行 FutureTask#cancel(true) 的取消线程并发执行产生竞争时，行为的合理性。这里的步骤 1 的 CAS 执行的成败，是关键点。

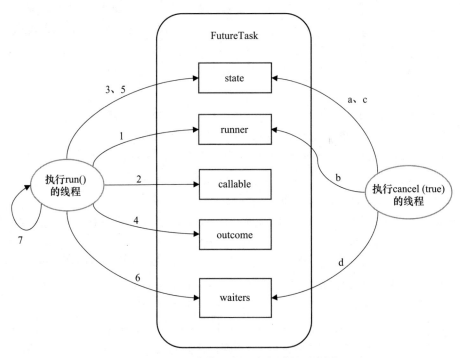

图 10-19　两个线程发生竞争时的示意图

为了便于描述，这里把执行 run() 的线程叫任务线程，把执行 cancel(true) 的线程叫取消线程。下面我们来分析两个线程并发执行，产生竞争时的行为。

我们先分析步骤 1 的 CAS 执行成功的情形。CAS 执行成功则意味着 FutureTask 将被取消。所以取消线程将依次执行 a、b、c、d。这时，并发执行的任务线程将依次执行 run 方法的步骤 1、2、3、7。取消线程在步骤 1 的 CAS 执行成功，意味着此时任务线程正在执行 callable.call()，或者通过 CAS 把 state 从 NEW 设置为 COMPLETING 失败了。不管是这两种情况中的哪一种，任务线程都需要等待取消线程中断了任务线程之后，才能结束 run() 方法的执行，这对应于 run 方法的步骤 7。也就是说，在这种情况下，中断任务线程的行为必须发生在任务线程的 run() 方法执行完之前。

如果步骤 1 的 CAS 执行失败，说明取消线程与任务线程正在竞争性修改 state，且取消线程竞争失败了。这时，取消线程直接返回 false，结束 cancel(true) 方法的执行。同时，执行 run() 的线程将执行步骤 1 ～ 6，在这种情况下，run 方法的步骤 7 将没有机会执行。

10.5　本章小结

本章介绍了 Executor 框架的整体结构和成员组件。希望读者阅读本章之后，能够对 Executor 框架有一个比较深入的理解，同时也希望本章内容能够帮助读者更熟练地使用 Executor 框架。

Java 并发编程实践

当你在进行并发编程时，看着程序的执行速度在优化下运行得越来越快，你会觉得越来越有成就感，这就是并发编程的魅力。但与此同时，并发编程产生的问题和风险也会随之而来。本章先介绍几个并发编程的实战案例，然后再介绍如何排查并发编程造成的问题。

11.1　生产者和消费者模式

在并发编程中使用生产者和消费者模式能够解决绝大多数并发问题。该模式通过平衡生产线程和消费线程的工作能力来提高程序整体处理数据的速度。

在线程世界里，生产者就是生产数据的线程，消费者就是消费数据的线程。在多线程开发中，如果生产者处理速度很快，而消费者处理速度很慢，那么生产者就必须等待消费者处理完，才能继续生产数据。同理，如果消费者的处理能力大于生产者，那么消费者就必须等待生产者。为了解决这种生产消费能力不均衡的问题，便有了生产者和消费者模式。

什么是生产者和消费者模式

生产者和消费者模式是通过一个容器来解决生产者和消费者的强耦合问题。因为生产者和消费者彼此之间不直接通信，而是通过阻塞队列来进行通信，所以生产者生产完数据之后不用等待消费者处理，直接扔给阻塞队列。消费者不找生产者要数据，而是直接从阻塞队列里取，阻塞队列就相当于一个缓冲区，平衡了生产者和消费者的处理能力。

这个阻塞队列就是用来给生产者和消费者解耦的。纵观大多数设计模式，它们都会找一个第三方出来进行解耦，如工厂模式的第三方是工厂类，模板模式的第三方是模板类。在学习一些设计模式的过程中，先找到这个模式的第三方，能帮助我们快速熟悉一个设计模式。

11.1.1　生产者和消费者模式实战

我和同事一起利用业余时间开发的 Yuna 工具中使用了生产者和消费者模式。我先介绍下 Yuna⊖工具。我的很多同事都喜欢通过邮件分享技术文章，因为通过邮件分享很方便，大家在网上看到好的技术文章，执行复制→粘贴→发送就完成了一次分享，但是我发现技术文章不能沉淀下来，新来的同事看不到以前分享的技术文章，大家也很难找到以前分享过的技术文章。为了解决这个问题，我们开发了一个 Yuna 工具。

我们申请了一个专门用来收集分享邮件的邮箱，比如 share@alibaba.com，让大家将分享的文章发送到这个邮箱，但每次都抄送到这个邮箱肯定很麻烦，所以我们的做法是将这个邮箱地址放在部门邮件列表里，分享的同事只需要和以前一样向整个部门分享文章就行。Yuna 工具通过读取邮件服务器里该邮箱的邮件，把所有分享的邮件下载下来，包括邮件的附件、图片和邮件回复。因为我们可能会从这个邮箱里下载到一些非分享的文章，所以我们要求分享的邮件标题必须带有一个关键字，比如"内贸技术分享"。下载完邮件之后，通过 confluence 的 WebService 接口，把文章插入 confluence，这样新同事就可以在 confluence 里看以前分享过的文章，并且 Yuna 工具还可以自动把文章进行分类和归档。

为了快速上线该功能，当时我们花了 3 天业余时间快速开发了 Yuna 1.0 版本。我们在 1.0 版本中并没有使用生产者和消费者模式，而是使用单线程来处理，这是因为当时只需要处理我们一个部门的邮件，单线程明显够用，整个过程是串行执行的。在一个线程里，程序先抽取全部的邮件转化为文章对象，然后添加全部的文章，最后删除抽取过的邮件。代码如下。

```
public void extract() {
    logger.debug(" 开始 " + getExtractorName() + "。。");
    // 抽取邮件
    List<Article> articles = extractEmail();
    // 添加文章
    for (Article article : articles) {
        addArticleOrComment(article);
    }
    // 清空邮件
    cleanEmail();
    logger.debug(" 完成 " + getExtractorName() + "。。");
}
```

⊖　Yuna 取自我非常喜欢的一款 RPG 游戏《最终幻想》中女主角的名字。

自 Yuna 工具推出后，越来越多的部门开始使用这个工具，处理时间变得越来越慢。Yuna 是每隔 5 分钟进行一次抽取，而当邮件多的时候一次处理可能就花了几分钟，于是我在 Yuna 2.0 版本里使用了生产者和消费者模式来处理邮件，生产者线程按一定的规则去邮件系统里抽取邮件，然后存放在阻塞队列里，消费者从阻塞队列里取出文章后插入 conflunce。代码如下。

```java
public class QuickEmailToWikiExtractor extends AbstractExtractor {

    private ThreadPoolExecutor threadsPool;

    private ArticleBlockingQueue<ExchangeEmailShallowDTO> emailQueue;

    public QuickEmailToWikiExtractor() {
        emailQueue= new ArticleBlockingQueue<ExchangeEmailShallowDTO>();
        int corePoolSize = Runtime.getRuntime().availableProcessors() * 2;
        threadsPool = new ThreadPoolExecutor(corePoolSize, corePoolSize, 101, TimeUnit.
        SECONDS, new LinkedBlockingQueue<Runnable>(2000));

    }

    public void extract() {
        logger.debug("开始" + getExtractorName() + "。。");
        long start = System.currentTimeMillis();

        // 抽取所有邮件放到队列里
        new ExtractEmailTask().start();

        // 把队列里的文章插入 Wiki
        insertToWiki();

        long end = System.currentTimeMillis();
        double cost = (end - start) / 1000;
        logger.debug("完成" + getExtractorName() + ",花费时间: " + cost + "秒");
    }

    /**
     * 把队列里的文章插入 Wiki
     */
    private void insertToWiki() {
        // 登录 Wiki，每间隔一段时间需要登录一次
        confluenceService.login(RuleFactory.USER_NAME, RuleFactory.PASSWORD);

        while (true) {
            // 2 秒内取不到就退出
            ExchangeEmailShallowDTO email = emailQueue.poll(2, TimeUnit.SECONDS);
            if (email == null) {
                break;
            }
```

```
        threadsPool.submit(new insertToWikiTask(email));
    }
}

protected List<Article> extractEmail() {
    List<ExchangeEmailShallowDTO> allEmails = getEmailService().queryAllEmails();
    if (allEmails == null) {
        return null;
    }
    for (ExchangeEmailShallowDTO exchangeEmailShallowDTO : allEmails) {
        emailQueue.offer(exchangeEmailShallowDTO);
    }
    return null;
}

/**
 * 抽取邮件任务
 *
 * @author tengfei.fangtf
 */
public class ExtractEmailTask extends Thread {
    public void run() {
        extractEmail();
    }
}
}
```

　　代码的执行逻辑是，生产者启动一个线程把所有邮件全部抽取到队列中，消费者启动 CPU*2 个线程数处理邮件，从之前的单线程处理邮件变成了现在的多线程处理，同时抽取邮件的线程不需要等处理邮件的线程处理完再抽取新邮件，所以使用了生产者和消费者模式后，邮件的整体处理速度比以前快了几倍。

11.1.2　多生产者和多消费者场景

　　在多核时代，多线程并发处理速度比单线程处理速度快，所以可以使用多个线程来生产数据，同样可以使用多个消费线程来消费数据。而更复杂的情况是，消费者消费的数据，有可能需要继续处理，于是消费者处理完数据之后，它又要作为生产者把数据放在新的队列里，交给其他消费者继续处理，如图 11-1 所示。

　　我们在一个长连接服务器中使用了这种模式，生产者 1 负责将所有客户端发送的消息存放在阻塞队列 1 里，消费者 1 从

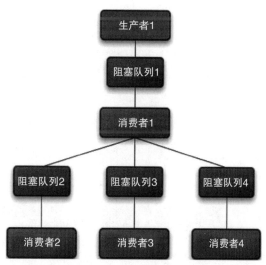

图 11-1　多生产者和多消费者模式

队列里读消息，然后通过消息 ID 进行散列得到 N 个队列中的一个，然后根据编号将消息存放到不同的队列里，每个阻塞队列会分配一个线程来消费阻塞队列里的数据。如果消费者 2 无法消费消息，就将消息抛回到阻塞队列 1 中，交给其他消费者处理。

以下是消息总队列的代码。

```java
/**
 * 消息总队列管理
 *
 * @author tengfei.fangtf
 */
public class MsgQueueManager implements IMsgQueue{

    private static final Logger LOGGER = LoggerFactory.getLogger(MsgQueueManager.class);

    /**
     * 消息总队列
     */
    public final BlockingQueue<Message> messageQueue;

    private MsgQueueManager() {
        messageQueue = new LinkedTransferQueue<Message>();
    }

    public void put(Message msg) {
        try {
            messageQueue.put(msg);
        } catch (InterruptedException e) {
            Thread.currentThread().interrupt();
        }
    }

    public Message take() {
        try {
            return messageQueue.take();
        } catch (InterruptedException e) {
            Thread.currentThread().interrupt();
        }
        return null;
    }

}
```

启动一个消息分发线程，在这个线程里子队列自动去总队列里获取消息。

```java
/**
 * 分发消息，把消息从大队列塞到小队列里
 *
 * @author tengfei.fangtf
 */
```

```java
static class DispatchMessageTask implements Runnable {
    @Override
    public void run() {
        BlockingQueue<Message> subQueue;
        for (;;) {
            // 如果没有数据，则阻塞在这里
            Message msg = MsgQueueFactory.getMessageQueue().take();
            // 如果为空，则表示没有 Session 机器连接上来
            // 需要等待，直到有 Session 机器连接上来
            while ((subQueue = getInstance().getSubQueue()) == null) {
                try {
                    Thread.sleep(1000);
                } catch (InterruptedException e) {
                    Thread.currentThread().interrupt();
                }
            }
            // 把消息放到小队列里
            try {
                subQueue.put(msg);
            } catch (InterruptedException e) {
                Thread.currentThread().interrupt();
            }
        }
    }
}
```

使用散列算法获取一个子队列，代码如下。

```java
/**
 * 均衡获取一个子队列
 *
 * @return
 */
public BlockingQueue<Message> getSubQueue() {
    int errorCount = 0;
    for (;;) {
        if (subMsgQueues.isEmpty()) {
            return null;
        }
        int index = (int) (System.nanoTime() % subMsgQueues.size());
        try {
            return subMsgQueues.get(index);
        } catch (Exception e) {
            // 出现错误表示，在获取队列大小之后，队列进行了一次删除操作
            LOGGER.error(" 获取子队列出现错误 ", e);
            if ((++errorCount) < 3) {
                continue;
            }
        }
    }
}
```

使用的时候，只需要往总队列里发消息。

```
// 往消息队列里添加一条消息
IMsgQueue messageQueue = MsgQueueFactory.getMessageQueue();
Packet msg = Packet.createPacket(Packet64FrameType.
    TYPE_DATA, "{}".getBytes(), (short) 1);
messageQueue.put(msg);
```

11.1.3　线程池与生产者和消费者模式

Java 中的线程池类其实就是一种生产者和消费者模式的实现方式，但是我觉得它的实现方式更加高明。生产者把任务丢给线程池，线程池创建线程并处理任务，如果将要运行的任务数大于线程池的基本线程数就把任务扔到阻塞队列里，这种做法比只使用一个阻塞队列来实现生产者和消费者模式显然要高明很多，因为消费者能够直接处理，这样速度更快，而生产者先存，消费者再取这种方式显然慢一些。

我们的系统也可以使用线程池来实现多生产者和消费者模式。例如，创建 N 个不同规模的 Java 线程池来处理不同性质的任务，比如线程池 1 将数据读到内存之后，交给线程池 2 里的线程继续处理压缩数据。线程池 1 主要处理 IO 密集型任务，线程池 2 主要处理 CPU 密集型任务。

本节讲解了生产者和消费者模式，并给出了实例。读者可以在平时的工作中思考一下哪些场景可以使用生产者和消费者模式，我相信这种场景应该非常多，特别是需要处理任务时间比较长的场景，比如上传附件并处理，用户把文件上传到系统后，由系统把文件丢到队列里，然后立刻返回告诉用户上传成功，最后消费者再去队列里取出文件处理。再如，调用一个远程接口查询数据，如果远程服务接口查询时需要几十秒的时间，那么它可以提供一个申请查询的接口，这个接口把要申请查询的任务放到数据库中，然后该接口立刻返回。服务器端用线程轮询并获取申请任务进行处理，处理完之后发消息给调用方，让调用方再来调用另外一个接口取数据。

11.2　线上问题定位

有时候，很多问题只有在线上或者预发环境才能发现，而线上又不能调试代码，所以线上问题定位就只能看日志、系统状态和 dump 线程，本节只是简单地介绍一些常用的工具，以帮助大家定位线上问题。

1）在 Linux 命令行下使用 top 命令查看每个进程的情况，显示如下。

```
top - 22:27:25 up 463 days, 12:46, 1 user, load average: 11.80, 12.19, 11.79
Tasks: 113 total, 5 running, 108 sleeping, 0 stopped, 0 zombie
Cpu(s): 62.0%us, 2.8%sy, 0.0%ni, 34.3%id, 0.0%wa, 0.0%hi, 0.7%si, 0.2%st
Mem: 7680000k total, 7665504k used, 14496k free, 97268k buffers
Swap: 2096472k total, 14904k used, 2081568k free, 3033060k cached
```

```
PID USER PR NI VIRT RES SHR S %CPU %MEM TIME+ COMMAND
 31177 admin 18 0 5351m 4.0g 49m S 301.4 54.0 935:02.08 java
 31738 admin 15 0 36432 12m 1052 S 8.7 0.2 11:21.05 nginx-proxy
```

我们的程序是 Java 应用，所以只需要关注 COMMAND 是 Java 的性能数据，COMMAND 表示启动当前进程的命令，在 Java 进程这一行里可以看到 CPU 利用率是 300%，不用担心，这是当前机器所有核加在一起的 CPU 利用率。

2）再使用 top 的交互命令数字 1 查看每个 CPU 的性能数据。

```
top - 22:24:50 up 463 days, 12:43, 1 user, load average: 12.55, 12.27, 11.73
 Tasks: 110 total, 3 running, 107 sleeping, 0 stopped, 0 zombie
 Cpu0 : 72.4%us, 3.6%sy, 0.0%ni, 22.7%id, 0.0%wa, 0.0%hi, 0.7%si, 0.7%st
 Cpu1 : 58.7%us, 4.3%sy, 0.0%ni, 34.3%id, 0.0%wa, 0.0%hi, 2.3%si, 0.3%st
 Cpu2 : 53.3%us, 2.6%sy, 0.0%ni, 34.1%id, 0.0%wa, 0.0%hi, 9.6%si, 0.3%st
 Cpu3 : 52.7%us, 2.7%sy, 0.0%ni, 25.2%id, 0.0%wa, 0.0%hi, 19.5%si, 0.0%st
 Cpu4 : 59.5%us, 2.7%sy, 0.0%ni, 31.2%id, 0.0%wa, 0.0%hi, 6.6%si, 0.0%st
 Mem: 7680000k total, 7663152k used, 16848k free, 98068k buffers
 Swap: 2096472k total, 14904k used, 2081568k free, 3032636k cached
```

命令行显示了 CPU4，说明这是一个 5 核的虚拟机，平均每个 CPU 利用率在 60% 以上。如果这里显示 CPU 利用率 100%，则很有可能程序里写了一个死循环。这些参数的含义可以对比表 11-1 来查看。

表 11-1　CPU 参数含义

参数	描　　述
us	用户空间占用 CPU 百分比
sy	内核空间占用 CPU 百分比
ni	用户进程空间内改变过优先级的进程占用 CPU 百分比
id	空闲 CPU 百分比
wa	等待输入 / 输出的 CPU 时间百分比

3）使用 top 的交互命令 H 查看每个线程的性能信息。

```
 PID USER       PR NI  VIRT  RES  SHR S %CPU %MEM   TIME+   COMMAND
31558 admin      15  0 5351m 4.0g  49m S 12.2 54.0  10:08.31 java
31561 admin      15  0 5351m 4.0g  49m R 12.2 54.0   9:45.43 java
31626 admin      15  0 5351m 4.0g  49m S 11.9 54.0  13:50.21 java
31559 admin      15  0 5351m 4.0g  49m S 10.9 54.0   5:34.67 java
31612 admin      15  0 5351m 4.0g  49m S 10.6 54.0   8:42.77 java
31555 admin      15  0 5351m 4.0g  49m S 10.3 54.0  13:00.55 java
31630 admin      15  0 5351m 4.0g  49m R 10.3 54.0   4:00.75 java
31646 admin      15  0 5351m 4.0g  49m S 10.3 54.0   3:19.92 java
31653 admin      15  0 5351m 4.0g  49m S 10.3 54.0   8:52.90 java
31607 admin      15  0 5351m 4.0g  49m S  9.9 54.0  14:37.82 java
```

在这里可能会出现 3 种情况。

❑ 第一种情况，某个线程的 CPU 利用率一直是 100%，则说明这个线程有可能有死循环，那么请记住这个 PID。

❑ 第二种情况，某个线程一直在 TOP 10 的位置，这说明这个线程可能有性能问题。

❑ 第三种情况，CPU 利用率高的几个线程在不停变化，说明并不是由某一个线程导致 CPU 偏高。

如果是第一种情况，也有可能是 GC 造成，可以用 jstat 命令看一下 GC 情况，看看是不是因为持久代或年老代满了，产生 Full GC，导致 CPU 利用率持续飙高，命令和回显如下。

```
sudo /opt/java/bin/jstat -gcutil 31177 1000 5
 S0 S1 E O P YGC YGCT FGC FGCT GCT
 0.00 1.27 61.30 55.57 59.98 16040 143.775 30 77.692 221.467
 0.00 1.27 95.77 55.57 59.98 16040 143.775 30 77.692 221.467
 1.37 0.00 33.21 55.57 59.98 16041 143.781 30 77.692 221.474
 1.37 0.00 74.96 55.57 59.98 16041 143.781 30 77.692 221.474
 0.00 1.59 22.14 55.57 59.98 16042 143.789 30 77.692 221.481
```

还可以把线程 dump 下来，看看究竟是哪个线程、执行什么代码造成的 CPU 利用率高。执行以下命令，把线程 dump 到文件 dump17 里。

```
sudo -u admin /opt/taobao/java/bin/jstack  31177 > /home/tengfei.fangtf/dump17
```

dump 出来的内容如下所示。

```
"http-0.0.0.0-7001-97" daemon prio=10 tid=0x000000004f6a8000 nid=0x555e in Object.
wait() [0x0000000052423000]
    java.lang.Thread.State: WAITING (on object monitor)
        at java.lang.Object.wait(Native Method)
        - waiting on  (a org.apache.tomcat.util.net.AprEndpoint$Worker)
        at java.lang.Object.wait(Object.java:485)
        at org.apache.tomcat.util.net.AprEndpoint$Worker.await(AprEndpoint.java:1464)
        - locked  (a org.apache.tomcat.util.net.AprEndpoint$Worker)
        at org.apache.tomcat.util.net.AprEndpoint$Worker.run(AprEndpoint.java:1489)
        at java.lang.Thread.run(Thread.java:662)
```

dump 出来的线程 ID（nid）是十六进制的，而我们用 top 命令看到的线程 ID 是十进制的，所以要用 printf 命令转换一下。然后用十六进制的 ID 去 dump 里找到对应的线程。

```
printf "%x\n" 31558
```

输出：7b46。

11.3　性能测试

因为要支持某个业务，有同事向我们提出需求，希望系统的某个接口能够支持 2 万的 QPS。我们的应用部署在多台机器上，要支持两万的 QPS，就必须先要知道该接口在单机上能支持多少 QPS，如果单机能支持 1 千 QPS，那么我们需要 20 台机器才能支持 2 万的 QPS。需要注意的是，要支持的 2 万的 QPS 必须是峰值，而不能是平均值，比如一天当中有 23 个小时 QPS 不足 1 万，只有一个小时的 QPS 达到了 2 万，则我们的系统也要支持 2 万的 QPS。

我们先使用公司同事开发的性能测试工具进行测试，该工具的原理是，用户写一个 Java 程序向服务器端发起请求，这个工具会启动一个线程池来调度这些任务，可以配置同时启动多少个线程、发起请求次数和任务间隔时长。将这个程序部署在多台机器上执行，统计出 QPS 和响应时长。我们在 10 台机器上部署了这个测试程序，每台机器启动了 100 个线程进行测试，压测时长为半小时。注意不能压测线上机器，我们压测的是开发服务器。

测试开始后，首先登录服务器查看当前有多少台机器在压测服务器，因为程序的端口是 12200，所以使用 netstat 命令查询有多少台机器连接到这个端口上。命令如下。

```
$ netstat -nat | grep 12200 -c
10
```

通过这个命令可以知道已经有 10 台机器在压测服务器。当 QPS 达到了 1400，程序开始报获取不到数据库连接的错误，因为我们的数据库端口是 3306，用 netstat 命令查看已经使用了多少个数据库连接。命令如下。

```
$ netstat -nat | grep 3306 -c
12
```

增加数据库连接到 20，QPS 没上去，但是响应时长从平均 1000ms 下降到 700ms，使用 top 命令观察 CPU 利用率，发现已经高于 90%，于是升级 CPU，将 2 核升级成 4 核，和线上的机器保持一致。再进行压测，CPU 利用率下降到 75%，QPS 上升到 1800。执行一段时间后响应时长稳定在 200ms。

增加应用服务器里线程池的核心线程数和最大线程数到 1024，通过 ps 命令查看线程数是否增长了，执行的命令如下。

```
$ ps -eLf | grep java -c
1520
```

再次压测，QPS 并没有明显增长，单机 QPS 稳定在 1800 左右，响应时长稳定在 200ms。

我在性能测试之前先优化了程序的 SQL 语句。使用如下命令统计执行最慢的 SQL，左边是执行时长，单位是毫秒，右边是执行的语句，可以看到系统执行最慢的 SQL 是 queryNews 和 queryNewIds，需要将它们优化到几十毫秒。

```
$ grep Y /home/admin/logs/xxx/monitor/dal-rw-monitor.log |awk -F',' '{print $7$5}' |
sort -nr|head -20
1811 queryNews
1764 queryNews
1740 queryNews
```

```
1697 queryNews
679 queryNewIds
```

性能测试中使用的其他命令

1) 查看网络流量。

```
$ cat /proc/net/dev
Inter-| Receive | Transmit
face |bytes packets errs drop fifo frame compressed multicast|bytes packets
errs drop fifo colls carrier compressed
lo:242953548208 231437133 0 0 0 0 0 242953548208 231437133 0 0 0 0 0
eth0:153060432504 446365779 0 0 0 0 0 108596061848 479947142 0 0 0 0 0
bond0:153060432504 446365779 0 0 0 0 0 108596061848 479947142 0 0 0 0 0
```

2) 查看系统平均负载。

```
$ cat /proc/loadavg
0.00 0.04 0.85 1/1266 22459
```

3) 查看系统内存情况。

```
$ cat /proc/meminfo
MemTotal: 4106756 kB
MemFree: 71196 kB
Buffers: 12832 kB
Cached: 2603332 kB
SwapCached: 4016 kB
Active: 2303768 kB
Inactive: 1507324 kB
Active(anon): 996100 kB
部分省略
```

4) 查看 CPU 的利用率。

```
cat /proc/stat
cpu 167301886 6156 331902067 17552830039 8645275 13082 1044952 33931469 0
cpu0 45406479 1992 75489851 4410199442 7321828 12872 688837 5115394 0
cpu1 39821071 1247 132648851 4319596686 379255 67 132447 11365141 0
cpu2 40912727 1705 57947971 4418978718 389539 78 110994 8342835 0
cpu3 41161608 1211 65815393 4404055191 554651 63 112672 9108097 0
```

11.4 异步任务池

Java 中的线程池设计得非常巧妙，可以高效地并发执行多个任务，但是在某些场景下需要对线程池进行扩展才能更好地服务于系统。例如，如果一个任务扔进线程池之后，运行线程池的程序重启了，那么线程池里的任务就会丢失。另外，线程池只能处理本机的任务，在集群环境下不能有效地调度所有机器的任务。所以，需要结合线程池开发一个异步任务处理池。图 11-2 为异步任务池设计图。

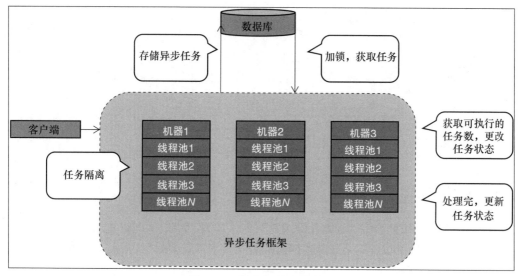

图 11-2　异步任务池设计图

任务池的主要处理流程是，每台机器会启动一个任务池，每个任务池里有多个线程池，当某台机器将一个任务交给任务池后，任务池会先将这个任务保存到数据中，然后某台机器上的任务池会从数据库中获取待执行的任务，再执行这个任务。

每个任务有几种状态，分别是创建（NEW）、执行中（EXECUTING）、重试（RETRY）、挂起（SUSPEND）、中止（TEMINER）和执行完成（FINISH）。

- 创建：提交给任务池之后的状态。
- 执行中：任务池从数据库中拿到任务执行时的状态。
- 重试：当执行任务时出现错误，程序显式地告诉任务池这个任务需要重试，并设置下一次执行时间。
- 挂起：当一个任务的执行依赖于其他任务完成时，可以将这个任务挂起，当收到消息后，再开始执行。
- 中止：任务执行失败，让任务池停止执行这个任务，并设置错误消息告诉调用端。
- 执行完成：任务执行结束。

任务池的任务隔离。异步任务有很多种类型，比如抓取网页任务、同步数据任务等，不同类型的任务优先级不一样，但是系统资源是有限的，如果低优先级的任务非常多，高优先级的任务就可能得不到执行，所以必须对任务进行隔离执行。使用不同的线程池处理不同的任务，或者使用不同的线程池处理不同优先级的任务，如果任务类型非常少，建议用任务类型来隔离，如果任务类型非常多，比如几十个，建议采用优先级的方式来隔离。

任务池的重试策略。根据不同的任务类型设置不同的重试策略，有的任务对实时性要求高，那么每次的重试间隔就会非常短，如果对实时性要求不高，可以采用默认的重试策略。重试间隔随着次数的增加而不断增长，比如间隔几秒、几分钟到几小时。每个任务类型可以设置执行该任务类型线程池的最小和最大线程数、最大重试次数。

使用任务池的注意事项。任务必须无状态：任务不能在执行任务的机器中保存数据，比如某个任务是处理上传的文件，任务的属性里有文件的上传路径，如果文件上传到机器 1，则机器 2 获取到了任务则会处理失败，所以上传的文件必须存在其他的集群里，比如 OSS 或 SFTP。

异步任务的属性。包括任务名称、下次执行时间、已执行次数、任务类型、任务优先级和执行时的报错信息（用于快速定位问题）。

11.5 本章小结

本章介绍了使用生产者和消费者模式进行并发编程、线上问题排查手段和性能测试实战，以及异步任务池的设计。并发编程的实战需要大家平时多使用和测试，才能在项目中发挥作用。

分布式编程基础

纵使有多核与超线程技术的加持，单机处理能力也有上限，当需要处理更大规模的计算时，就需要使用多机，也就是分布式技术。单机和多机处理的主要区别在于执行单元的通信方式。单机运行时，执行单元是线程，多个线程依靠内存作为沟通的媒介，过程确定且高效。多机运行时，执行单元是进程（以及线程），主要依靠网络进行通信，由于网络消息存在延迟或丢失等不确定性，过程不稳定且低效。虽然网络通信存在不确定性，但不代表它无法被"驯服"，分布式环境下的编程原则和范式，可以使分布式应用稳定地运行，如今，微服务、分布式消息和调度被大量采用。在学习某项具体的分布式技术时，还是需要先理解和掌握分布式编程原则和范式。

本章将介绍分布式编程的 CAP 原则以及常见的分布式事务处理模式，最后通过分析两种常见的分布式共识算法让读者了解分布式编程将会遇到的挑战，以及应对这些挑战所依据的理论和采用的模式。

12.1 分布式 CAP 原则

提到分布式技术，就离不开 CAP 原则，它是开发者认识和评估现有分布式技术的理论基础。针对某种分布式技术（产品），我们可以运用 CAP 原则进行分析，快速地了解该技术的特点和它的设计思路，进而正确地使用该技术。

12.1.1 CAP 原则简介

CAP 是一致性（Consistency）、可用性（Availability）以及分区容忍性（Partition tolerance）

的首字母缩写，如图 12-1 所示。CAP 原则要说明的是，对于这三种特性，一个分布式系统同时只能满足两个。在分布式环境中，系统通过网络相互连接，彼此之间可能会存在分区，所以分区容忍性往往是现实基础，也可以这样说，在一个容易出现错误的分布式环境中，系统无法同时满足一致性和可用性。

由于三者不可兼得，而分区容忍性无法避免，所以业界的分布式系统大都在 CP 和 AP 之间做选择，比如 BASE 思想（所谓软状态，最终一致性）就是 AP 的一种成功实践。

下面分别对三种特性做一些解释。

一致性（C），表示分布式系统的不同分区之间的数据副本是一致的。这么定义有些严格，宽泛地讲，从外部请求这个分布式系统，先进行写，后进行读，总能够读到最新的值。如果由于分区的存在，导致读到了旧值，但通过数据同步使得分区间的数据在一段延迟后重新一致，响应恢复正常，这种情况可以称为最终一致性或瞬时不一致。

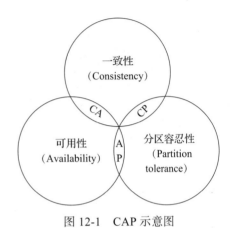

图 12-1　CAP 示意图

可用性（A），表示分布式系统在任何时刻都能提供服务的能力。如果一个分布式系统能够在任何时刻提供服务，那么这个分布式系统就被认为具备良好的可用性。如果由于分区的存在，导致系统从整体上看有稳定性风险，那么该分布式系统的可用性是不足的。

分区容忍性（P），表示分布式系统的多个分区（或者副本）之间能够封闭运行，可以在一个分区出现问题或者分区之间存在问题的情况下，对外表现良好。如果一个分布式系统能够在分区或者分区之间出现问题的情况下稳定工作，那么该系统具备良好的分区容忍性。

12.1.2　CAP 原则证明

在 2000 年的分布式计算原理会议（PODC）上，Brewer 提出了一个猜想：一个 Web 服务是无法同时保证一致性、可用性和分区容忍性的。MIT 的 Lynch 等人针对这个猜想做了详细的论证和分析，在一定程度上形式化证明了该猜想，并基于该猜想，探讨了分布式环境下如何更实际地面对和处理这三者之间的关系。

1. 异步网络模型下证明 CAP

定理 1　在一个异步网络模型的分布式系统中，是无法同时保证可用性和一致性的。

在异步网络模型中，分布式系统中的各个节点没有时钟协调，节点间仅通过异步消息来完成协作，节点被动地接收消息并处理，而结果也通过消息进行传递，该过程可能存在消息的丢失或者延迟。可以把它简单理解为一个完全由异步消息连接的分布式系统，各个节点如同一个个任务，不断地消费消息，并产生消息。异步网络的效率高，但是可靠性较差，因为没有过多的约束来强化可靠性。

证明：使用反证法。假定存在一个算法，异步网络中的节点 {G1, G2} 能够同时满足 CAP 特性，其中 G1 和 G2 保存的数据为初始值 V0。假定存在两个操作：操作 A，写请求 G1，将 V0 改为 V1；操作 B，读请求 G2，获取值。操作 A 先于操作 B，由于当前算法满足 CAP 特性，所以操作 B 获取到的值应该是 V1。

由于 G1 和 G2 之间是异步网络，数据同步消息存在丢失或延迟，操作 B 返回的值很有可能还是 V0，这就违反了一致性，因此不存在类似算法在异步网络模型的分布式系统中同时满足 CAP 特性。证明的参考过程如图 12-2 所示。

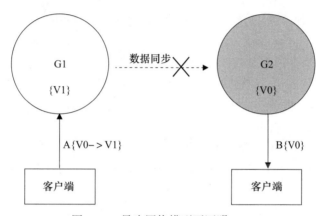

图 12-2　异步网络模型下证明 CAP

通过证明可以看出，在异步网络模型下，CAP 特性无法同时满足。

2. 部分同步网络模型下证明 CAP

定理 2　在一个部分同步网络模型的分布式系统中，是无法同时保证可用性和一致性的。

在部分同步网络模型下，分布式系统的各个节点都拥有一个时钟，时钟之间没有同步，是各节点私有的，只是跳动频率一致。这一点看起来仿佛并没有比异步网络模型强多少，但是在实际功能上还是要好一些。比如：部分同步网络由于存在节点时钟，可以知道发送一个消息后，在多长时间没有收到来自对端节点的回执就可以判定该消息可能无效，而异步网络模型无法做到这点。在部分同步网络模型下，调用后就会有应答，虽然确定性有所增加，但是对于超时应答而言，对端可能收到了请求，也可能没有收到，因此无法确定对端是否执行了操作。

注意　超时应答不是来自对端的回复，而是调用端根据本地时钟计算后自我应答的一种机制。

证明方式同异步网络模型类似，都是因为通信的不可靠性，在部分同步网络模型的分布式系统中，不存在一个算法同时满足 CAP 特性。

12.1.3 CAP 原则思考

通过证明可以得到结论，CAP 特性无法同时满足，但同时做到两个还是可以的。

如果选择 CP，那么被交换的就是 A，通过消息传递时的相互确认，能够确保一致性，常见的分布式多写方案大都属于 CP 类型。当然它们对于 A 的交换并不是坐以待毙，而是通过一些备份的手段加以保障，比如，通过一主多备的方式来提升可用性，避免长时间的宕机，这种模式一般叫作 CP+ 高可用。

如果选择 CA，那么被交换的就是 P，在一个中心化的系统结构下，是比较容易做到 CA 的。在局域网中运作的系统，不会遇到网络分区问题，比如，在局域网中部署一个 MySQL 实例对其他节点提供关系数据库服务，这个 MySQL 就可以被认为是 CA 类型的。

如果选择 AP，那么被交换的就是 C，一个高可靠和能够应对网络分区的分布式系统是很有价值的，比如，Web 服务中的缓存（或者 CDN）。当然，选择 AP 并不是对于一致性的缺失放任不管，而是允许弱一致性，或者说在一段时间后数据一定会在不同分区达成一致，这也是我们常说的最终一致性。

分区容忍性需要考虑不同分区之间可能存在无法相互访问的情况。一般来说，分布式系统都会有 P，那么剩下的就是在 C 和 A 之间做出选择了。以 TDDL（淘宝分布式数据访问层）类似的系统为例，多个原子数据库之间不能相互访问，所以要选择 P，又由于电商对一致性的要求，因此选择了 C。

1. 对一致性的思考

在实际情况中，不同场景对一致性存在不同的要求，有强弱之分。按照场景，服务对一致性的要求如表 12-1 所示。

表 12-1 不同场景中服务对一致性的要求

服务类型	描　　述	场　　景
不重要的服务	在服务集群中，节点之间不需要通信，它们只是返回只读信息	地址服务或者一些元知识服务，这种服务对于一致性的要求很低，在一定程度上会避免落入 CAP 的矛盾选择中
弱一致性服务	在分布式服务中，更加看重可用性，一致性最终会达成	AP 类型的存储服务，比如分布式缓存服务
简单服务	提供了简单操作的一致性保证	CP 类型的存储服务，比如 HBase、MongoDB
复杂服务	有复杂的分布式协调或者事务语义的服务，也可能是多个简单服务或其他类型服务的叠加	

2. 对分区容忍性的思考

在分区一定会发生的分布式环境中，分区存在如表 12-2 所示的若干模式。

表 12-2 分区模式

分区模式	描　述	场　景
数据分区	从数据类型下手，不同的数据类型对于一致性的要求是不一样的，在服务于不同数据类型的系统设计时，需要根据其特点进行取舍	在一个电商系统中，购物车和商品这两个数据类型（或者说支撑它们的分布式系统），对于一致性的要求一定是不同的。商品对于一致性的要求比购物车低，因此商品系统可以多考虑缓存技术，而购物车系统则需要依赖 CP 类的存储
操作分区	根据操作维度进行分区，对于数据的不同访问方法，提供不同的一致性和可用性保证，使整个系统对外表现更好	对于数据的更改，需要做到一致性，而数据的读取不需要那么实时，这种场景常见的模式就是分布式缓存和关系数据库的组合。对于写，直接作用于数据库，它是强一致性的；对于读，往往先经过缓存，这时可用性会得到保证
用户分区	按照用户的地理位置或者属性，将用户数据分散在不同的分区中，使用户能够就近分区访问，提升访问效率	CDN 服务就是一个用户分区的例子，用户访问 Web 服务，系统会根据用户的地理位置，将用户获取资源的请求转派到离用户更近的区域网络，从而使用户获得更好的访问体验
层次分区	多个分布式系统会组成一个整体，但是不同的系统所在的层次和提供的功能都是不一样的，根据系统的层次来进行分区	不同的分布式系统会组成一个统一的整体，就像一棵树，根节点变化少，而叶子节点离用户近，不同层次的节点对一致性和可用性有不同的倾向性

3. 一致性和可用性的矛盾

一致性和可用性存在矛盾，在分布式环境中，分区已经成为既定事实，因为分区间的通信不能保证绝对意义的可靠，所以：

1）如果看重一致性，那么就需要数据在更新时，在多个分区之间保证强一致，解法就是在更新时锁定多个分区，任意分区出错，则更新失败，但这样会导致可用性降低。

2）如果保证可用性，就必须做到多个分区之间的更新不相互耦合，通过异步消息进行更新，如果任意分区出错，则会进行重试，但这样会无法满足一致性要求。

面对这种矛盾，可以设计一个分布式数据存储系统，通过混合数据源来支持业务需求，比如 MySQL+MongoDB，利用 MySQL 的事务性来支持安全地写，利用 MongoDB 来满足复杂场景的读，数据会从 MySQL 向 MongoDB 同步。

混合数据源首先必须具备分区容忍性，然后就是在一致性和可用性中做选择了：

1）如果选择一致性，就要求所有的变更在多个节点（MySQL 和 MongoDB）中是一致的，这时会使用分布式事务来保障不同节点的数据一致性，但是节点之间的网络可能存在问题，由于数据同步出错，导致服务出现错误，降低了可用性。

2）如果选择可用性，MySQL 发生数据变更后，会使用异步消息将变更同步到 MongoDB，如果网络出现问题，将会在下次恢复时完成同步。虽然数据存在短暂的不一致，但是服务的可用性能够得到保证。

在 CAP 原则的限定下，许多开发者仍在不懈努力，希望在不同的场景下减少 CAP 原则带来的麻烦，而基本思路都是在 P 成立的基础上选择侧重 C 或 A：

1）尽力而为的可用性，即 CP 类。这种设计往往用于在一个数据中心中提供稳定的服务的场景,如果要跨数据中心,将会导致可用性严重下降。CP 类型并不是不看重可用性,以谷歌的分布式锁服务 Chubby 为例,Chubby 集群包括若干节点,只要超过半数的节点能够正常工作,Chubby 就能提供稳定的服务。可以看到,只要一个数据中心中过半数的 Chubby 节点接收了请求,那么就认为该请求能够被正确处理,而可用性也得到了最大限度的保障。

2)尽力而为的一致性,即 AP 类型。在某些场景下,牺牲可用性是不可取的,用户需要立刻看到响应,比如,用户请求一个网页时需要快速地获得响应页面,纵使它的数据可能不那么实时。AP 类型常见的使用场景是缓存服务,在互联网这种读远远大于写的场景里,缓存服务被大量使用。用户实时数据一般存储在关系数据库中,而缓存服务中的快照数据能够更快地响应应用请求,虽然数据的一致性会受到挑战,但可以使用缓存的过期时间做到用户数据在二者中的最终一致。

12.2　分布式事务:两阶段提交

事务是数据操作和并发控制的基本单位,在单机环境下,应用程序和数据库通过事务开始与结束来定义事务范围,简单明了。在分布式环境下,多个应用程序通过协作来完成工作,且应用程序都连接自己的数据库,之前单机环境下的简单协议已经无法满足分布式环境下的事务要求,所以需要一种不同的协议。两阶段提交是分布式事务常见的解决方案,在正式介绍它之前,我们先来看一下分布式事务面临的挑战。

12.2.1　分布式事务面临的挑战

以银行转账为例,用户 A 从银行 X 的账户上转了 100 元到用户 B 位于银行 Y 的账户上。如果单独分析用户 A 和用户 B 各自银行账户的金额变化,它们就是独立的本地事务,但是由于这个场景跨多个数据源,所以它是一个分布式事务场景,而分布式事务代表的是全局事务。图 12-3 是一个跨行转账的分布式事务场景示例。

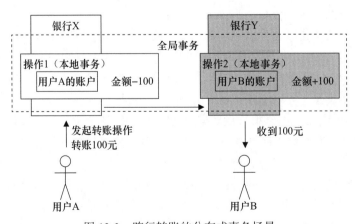

图 12-3　跨行转账的分布式事务场景

用户 A 在银行 X 账户的扣款以及用户 B 在银行 Y 账户的存款是一个全局事务，既然是事务，就需要具备 ACID 特性，尤其是要兑现原子性（A），也就是说，要么这两个操作全部成功，要么全部失败，没有中间状态。如果把这两个操作视作系统中的两个节点，在转账场景中，它们就形成了一个更大范畴的分布式系统（虽然银行 X 和 Y 的系统并不一样），而要确保分布式事务的原子性，需要保证：

1）安全性（Safety），所有节点共进退，要么成功，要么失败。

2）存活性（Liveness），所有节点正常，则成功。可以允许有异常节点，但最终需要有一致的结果，且不能一直等待。

参与分布式事务的多个节点需要对事务的提交或回滚达成一致，其实事务的提交与否和一个值在多个节点保持一致是一样的，由此看来，这又涉及分布式一致性问题。根据 CAP 原则，由于分区已经客观存在，因此保证安全性和存活性的必要条件就是保证一致性（C）。确保分区环境下的一致性的协议有许多，常见的就是两阶段提交（Two Phase Commit）。

12.2.2　拜占庭将军问题

分布式环境中多个节点之间依靠网络（消息）进行通信，而在这种易出错的环境中寻求一致性是有困难的。在介绍两阶段提交之前，我们先简单地介绍一下拜占庭将军问题，了解在基于消息通信的分布式环境中，做到一致性会面临哪些困难，以及应对这些困难需要兑现的最低要求。

拜占庭将军问题描述的是一个负责指挥的将军发送命令给他的 n 个中尉，要求：

❑ 条件 1，所有忠诚的中尉服从一致的命令。

❑ 条件 2，如果将军是忠诚的，那么每个忠诚的中尉都会服从他的命令。

条件 1 和条件 2 是相关的，如果条件 2 成立，则条件 1 自然成立。

拜占庭将军问题的难点在于，如果将军和中尉之间仅通过口头消息传递信息，那么将军和中尉这群人中忠诚的人没有超过 2/3，这个问题就是无解的。比如只有一个将军和两个中尉，也就是三个参与者，只要其中出现一个叛徒，无论他是将军还是中尉，都无法使忠诚的参与者达成共识。口头消息的内容完全由发送者控制，所以一个叛徒能够传递任意可能的信息去制造混乱。

如图 12-4 所示，忠诚的将军发送"进攻"命令，但中尉 2 是叛徒并向中尉 1 报告他收到了"撤退"命令。为了满足条件 2，中尉 1 必须服从命令进行攻击，但他收到了一个"进攻"和一个"撤退"命令，在这种两难的境地，中尉 1 无法得出

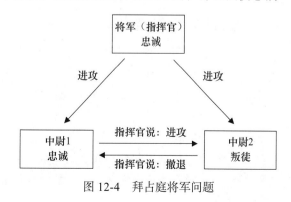

图 12-4　拜占庭将军问题

能够满足条件 1 和条件 2 的结论。

拜占庭将军问题明确了应对 m 个叛徒，必须至少有 $3m+1$ 个参与者。Lamport 在他 1982 年的论文中阐述了基于口头消息的算法，用于满足条件 1 和条件 2。简单地说，每个中尉都会将自己收到的命令发送给其他中尉，这样每个中尉都会得到所有中尉的命令集合，然后取多数来执行。关于这个算法，这里不做展开，有兴趣的读者可以自行了解，但对于参与者之间的口头消息，需要满足以下假设（或约束）。

❑ 假设 1：发送的每条消息都能被正确传递。

❑ 假设 2：消息的接收者知道是谁发送的。

❑ 假设 3：可以检测到没有收到哪个发送者的消息。

假设 1 和假设 2 可以防止叛徒干扰其他参与者之间的通信，假设 3 将挫败一个试图通过不发消息来拖延决策的叛徒。如果把将军和中尉比作分布式系统中的各个节点，那么口头消息就是节点间的网络通信，忠诚与否就是节点是否存在故障。要在分布式系统环境下寻求一致性，就需要网络通信能够满足原有口头消息的全部假设，如表 12-3 所示。

表 12-3　网络通信与口头消息假设的类比

假设	描　述	说　明
假设 1	由无故障节点发送的每条消息都被正确传递	在实际系统中，通信线路虽然会出现故障，但通过重传或重试，基本可以保障
假设 2	节点可以确定它收到的消息的发送者	计算机系统中传递的消息可以知晓对端是谁
假设 3	可以检测到缺失哪个节点的消息	消息的缺失只能通过它在某个固定时长内未能到达来检测，也就是依赖超时机制

假设 1 和假设 2 在分布式系统中是可以基本保障的，但是对于假设 3 的保障有些困难，需要使用超时机制来解决。如果接收方在一段时间内没有收到消息，那么就认为该消息是缺失的，纵使在之后某个时刻收到了消息，也不会理会它。通过对假设的分析，可以看出超时机制是分布式系统中用于自省的重要手段。

12.2.3　两阶段提交协议

两阶段提交协议通过引入一个协调者组件来统一掌控所有节点（或称作参与者）的操作，该协议的思路可以概括为：协调者先问询所有参与者的处理意见，参与者将结果通知到协调者，协调者再根据所有反馈结果决定各参与者接下来是提交还是中止。

两阶段提交涉及的角色一般有三个：应用程序、协调者（或称作事务管理器）和参与者（或称作资源管理器）。由应用程序发起操作，协调者一般是独立部署的中间件，而参与者是关系型数据库，协调者和参与者之间通过 XA 协议进行沟通。两阶段分为准备阶段和提交阶段，分别应对投票和执行两个场景，其中准备阶段如图 12-5 所示。

准备阶段由应用程序发起，通过协调者将提交事务的请求发送给所有参与者，参与者收到请求后在本地记录日志并将处理结果返回给协调者，然后等待最终命令，此时不做提交，外部不会感知到数据变更。参与者的处理结果只有两种：同意或中止。该阶段完成后，整体事务进入提交阶段，如图 12-6 所示。

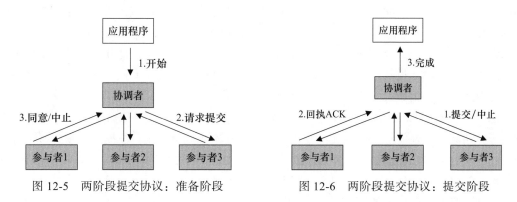

图 12-5　两阶段提交协议：准备阶段　　　　图 12-6　两阶段提交协议：提交阶段

协调者根据准备阶段收集到的各参与者返回的处理结果进行判定，如果全部为同意，则向所有参与者发起提交命令，如果存在中止，则向所有参与者发起中止命令，当所有参与者响应命令后，整体事务完成。

可以看到两阶段提交协议是一种非常朴素的分布式一致性协议，它依靠协调者来协同各参与者，确保不同参与者的状态能够达成一致。该协议在安全性上能够确保所有节点有一致的行为，但是在存活性上存在一些问题，比如协调者在事务执行中突然崩溃导致参与者出现悬停。接下来我们运用 CAP 原则和拜占庭将军问题分析两阶段提交的一些问题。

12.2.4　对两阶段提交的思考

CAP 原则指出，在一个分区的（分布式）系统中，无法同时满足一致性和可用性。两阶段提交协议面对分区选择了强一致性，因此在可用性上就会存在挑战。选择强一致性，势必会在多个分区（或系统）之间同时锁定更多的资源，由于网络通信的不确定性，从而导致可用性降低。实际上两阶段提交最大的缺点就是在执行时，参与节点都处于阻塞状态，节点之间相互等待对方的响应消息，而一旦某个节点锁定了某些资源后，其他节点访问这些资源也会被阻塞，当然这也是保障一致性所需要付出的代价。

如果用拜占庭将军问题的拓扑模型来演绎两阶段提交的执行场景，可以看出在该场景中，协调者扮演的是将军，而每个参与者就是中尉，协调者下达命令，参与者执行后反馈。由于各方通过消息进行沟通，而要形成共识，就需要满足假设 1 ～假设 3。前两个假设比较容易满足，假设 3 兑现起来就有些困难，也就是如何发现对方（协调者或参与者）的消息缺失。

从协调者的角度来看，在准备阶段发起对各个参与者的请求后，需要等待所有参与者的响应，如果某一个参与者未响应或者响应消息丢失，则假设 3 无法满足，无法达成共识，进而无法满足一致性。两阶段提交解决该问题的方式是增加协调者自身的超时机制，如果超时时间到达后，存在参与者没有响应，则通知所有参与者执行中止操作。

从参与者的角度来看，在提交阶段等待协调者的最终命令时，如果此时协调者出现故障导致未发送命令或者命令丢失，也会无法满足一致性。参与者也需要超时机制，在超时时间到达后，不能简单地做出提交或者中止的操作，而是需要同各个参与者进行协商。比如，协调者可能没有发出命令，或者协调者可能发出了提交的命令，触达部分参与者后出现了问题。由于参与者不知道其他参与者在准备阶段的响应结果，所以需要依赖协商，这样会使问题变得更加复杂，很难有一个完美的解决方案。

从上述分析可以看出，两阶段提交通过引入协调者并利用准备和提交两个阶段简洁地解决了分布式一致性问题，但在实际使用中，它存在不少问题。两阶段提交要求各参与者对资源的占用时间横跨两个阶段，这会导致吞吐量变低，并且由于协调者（或部分参与者）的稳定性或消息丢失问题，使得一旦出现问题就很难保证事务的原子性，只能通过提升协调者的可用性来降低问题出现的概率。

12.3　分布式事务：TCC

TCC（Try-Cancel/Confirm）是一种柔性事务的代表技术，本质是两阶段提交（以下简称为 2PC）的变体，也就是在 Try 阶段将资源的变更做完，达到万事俱备只欠东风的状态，之后所有的事务参与者如果对此无异议，则事务发起者将会请求整体提交，也就是触发 Confirm，反之会执行 Cancel。

TCC 需要事务协调者的参与来完成 Cancel 或 Confirm 的触发工作。TCC 的全局事务由事务参与者发起，所涉及的事务参与者都会创建本地分支事务，这点与 2PC 类似，而本地事务的提交和回滚操作就分别对应 Confirm 和 Cancel。Try-Confirm 过程如图 12-7 所示。

全局事务由应用程序发起，一般应用程序也是事务参与者，它承担管理全局事务的角色，负责全局事务的提交或者回滚。应用程序在事务逻辑中请求不同的事务参与者，收到请求的事务参与者会将本地事务作为一个分支事务和全局事务形成关联，同时会将上述信息注册至事务协调者。如果应用程序事务逻辑执行完成，各事务参与者均响应正常，代表全局事务可以提交，则应用程序会通知事务协调者提交全局事务，事务协调者随后触发各个参与者的确认（Confirm）逻辑。

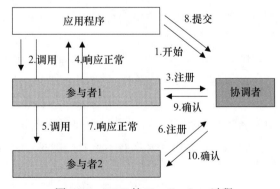

图 12-7　TCC 的 Try-Confirm 过程

如果事务逻辑执行出错，有事务参与者响应异常，则会执行 Try-Cancel 过程，如图 12-8 所示。

Try-Cancel 和 Try-Confirm 的过程很类似，如果应用程序在事务逻辑中调用事务参与者出现错误，则应用程序会通知事务协调者对当前全局事务进行回滚，事务协调者随后触发各个参与者的取消（Cancel）逻辑。

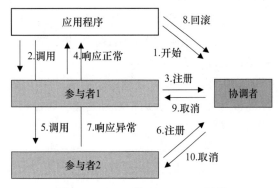

图 12-8　TCC 的 Try-Cancel 过程

12.3.1　TCC 的主要优势

TCC 的主要优势在于有较高的吞吐量。以电商业务的商品订购场景为例，买家订购商品生成订单，同时进行订单生成和商品库存扣减，这个过程需要保证如果库存满足订购的数量，订单有效，反之则订单无效，也就是说订购过程是一个事务。为简单起见，假设整个过程只涉及三个事务参与者，分别是交易前台、订单和商品库存三个微服务系统，交易前台会调用订单和商品库存两个微服务完成订购。

如果使用 2PC 来确保该分布式事务，假设订购过程中，交易前台微服务调用订单微服务生成了订单，但随后调用商品库存微服务时出现错误（库存不足或调用超时），则该全局事务需要进行回滚。从资源占用的角度出发，上述过程如图 12-9 所示。

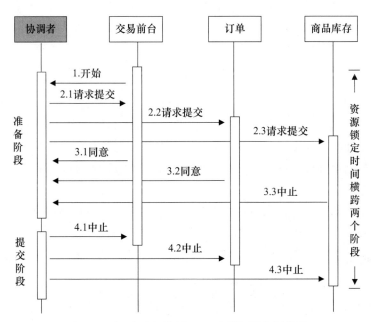

图 12-9　订购过程使用 2PC 时的资源占用情况

可以看到参与该分布式事务的三个微服务会锁定参与事务的资源（比如：订单和商品库存等数据），且锁定时间会横跨两个阶段。商品库存微服务反馈中止，全局事务需要中止，订单微服务依旧要等待协调者的通知才能继续，这会导致订单资源被长时间锁定。在 2PC 模式下，整个系统的吞吐量存在短板，如果某个事务参与者存在比较耗时的操作，将会严重拖慢整个系统的响应速度。

如果使用 TCC 来处理这个场景，TCC 事务参与者会在接收到请求后即刻提交本地事务，事务参与者之间不会由于对方处理耗时过长而相互影响，该过程的资源占用情况如图 12-10 所示。

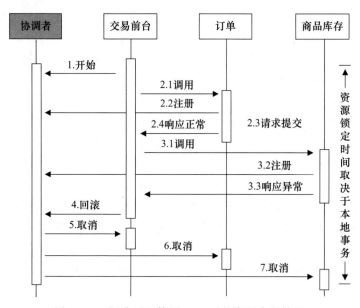

图 12-10　订购过程使用 TCC 时的资源占用情况

从 TCC 的交互过程可以看到各个事务参与者所负责的本地事务在接收到请求后就会开始处理，一旦完成就会提交。订单微服务在接收到交易前台微服务的调用后会即刻进行订单创建，不会等待商品库存微服务的处理结果。当事务协调者发送取消事件给订单微服务时，订单微服务会根据事件中的事务上下文（比如订单 ID）来取消对应的订单。需要注意的是，取消订单的操作也是一个本地事务。

TCC 对资源的锁定时间会比 2PC 短得多，总体上呈现出一种对资源短时且离散的占据形态，而非 2PC 在整个事务周期内长时间地锁定资源。由于资源锁定时间变短，单位时间能够处理的本地事务数量自然增多，因此，在 TCC 模式下，整个系统的吞吐量会有显著的提升。

> **注意**　在微服务架构下，可以通过适当提升 TCC 链路上较为耗时的微服务实例数量，进一步提升整个系统的吞吐量。

12.3.2　TCC 的使用代价

对资源锁定时间的缩短无疑会提升系统的吞吐量，这使得 TCC 相比 2PC 有更好的性能表现，但任何优势都会付出一定的代价，这些代价主要体现在以下两个方面。

1. 产品交互方式的改变

在商品订购场景中，2PC 和 TCC 模式除了在资源锁定时间上有所不同外，在数据的可见性上也不一样。在 2PC 模式下，当订单由于库存不足而生成失败时，用户在后台将看不到订购失败的订单，并且在数据库层面也不会出现订购失败的订单，原因是 2PC 追求强一致性，数据被回滚了。在 TCC 模式下，订单和商品库存之间没有强依赖，虽然在一个全局事务中，但是订单数据会生成，只能通过状态位等技术手段使用户无法查看到失败订单，可是它确实在数据库中生成了，只是在等待做取消或确认操作，这个过程体现了最终一致性。

适当改变产品的交互方式以适应 TCC 模式会是一个好的选择。比如，产品需要一定程度上的面向失败设计，以订购场景为例，将订购失败认为是一种正常情况，让用户不仅可以看到失败的订单而且可以看到失败的原因。这样刚生成的订单，可以提示用户系统正在处理，一旦取消或确认后，也可以将反馈展示给用户。适当改变产品交互方式，增加些许面向失败和容错的设计，会使得 TCC 模式应用起来更加自然，同时也能够获得不错的用户体验，让业务产品和技术实现对齐。

2. 技术实现方式的改变

2PC 在数据层面实现事务，不需要对应用代码进行改造，而 TCC 本质上是应用层面的 2PC，它会侵入应用代码，需要应用满足 TCC 所需要的语义。微服务接口定义需要做出改变以适应 TCC，以订单微服务的下单接口为例，它在 2PC 和 TCC 模式下的区别如图 12-11 所示。

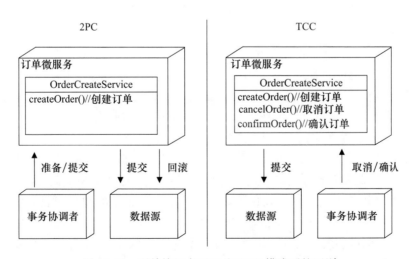

图 12-11　下单接口在 2PC 和 TCC 模式下的区别

在 2PC（图 12-11 左半部分）模式下，应用在接口定义上没有约束，这是 2PC 的优势，事务协调者同数据源进行协作以实现分布式事务，一定程度上对应用透明。而在 TCC（图 12-11 右半部分）模式下，应用成为分布式事务中的主角，需要与事务协调者进行交互，所以在接口上需要定义出数据的创建、取消和确认三个不同的方法来分别应对 TCC 中的 Try、Cancel 和 Confirm 逻辑。

对于 2PC 而言，如果准备阶段有事务参与者要求事务中止，则在提交阶段，参与事务的数据源会将数据进行回滚。TCC 不依靠数据源来完成回滚操作，而是需要用户编写取消逻辑来处理之前 Try 阶段生成的数据，因此 TCC 的取消操作是一次新的事务提交。

在 TCC 模式下，OrderCreateService 定义了三个方法——createOrder、cancelOrder 和 confirmOrder，分别对应订单生成过程中的 Try、Cancel 和 Confirm 逻辑。TCC 不仅侵入应用接口定义，还对方法实现有隐性要求，也就是需要做到幂等。事务协调者对于应用的通知可能会因为网络（或其他）原因出现延迟或重复，所以需要由应用自身的代码逻辑保证幂等。以 cancelOrder 为例，在取消订单时需要先获取订单，根据订单的数据做出判断，比如只有订单在新生成、没有被取消且没有被确认的情况下才能够进行取消处理。

12.3.3　支持 TCC 的 Seata

TCC 依赖事务协调者来完成对全局事务（和分支事务）的状态维护与驱动。事务参与者（也就是微服务应用）会将本地分支事务注册到事务协调者上，后者会在全局事务提交或回滚时回调前者相应的确认或取消接口。业界有许多开源的 TCC 事务协调者实现，其中使用广泛、功能完备且稳定可靠的当属 Seata。

 注意　本书使用的 Seata 版本是 1.4.2，如果需要详细了解 Seata，可以访问 seata.io。

---

1. 什么是 Seata

Seata 是一个开源的分布式解决方案，支持诸如 AT（类似于 2PC）、TCC、SAGA 和 XA 等多种事务模式。Seata 是基于 C/S 架构的中间件，微服务应用需要依赖 Seata 客户端来完成和 Seata 服务端的通信，而通信协议是 Seata 自有的 RPC 协议。微服务应用通过 Seata 远程调用完成分布式事务的开启与注册，同时也接收来自 Seata 服务端由于事务状态变更而带来的回调通知，Seata 整体架构如图 12-12 所示。

使用 Seata 之前，需要部署 Seata 服务端，服务端会将 Seata 服务发布到注册中心，当依赖 Seata 客户端的微服务应用启动时，可以通过注册中心订阅 Seata 服务。发布服务是为了使 Seata 服务以集群高可用的方式暴露给使用者。Seata 的客户端和服务端有许多参数可以配置，比如，事务提交的重试次数或间隔时间，一般这些配置可以放在微服务应用或 Seata 服务端上，但过多的配置项会增加维护成本，所以 Seata 支持将配置存放在配置中心上统一管理，以简化运维。

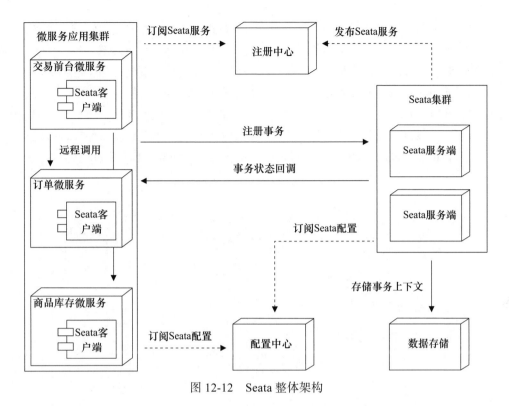

图 12-12　Seata 整体架构

Seata 服务端通过依赖外部的数据存储将事务上下文等信息持久化存储起来，使 Seata 服务端无状态化，从而进一步提升稳定性。Seata 可以支持多种不同的注册中心、配置中心及数据存储，如表 12-4 所示。

表 12-4　Seata 支持的注册中心、配置中心及数据存储

类型	可选产品	功能描述
注册中心	文件、ZooKeeper、Redis、Nacos 和 ETCD 等	Seata 服务端发布服务，Seata 客户端进行服务发现
配置中心	文件、ZooKeeper、Nacos、ETCD 和 Spring Cloud Config 等	统一管理和维护 Seata 的配置信息
数据存储	文件、关系数据库和 Redis	持久化存储全局事务、分支事务及事务上下文信息

微服务应用通过依赖 Seata 客户端与 Seata 服务端进行通信，Seata 客户端通过 AOP 的形式拦截微服务应用间的远程调用。在远程调用前开启（或注册）分布式事务，当 Seata 服务端发现事务状态变化时，再回调部署在微服务应用中的 Seata 客户端来执行相应的逻辑。

2. Seata 如何支持 TCC

在 TCC 模式中，由事务管理器（一般也是事务参与者）开启全局事务，在事务逻辑执

行过程中，该链路上所有节点（微服务应用）的分布式调用都会注册相应的分支事务，全局事务和分支事务会产生关联。当事务逻辑执行完成，且调用多个节点没有出错，代表全局事务可以提交时，事务协调者会回调所有事务参与者的确认逻辑，反之，回调取消逻辑。

可以看到事务的开启和（节点之间的）传播是实现 TCC 的关键，接下来简单介绍 Seata 对全局事务开启以及事务传播的相关逻辑。任意业务方法的进入和返回，就好比全局事务的开始和结束，如果某个业务方法的执行需要 Seata 来保障全局事务，就需要在该方法上添加注解 GlobalTransactional，该方法中的远程调用也会被全局事务管理。Seata 客户端的主要接口和类（以及部分主要方法）如图 12-13 所示。

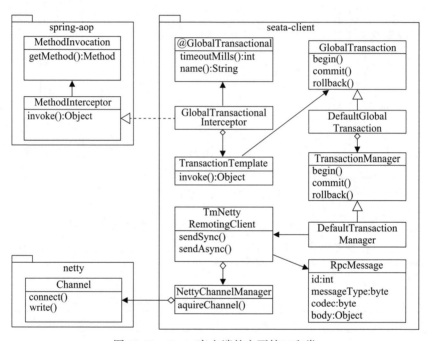

图 12-13　Seata 客户端的主要接口和类

Seata 客户端通过实现 spring-aop 的方法拦截器来拦截用户的方法执行。Seata 将全局事务抽象为 GlobalTransaction，它和普通事务一样具备开始、提交和回滚等方法，当拦截到用户方法的调用（或异常）时，会触发全局事务对应的方法。当事务管理器 TransactionManager 被调用时，它会将相关事务操作远程通知到 Seata 服务端，可以认为在微服务之间进行业务远程调用的拓扑结构下还存在一层 Seata 远程调用的拓扑结构。

通过 AOP 的方式，可以让应用透明地开启全局事务，但在微服务架构下，如何做到当前全局事务在微服务之间传播呢？答案是扩展 RPC 框架。以 Apache Dubbo 为例（以下简称 Dubbo），可以看到 Seata 通过扩展 Dubbo 过滤器使微服务之间具备了传播事务的能力，部分关键代码如下所示。

```
@Activate(group = {DubboConstants.PROVIDER, DubboConstants.CONSUMER}, order = 100)
public class ApacheDubboTransactionPropagationFilter implements Filter {

    @Override
    public Result invoke(Invoker<?> invoker, Invocation invocation) throws RpcException {
        String xid = RootContext.getXID();
        BranchType branchType = RootContext.getBranchType();
        String rpcXid = RpcContext.getContext().getAttachment(RootContext.KEY_XID);
        String rpcBranchType = RpcContext.getContext().getAttachment(RootContext.
            KEY_BRANCH_TYPE);
        boolean bind = false;
        if (xid != null) {
            RpcContext.getContext().setAttachment(RootContext.KEY_XID, xid);
            RpcContext.getContext().setAttachment(RootContext.KEY_BRANCH_TYPE,
                branchType.name());
        } else {
            if (rpcXid != null) {
                RootContext.bind(rpcXid);
                if (StringUtils.equals(BranchType.TCC.name(), rpcBranchType)) {
                    RootContext.bindBranchType(BranchType.TCC);
                }
                bind = true;
            }
        }
        try {
            return invoker.invoke(invocation);
        } finally {
            //略
        }
    }
}
```

Dubbo 提供了对调用链路扩展的能力，这也说明它是一款非常成熟的 RPC 框架。可以看到，这里首先在上述 Seata 的扩展点尝试获取本地事务信息（包括事务 ID 和事务模式），然后尝试获取 Dubbo 请求上下文中对应的远程事务信息。如果能够获取到存储在 ThreadLocal 中的本地事务信息，表明当前代码运行在一个全局事务中，则尝试将事务信息放置到 Dubbo 请求上下文中，使之能够传递到下一个微服务节点。如果本地事务信息不存在，但存在远程事务信息，表明本次调用是 Seata 事务调用，需要将远程事务信息恢复到当前 ThreadLocal 中，将全局事务连接起来。

通过扩展 Dubbo 的 Filter，Seata 的全局事务具备了击鼓传花般的远程传输能力，事务逻辑中所有的分布式远程调用均会在请求中"沾染"上事务信息，而这些信息也会被 Seata 服务端所掌握，最终在事务完成时，发起对所有事务参与者的回调。

12.3.4　一个基于 Seata 的参考示例

以商品订购场景为例，基于 Spring Boot 和 Dubbo 来实现该功能，同时依靠 Seata 确保分布式事务。示例中的部分实现仅打印了参数或结果，旨在方便读者观察执行的过程。由于示例代码（含单元测试）超过 1400 行，所以接下来仅针对关键代码进行介绍，应用的全部代码可以在 https://github.com/weipeng2k/seata-tcc-guide 找到。

1. 部署 Seata

在运行示例前需要部署 Seata 服务端，Seata 服务端一般以集群的方式进行部署，依赖注册中心配置中心以及外部存储做到高可用。由于这里主要介绍微服务应用如何使用 Seata 实现 TCC，因此采用单节点的方式进行部署。

可以选择在官网下载 Seata 服务端，解压后运行 seata-server.sh，如图 12-14 所示。

图 12-14　Seata 官网下载界面

当然也可以使用 Docker 进行部署，在安装了 Docker 的机器上运行如下命令。

```
docker run --name seata-server -p 8091:8091 -d seataio/seata-server:latest
```

该命令在当前机器上启动了 Seata 服务端，同时暴露了 Seata 服务端的（默认）端口。

 注意　如果不在本机部署 Seata 服务端，需要将配置项 seata.service.grouplist.default 配置为 Seata 服务端的 IP 和端口。

---

2. 应用代码简介

本示例中商品订购场景涉及三个微服务应用，相关信息如表 12-5 所示。

表 12-5　商品订购场景涉及的微服务应用与描述

	前台交易微服务	订单微服务	商品微服务
名称	trade-facade	order-service	product-service
领域实体	无	订单	商品库存占用明细

（续）

	前台交易微服务	订单微服务	商品微服务
接口服务	TradeAction，商品下单接口	OrderCreateService，订单创建服务	ProductInventoryService，商品库存服务
功能描述	接收前端请求，调用 OrderCreate-Service 创建订单，同时调用 Product-InventoryService 扣减对应商品的库存	实现并发布 OrderCreate-Service，维护订单模型与数据	实现并发布 ProductInventory-Service，维护商品库存相关模型与数据

　　用户订购请求通过 trade-facade 进入，首先会调用 order-service 生成订单，此时订单是否可用状态的值为 false，然后 trade-facade 调用 product-service 进行库存扣减，如果库存充足则减少商品预扣库存数量的同时生成库存占用明细，以上流程为 Try 阶段，代码如下所示。

```
@Component("tradeAction")
public class TradeActionImpl implements TradeAction {
    @DubboReference(group = "dubbo", version = "1.0.0")
    private OrderCreateService orderCreateService;
    @DubboReference(group = "dubbo", version = "1.0.0")
    private ProductInventoryService productInventoryService;
    // fake id generator
    private final AtomicLong orderIdGenerator = new AtomicLong(System.
        currentTimeMillis());
    @Override
    @GlobalTransactional
    public LongmakeOrder(Long productId, Long buyerId, Integer amount) {
        RootContext.bindBranchType(BranchType.TCC);
        CreateOrderParam createOrderParam = new CreateOrderParam();
        createOrderParam.setProductId(productId);
        createOrderParam.setBuyerUserId(buyerId);
        createOrderParam.setAmount(amount);
        Long orderId;
        try {
            orderId = orderIdGenerator.getAndIncrement();
            orderCreateService.createOrder(createOrderParam, orderId);
        } catch (OrderException ex) {
            throw new RuntimeException(ex);
        }
        OccupyProductInventoryParam occupyProductParam = new OccupyProductInventoryParam();
        try {
            occupyProductParam.setProductId(productId);
            occupyProductParam.setAmount(amount);
            occupyProductParam.setOutBizId(orderId);
            productInventoryService.occupyProductInventory(occupyProductParam,
                orderId.toString());
        } catch (ProductException ex) {
            throw new RuntimeException(ex);
        }
        return orderId;
    }
}
```

可以看到 makeOrder 方法上标注了 GlobalTransactional 注解，表示该方法需要全局事务保证，同时通过 RootContext 设置当前的事务模式为 TCC。对于 OrderCreateService 和 ProductInventoryService，也需要增加 Seata 的注解，使得之后的 Cancel 或 Confirm 通知能够调用到对应的逻辑。以 OrderCreateService 为例，代码如下。

```
@LocalTCC
public interface OrderCreateService {
    /**
     * 根据参数创建一笔订单
     *
     * @param param    订单创建参数
     * @param orderId 订单 ID
     * @throws OrderException 订单异常
     */
    @TwoPhaseBusinessAction(name = "orderCreateService", commitMethod =
        "confirmOrder", rollbackMethod = "cancelOrder")
    void createOrder(CreateOrderParam param,
                    @BusinessActionContextParameter(paramName = "orderId")
                    Long orderId) throws OrderException;

    /**
     * <pre>
     * 根据订单 ID 确认订单
     * </pre>
     *
     * @param businessActionContext  业务行为上下文
     * @throws OrderException 订单异常
     */
    void confirmOrder(BusinessActionContext businessActionContext) throws OrderException;

    /**
     * <pre>
     * 根据订单 ID 作废当前订单
     * </pre>
     *
     * @param businessActionContext  业务行为上下文
     * @throws OrderException 订单异常
     */
    void cancelOrder(BusinessActionContext businessActionContext) throws OrderException;
}
```

可以看到接口声明需要标注 LocalTCC 注解，同时在 Try 阶段（也就是 createOrder）的方法上标注 TwoPhaseBusinessAction 注解，而其中 commitMethod 和 rollbackMethod 分别对应 Confirm 和 Cancel 阶段的方法。通过 TwoPhaseBusinessAction 注解，Seata 会知晓在全局事务提交或回滚时调用该接口的哪个方法。

如果订购成功，全局事务可以提交，Seata 服务端会回调微服务的 Confirm 逻辑。在本示例中，order-service 的 confirmOrder 方法会被调用，订单的可用状态会被更新为 true， product-service 的 confirmProductInventory 方法会被调用，真实库存会被扣减，库存占用明细状态会更新为成功。

如果订购失败，全局事务需要回滚，失败的原因可能是调用 order-service 或 product-service 服务出现业务异常（比如：生成订单失败或库存不足），也有可能是系统异常（比如：调用超时或网络传输异常等），此时 Seata 服务端会回调微服务的 Cancel 逻辑。在本示例中，order-service 的 cancelOrder 方法会被调用，订单可用状态会被更新为 false，product-service 的 cancelProductInventory 方法会被调用，预扣库存会被增加，库存占用明细状态会更新为取消。

 注意 Seata 服务端会回调参与事务的微服务，这些微服务是指在事务逻辑中已经实际发生调用的微服务，如果没有调用则不会发起相应的回调。比如，在 makeOrder 方法中，逻辑上的事务参与者有 trade-facade、order-service 和 product-service，但如果 makeOrder 方法在实际执行中调用到 order-service 时就抛错了，则 Cancel 回调只会通知到实际发生调用的 trade-facade 和 order-service，而不会通知没被调用到的 product-service。

3. 订购示例演示

订购示例的逻辑比较简单，先初始化一个商品的库存为 20，然后本地模拟 10 个并发请求用于订购商品，每次订购的数量为 3，代码如下所示。

```
@SpringBootApplication
@EnableDubbo
@Configuration
public class TradeApplication implements CommandLineRunner {

    private final ThreadPoolExecutor threadPoolExecutor = new ThreadPoolExecutor
        (10, 10, 5, TimeUnit.SECONDS,
         new LinkedBlockingQueue<>());
    @Autowired
    private TradeAction tradeAction;

    public static void main(String[] args) {
        SpringApplication.run(TradeApplication.class, args);
    }

    @Override
    public void run(String... args) throws Exception {
        tradeAction.setProductInventory(1L, 20);
        CountDownLatch start = new CountDownLatch(1);
        CountDownLatch stop = new CountDownLatch(10);
        AtomicInteger orderCount = new AtomicInteger();
        for (int i = 1; i <= 10; i++) {
```

```
            int userId = i;
            threadPoolExecutor.execute(() -> {
                try {
                    start.await();
                } catch (InterruptedException e) {
                    e.printStackTrace();
                }
                try {
                    tradeAction.makeOrder(1L, (long) userId, 3);
                    orderCount.incrementAndGet();
                } catch (Exception ex) {
                    // Ignore.
                } finally {
                    stop.countDown();
                }
            });
        }

        start.countDown();
        stop.await();
        Thread.sleep(1000);
        System.err.println("订单数量: " + orderCount.get());
        System.err.println("库存余量: " + tradeAction.getProductInventory(1L));
    }
}
```

先启动 order-service 和 product-service，然后运行 trade-facade，可以看到输出如下。

```
订单数量: 6
库存余量: 2
```

输出显示成功生成了 6 笔订单，每笔订单包含 3 件商品，因此商品库存还剩 2 件，而这表明有 4 笔订单被取消。可以观察 order-service 的标准输出，能够看到 Try 阶段的相关输出（部分）如下。

```
买家 {7} 购买商品 {1}，数量为 {3}，订单 {1631264872732} 生成 @2021-09-10 17:07:56
    [DubboServerHandler-192.168.31.133:20880-thread-3] in Tx(172.18.0.3:
    8091:27191024100888792)
.
.
买家 {10} 购买商品 {1}，数量为 {3}，订单 {1631264872731} 生成 @2021-09-10 17:07:56
    [DubboServerHandler-192.168.31.133:20880-thread-4] in Tx(172.18.0.3:
    8091:27191024100888799)
```

输出总共 10 条记录，可以看到每笔订单均在不同的事务（Tx）中生成，且运行的线程为 Dubbo 服务端线程（中括号括起来的为线程名）。在 Try 阶段之后，会出现 Cancel 和 Confirm 阶段的输出（部分）如下。

```
买家 {7} 购买商品 {1}，数量为 {3}，订单 {1631264872732} 启用 @2021-09-10 17:07:56
```

```
[rpcDispatch_RMROLE_1_1_24] in Tx(172.18.0.3:8091:27191024100888792)
.
.
.
买家 {9} 购买商品 {1}，数量为 {3}，订单 {1631264872728} 取消 @2021-09-10 17:07:57
[rpcDispatch_RMROLE_1_8_24] in Tx(172.18.0.3:8091:27191024100888793)
```

其中订单启用有 6 条，订单取消有 4 条，同时注意到运行 Cancel 和 Confirm 逻辑的线程为 Seata 的资源管理器线程。这说明 TCC 不同阶段的逻辑一般是由不同线程运行的，所以在实际使用中，需要注意线程安全问题。

12.4 分布式协议：RAFT

RAFT 是一种用于分布式系统的一致性协议，也是一种通俗易懂且更容易落地的分布式协议。它是一种领导者选举算法，用于保证分布式系统中各个节点的数据一致性。

分布式协议一般都比较难懂，但是可以通过流程图来辅助理解。

12.4.1 RAFT 的运行流程

1. RAFT 的三类节点

RAFT 协议将分布式系统中的节点分为三类：主节点（领导者）、候选节点（候选者）和从节点（跟随者）。也可以理解为每个节点有三种状态，如图 12-15 所示，分别是主节点（Leader）状态、候选节点（Candidate）状态和从节点（Follower）状态。每个节点会在这三个状态之间进行变换。客户端只能往主节点写数据，向从节点里读数据。

图 12-15　节点的三个状态

2. 选主流程

节点的初始状态是 Follower 状态，如果从节点等待 100 ～ 300ms 之后，没有收到主节点的心跳就变成候选节点。选主流程分为三个步骤，如图 12-16 所示。

❑ 第一步：候选人给所有从节点发选票。
❑ 第二步：从节点开始给候选人投票。
❑ 第三步：如果候选节点获得大多数从节点的选票就当选主节点。

3. 日志复制流程

每次改变数据时先记录日志，如果日志未提交则不能改节点的数值。然后主节点会复制数据给其他从节点，并等大多数节点写日志成功后再提交数据，如图 12-17 所示。

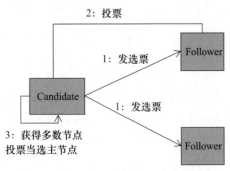

图 12-16 RAFT 协议的选主流程图

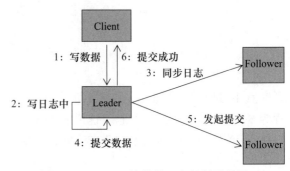

图 12-17 RAFT 协议的日志复制流程图

4. 选举超时流程

每个节点随机等待 150 ～ 300ms，如果时间到了就开始发选票，因为有的节点等的时间短，所以它会先发选票，从而当选成主节点。但是如果两个候选节点获得的票一样多，它们之间就要打加时赛，这时又会重新随机等 150 ～ 300ms，然后发选票，直到获得最多票的候选节点当选成主节点，如图 12-18 所示。

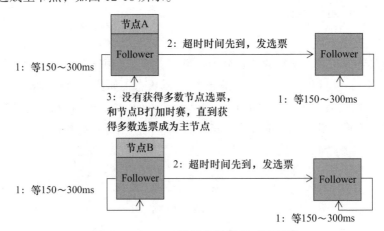

图 12-18 RAFT 协议的选举超时流程图

5. 心跳超时流程

每个从节点会记录主节点是谁，并且和主节点维持一个心跳超时时间，如果没有收到主节点回复，从节点就要重新选举候选节点，如图 12-19 所示。

12.4.2 集群中断和恢复

RAFT 用于管理分布式系统中多个节点之间的数据一致性，在 RAFT 集群中，中断和恢复用于当其中一个节点故障或出现异常情况时，保证整个集群的正常运行。

1. 集群中断

当集群之间的部分节点失去通信，主节点的日志不能复制给多数从节点，不能进行提交时，集群就会进入中断状态，拒绝对外提供服务，如图 12-20 所示。

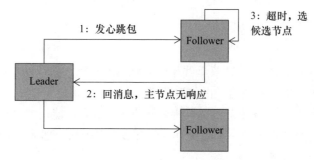

图 12-19　RAFT 协议的心跳超时流程图

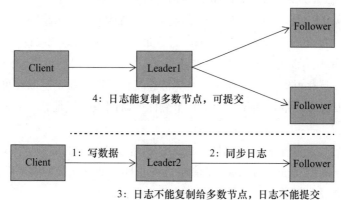

图 12-20　集群中断示意图

2. 集群恢复

当集群恢复之后，原来的主节点发现自己不是选票最多的节点，就会变成从节点，并回滚自己的日志，最后新的主节点会同步日志给从节点，保持主从数据的一致性，如图 12-21 所示。

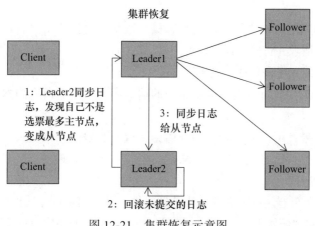

图 12-21　集群恢复示意图

12.5　分布式协议：Paxos

12.5.1　背景

1. 共识

共识（Consensus）就是让几个节点就某项提议达成一致。共识问题可以形式化描述为：一个或者多个节点可以提议某些值，由共识算法来决定最终值。

共识的定义：系统中有 n 个节点，其中最多有 f 个节点可能崩溃，也就是说至少有 $n-f$ 个节点是正常的。每个节点提议一个输入值，所有节点必须从全部输入值中最终选择一个决策值。共识需要满足下列条件：

❑ 协定性（Agreement）：所有正确的进程认同的值都是同一个值。

❑ 有效性（Validity）：如果选定了值 v，则 v 一定是某个节点所提议的。

❑ 可终止性（Termination）：所有正确的进程最终一定可以达成决议。

安全性可以理解为没有发生意外。如果违反了安全性，我们可以明确地指向发生问题的特定时间；且一旦违反安全性，意味着破坏已经发生且不可撤销。活性可以理解为预期的事情最终一定会发生。活性可能无法明确某个具体的时间点，但是总希望在未来的某个时间点可以满足要求。

协定性和有效性是安全相关的属性，可终止性是活性相关的属性。Paxos 满足协定性和有效性，即 Paxos 满足安全性。Paxos 不满足可终止性，即 Paxos 不满足活性。根据 FLP 不可能性定理，所有异步系统都不满足可终止性（不满足活性）。

2. 复制状态机

Lamport 在其最知名的论文"Time, clocks and the ordering of events in a distributed system"中首次提出，用复制状态机（Replicated State Machine，RSM）来解决分布式系统的容错问题。复制状态机是在多个节点上，用同样的顺序执行同样的一组操作的系统。复制状态机大致如下：

❑ 将要解决的问题转换为一个确定状态机，该状态机接收来自客户端的状态转换输入请求，执行请求并将输出返回给客户端。任何计算都可以通过这种方式完成。

❑ 制作状态机的 n 个备份或"副本"。

❑ 使用共识算法，为所有副本提供相同的输入序列，然后所有副本都将生成相同的输出序列。

❑ 如果副本失败，可以从初始状态开始，重放所有输入来恢复失败副本。与数据库的事务系统一样，状态机可以通过从前一个状态开始而不是从最开始状态来加速这个完整的重放过程。

复制状态机是一个有用的分布式系统基础组件，可以用来构建数据存储、配置存储、实现分布式锁机制、实现领导人选举等。在复制状态机上进行的操作通过共识算法来全局排序，任何一个具有确定性的程序都可以采用复制状态机来实现为一个分布式的高可用复制服务。

复制状态机是一个构建于共识算法逻辑层之上的分布式系统，如图 12-22 所示。共识算法处理分布式系统的若干节点之间对每个操作的共识，复制状态机按照全局顺序执行这些已经达成共识的操作。

图 12-22　复制状态机

通常，我们可以基于日志来实现复制状态机，处理流程大致如下。

1）客户端向服务器发送命令。

2）服务器运行共识算法（比如 Paxos）在多个服务器之间达成共识，把命令写入本地的日志条目。

3）服务器把日志条目中的命令应用到状态机。

4）服务器向客户端返回处理结果。

下面是基于日志的复制状态机的示意图，如图 12-23 所示。

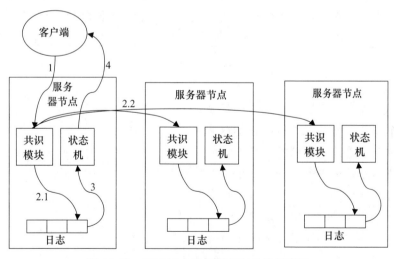

图 12-23　基于日志的复制状态机的示意图

3. 法定人数与多数派

quorum，本文称之为法定人数。法定人数不一定是多数，但需要满足一个条件，就是任意 2 个 quorum 集合必须要有交集。由于任意两个多数派必然存在交集，所以多数派是法定人数的特例。

majority，本文称之为多数派，超过半数的意思。当总数为 $2n+1$，只要大于或等于 $n+1$，即为多数派。

在 Paxos 的文献中，有的文献使用 quorum，有的文献使用 majority，本文统一使用 majority（多数派）。

4. 时序模型

分布式算法的实现不能过分依赖特定的硬件和软件，这就要求我们对预期的系统错误进行形式化描述。分布式系统通过定义一些系统模型来形式化描述分布式算法的前提条件和背景假设。

分布式系统把时序模型划分为三类。

1）同步模型。同步模型假设有上界的网络延迟、进程延迟和时钟误差。同步模型并不意味着分布式系统有完全同步的时钟以及分布式系统的网络延迟为零，而是意味着网络延迟、进程暂停以及时钟漂移不会超过某个设定的固定上限。大多数真实系统并非同步模型，因为异常的网络延迟、进程暂停和时钟漂移在真实系统中确实是可能发生的。

2）异步模型。在异步模型中，分布式算法不会对时序模型做任何假设。支持异步模型的分布式算法并不常见。

3）部分同步模型。部分同步模型的分布式系统在大多数时候像同步系统一样运行着，但是偶尔会发生超出预期上界的网络延迟、进程暂停和时钟漂移。我们的真实系统大多是部分同步系统。真实系统大多数时候网络稳定，进程稳定，时钟偏差非常小。但是在极端情况下，也可能发生网络延迟、进程暂停和时钟偏差过大的问题。Paxos 设定运行于部分同步模型中。

5. 故障模型

在分布式系统中，某一个步骤偏离正确的执行叫作一个 fault。如果一个 fault 没能在结果影响到整个系统状态之前被修复，导致系统的状态错误，那么这就是一个 error。如果一个系统的 error 没能在错误状态传递给其他节点之前被修复，就是一个 failure。也就是说，fault 导致 error，error 导致 failure。接下来本文所说的故障一般都是指 failure。

分布式系统根据节点 failure 问题划分了很多故障模型，最常见的故障模型有四种，如图 12-24 所示。

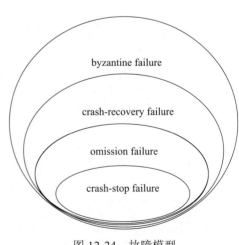

图 12-24　故障模型

1）byzantine failure：一个节点不按程序逻辑执行，调用它时会返回随意或者混乱的结果。节点可能发生任何事情，包括试图作弊和欺骗其他节点。通常只有某些特定领域才会考虑这种情况，通常会使用冗余来消除此类型的故障。byzantine failure 是常见四种故障模型中最难处理的故障模型。

2）crash-recovery failure：它比 byzantine failure 增加了一个限制，那就是节点总是按照程序逻辑执行，结果是正确的，但是不保证消息返回的时间。原因可能是崩溃后重启了、网络中断了或者异步网络中的高延迟。对于崩溃的情况还要分健忘和非健忘的两种情况。健忘是指这个崩溃节点重启后没有完整地保存崩溃之前的状态信息，非健忘是指这个节点崩溃之前能把状态完整地保存在持久存储之上，重启之后可以再次按照以前的状态继续执行和通信。

3）omission failure：比 crash-recovery failure 多了一个限制，就是一定要非健忘。Paxos 设定运行于 omission failure 环境中，Paxos 要求节点必须把一些状态信息记录到稳定存储中（比如磁盘），一旦崩溃后重启，必须能记住之前的状态。

4）crash-stop failure：也叫作 crash failure 或者 fail-stop failure，它比 omission failure 多了一个故障发生后停止响应的要求，并且故障不会恢复。crash-stop failure 中的节点可能会在任何时候突然停止响应，且该节点会消失，永远不会恢复。crash-stop failure 是一种过于理想化的故障模型，比如 3PC（三阶段提交）的故障模型就是基于 crash-stop failure 来运行的，但是现实中的分布式系统大多是基于 crash-recovery failure 故障模型来运行的。在基于 crash-recovery failure 运行的分布式系统中，3PC 可能会导致不一致的结果。

6. FLP 不可能性定理

1985 年，Michael Fischer、Nancy Lynch 和 Mike Paterson（FLP）证明，在一个完全异步的分布式系统中，即使只有一个节点发生故障，也不可能存在一个算法可以使系统达成共识。

在一个异步的分布式系统中，进程可以在任意时间返回响应，我们没办法分辨一个进程是执行缓慢还是已经崩溃了。因此，我们没办法在有限时间内达成共识，也就是说异步的分布式系统不满足可终止性（termination）。

FLP 从理论上证明异步系统不满足可终止性，但是在实际的工程实践中，通过增加系统的随机性，可以近似地解决此问题。

12.5.2 Basic Paxos

1. 起源

20 世纪 80 年代后期，DEC 的系统研究中心（Systems Research Center，SRC）构建了一个名为 Echo 的容错文件系统。构建者声称即使遇到任意数量的非拜占庭故障，系统也能保证一致性。Leslie Lamport 当时认为，Echo 构建者的目标是不可能实现的。

针对 Leslie Lamport 的看法，Butler Lampson 指出，应该可以设计出一个算法，在故障节点不多的情况下，保证多数存活的有效节点能够达成共识。Leslie Lamport 在思考此问题的过程中，设计出了 Paxos 算法。

Leslie Lamport 通过复制状态机的多副本来应对容错，用 Paxos 算法在复制状态机的多个副本之间达成共识。Lamport 发现，提出三阶段提交协议的 Dale Skeen 似乎是第一个意识到需要三阶段协议以避免在任意单个故障出现时系统发生阻塞的人。Paxos 算法的核心就是一个三阶段共识协议，它能保证共识算法的正确性，同时避免在任意单个故障出现时系统发生阻塞。

Leslie Lamport 把 Paxos 的论文"The Part-Time Parliament"邮寄给了 Nancy Lynch、Vassos Hadzilacos 和 Phil Bernstein。几个月后，Leslie Lamport 在向他们发送的电子邮件中提出如下问题：是否能够实现一个分布式数据库，容忍任意数量的进程（可能是所有进程）的故障而不会失去一致性，并且当超过一半的进程再次恢复正常后，系统将恢复正常行为？可惜这几个人当时都没有注意到这个问题与 Paxos 算法之间有任何的联系。

2. 原型

在分布式系统中，由于进程和网络随时有可能发生故障。因此分布式系统往往通过保存数据的多份副本的方式来实现容错。但随之而来的是多副本之间如何达成数据共识的棘手问题。

假设有两个客户端 C1 和 C2，两个服务器 S1 和 S2，两个服务器都维护同一个初始值为 0 的变量 x。两个客户端同时向两个服务器发送更新 x 的命令，C1 发送的命令是 x=x+1，C2 发送的命令是 x=2×x。由于网络延迟，可能 S1 先收到 C1 的命令，而 S2 先收到 C2 的命令。最终，S1 上 x 的值为 2，S2 上 x 的值为 1。

作为改进方案，我们可以考虑试用单一的串行化器（Serializer）实现状态复制。所有客户端向串行化器发送命令，每次发送一条。串行化器将命令逐条转发给所有服务器。一旦串行化器收到针对某条命令的确认消息，则通知客户端该命令已经成功执行。这个方案就是主 – 从复制（Master-Slave Replication）。该方案有个致命的缺点，即串行化器是一个潜在的单点故障（Single Point of Failure）。

接下来，可以考虑另外一种被称为两阶段加锁协议（Two-Phase Protocol）的方案。这个方案采用互斥的方式，确保任意时候最多仅有一个客户端可以发送命令。方案分两个阶段，首先对所有服务器加锁，加锁成功后客户端发送命令然后释放锁，如下。

阶段 1：客户端向所有服务器请求锁。

阶段 2：如果客户端成功获取了所有服务器上的锁，则向每个服务器发送命令，然后释放锁；否则客户端释放已经获取的锁，客户端等待一段时间，再重新进入阶段 1。

两阶段加锁协议有两个问题：

1）要求所有服务器都能够正常响应来自客户端的请求。

2）如果一个客户端加锁后宕机了，服务器的锁将无法释放。

针对问题 1，可以考虑对超过半数的服务器加锁。因为如果一个客户端对超过半数的服务器加锁后，其他所有客户端都将不可能获取到超过半数的锁，这样既可以容忍少部分服务器的故障，也可以保证互斥。

两个客户端同时试图获取多个服务器的锁，可能会死锁。如果其中一个客户端放弃已经获取的锁，就可以避免死锁。如果客户端在释放锁之前就发生故障，这个锁就没办法释放了。这意味着我们需要一个与锁不同的概念（票）来解决这些问题。

票是弱化形式的锁，它具备下列性质：

☐ 票可以重新发布。服务器可以随时发布新的票，哪怕前面发布的票还没有释放。

☐ 票可以过期。当客户端使用一张票 t 给服务器发送消息时，当且仅当 t 是最新发布的票（t 的票号最大）时，服务器才会接收。

至此，客户端宕机问题被顺利解决了。如果一个客户端在得到一张票之后宕机了，其他客户端也不会受到影响，因为客户端可以发布一张新的更大编号的票。

票可以使用计数器来实现。每当服务器收到需要发布一张新票的请求时，将本地计数器加 1，这样当客户端尝试使用某个票时，服务器可以判断客户端携带的票是否已经过期。

由于只有客户端才能知道在阶段 2 中是否有超过半数的票是有效的，因此在前面两阶段协议的基础上，需要额外增加一个阶段。服务器并不知晓命令是否在多数服务器上执行成功了，但是当客户端接收了服务器发送的阶段 2 的响应后，它可以判断出命令是否在多数服务器上执行成功了。至此，一个三阶段协议的雏形就基本成型了。下面是这个三阶段协议的文字描述：

```
// 阶段 1
1: 客户端向所有服务器请求一张票。
// 阶段 2
2: if ( 收到超过半数服务器的回复 ) {
3:     客户端将命令和获得的票一起，发送给每一个服务器
4:     服务器检查票的状态，如果票仍然有效，则存储命令并向该客户端返回 succeed 消息
5: } else {
6:     客户端等待，然后重新进入阶段 1
7: }
// 阶段 3
8: if ( 客户端从超过半数的服务器那里收到了 succeed 消息 ) {
9:     客户端告诉所有服务器，执行在阶段 2 存储的命令
10: } else {
11:     客户端等待，然后重新进入阶段 1
12: }
```

如果结合前文的复制状态机来看，这个三阶段协议的阶段 2 相当于使用共识算法选定了一个命令，阶段 3 相当于把阶段 2 选定的命令应用于状态机。

这个共识的算法原型存在很多问题，比如：

❑ 假设客户端 A 已经成功在超过半数的服务器上存储了命令 c1。当客户端 A 告诉所有
服务器执行命令 c1 时（第 9 行），另一个客户端 B 在部分服务器上将命令更新为 c2。
然后客户端 A 告诉所有服务器执行存储的命令。此时，部分服务器将执行命令 c1，
另一部分服务器将执行命令 c2。

❑ 如果由服务器维护一个本地的计数器并生成票号的话，生成的票号不一定是最大的。

❑ 如果两个客户端同时请求服务器执行命令时，那么到底应该执行哪个命令？

大家可以对照后文对 Paxos 的介绍，看看 Paxos 是如何解决这些问题的。

3. 流程与实现

Paxos 算法是一个解决分布式系统中多个节点之间就某个提议值（Proposal Value）达成
共识（决议）的算法。不同提议之间，使用提议编号（Proposal Number）来区分。一个提议
（Proposal）由提议编号和提议值组成。Paxos 能够实现在少于一半节点宕机的情况下，剩余
的多数派节点仍然能够达成共识。

Paxos 有三种角色：提议者（Proposer）、接受者（Acceptor）与学习者（Learner）。

❑ Proposer，提议的发起者，提议者收到客户端的请求，提出相关提议，试图让接受者
接受该提议；当提议运行过程中发生冲突时，提议者会推动算法的运行。

❑ Acceptor，提议的接受者，接受者投票接受或者拒绝提议；如果超过半数的接受者接
受了提议，则该提议被选定（Choose）。

❑ Learner，学习者，学习者学习已经被选定的提议，不参与提议投票。在 Paxos 算法
的具体使用场景中，被选定的提议值最终会应用到复制状态机，也就是在应用层生
效。学习者负责感知被选定的提议并最终促使该提议应用到复制状态机。

通常，真实场景中的 Paxos 会在一个节点同时实现这三个角色。另外，在常见的
Client/Server 系统中，Client 可能扮演提议者和学习者的角色，而 Server 则可能同时扮演接
受者和学习者的角色。

Paxos 对于运行环境有如下设定：

❑ 每个参与者（包括提议者、接受者与学习者）以各自的速度异步执行，参与者可以在
任意时候终止执行，也可以在任意时候重启，但是节点不会出现错误行为（即进程不
会有拜占庭问题）。Paxos 设定运行于部分同步的时序模型以及 omission failure 的故
障模型中。

❑ 节点之间的通信依靠发送消息，并且消息送达的时间可以是任意时长，允许消息之
间乱序，消息可以重复也可以丢失。但是，消息永远不会发生（无法检测到的）损
坏，即消息不会有拜占庭问题。

前文提到，Paxos 对运行环境的设定，是运行在部分同步的网络环境中，允许 omission
failure。这些环境设定，与真实环境中的计算机环境是相吻合的。即使发生上述问题，
Paxos 也能保证算法的正确性。**如果我们想理解 Paxos 为什么要设计成这个样子，很重要的**

一点是理解 Paxos 对运行环境的设定，否则我们会认为 Paxos 的很多细节是多余的。

Paxos 算法的三个阶段的描述如表 12-6 所示。

表 12-6　Paxos 算法的三个阶段

	提议者	接受者
Phase_1a （Prepare 阶段）	提议者选取一个提议编号 b，然后向所有接受者发送编号为 b 的 Prepare 消息	
Phase_1b （Prepare 阶段）		如果一个接受者收到编号为 b 的 Prepare 消息，并且编号 b 大于它之前回复过的所有 Prepare 消息的编号，那么它就将自己接受过的编号最大的提议（包括编号和值）回复给相应的提议者，并且承诺不会再接受任何编号小于 b 的提议
Phase_2a （Accept 阶段）	如果提议者收到来自多数派接受者对编号为 b 的 Prepare 请求的回复，那么它就向所有接受者发送一个针对提议 <b, v> 的 Accept 请求。其中 v 由收到的回复决定：如果回复中不包含任何提议，则 v 可以是任意值；否则 v 是这些回复中编号最大的提议对应的值	
Phase_2b （Accept 阶段）		如果一个接受者收到针对提议 <b, v> 的 Accept 请求，只要它尚未对编号大于 b 的 Prepare 请求作过回复，它就可以接受该提议；回复相应的提议者已经对编号为 b 的提议投票
Phase_3	提议者收到多数派接受者的应答后，向所有学习者广播已经被选定的提议 <b, v>	

下面将用示意伪代码的形式更详细地描述 Paxos 算法。Paxos 算法的提议者需要维护以下数据：

❑ round，提议者开始的最高的提议轮次，初始值为 0。

❑ roundValue，提议者为轮次 round 选择的提议值，如果提议者尚未为该轮次选择一个提议值，则为 null。

Paxos 算法的接受者需要维护以下数据：

❑ maxRound，接受者参加过的编号最高的提议轮次，初始值为 0，由于 0 不是轮次，所以 maxRound=0 表示接受者没有参加任何轮次的提议。

❑ acceptedRound，接受者参与投票的编号最高的提议轮次，初始值为 0。**注意，Paxos 要始终确保 acceptedRound ≤ maxRound 为真（后文会详细说明）。**

❑ acceptedValue，接受者在轮次 acceptedRound 中投票接受的提议的值，初始值为 null。

Paxos 算法的三个阶段的伪代码如表 12-7 所示。

表 12-7　Paxos 算法的三个阶段的伪代码

	提议者	接受者

初始阶段	`long round = 0;`
	`String proposalValue = "aaa";`// 提议想要提交的值
	`String roundValue;` // 区分轮次是否执行过 2a
		`long maxRound = 0;`
		`long acceptedRound = 0;`
		`String acceptedValue = null;`

Phase_1a	`round = round + 1;` // 轮次编号递增 `roundValue = null;` // 新轮次开始，重置 `sendToAllAcceptor (round);`	

Phase_1b		`if (round > maxRound) {`
		　　`maxRound = round;`
		　　`answerOk(round,`
		　　　　　　`acceptedRound,`
		　　　　　　`acceptedValue);`
		`}`

Phase_2a	`if (answerRound == round` // 未开始更高轮次
	　　`&& roundValue == null` // 未执行此轮次的 2a
	　　`&& receive majority answers ok) {`
	　　`find largest acceptedValue form answers;`
	　　`if (largestAcceptedValue != null) {`
	　　　　`roundValue = largestAcceptedValue;`
	　　`} else {`
	　　　　`roundValue = proposalValue;`
	　　`}`
	　　`sendToAllAcceptor (round, roundValue);`
	`}`	

Phase_2b		`if (round >= maxRound && round !=`
		　　`acceptedRound) {`
		　　`maxRound = round;`
		　　`acceptedValue = roundValue;`
		　　`acceptedRound = round;`
		　　`answerSuccess(round);`
		`}`

Phase_3	`if (receive majority answers success) {`
	　　`sendProposalToLearners(roundValue);`
	`}`	

　　如果所有接受者都没有发生故障，即使它们都失败并重启，Paxos 算法也必须有可能取得进展。由于可能在接受者失败之前一个值就已经被学习过了，因此接受者必须有一些稳定存储（比如磁盘），可以在失败和重启后保存状态。Paxos 算法假设接受者在重启时会从稳定存储中恢复其状态，因此接受者的故障与简单暂停之间没有明显的区别。Paxos 没有必要明确地对故障做特别的处理。

　　一个不太明显的成本是将状态写入稳定存储所导致的延迟。由于 Paxos 设定运行于 omission failure 环境中，所以在执行阶段 2 时，提议者必须在发送阶段 2a 消息之前执行对稳定存储的写入，并且接受者必须在发送阶段 2b 消息之前写入稳定存储。对于 Paxos 而言，写入稳定存储的开销可能比发送消息的开销还要昂贵。

下面通过一个例子来说明 Paxos 一个提议的成功轮次的执行过程。

假设提议者在第 1 轮次发给接受者 1 的 2b 消息丢失，接受者 2 和 3 正常接受了提议者在轮次 1 发送的 2b 消息。接受者 2 的 2b 响应消息正常送达了提议者，接受者 3 的 2b 响应消息丢失。由于提议者没有收到多数派的 2b 回复消息，所以提议者开始新的轮次 2。提议者向所有接受者发送 1a 消息，请求所有接受者参与轮次 2 的提议投票，如图 12-25 所示。

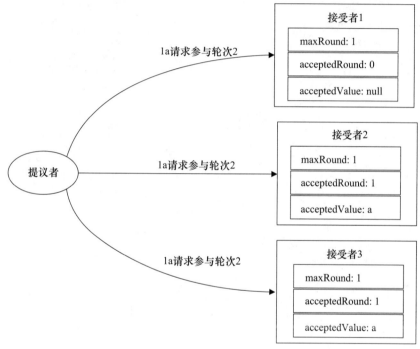

图 12-25　提议者向所有接受者发送 1a 消息

所有接受者的轮次编号都比轮次 2 低，所以所有接受者都接受了轮次编号 2，然后向提议者返回 1b 响应消息，消息体附带了接受者当前接受的轮次编号和接受的值，如图 12-26 所示。

收到所有接受者的 1b 响应消息后，提议者发现返回消息中最高轮次 1 的值是 a。提议者用轮次编号 2 和值 a 发送 2a 消息给所有接受者，如图 12-27 所示。

所有接受者接受的最大轮次编号都小于或等于请求轮次编号，所以所有接受者都接受了轮次 2 的轮次编号和轮次值，然后向提议者返回 2b 响应消息，消息体附带了接受者当前已经接受的轮次编号，如图 12-28 所示。

收到超过半数的接受者的 2b 响应消息后，提议者知晓了轮次 2 的提议已经被超过半数的接受者接受了，轮次 2 的值 a 已经被选定，所以提议者接下来向所有学习者广播此提议。

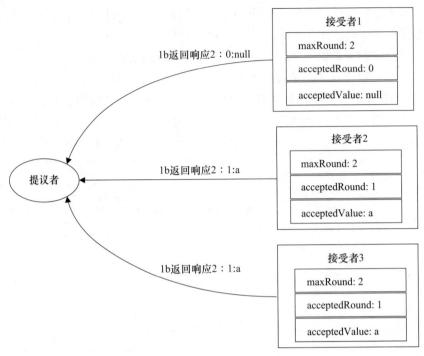

图 12-26 接受者向提议者返回 1b 响应消息

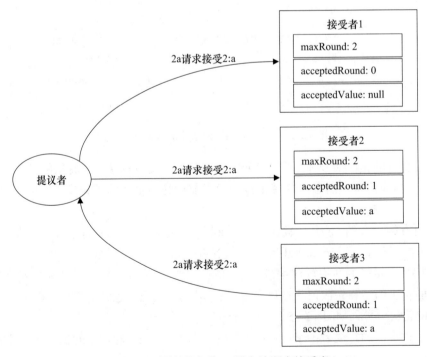

图 12-27 提议者发送 2a 消息给所有接受者

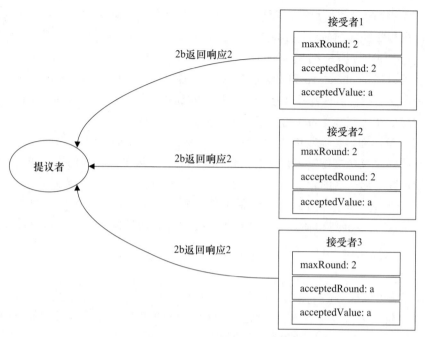

图 12-28　接受者向提议者返回 2b 响应消息

图 12-29 是三个角色之间的交互示意图。

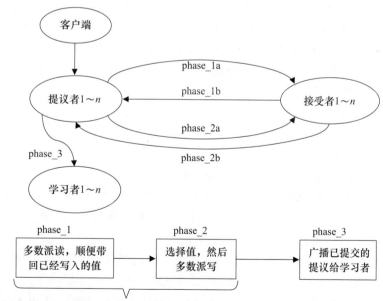

图 12-29　Paxos 三个角色之间的交互示意图

Paxos 的三个阶段都是由提议者来推动的。接受者只是被动接收提议者发送的消息，然后对消息做出相应处理，最后返回响应消息给提议者。每个接受者当前已经接受的提议，只有接受者自己知道，没有一个全局观察者可以知晓哪个提议在接受者中形成了多数派。但是，提议者可以通过 phase_1b 和 phase_2b 的接受者返回的响应消息，间接地知晓当前轮次的提议是否在所有接受者中形成了多数派。如果收到了多数派接受者的响应消息，那就说明当前轮次的提议在所有接受者中已经形成了多数派的读/写。

如果多数派读和多数派写能成功，说明在 phase_1 和 phase_2 执行期间，没有比当前轮次编号更高的提议成功执行过多数派的读和写。因为，如果更高轮次的提议在此期间执行过多数派的读或写，那么当前轮次在 phase_2b 就一定不可能成功执行多数派的写了。

确保只能选定一个值是 Paxos 算法最难的部分，如何学习已经被选定的值却是显而易见的。因此很多文章会忽略阶段 3，仅专注于接受者如何选定一个值，称 Paxos 是两阶段协议。

4. 安全性

Paxos 算法可以执行多个轮次的提议，其中每一轮提议有一个正整数编号（后文会介绍一种更好的对轮次进行编号的方法）。轮次不一定会按编号的顺序来执行，单个轮次不需要完成并且可以完全跳过，不同轮次可以同时执行。在每一轮中，一个接受者可能会投票接受某个单一的值，也可能决定不投票。如果一轮中的大多数接受者投票接受了值 v，则定义为在这一轮中选定了值 v。由于多个轮次的提议可以同时运行，彼此之间可能会互相干扰，因此，如何保证 Paxos 算法的安全性，尤为重要。

共识算法实现一致性，要求不能选定两个不同的值。由于一个接受者在任何一轮中最多投票接受一个值，并且任何两个多数派集合必然包含一个共同的接受者，因此不可能在同一轮中选定两个不同的值。但是，接受者可以在不同的轮次中投票接受不同的值。实现一致性的难点，在于确保在不同的轮次中不会选定不同的值。

接受者在 1b 阶段收到提议者的轮次编号 n，如果编号 n 大于接受者之前回复过的所有 Prepare 请求的编号，那么接受者将做出两个承诺：

❑ 在 1b 阶段不再接受**小于或等于** n 的 Prepare 消息。

❑ 在 2b 阶段不再接受**小于** n 的 Accept 消息。

现在思考一个问题，如果没有这两个承诺，会有什么问题？请看图 12-30。

如图 12-30 所示，P1、P2 是两个提议者，P1 要提议的值是 a，P2 要提议的值是 b。有三个接受者 A1、A2、A3。请看下面执行时序。

1）时间点 1，P1 用轮次编号 1，完成 1a 和 2a 阶段；P1 发送给 A1 的 2b 消息顺利到达，A1 接受了值 a；但是 P1 发送给 A2 的 2b 消息在网络上延迟了。

2）时间点 2，P2 开始轮次编号 2，完成 1a 和 2a 阶段；然后 A2 和 A3 收到 2b 消息后接受了 P2 的值 b。由于超过半数应答者已经接受了编号为 2 的提议，所以此时已经选定了值 b。

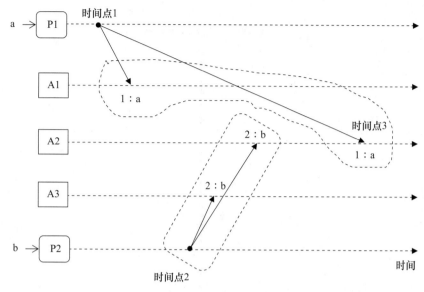

图 12-30　如果接受者没有两个承诺会发生的问题

3）时间点 3，在网络上延迟的 P1 发送给 A2 的 2b 消息，终于送达到了 A2。此时，如果没有接受者的承诺的限制，A2 接受了 P1 的 2b 消息的请求，接受了值 a，那么此时超过半数应答者已经接受编号为 1 的提议，此时选定的值从 b 变成了 a。

Paxos 的安全性要求一个 Paxos 实例最多只能选定一个值。如果没有上面两个承诺的限制，会破坏 Paxos 的安全性。1b 阶段的承诺，将导致比当前轮次编号小的、还没有完成多数派读的所有提议永远也不能完成多数派读。同样，2b 阶段的承诺，将导致比当前轮次编号小的、还没有完成多数派写的提议永远也不可能完成阶段 2 的多数派写。1b 阶段的这两个承诺，会导致小于当前轮次编号的所有提议接下来永远不会有实质性的变化（无法从未完成多数派读变成完成多数派读，无法从未完成多数派写变成完成多数派写）。也就是说，多数派读对应的多数派接受者的两个承诺形成了一个安全屏障，如图 12-31 所示。这个安全屏障将使所有比当前轮次小的提议的状态被"冻结"。综合来看，当前提议在 1b 阶段完成多数派读，加上这些多数派读对应的接受者的两个承诺，将使当前提议在接下来的 2a 阶段可以安全地选择将要被提议的值。

要想保证 Paxos 的安全性（最多只能选定一个值），除了要保证在 2a 阶段选择值时，比当前轮次编号小的提议不再发生实质性变化，还需要保证在第一个成功的提议选定了值之后，后续所有成功的提议永远只能选择这个值。接下来让我们看看当第一个提议成功选定了值之后，后续所有的成功提议如何确保永远只能选择这一个值。这是整个算法最难的部分。

假设有五个接受者 A、B、C、D、E，提议者 1 用轮次编号 n 在第一个成功的提议中让 A、B、C 接受了提议 n 的值 a，此时已经形成多数派写，提议的值已经被选定了。

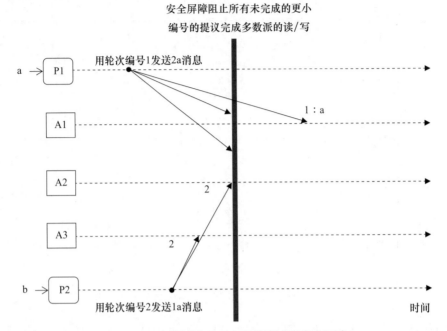

图 12-31　多数派读和两个承诺形成了安全屏障

接下来，提议者 2 使用提议轮次编号 $n+1$，在阶段 1 成功执行多数派读。这时，读取到的多数派的接受提议的集合中，至少包含一个提议者 1 在轮次 n 写入的提议。当提议者 2 在 2a 阶段从多数派读的提议中选择最大编号的提议值时，这个值就一定是提议者 1 在第一个成功提议中写入的那个值。假设提议者 2 在 2b 阶段把值 a 仅仅写入接受者 C。此时所有接受者集合的状态如图 12-32 所示。

最后，提议者 3 使用轮次编号 $n+2$，成功执行多数派读。此时提议者 3 读取到的提议集合的所有组合中的最大提议编号，要么是提议者 1 在轮次 n 写入的提议（提议轮次编号 $n+$ 提议 n 的值 a），要么是提议者 2 在轮次 $n+1$ 写入的提议（提议轮次编号 $(n+1)$ + 提议 $(n+1)$ 的值 a）。总之，提议者 3 从最大提议编号读取到的值，必然是第一个成功提议写入的那个值 a。后面，无论有多少个提议者，继续执行多少轮次的提议，多数派读之后在 2a 阶段看到的值总是这个 a。因此，后面所有轮次的提议所能提交的值也只能是这个 a。

总之，第一个成功实现多数派写的提议在 2b 阶段提议的值将被永远"锚定"。这意味着对于更高轮次编号的所有提议来说，Paxos 的多数派读之后选择最大编号提议的值，相当于建立了一个安全栅栏，这个安全栅栏确保多数派读之后选择最大编号提议的值，这个值永远只能是第一个成功提议所提议的那个值。

综上所述，Paxos 可以保证最多只能有一个值被选定，即 Paxos 满足安全性。

如图 12-33 所示，$n-2$ 和 $n-1$ 没有形成多数派写，所以提议 n 有机会可以选择自己的提议值 a。提议 n 首先向接受者 A 和 B 提交值 a，接下来当提议 n 向接受者 C 提交值 a 后，已

图 12-32　所有接受者集合的状态

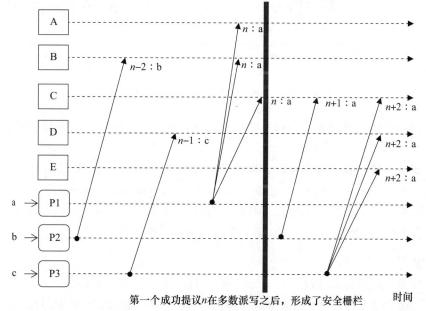

图 12-33　多数派读之后选择最大编号的提议值形成了安全栅栏

经实现了多数派写，形成了安全栅栏，值 a 被"锚定"。接下来提议 $n+1$ 通过多数派读 + 选择最大编号的值，所能选择的值只能是 a，这里假设提议 $n+1$ 仅仅写入了接受者 C。最后，提议 $n+2$ 通过多数派读 + 选择最大编号的值，所能选择的值也只能是 a，这里假设提议 $n+2$ 写入了接受者 C、D、E。

5. 活性

Paxos 在运行过程中，极端情况下，可能会发生活锁问题（live lock），如图 12-34 所示。两个提议者之间激烈竞争，一个提议者执行多数派读，在还没有来得及执行多数派写之前，另一个提议者抢先执行了多数派读。接下来前一个提议者在 2a 阶段执行时必然失败，所以前一个提议者使用新编号开始一个新的轮次，这个新提议恰好导致后一个提议者的多数派写失败。如此往复，最终导致 Paxos 始终无法选定一个值。

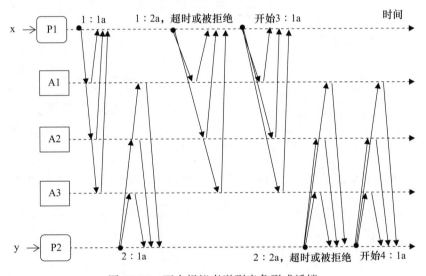

图 12-34　两个提议者激烈竞争形成活锁

连续两次尝试之间的等待时间可以使用随机函数确定，这样可以缓解不同节点之间的竞争。

为了避免这种活锁问题，可以让提议者在 2a 阶段超时或被拒绝之后，等待一段时间。等待时间通常可以使用随机指数避让算法（randomized exponential backoff）来选择，引入非确定性以缓解不同节点之间的竞争。只要一个提议者在执行多数派读和多数派写之间，没有其他提议者干扰（开始新一轮次的提议），那么就可能选定一个值。

6. 可见性

当提议者成功执行 2b 阶段，完成了多数派写，超过一半的接受者接受了提议，如果此时提议者发送给学习者的消息丢失了，或者提议者宕机了，将导致虽然值已经被选定，但是没有任何人知道已经选定了值。为此，我们可以再执行一个提议，获取已经被选定的值。

因此，Paxos 值的选定与被选定值的可见性是分离的，如图 12-35 所示。这个特性是 Paxos 的核心特性。

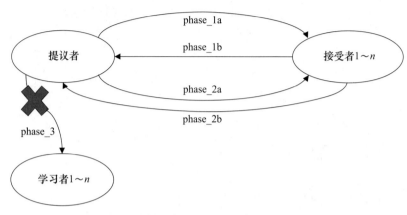

图 12-35　提议者发送给学习者的消息丢失了

另外，还有一种通知学习者的方式，当接受者在 2b 阶段接受值之后，接受者可以直接发送提议给所有学习者。当所有学习者收到多数派接受者发送的提议后，学习者就可以知晓这个提议的值已经被选定了。但是这些消息可能会丢失，导致学习者因为没有收到超过半数的接受者的消息，而无法判断这个提议是否被选定。也就是说，这种通知学习者的方式同样会有可见性的问题。

7. 不同多数派集合

学习 Paxos 容易产生一个误区，以为 1b 阶段的多数派读的接受者集合与 2b 阶段的多数派写的接受者集合必须是同一个集合。事实上，这两个集合可以不同，不同的多数派集合并不会影响 Paxos 算法的安全性。比如，假设有三个接受者 A、B、C，提议者可以在 1a 阶段发送消息给接受者 A 和 B 而实现多数派读，然后在 2b 阶段发送消息给接受者 B 和 C 而实现多数派写。

如果提议者能够在 2b 阶段实现多数派写，说明此时可以确保没有轮次编号更高的提议实现多数派读。即使多数派读与多数派写的集合不同，很明显这个保证仍然有效。前文提到，1b 阶段的多数派读会形成安全屏障，这个安全屏障会阻挡更低轮次编号的提议形成多数派写。这两个特性组合在一起，可以确保即使读 / 写的是不同的多数派集合，也没有更高编号轮次和更低编号轮次的提议干扰当前轮次提议的多数派读和多数派写。

对于不同多数派集合的误解，很容易导致另一个理解上的误区。Paxos 有一个需要保持的隐含条件：maxRound ⩾ acceptedRound。也就是说，接收者接受的最大轮次编号一定要大于或等于已接受提议的轮次编号。当多数派读的接受者集合与多数派写的接受者集合不同时，如果没有接收到 1a 消息，但是接收到 2a 消息的接受者不更新自己的最大轮次编号 maxRound，会导致 Paxos 的安全性被破坏。

如图 12-36 所示，接受者的三个状态变量依次对应前文源代码的 maxRound、acceptedRound 和 acceptedValue。

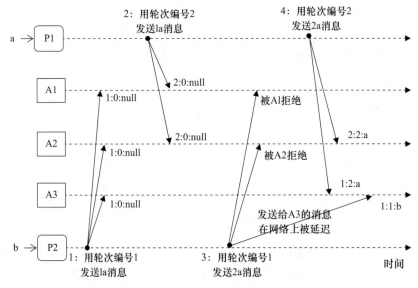

图 12-36 提议者 P1 在轮次 2 的多数派写已经成功，选定值 a

1）首先，提议者 P2 发起轮次 1，准备写入值 b，P2 的轮次 1 的 1a 消息送达了 A1、A2、A3，所以 A1、A2、A3 的状态为 "1:0:null"。

2）接下来，提议者 P1 发起轮次为 2 的提议，准备写入值 a。P1 的 1a 消息送达了 A1 和 A2，所以 A1 和 A2 的状态变为 "2:0:null"。

3）然后，P2 在轮次编号 1 发送 2a 消息给 A1、A2、A3，由于这个 2a 消息的轮次编号比 A1、A2 已接受的最大轮次编号要小，所以送达 A1、A2 的消息被 A1、A2 拒绝。送往 A3 的 2a 消息在网络上被延迟。

4）然后，提议者 P1 在轮次 2 发送 2a 消息，消息送达了 A2 和 A3。A2 的状态被修改为 "2:2:a"，而 A3 的状态被修改为 "1:2:a"。此时，提议者 P1 的多数派写已经成功，选定的值是 a。但是，A3 接受提议的时候，没有更新最大轮次编号 maxRound 的行为带来了安全隐患，即 A3 接受的提议没有被 A3 的最大轮次编号 maxRound 保护！

最后，在网络上被延迟的 P2 发送给 A3 的 2a 消息终于送达了 A3。由于 2a 消息携带的轮次编号等于 A3 接受的最大轮次编号，所以 A3 接受了 P2 的提议。现在 A3 的状态变成了 "1:1:b"。

由于 P2 发送 2a 消息后无法形成多数派写，所以 P2 发起轮次编号 3 的提议，如图 12-37 所示。

P2 执行轮次 3 的提议，这次 1a 消息送达 A1 和 A3，P2 完成多数派读后在 2a 阶段判断出 A3 的提议 <1:b> 是多数派读的响应消息中轮次编号最高的提议，所以 P2 用值 b 发送 2a 消息给所有接受者。所有接受者接受了提议 <3:b>。此时，第二次形成多数派写，不过这次选定的值为 b。至此可以看出，Paxos 的安全性已经被破坏了。

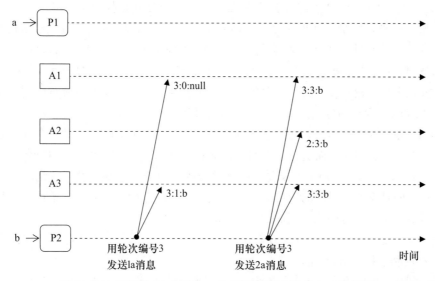

图 12-37　提议者 P2 在轮次 3 的多数派写已经成功，选定值 b

综上所述，接受者在 2b 阶段收到提议者的 2a 消息，判断符合之前的承诺，接受提议并更新提议编号和提议值时，必须要更新参加过的最高轮次 maxRound，从而始终保证 maxRound ≥ acceptedRound。

8. 提议编号

Paxos 需要保证不同提议者生成的提议编号不能重复，且提议编号之间是可比较的。本文在介绍 Basic Paxos 的时候，是直接用提议的轮次作为提议的编号。但是在分布式环境中，需要想办法让不同提议者生成的提议编号永不重复。

有一个简单的办法可以实现这个目的。由于真实环境中一个节点往往同时扮演提议者、接受者和学习者角色。而每个节点往往会用 server_id 来标识不同的服务器节点。提议者生成提议编号的时候，可以用轮次编号 +server_id 的方式生成提议编号，这样生成的提议编号就不会重复了。

比如，有 5 个服务器节点，节点 3 上的提议者在生成提议编号时，可以把自己的轮次编号 5 组合 server_id 3，生成提议编号 5.3。由于不同节点的 server_id 不同，所以即使有相同的轮次编号，组合后的提议编号也不会重复，并且组合后的提议编号是可比较的。

在 12.5.2 节，为了方便描述，统一使用轮次编号代表提议编号。在 12.5.3 节，统一使用轮次编号 +server_id 的方式来代表提议编号。

12.5.3　Multi-Paxos

Basic Paxos 可以决议出一个提议值，Multi-Paxos 可以决议出一系列的值。Multi-Paxos

基于复制状态机模型，通过投票、日志复制等机制，保证多副本节点上的状态一致性。在 Multi-Paxos 中，每个用户提交给客户端的命令都要经历提交与执行两个阶段。如果某个命令被多数派的接受者接受，则称该命令已经被提交（这里的提交命令对应于 Basic Paxos 的选定值，只是说法不同）。只有被提交的命令才能被状态机执行，一个日志条目（Log Entry）被批准且被领导者的状态机执行之后，才能返回响应给客户端。对于多个命令，提交阶段必须以顺序方式进行，较大日志编号所对应的命令可能会在较小日志编号所对应的命令之前被提交。Multi-Paxos 允许命令乱序提交，但要求命令必须被顺序执行。

Basic Paxos 通过一个 Paxos 实例来选定一个值。而 Multi-Paxos 针对每个日志条目运行一个独立的 Paxos 实例，从而支持副本服务器对日志项的序列达成共识。由于各个 Paxos 实例是独立运行的，因此 Multi-Paxos 允许乱序提交用户命令。也就是说，它允许副本服务器先就编号较大的日志条目对应的用户命令达成共识，无须等待之前的日志条目完成共识。

本文将从以下几个方面来介绍 Multi-Paxos：

❑ 选择日志条目。Multi-Paxos 要解决的第一个问题是，当一个客户端请求到来时，确定使用哪个日志条目。

❑ 性能优化。使用领导者来减少在准备阶段可能有的冲突，消除大多数的准备阶段的请求。

❑ 确保日志副本的完整复制。

1. 选择日志条目

Multi-Paxos 的日志中会包含一系列日志条目。日志中的每个日志条目都会对应一个 Basic Paxos 实例。所以基于 Basic Paxos 实现 Multi-Paxos，首先要做的第一件事情是添加 index 参数到 Multi-Paxos 的 Prepare 阶段和 Accept 阶段，以表示某一轮 Paxos 正在决策哪一个日志条目。

当一个客户端提议者收到客户端的携带命令的请求时，Multi-Paxos 的处理流程如下：

1）找到第一个未被批准的日志条目，设这个日志条目的下标为 index。

2）对这个 index 位置的日志条目，使用客户端命令作为值，运行 Basic Paxos。

3）Basic Paxos 在 Prepare 阶段是否返回了 acceptedValue？如果已经有被接受的值，则用此值作为本轮 Paxos 的提议值来继续运行 Paxos，然后回到步骤 1 继续寻找下一个未批准的日志条目。否则，使用客户端在请求中携带的提议值继续运行 Paxos，尝试批准客户端的提议值。

假设有三台服务器，每台服务器同时扮演提议者、接受者和学习者的角色，其中服务器 S3 因宕机或网络分区而与 S1 和 S2 隔离。客户端发送一个提议值为 x 的命令给 S1 服务器的提议者。图 12-38 是命令执行的示意图。

服务器上的日志条目有三种状态。以 S1 服务器为例，线条加粗的 1、2、6 日志条目是已保存且已批准状态。3 是已保存但是不知道是否批准的日志条目，这里 3 其实已经实现了多数派写，但是 S1 服务器暂时还不知晓。4 和 5 是空日志条目，S1 在这个位置没有接受过提议，但其他服务器（S2 和 S3）在这些位置接受过。

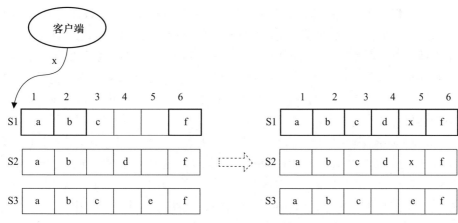

图 12-38　命令执行的示意图

客户端发送一个提议值为 x 的命令给 S1 服务器的提议者时，S1 找到第一个没有被批准的日志条目 3，并尝试用 x 作为提议值运行 Paxos，因为 S1 已经接收过值 c，所以 S1 上的接受者会在 1b 阶段返回值 c 给 S1 的提议者。S1 的提议者用值 c 跑完这轮 Paxos。S2 的日志条目 3 接收了值 c。跑完这轮 Paxos 后，S1 的提议者知晓本轮 Paxos 多数派写成功，所以 S1 设置日志条目 3 为已批准状态。

接下来 S1 尝试用 x 作为提议值对日志条目 4 运行 Paxos，由于之前 S2 已经接收过值 d，所以 S1 的日志条目 4 接收值 d，并且因为已经成功形成多数派写，所以设置 S1 的日志条目 4 为已批准状态。

接下来 S1 尝试用 x 作为提议值对日志条目 5 运行 Paxos，由于此时 S1 无法联系到 S3，而 S1 和 S2 没有接收过值，所以第 5 个日志条目作为客户端的命令 x 的对应下标。成功对日志条目 5 运行 Paxos 后，命令值 x 写入 S1 和 S2，所以 S1 向客户端返回 succeed。

Multi-Paxos 的每个服务器都可以并发地处理多个客户端请求。比如当 S1 服务器同时收到 3 个客户端发送的请求后，S1 可以选择 3、4、5 这三个未批准状态的日志条目，同时运行三个 Paxos 实例，且日志条目 5 可以先于 3 和 4 被批准。Multi-Paxos 的这个特性叫作乱序提交，但是状态机执行日志条目的时候必须顺序执行，因为没有被批准的日志条目的命令值随时可能会变。

2. 性能优化

从前文对 Basic Paxos 的活性的描述可以看出，当多个提议者对同一个 Paxos 实例同时发起提议时，可能会发生冲突而导致提议者开始新一轮提议。多个提议者彼此冲突，降低了性能。所以 Multi-Paxos 的第一个优化点就是从多个提议者中选举一个领导者。任意时刻只有一个领导者处理客户端请求，提交提议，这样就可以避免多个提议者之间的冲突。另外，如果领导者发生故障，可以从多个提议者中再选择一个领导者。

Lamport 在 " The Part-Time Parliament" 提出一种简单的选举领导者的方式：让服务器 id 最大的节点成为领导者。具体选举算法如下：

❑ 每个节点每隔 Tms 向其他所有服务器发送心跳信息，通过消息彼此交换服务器 id。

❑ 如果一个节点在 $2T$ms 内没有收到比自己服务器 id 更大的服务器心跳信息，那么这个节点就变成领导者节点。该节点将处理客户端的请求，并同时担任提议者和接受者。

❑ 如果一个节点收到比自己服务器 id 更大的心跳消息，那么它将不再担任领导者。这个节点将会拒绝客户端的请求，也可以将客户端的请求重定向到领导者。该节点将只担任接受者角色。

对于 Multi-Paxos 来说，即使领导者选择算法失败而导致存在多个领导者，也只是退化为 Multi-Paxos 的未优化的版本，但是 Multi-Paxos 的安全性仍然得以保留。因此，如果领导者选举算法失败了，也不会发生任何坏事。

现在我们看看另一个优化点。Basic Paxos 的第一阶段有两个主要作用：

1）阻塞比当前提议编号小的提议。

2）返回可能被选定的值，多个提议并发执行的时候，新提议需要确保提议值是之前老提议已经选定的值。

Multi-Paxos 仍然需要第一阶段，不过 Multi-Paxos 需要在实现这两个功能的时候，尽可能减少第一阶段请求的次数。

对于第一点，Multi-Paxos 的提议编号不再仅仅针对一个日志条目，而是针对整个日志的所有条目。一旦提议者在第一阶段得到多数派的响应，整个日志比当前提议编号小的所有提议的第一阶段都会被当前提议阻塞。

对于第二点，Multi-Paxos 接受者在第一阶段向提议者返回指定日志条目之前已经接受过的提议。除此以外，接受者还会从当前日志条目的位置开始向后查找，如果后面日志条目都为空，那么接受者返回一个额外的参数 noMoreAccepted=true，该参数表示接受者在当前日志条目的后面没有需要决议的提议了。如果领导者收到多数派的接受者回复 noMoreAccepted=true，那么领导者在之后的提议中就不需要发送第一阶段的 Prepare 请求了。

请看下面多数派的接受者后面日志条目都为空的示意图，如图 12-39 所示。

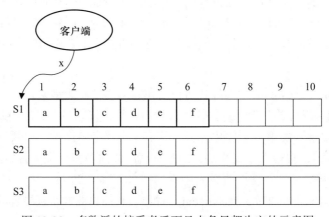

图 12-39　多数派的接受者后面日志条目都为空的示意图

假设 S1 的提议者当前是领导者，客户端请求 S1 的领导者写入命令 x。S1 的领导者找到日志条目 7 向所有接受者发起一轮 Paxos 提议，S1、S2 和 S3 的接受者在 Prepare 阶段查找各自日志条目 7 后面的所有日志条目，发现都为空。所以 S1、S2 和 S3 的接受者向 S1 的领导者返回的响应中会附带上 noMoreAccepted=true。如果 S1 的领导者接收到超过半数的响应，那么接下来的新提议中就不需要执行 Prepare 阶段了。

3. 日志副本的完整复制

Multi-Paxos 的日志条目只需要被超过半数的接受者接收，这个日志条目就被批准了。这可能会导致少部分节点上的日志没有被完全复制。另外，只有领导者知道哪些日志条目被批准了，但是对于状态机来说，需要让所有服务器都能知晓被批准的所有日志条目。

为了实现日志副本的完整复制，Multi-Paxos 需要采取多种措施来综合应对。

首先，让我们来看第一种情况。为了让日志尽可能地复制到每个服务器，当领导者收到多数派的 Accept 阶段的响应后，它可以继续后续处理，同时在后台继续对未回复的接受者进行重试，直到收到了未回复的接受者的响应。不过这种方式不能确保完全复制，因为领导者在重试过程中可能会宕机。

为了跟踪哪些日志是被批准的，Multi-Paxos 需要增加两个参数。

❏ acceptedProposal[i]：acceptedProposal 是数组，acceptedProposal[i] 表示第 i 个日志条目是否已经被批准。如果被批准则设置 acceptedProposal[i]= ∞（无穷大）。在 Paxos 中，只有更大的提议编号才能被接受者收到，无穷大意味着此位置的日志条目永远不会再被修改，即此日志条目已经被批准了。

❏ firstUnchosenIndex：当前服务器上第一个没有被批准的日志条目的下标，即第一个 acceptedProposal[i] 的值不等于 ∞ 的日志条目的下标。

增加这两个变量之后，领导者就可以告诉接受者哪些日志已经被批准了。领导者在向接受者发送第二阶段的 Accept 消息时会带上 firstUnchosenIndex。接受者收到消息后，如果接受者的下标小于 firstUnchosenIndex 的日志条目的下标，存在提议编号等于领导者的 Accept 消息中的提议编号，则接受者就可以知晓领导者已经批准了此日志条目。随后接受者将此日志条目的提议编号设置为 ∞（无穷大，表示此提议已经被批准）。

图 12-40 是同一个接受者收到 Accept 消息前后变化的示意图。

接受者在收到 Accept 消息之前，第 6 个日志条目的提议编号为 3.1。这时接受者收到了提议编号也是 3.1 的 Accept 消息。由于领导者的 firstUnchosenIndex 为 7，大于日志条目 6，所以接受者将日志条目 6 设置为批准状态。因为 Accept 消息的 index 为 8，所以设置 acceptedProposal[8] 为提议编号 3.1，设置 acceptedValue[8] 为 v。

在图 12-40 中，我们可以看到有一个前领导者遗留下来的提议（提议编号为 2.3 的日志条目 4）。这可能是因为前领导者还没有批准日志条目 4 之前就已经宕机了。换了新任领导者后，接受者可以把它的 firstUnchosenIndex 作为 Accept 响应消息返回给领导者。当领导者判断 Leader.firstUnchosenIndex>Acceptor.firstUnchosenIndex 时，则领导者在后台异步发送一个 Success 消息给此接受者。接受者收到 Success 消息后，更新已经被领导者批准的日志条目。领导者收到接受者对 Success 消息的响应后，会继续判断是否仍然 Leader.firstUnchosenIndex>Acceptor.firstUnchosenIndex，如果是，领导者将继续发送 Success 消息。当然，只有领导者切换才需要此步骤。

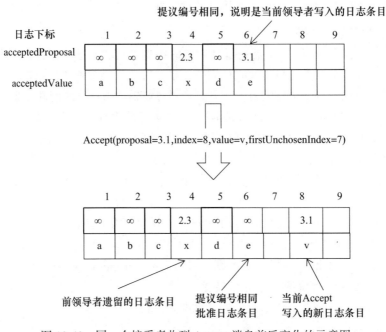

图 12-40　同一个接受者收到 Accept 消息前后变化的示意图

通过上面的三个步骤，所有接受者就可以知晓领导者批准的日志条目了。

12.6　本章小结

本章介绍了分布式编程的基础技术，主要包括 CAP、分布式事务的两阶段提交和 TCC、Raft 协议和 Paxos 协议。

CAP 是指一致性、可用性以及分区容忍性。分布式系统通过网络相互连接，而网络异常可能会导致网络分区，所以分区容忍性往往是分布式系统的现实基础。这意味着分布式系统往往无法同时满足一致性和可用性。所以业界的分布式系统大都在 CP 和 AP 之间做选择。

两阶段提交是分布式事务的常见解决方案，它通过两个阶段（准备阶段和提交阶段），确保不同事务参与者的状态能够达成一致。

TCC 是两阶段提交协议的变体，对资源的锁定时间比 2PC 短，所以 TCC 会有更高的吞吐量；但 TCC 会侵入应用代码，而且应用代码自身需要保证逻辑上的幂等性。

2014 年斯坦福大学的 Diego Ongaro 和 John Ousterhout 以可理解性为目标，发表了论文

"In Search of an Understandable Consensus Algorithm"，正式提出了 Raft 算法。Raft 算法旨在优化 Paxos 算法，是一个更容易理解且同样满足安全性和活性的共识算法。Raft 算法推出后，在 ETCD 上大获成功，并成为越来越多分布式系统的首选。

　　Multi-Paxos 与 Raft 是解决分布式共识问题的两种经典协议。Google 的 Chubby/Spanner，支付宝的 OceanBase 实现了 Multi-Paxos。CoreOS 的 ETCD、百度的 braft 实现了 Raft。Multi-Paxos 与 Raft 都基于复制状态机模型，通过投票、日志复制等机制，保证多副本节点上的状态一致性。每个用户命令都将经历提交与执行两个阶段。如果某个命令收到来自多数派服务器的投票，则称该命令被提交；只有被提交的命令才能被状态机执行。Raft 要求顺序提交，顺序执行。Multi-Paxos 则允许乱序提交（较大日志编号所对应的命令可以在较小日志编号所对应的命令之前被提交），但仍要求顺序执行。

分 布 式 锁

在微服务环境中，我们除了会遇到分布式事务问题，还会遇到并发控制的问题。在分布式环境下完成并发控制，如果只使用普通的 JUC 锁是无法完成工作的，因此只能依靠分布式锁。JUC 中的锁主要解决在一个进程内的访问控制问题，而分布式锁解决的是进程间的访问控制问题，如果将 JUC 中内存操作的指令更换为网络调用是不是就可以实现分布式锁了呢？理论上是的，但是考虑到网络的不可靠性，就没这么简单了。

本章将介绍分布式锁以及实现分布式锁会遇到的问题，并为此专门设计了一个分布式锁框架。基于该框架，可以将 Redis 和 ZooKeeper 快速整合入框架，同时提供良好的扩展能力。分布式锁分为推拉两种模式，本章会详细介绍它们的工作方式，以及在使用中如何选择。

13.1 什么是分布式锁

分布式锁，顾名思义，就是在分布式环境下使用的锁，它具备进程间（当然也包括进程内）的并发控制能力。在分布式环境中，分布式锁可以保证在同一时刻只有一个实例（或节点）进行工作，这个工作也就是同步逻辑，它可能是一组计算或者对存储（及服务）的一些操作。

13.1.1 分布式锁的定义

就功能而言，分布式锁是可以替代一般单机锁的，类似 JUC 这种。JUC 单机锁依靠内存中的状态值来判断锁是否可以获取，而该状态值称为锁的资源状态。分布式锁和单机锁一样，都是依靠可见性的保障来看清楚资源状态，并在此基础上封装出能够提供排他性语义的并发控制装置。二者的区别在于单机锁的资源状态存储在进程内，而分布式锁在进程外，一般是某种网络存储服务。

由于访问资源状态的最小单位是线程，因此分布式锁控制的粒度同单机锁一样，任意时刻只有一个实例中的一个线程能够获取到分布式锁。JUC 单机锁的资源状态在实例内部，如果将它移动到进程外，把对资源进行获取的本地调用换成网络调用，单机锁不就变成了分布式锁吗？确实如此，但链路的变化会引入一些问题。资源状态由内到外的移动不会产生任何变化，而本地调用换成网络调用以及存储服务的加入会产生巨大的变化，主要体现在四个方面——性能、正确性、可用性以及成本问题，之后的章节会详细探讨它们。

13.1.2 使用分布式锁的原因

分布式锁是一项比较实用的技术，一般来说使用它的原因有两个：提升效率、确保正确。如果需要在工作中使用到分布式锁，可以先问自己一个问题：如果没有分布式锁，会出现什么问题呢？如果是数据错乱，那就是为了确保正确；如果是避免集群中所有节点重复工作，那就是为了提升效率。搞清楚使用分布式锁的原因是很重要的，因为它会让你对锁失败后产生的问题有更明确的认识，同时对使用何种技术实现的分布式锁考虑得更周全。

比如，如果使用分布式锁是为了解决效率问题，那么由于偶尔锁失败造成的重复计算问题应该是可以容忍的，这时选择一个成本低的分布式锁实现会是一个好的选择；如果使用分布式锁是为了解决正确性问题，而且这个问题非常关键，那就需要尽可能保证分布式锁的可用性以及正确性，这时采用高成本的分布式锁实现就变得很必要了。

13.1.3 分布式锁的分类

分布式锁的实现有许多种，但大致可以分为两类，即拉模式和推模式分布式锁，二者的区别在于等待获取锁的实例（或线程）被唤醒的方式。如果需要实例自己轮询获取存储服务中的资源状态，则该模式是拉模式，典型的实现是基于 Redis 的分布式锁。如果实例是依靠存储服务的通知来触发它去获取锁，则该模式是推模式，典型的代表是基于 ZooKeeper 的分布式锁。

如果按照这样的分类，JUC 单机锁属于哪种模式呢？回忆一下 AQS 是如何唤醒等待者的。当拥有锁的线程释放锁时，会触发 AQS 的 release() 方法，该方法会唤醒同步队列中处于等待状态的头节点，使之能够尝试去获取锁，这与事件通知节点相似，所以 JUC 中的单机锁可以被认为是推模式。

针对拉模式的分布式锁，需要等待获取锁的实例以自旋的方式去查看资源状态是否发生变化，并根据变化来决定是否可以去获取锁。针对推模式的分布式锁，资源状态的变化会以事件的形式通知到等待锁的实例，当实例收到通知后，就可以去获取锁，而事件通知就相当于（JUC 锁的）唤醒动作。

相比较而言，推模式具备事件驱动的特点，响应会及时一些，而拉模式需要不断查看资源状态的变化，存在一定的无效请求。两种模式对于存储服务的诉求也是不一样的，推模式对于存储服务的要求会相对复杂一些。从直觉上看，推模式仿佛优于拉模式，但在实际应用中，需要综合考虑分布式锁存储服务的功能、可用性与成本等问题，做出更合适的选择。

> 注意 以 Redis 和 ZooKeeper 分别实现的分布式锁为例：前者吞吐量高，访问延时小，实施成本低，但可用性一般；后者可用性高，但吞吐量低，访问延时和实施成本较高。我们将会在后续的文章中对二者进行详细探讨。

13.2 实现分布式锁会遇到的问题

我们先考虑一种简单的分布式锁实现方案，它依赖一个关系数据库（比如 MySQL，以下简称为数据库）来维护资源状态，可以称为数据库分布式锁。数据库具备事务特性，因此能够支持原子化的新增和删除，同时依靠唯一约束和 Where 条件，实现分布式锁存储服务。

在数据库中创建一张 lock 表，它的主要字段以及运作过程如图 13-1 所示。

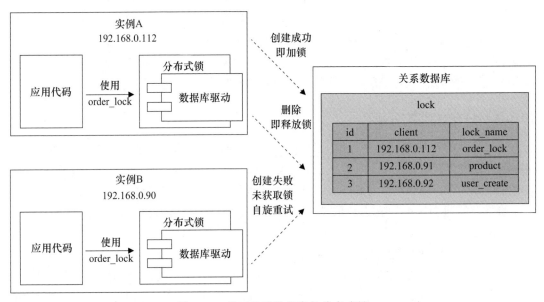

图 13-1　基于关系数据库的分布式锁

可以看到实例 A 和 B 在尝试获取一个名为 order_lock 的锁，获取锁的方式就是在 lock 表中成功新增一行当前锁名称与实例对应的记录。lock 表包含两个关键字段，一个是代表锁资源的 lock_name，该字段上建有唯一约束，一个是代表获取到锁的客户端（或实例）client。不同的分布式锁会有不同的名称，名称代表锁资源，它保存在 lock_name 中，一旦客户端获取到了某个分布式锁，lock 表中就存在一行记录，其中 lock_name 保存了锁的名称，而 client 会保存客户端的信息，比如客户端的 IP，表示当前客户端拥有这把锁。

注意　client 的值如果要确保严谨，可以选择 IP+进程 ID+线程 ID，为了简单起见，这里选择的是 IP。

如果客户端想要获取锁，就必须在表中新增一行记录，如果创建记录成功，则表示该客户端成功获取到了锁，反之，由于主键冲突错误而导致创建失败，则需要客户端不断自旋重试。因为 lock 表在 lock_name 上存在唯一约束，所以同一时刻只会有一个实例（图 13-1 中为实例 A）能够成功地创建记录，从而获取到 order_lock 锁。

当客户端完成操作，需要释放锁时，会根据锁名称和 IP 删除之前创建的记录。lock 表中 client 字段记录了当前客户端的 IP，目的是在删除记录时，通过 SQL 语句 DELETE FROM LOCK WHERE LOCK_NAME=? AND CLIENT=? 来保证只有拥有锁的实例 A 才能释放锁，防止其他实例误释放锁。

这个简单的分布式锁可以完成分布式环境下的并发控制工作，接下来介绍实现分布式锁遇到的问题时，会再次审视这个锁。

13.2.1　性能问题

使用分布式锁会给系统带来一定的性能损失。不论是单机锁还是分布式锁，在实现锁时，都需要获取锁的资源状态，然后进行比对。如果是单机锁，只需要读取内存中的值，如果是分布式锁，则需要通过网络获取值。分布式锁的性能在理论上弱于单机锁，而不同分布式锁的性能与它的存储服务的性能以及网络协议有关。

使用网络来获取资源状态对性能有多大影响呢？这里通过访问不同设备的延迟数据来直观感受一下，如图 13-2 所示。

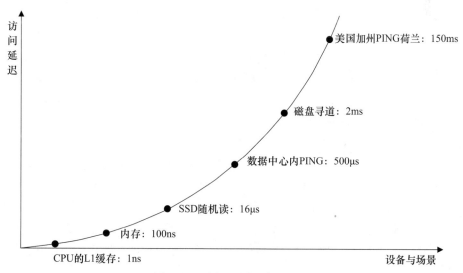

图 13-2　访问不同设备的延迟

图 13-2 参考自 Jeff Dean 发表的文章"Numbers Everyone Should Know"（2020 版）。通过观察该图可以发现，访问 CPU 的缓存是纳秒级别，访问内存是百纳秒级别，而在一个数据中心内往返一次是百微秒（或毫秒）级别，一旦跨数据中心则会达到（甚至超过）百毫秒级别。可以看到单机锁能提供纳秒级别的延迟，而分布式锁的延迟会在毫秒级别，二者相差上千倍。

注意 分布式锁的存储服务一般会与应用部署在同一个数据中心。

如果网络变得更快会不会提升分布式锁的性能呢？答案是肯定的，但是存在极限。在 1990 年到 2020 年这 30 年的时间里，计算机访问不同设备的速度有了巨大提升。访问网络的延迟虽然有了很大改善，但是趋势在逐渐变缓，也就是说硬件与工艺提升带来的红利变得很微薄，不足以引起质变。

注意 历年访问不同设备的延迟数据，可以参考 https://colin-scott.github.io/personal_website/research/interactive_latency.html。

由于分布式锁在访问存储服务上比单机锁有显著的延迟，所以就锁的性能而言，分布式锁肯定是低于单机锁的。当然会有读者提出，单机锁不是无法解决分布式环境下的并发控制问题吗？没错，这里就访问延迟来比较二者的性能有所偏颇，但是，分布式锁的引入并不是系统高性能的保证，分布式不一定比单机更高效，使用分布式锁的目的是在分布式环境中为水平伸缩的应用服务提供并发控制能力，保障逻辑执行的正确性。

不同的分布式锁实现会依赖不同的存储服务，比如 Redis 和 ZooKeeper 的性能也是存在差异的，主要体现在传输协议大小、I/O 链路是否非阻塞和功能实现上。传输协议是指客户端与存储服务之间通信数据的格式，一般相同操作类型的协议体积越小，性能越好。I/O 链路是指客户端与存储服务通信的模式，一般非阻塞 I/O 会优于同步 I/O，在支持客户端数量上，前者有显著优势。功能实现主要是存储服务自身实现的复杂度，复杂度越高，性能就会越低，一般来说，功能越多且全面的存储实现，复杂度会更高。

对于数据库分布式锁而言，客户端与存储服务（也就是关系数据库）通信时传输的是各数据库提供商的专属协议，虽然是不同的专属协议，但基本都会包含 SQL 语句，所以就协议体积而言，数据库分布式锁传输协议的体积是比较大的。在 I/O 链路上，数据库分布式锁使用同步 I/O 进行通信，因此支持的客户端数量较少。数据库功能丰富，实现相对复杂，比如涉及 SQL 解析、索引选择等处理步骤，因此耗时较多。综上，数据库分布式锁的性能较差，适合客户端少，并发度以及访问量较低的场景，比如，防止后台任务并行运行的工作。

13.2.2　正确性问题

　　分布式锁的正确性是指能够保证锁在任意时刻不会被两个（及其以上）客户端同时持有的特性。使用过类似 JUC 单机锁的读者一定会觉得保证正确性对于锁而言很容易做到，但事实真是如此吗？我们先回顾一下单机锁是如何保证正确性的。单机锁依靠 CAS 操作来进行锁资源状态的设置，如果客户端能够设置成功，才被认为获得了锁。关于 CAS 操作的实现原理，本书第 5 章有详细介绍。

　　单机锁的 CAS 操作由系统指令保证，链路极短且可靠，并且资源状态由锁本身维护，从而能够确保正确性。分布式锁的资源状态在存储服务上，而存储服务会以开放形式部署在数据中心，如果有其他客户端非法删除了资源状态，而恰好此时有另一个客户端尝试获取锁，那么会造成两个客户端都能获取到锁，导致同步逻辑无法被保护。

　　有读者会问，我的存储服务管理得很好，只有自己的应用使用，这样是不是就没有正确性问题了？客观地讲，专有专用确实提升了正确性，但非法删除资源状态的"凶手"不见得是其他团队的应用，还有可能是存储服务自己。在使用存储服务时，出于可用性考虑，一般会使用主从结构的部署方式。考虑一种情况：如果主节点宕机，主从节点会进行（自动）切换，而主从节点之间的数据同步由于存在延迟，使得另一个客户端在访问新晋升的主节点时，有可能无法看到"已有"的某些资源状态，进而成功获取到锁，导致正确性再次被违反。存储服务的主从切换对分布式锁正确性的影响，在 13.4.4 节中会详细介绍。

　　可以看到，纵使有专用的存储服务，也无法完全确保分布式锁的正确性。绝对的正确性是无法做到的，不同的分布式锁实现由于存储服务的不同，正确性保障也有强弱之分。

　　数据库分布式锁的正确性保障是比较高的，依托于经典的关系数据库，即使主从复制可能会带来问题，也能得到较好的解决。比如，MySQL 可以通过开启半同步复制，牺牲一些同步效率来确保主从数据的一致性，进而提升分布式锁的正确性保障。

13.2.3　可用性问题

　　分布式锁的可用性是指能够保证客户端在任意时刻都可以对锁进行（获取或者释放）操作的特性。分布式锁的可用性又可以分为个体可用性和全局可用性，前者关注单个锁的可用性，而后者要求不能出现分布式锁服务整体不可用的情况。不论个体还是全局可用性，它都是由网络和存储服务来保障的，如图 13-3 所示。

　　分布式锁的资源状态保存在存储服务上，依靠（使用锁的）实例（或线程）通过网络来进行操作。如果网络设备出现问题，则会导致实例因为设备故障而无法使用分布式锁，出现全局可用性问题。针对这个问题，如果实例部署在自建数据中心，则需要专项考虑，如果部署在云上，则由云厂商负责保障。网络是基础设施，本书不对它做过多探讨，而是将主要视角放在存储服务上，可以狭义地认为：分布式锁的可用性基本等于存储服务的可用性。

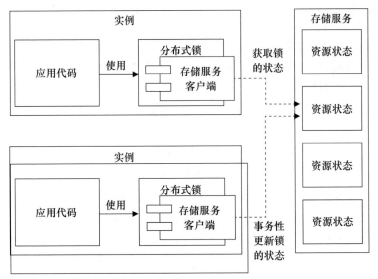

图 13-3 分布式锁的可用性

先看一下分布式锁的个体可用性问题，在单机锁中，锁的资源状态和应用实例在同一个进程中，是一体的，而分布式锁的资源状态与应用实例相互独立。假设这样一个场景：实例在获取到锁后，由于发生异常导致没有释放锁（原因可能是没有释放锁或实例突然宕机），但锁的资源状态显示锁依旧被持有，这会导致不会再有实例能够获取这把锁，出现了死锁。解决死锁问题最直接的办法是增加实例占据资源状态的超时时间，通过这一约束，纵使出现了死锁，也会在超时时间到达后完成自愈，避免出现个体不可用的窘境。

以数据库分布式锁为例，如果实例在释放锁之前发生异常，就会出现个体可用性问题。解决方案就是引入超时机制，可以在 lock 表中新增一个 expire_time 字段，每次实例获取锁时都需要设置超时时间，当超时时间到达时，则删除该记录。清除超时锁记录的工作可以交给一个专属实例去完成，如图 13-4 所示。

通过增加分布式锁的占用超时时间，可以有效地避免由于实例异常而导致资源状态无法释放的问题。应用实例在获取锁时，需要将过期时间计算好，一般是系统当前时间加上一个超时时间差，设置短了，正确性被违反的概率就会增加，设置长了，可用性问题出现后的自愈时间就会变长。至于超时时间设置多少，需要结合应用获取锁后执行同步逻辑的最大耗时来考虑，也就是说，超时时间差的长短问题还是由分布式锁的使用者解决。

使用一个超时清除实例来定期删除过期的资源状态，虽然能让整体架构变得清晰，但也让架构显得有些累赘，因此可以使用 Redis 之类的缓存系统来维护资源状态，通过设置缓存的过期时间，完成过期资源状态的自动删除。

接下来再看分布式锁的全局可用性问题。存储服务一般可以通过（主从或其他）集群技术来保障它的可用性，因为集群中的部分节点发生宕机并不会影响到外界使用存储服务，进而保证了分布式锁的全局可用性。

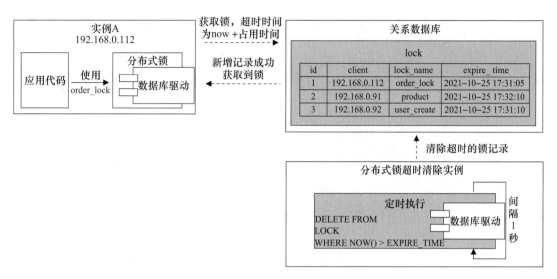

图 13-4　分布式锁占用超时

但是集群技术也会带来正确性降低的风险，比如集群主从切换时，数据同步的延迟可能会导致正确性被违反。不仅是全局可用性，为提升个体可用性而引入的超时机制，也会给分布式锁带来"个体正确性"降低的风险。比如，进程暂停或者网络延迟可能会使获取到锁的实例出现停顿，随着超时时间到达，锁被超时释放，其他实例就可以获取到锁，造成同步逻辑被并行执行，正确性被违反。

> 📷 注意　以 Redlock 为代表的非主从集群技术、分布式锁的超时机制以及实例暂停导致正确性被违反的问题，在 13.4 节中会进行详细介绍。

可以看到可用性与正确性就如同 CAP 原则中的可用性（A）和一致性（C），在分布式环境（也就是 P）中，是一对矛盾体，需要开发者能够根据实际情况做出权衡和取舍。

13.2.4　成本问题

与依靠 JDK 就能满足需求的单机锁不同，分布式锁至少需要一个存储服务，它可以是关系数据库，也可以是分布式协调系统，比如 ZooKeeper。部署存储服务会涉及成本问题。如果使用者依赖分布式锁去解决效率问题，比如为了避免集群中出现重复计算，计算频度很低，部署和维护一个存储服务的成本就很高，不划算。

有读者会说，存储服务可以共享呀！比如，部署一个 Redis 主从集群，大家一起使用，这样成本不就降下来了吗？没错，通过共享存储服务，提升利用率，确实可以降低成本，但是分布式锁的可用性会受到很大的影响。例如，在电商场景中，交易核心链路依赖分布式锁去解决库存扣减的并发问题，由于使用了共享存储服务，假设其他业务使共享存储服务出现

（链接被耗尽，容量达到阈值或负载很高）问题，就会导致交易核心链路的订购成功率下跌，影响用户体验，得不偿失。

因此，可以通过降低存储服务的规格来节省成本，而尽可能不做共享使用，除非是很明显的边缘业务。建议以技术产品线作为划分依据，不同产品线之间不共用存储服务，如图 13-5 所示。

不同的业务线使用自己的存储服务，这样就可以根据实际需求来裁剪（或定制）它的规格。例如，商品产品线维护了库存服务，使用商品 ID 作为分布式锁名称，单日交易商品的种数并不多（假定是 50 万），由于单个键值不会超过 0.25KB，理论上 128MB 左右的内存空间就足够存储单日所需的分布式锁资源状态。再考虑一些缓存，商品产品线可以将 Redis 的内存设置为 1GB，采用主从集群模式部署。

图 13-5　分布式锁部署结构

> 注意　单个键值（也就是一行资源状态，键和值的长度都在 64 以内）理论不超过 256byte，500 000×（0.25）KB/1024=122MB

虽然不同的业务线使用相互独立的存储服务，但是在代码层面需要使用同一套技术。通过分布式锁框架统一所有的使用方，除了能够提升复用率和维护性外，还可以通过统一的运维系统对运行时数据进行观测，根据数据定义监控与报警策略，获得长效收益。

如果某些业务不需要分布式锁提供很高的可用性保障，甚至可以部署一个单节点的存储服务，虽然存在单点问题，但通过专有专用，一样可以获得很好的效果。不同的存储服务也会有不一样的成本，比如，部署和维护 ZooKeeper 集群的成本会高于 Redis 集群。

对于数据库分布式锁而言，单独使用一个数据库来实现分布式锁是不太现实的。因为锁的资源状态数量有限且对磁盘容量占用很小，所以在业务线中选择一个访问量不高的数据库，建立独立的 Schema 来使用，会是一个比较经济的方案。

13.3　分布式锁框架

不同的分布式锁实现（以下简称实现），比如 Redis 或者 ZooKeeper，它们之间的性能、可用性和正确性保障以及成本都会有所不同，因此需要提供一种适配多种不同实现的分布式锁技术方案（以下简称方案）。该方案的目的就是设计一款分布式锁框架，对锁的使用者提供一套统一的 API，对于不同的实现又能做到很好的集成。接下来介绍该框架的设计与实现。

13.3.1 为什么需要分布式锁框架

分布式锁的实现可以有多种，但是都需要有监控、流控以及热点锁访问优化等通用特性，所以该方案需要不仅能够给使用者提供一致的分布式锁 API，还能够让开发者适配不同的分布式锁实现，同时具备良好的横向功能扩展能力。

既要适配不同的实现，又要支持横向扩展，这一纵一横的扩展需求就需要通过设计一个简单的分布式锁框架（以下简称框架）来解决了。该框架不仅能够给使用者提供一致且简洁的 API，还能够快速适配不同的实现，最关键的一点是给开发者提供以横向拦截的方式来扩展分布式锁获取与释放链路（以下简称链路）的能力。

13.3.2 分布式锁框架的组成

框架分为两类，共 5 个模块。一类面向使用者的客户端和开箱即用的 springboot-starter（以下简称 starter），另一类面向开发者的 SPI、实现扩展与插件扩展。如果只是想使用分布式锁，那就只需要依赖框架提供的 starter，前提是应用基于 Spring Boot 构建。如果想扩展分布式锁的实现或者链路，可以通过实现框架提供的 SPI 达成目的。框架代码参见 https://github.com/weipeng2k/distribute-lock。

框架中各模块包含的主要组件及相互关系如图 13-6 所示。

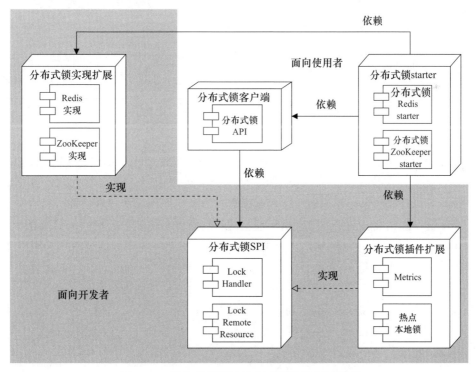

图 13-6　分布式锁框架的主要组件及相互关系

使用者通过依赖 starter 将框架引入应用，同时使用客户端来完成分布式锁的创建、获取与释放工作。开发者可以通过扩展 SPI 中的 LockRemoteResource 来将不同的实现引入框架中，这些实现会对使用者透明。开发者还可以通过实现 SPI 中的 LockHandler 完成对链路的扩展，这些扩展会以切面的形式嵌入执行链路中，并且对分布式锁的实现以及使用者透明。

1. 分布式锁客户端

面向使用者的分布式锁客户端，以工厂模式进行构建，使用者可以通过传入锁名称来获取并使用对应的分布式锁。客户端通过依赖 SPI 将分布式锁实现与客户端分离开，主要类图如图 13-7 所示。

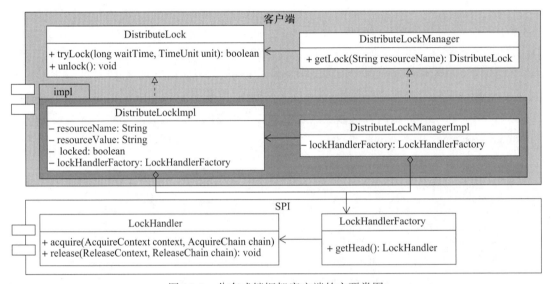

图 13-7　分布式锁框架客户端的主要类图

客户端模块主要定义了分布式锁的接口以及基本实现。分布式锁 DistributeLock 主要定义了两个方法，分别是获取锁的 tryLock(long waitTime, TimeUnit unit) 和释放锁的 unlock()。有读者一定会问，为什么没有提供类似 JUC 中的 lock() 方法呢？如果有的话，客户端调用该方法后会等待获取到锁后才返回，使用起来更加方便。原因是客户端使用分布式锁进行加锁时，实际会在底层发起网络通信，由于通信的不可靠性，比如，一旦发生网络故障，将会导致应用获取锁时被长时间阻塞，这可能未必是用户所期望的。因此要求用户显式地传入获取锁的超时，以便使得用户对于获取分布式锁的开销有更明确的感知。如果要实现类似 JUC 中的 lock() 方法，可以通过传入一个较长的等待时间来近似做到。

分布式锁实现 DistributeLockImpl 会将客户端获取锁（以及释放锁）的调用请求委派给 SPI，由 SPI 中的 LockHandler 来处理。使用者只需要从 DistributeLockManager 中获取锁，就可以对锁进行操作了，示例代码如下。

```
DistributeLock lock = distributeLockManager.getLock("lock_name");
```

```
if (lock.tryLock(1, TimeUnit.SECONDS)) {
    try {
        // do sth...
    } finally {
        lock.unlock();
    }
}
```

上述代码表示获取一个名为 lock_name 的分布式锁，然后对它尝试加锁，获取超时时间为 1s。如果 1s 能够成功加锁，则执行同步逻辑并完成解锁；如果未能在 1s 内加锁，则直接返回。

2. 分布式锁 SPI

面向开发者的分布式锁 SPI 是框架扩展性的体现，它定义了扩展框架所需的相关接口，包含支持分布式锁实现适配的 LockRemoteResource 和扩展链路的 LockHandler，如图 13-8 所示。

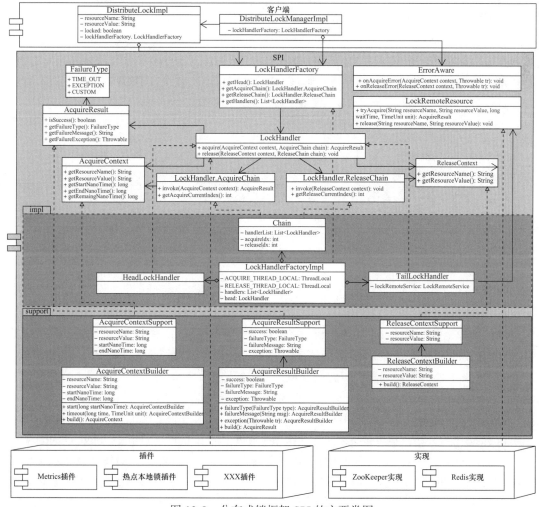

图 13-8　分布式锁框架 SPI 的主要类图

LockRemoteResource 定义了获取锁资源的两个方法，tryAcquire 和 release。前者声明在超时时间内对远程锁资源进行获取，并返回获取结果 AcquireResult；后者声明根据资源名称和值对获取到的资源进行释放。只要具备资源获取和释放的分布式服务，就可以通过适配到 LockRemoteResource，作为分布式锁实现集成到框架中。以 Redis 的集成作为一个例子，Redis 的 String 数据类型具备键值的存取功能，那就可以将键值视作分布式锁资源，键值新增作为资源获取，键值删除作为资源释放，以此将 Redis 转换为分布式锁实现，从而集成到框架中。

LockHandler 定义了获取与释放锁的行为，分别由 acquire 和 release 两个方法来实现。框架定义了获取锁上下文 AcquireContext，它由框架构建并传递给 acquire 方法。LockHandler 处理获取锁的工作，并返回获取结果 AcquireResult。获取结果 AcquireResult 主要描述本次获取锁的操作结果，包括是否获取成功以及获取失败的原因。对于释放锁而言，框架提供了释放锁上下文 ReleaseContext，也由框架构建并传递给 release 方法。

多个 LockHandler 会组成分布式锁获取与释放链路，开发者通过扩展 LockHandler，将扩展类以插件的形式集成到框架中。框架默认提供了 Head 和 Tail 两个 LockHandler 节点，而开发者（或框架）提供的扩展将会穿在链路上，链路分为获取锁和释放锁两条链路，其中获取锁链路如图 13-9 所示。

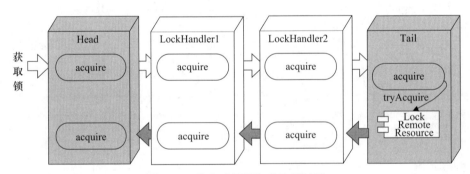

图 13-9　分布式锁框架获取锁链路

锁的获取链路会从 Head 节点开始，将获取锁上下文 AcquireContext 传递给链路上所有 LockHandler 的 acquire 方法，最终抵达 Tail 节点，并由 Tail 节点调用 LockRemoteResource 的 tryAcquire 方法，完成远程锁资源的获取。如果链路上的扩展节点需要提前中断获取锁的请求，可以选择不调用 AcquireChain 的 invoke 方法，这会使得责任链提前返回。

锁的释放链路与获取链路相似，如图 13-10 所示。

由 Head 节点开始，穿越整条链路，抵达 Tail 节点，再由 Tail 节点调用 LockRemoteResource 的 release 方法完成远程锁资源的释放。任何扩展节点的增加和删除，对于链路上的其他节点而言都是没有影响的，因此锁的获取与释放链路的抽象提供了良好的扩展能力，后面会演示如何通过实现 LockHandler 来扩展框架。

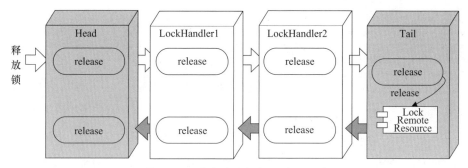

图 13-10　分布式锁框架释放锁链路

13.3.3　实现：基于 Redis 的分布式锁

调用 LockRemoteResource 可以扩展分布式锁实现，接下来以 Redis 作为维护锁资源状态的存储服务，以 Lettuce 作为客户端来举例说明。Lettuce 是一个基于 Netty 的 Redis 客户端，最大的特点是基于非阻塞 I/O，能够帮助开发者构建响应式应用，可以很好地替代 Jedis 客户端。Lettuce 版本为 6.1.2.RELEASE，Redis 版本为 6.2.6。

Redis 的分布式锁实现 RedisLockRemoteResource 会在 13.4 节中详细介绍，现在只需要知道它通过 5 个参数来进行构建，参数名、类型与描述如表 13-1 所示。

表 13-1　基于 Redis 的分布式锁的参数名、类型与描述

参数名	类　　型	描　　述
address	string	Redis 服务端地址
timeoutMillis	int	访问 Redis 的超时时间（单位为 ms）
ownSecond	int	占据键值的时间（单位为 s）
minSpinMillis	int	自旋最小时间（单位为 ms）
randomMillis	int	自旋随机增加的时间（单位为 ms）

Lettuce 通过 address 与 Redis 建立长链接。在获取锁时，它会尝试新增一个键值，如果新增失败，将会选择睡眠一段时间（时长为：minSpinMillis+new Random().nextInt(randomMillis)），醒后再试。如果新增成功，则代表实例成功获取到锁，同时该键值的存活时间为 ownSecond，在存活时间内实例需要执行完同步逻辑，否则就会出现正确性被违反的风险。

1. Redis 分布式锁 starter

对于分布式锁框架的使用者而言，他可能不希望关注这么多细节，如果只需要提供一个 Redis 服务器地址，然后添加依赖和配置就可以跑起来，那就最好不过了。Spring Boot 提供了良好的扩展与集成能力，只需要提供相应的 starter，就可以让使用者获得这种极致的体验。该 starter 在子项目 distribute-lock-redis-spring-boot-starter 中。

Redis 分布式锁 starter 主要包含一个 Spring 配置，代码如下所示。

```
@Configuration
@ConditionalOnProperty(prefix = Constants.PREFIX, name = "address")
@ConditionalOnClass(RedisLockRemoteResource.class)
@EnableConfigurationProperties(RedisProperties.class)
@Import(CommonConfig.class)
public class DistributeLockRedisAutoConfiguration implements EnvironmentAware {

    private Environment environment;

    @Bean("redisLockRemoteResource")
    public LockRemoteResource lockRemoteResource() {
        Binder binder = Binder.get(environment);
        BindResult<RedisProperties> bindResult = binder.bind(Constants.PREFIX,
            Bindable.of(RedisProperties.class));
        RedisProperties redisProperties = bindResult.get();

        return new RedisLockRemoteResource(redisProperties.getAddress(),
            redisProperties.getOwnSecond(),
                redisProperties.getMinSpinMillis(), redisProperties.getRandomMillis());
    }

    @Bean("redisLockHandlerFactory")
    public LockHandlerFactory lockHandlerFactory(@Qualifier("lockHandlerFinder")
        LockHandlerFinder lockHandlerFinder, @Qualifier("redisLockRemoteResource")
        LockRemoteResource lockRemoteResource) {
        return new LockHandlerFactoryImpl(lockHandlerFinder.getLockHandlers(),
            lockRemoteResource);
    }

    @Bean("redisDistributeLockManager")
    public DistributeLockManager distributeLockManager(@Qualifier("redisLock
        HandlerFactory")LockHandlerFactory lockHandlerFactory) {
        return new DistributeLockManagerImpl(lockHandlerFactory);
    }

    @Override
    public void setEnvironment(Environment environment) {
        this.environment = environment;
    }
}
```

由于在 META-INF/spring.factories 配置中声明了 DistributeLockRedisAutoConfiguration，所以 Spring 容器能够扫描并识别 Redis 分布式锁的配置，并装配 3 个 Bean 到使用者的 Spring 容器中，如表 13-2 所示。

表 13-2　自动装配到 Spring 容器中的 Bean 与描述

BeanName	类　　型	描　　述
redisLockRemoteResource	LockRemoteResource	从当前应用的环境中解析配置，装配一个类型为分布式锁实现的 Bean

（续）

BeanName	类　　型	描　　述
redisLockHandlerFactory	LockHandlerFactory	依赖 redisLockRemoteResource，装配一个类型为 LockHandlerFactory 的 Bean，目的是给分布式锁 API 提供获取 LockHandler 的能力
redisDistributeLockManager	DistributeLockManager	使用者直接依赖该 Bean，提供分布式锁的相关功能

由于配置被 ConditionalOnProperty 注解修饰，使用者除了依赖该 starter，还需要在 application.properties 中声明键为 spring.distribute-lock.redis.address 的配置，如果没有声明该配置，该 starter 就不会装配上述 3 个 Bean 到容器中。

Constants 定义了常量 PREFIX，值为 spring.distribute-lock.redis。

2. 使用分布式锁框架

该框架使用起来比较简单，通过依赖 distribute-lock-redis-spring-boot-starter，然后在 application.properties 中进行如下配置：

```
spring.distribute-lock.redis.address=redis 服务端地址，比如：redis://ip:port
spring.distribute-lock.redis.own-second= 可选，默认 10，表示键值的过期时间，单位为 s
spring.distribute-lock.redis.min-spin-millis= 可选，默认 10，表示自旋等待的最小时间，单位为 ms
spring.distribute-lock.redis.random-millis= 可选，默认 10，表示自旋等待随机增加的时间，单位为 ms
```

依赖坐标并声明配置后，该 starter 会装配一个 DistributeLockManager 到应用的 Spring 容器中，测试用例如下所示。

```
@Autowired
@Qualifier("redisDistributeLockManager")
private DistributeLockManager distributeLockManager;
@Autowired
private Counter counter;

@Override
public void run(String... args) throws Exception {
    DistributeLock distributeLock = distributeLockManager.getLock("lock_key");
    int times = CommandLineHelper.getTimes(args, 1000);
    DLTester dlTester = new DLTester(distributeLock, 3);
    dlTester.work(times, 1, () -> {
        int i = counter.get();
        i++;
        counter.set(i);
    });

    dlTester.status();
    System.out.println("counter value:" + counter.get());
}
```

测试用例尝试获取一个名称为 lock_key 的分布式锁，然后循环 1000 次（或由启动参数指定次数的）操作，每次操作都会尝试加锁（等待锁的时间为 3s），加锁成功后，获取远程 Redis 服务端 counter 的值，自增后再写回。获取、计算、写回的过程如果不加锁，在多进程（或并发）环境中，就可能会出现数据覆盖的情况，从而导致计数错乱。

Redis 中的 counter 已经提前初始化为 0，我们用 3 个客户端进行操作，每个客户端循环 100 次，客户端的启动与输出分别如图 13-11、图 13-12 和图 13-13 所示。

图 13-11　客户端 1 的启动与输出

客户端 1 输出：获取锁成功 200 次，失败 0 次，counter 的值为 486。

图 13-12　客户端 2 的启动与输出

客户端 2 输出：获取锁成功 192 次，失败 8 次，counter 的值为 592。

图 13-13　客户端 3 的启动与输出

客户端 3 输出：获取锁成功 200 次，失败 0 次，counter 的值为 332。

登录到 Redis 服务端，进行结果验证，如图 13-14 所示。

```
weipeng2k@weipeng2kdeNew-MacBook-Pro target % telnet 1.117.164.80 6379
Trying 1.117.164.80...
Connected to 1.117.164.80.
Escape character is '^]'.
get counter
$3
592
```

图 13-14　登录 Redis 服务端验证结果

登录到 Redis 服务端查看 counter 的最终值为 592，与客户端 2 的输出一致。可以看到，基于 Redis 的分布式锁能够正常工作，对原有线程不安全的逻辑进行了保护，使之能够安全地运行于分布式环境中。

13.3.4　扩展：分布式锁访问日志

分布式锁的获取与释放会涉及网络通信，所以该过程需要添加监控，最简单的方式是对每次分布式锁的使用打印日志，日志内容可以是获取与释放锁的关键信息，比如锁的名称与耗时等。通过收集和分析日志，一来可以掌握分布式锁的数据指标，二来可以在问题发生时及时报警，缩短故障反应时间。

通过扩展 SPI 中的 LockHandler，可以将打印访问日志的特性植入链路中，并且该过程对使用者和锁实现透明，扩展代码如下。

```java
@Order(1)
public class AccessLoggingLockHandler implements LockHandler, ErrorAware {
    private static final Logger logger = LoggerFactory.getLogger("DISTRIBUTE_
        LOCK_ACCESS_LOGGER");

    @Override
    public AcquireResult acquire(AcquireContext acquireContext, AcquireChain
        acquireChain) throws InterruptedException {
        AcquireResult acquireResult = acquireChain.invoke(acquireContext);
        logger.info("acquire|{}|{}|{}|{}", acquireContext.getResourceName(),
            acquireContext.getResourceValue(), acquireResult.isSuccess(),
                TimeUnit.MILLISECONDS.convert(System.nanoTime() - acquireContext.
                    getStartNanoTime(), TimeUnit.NANOSECONDS));
        return acquireResult;
    }

    @Override
    public void release(ReleaseContext releaseContext, ReleaseChain releaseChain) {
        releaseChain.invoke(releaseContext);
        logger.info("release|{}|{}|{}", releaseContext.getResourceName(),
            releaseContext.getResourceValue(),
                TimeUnit.MILLISECONDS.convert(System.nanoTime() - releaseContext.
                    getStartNanoTime(),
```

```
                          TimeUnit.NANOSECONDS));
    }

    @Override
    public void onAcquireError(AcquireContext acquireContext, Throwable throwable) {
        logger.error("acquire|{}|{}|{}|{}", acquireContext.getResourceName(),
            acquireContext.getResourceValue(),
                false,
                TimeUnit.MILLISECONDS.convert(System.nanoTime() - acquireContext.
                    getStartNanoTime(),
                        TimeUnit.NANOSECONDS), throwable);
    }

    @Override
    public void onReleaseError(ReleaseContext releaseContext, Throwable throwable) {
        logger.error("release|{}|{}|{}", releaseContext.getResourceName(),
            releaseContext.getResourceValue(), TimeUnit.MILLISECONDS.
                convert(System.nanoTime() - releaseContext.getStartNanoTime(),
                TimeUnit.NANOSECONDS), throwable);
    }
}
```

该扩展通过实现 LockHandler 的 acquire 和 release 方法在分布式锁使用链路上打印日志，可以看到 acquire 方法在获取锁结果 AcquireResult 返回后，打印了获取锁的名称、值、获取是否成功的结果以及耗时（单位为 ms）。释放锁的 release 方法与 acquire 方法的实现类似。

另外 AccessLoggingLockHandler 实现了 ErrorAware，如果在链路中出现异常，导致链路提前中断，则框架会在对应的（获取或释放）链路回调 onAcquireError 或 onReleaseError 方法。

在应用中依赖分布式锁的 starter 后，再依赖扩展插件的坐标就能激活日志打印插件。因为锁的日志打印频繁，推荐将该日志同应用日志分开，所以插件提供了日志文件片段，便于用户使用。用户可以选择在日志配置（比如 logback-spring.xml）中声明分布式锁的日志目录即可，配置代码如下。

```
<property name="APP_NAME" value="distribute-lock-redis-testsuite"/>
<property name="LOG_PATH" value="${user.home}/logs/${APP_NAME}"/>

<!-- 分布式锁日志 -->
<property name="DISTRIBUTE_LOCK_LOG_DIR" value="${LOG_PATH}/distribute-lock" />
<include resource="io/github/weipeng2k/distribute-lock/distribute-lock-access-log.xml"/>
```

可以看到在应用日志配置中，声明了 DISTRIBUTE_LOCK_LOG_DIR 属性为分布式锁的日志目录，而锁访问日志将会输出在该目录中的 distribute-lock-access.log 文件中。启动应用，然后使用分布式锁，可以看到（部分）日志输出，如图 13-15 所示。

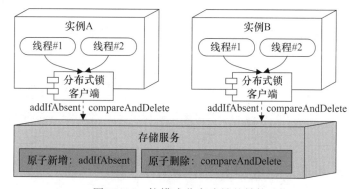

图 13-15　获取释放锁的访问日志

　　基于 Redis 的分布式锁在获取与释放过程中会打印访问日志，可以看到，其中获取锁的耗时基本在 35ms 左右，而释放锁也差不多是这个量级。

 注意　Redis 部署在公有云，因此延迟比较大，在实际的生产环境中会好很多。

13.4　拉模式的分布式锁

　　拉，意味主动获取，代表客户端需要主动获取存储服务中的资源状态，并自行判断是否获取到了锁。接下来介绍如何实现一个拉模式的分布式锁，实现它需要注意的问题以及基于分布式锁框架对拉模式分布式锁的优化。

13.4.1　什么是拉模式

　　拉模式的分布式锁，需要实例（通过客户端）以自旋的形式主动调用存储服务，根据调用结果来判断是否获取到了锁。这需要存储服务提供类似 ConcurrentMap 中的原子新增和删除功能。在拉模式的分布式锁中，（应用）实例和存储服务的结构如图 13-16 所示。

图 13-16　拉模式分布式锁的结构

在获取拉模式分布式锁时，需要使用 addIfAbsent 在存储服务中新增锁对应的资源状态（或一行记录），它需要包含能够代表获取锁的实例（或线程）标识，并且该标识能够确保全局唯一。不同获取锁的实例标识不同。释放锁时，需要通过当前实例（或线程）标识，使用 compareAndDelete（以下简称 CAD）来删除存储服务中对应的资源状态。拉模式存储服务需要提供的功能与描述，如表 13-3 所示。

表 13-3　拉模式下存储服务需要提供的功能与描述

名称	参数说明	功能	描述
addIfAbsent(key, value, ttl)	key，键，对应锁的名称，全局唯一；value，值，与键对应，在删除时可以提供比对功能；ttl，过期时间，键新增后，在 ttl 时间过后，会自动删除	原子新增	如果已经存在 key，则会返回新增失败，否则新增键值成功，且过期时间在 ttl 之后。该过程需要保证原子性
compareAndDelete(key, value)	key，键，对应锁的名称，全局唯一；value，值，与键对应，在删除时可以提供比对功能	原子删除	只有待删除键 key 对应的值与参数值 value 相等，才能够删除该键值。该过程需要保证原子性

每一个分布式锁都对应存储服务上的一个键，可以将存储服务认为是一个巨大（且线程安全）的 Map。如果通过调用 addIfAbsent 能够成功地新增一个键值，则代表成功获取到了锁。获取拉模式分布式锁的流程如图 13-17 所示。

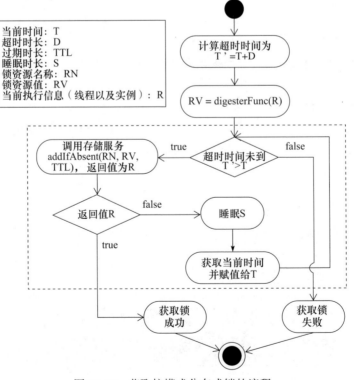

图 13-17　获取拉模式分布式锁的流程

可以看到虚线框中的流程就是获取锁的自旋过程，但在介绍它之前，我们先要看一下获取锁时需要确定的输入，这些输入变量的名称与描述如表 13-4 所示。

表 13-4　获取拉模式分布式锁的输入变量的名称与描述

变量名称	描　述
T（当前时间）	当前系统时间
D（超时时间）	实例获取锁能够等待的最长时间
TTL（过期时间）	资源状态在存储服务上存活的最长时间
S（睡眠时间）	新增资源状态（也就是获取锁）失败需要睡眠的时长
RN（锁资源名称）	分布式锁的名称，可以是某个业务编号
RV（锁资源值）	获取锁的实例标识，需要保证唯一性
R（当前执行信息）	获取锁的实例以及线程信息

在进入自旋过程前，需要使用 digesterFunc 函数将 R 转换为 RV。这个函数可以简单地将实例 IP 与线程 ID 进行拼接后返回，也可以直接返回一个 UUID，只要能够确保转换成的 RV 在这一时刻是全局唯一的即可，因为在释放锁时，当前线程需要传入该值来删除键值。

在自旋过程中，首先需要判断是否已经超时，如果没有超时，则使用 addIfAbsent 尝试新增当前锁的资源状态。资源状态包括名称（RN）和值（RV）。由于 addIfAbsent 具备原子性，多个实例对相同的 RN 进行新增操作时，只会有一个成功，这样就实现了锁的排他性。

如果调用 addIfAbsent 返回失败，则表明实例没有获取到锁，此时客户端需要不断地循环重试直至成功，以满足实例获取锁的诉求。如果退出循环的条件只是新增资源状态成功，那么会带来可用性问题。由于调用存储服务需要通过网络，稍有不慎会导致实例陷入长时间阻塞，因此，循环退出的条件还包括获取锁的超时时间，每次新增资源状态失败可以睡眠一段时间，避免对存储服务产生过多无效请求。

当释放锁时，实例通过传入锁的资源名称和值来删除资源状态。由于 CAD 操作具备先比较再删除的特性，使得只有资源状态中的值与 RV 相同才能够删除，这就保证了只有获取到锁的实例才能删除资源状态并释放锁，同时多次执行删除操作也是无副作用的。

13.4.2　拉模式需要注意的问题

拉模式的流程看起来很简单，实例通过客户端去获取锁，如果无法在存储服务中新增资源状态，就进行重试，要么超时返回，要么获取到锁。通过一个循环以及少量的时间运算与判断，通过几行代码就可以实现上述逻辑。如果从能用的角度去看，确实比较简单，但如果想用得安心，就需要多考虑一些。拉模式获取锁的主要步骤包括访问存储服务（调用其新增接口）、时间运算与判断以及睡眠，其中访问存储服务和睡眠对实例获取锁有实际影响。接下来分析它们各自需要被关注的点。

访问存储服务需要注意的是：请求的 I/O 超时、访问存储服务耗时和过期时长设置。首先，请求需要有 I/O 超时，例如，我们经常使用 HttpClient 去请求 Web 服务来获取数据，如果 Web 服务很慢或者网络延迟很高，调用线程就会被挂在那里很久。访问存储服务和这个问题一样，为了避免客户端陷入未知时长的等待，需要对存储服务的请求设置 I/O 超时。其次，访问存储服务耗时越短越好，如果访问耗时很短，会显著提升客户端的响应性。当然，不同的存储服务访问耗时不同，基于 Redis 的分布式锁在访问耗时上就优于数据库分布式锁。最后，过期时长需要支持自定义设置。新增资源状态时会设置过期时长，一般来说这个时长会结合同步逻辑的最大耗时来考虑，是一个固定值，比如 10s。获取锁时，实例其实可以根据当前的上下文估算出可能的耗时，比如发现同步逻辑中处理的列表数据所包含的元素数量比平均数高了一倍，如果此时能够适当增加对应的过期时长，会是一个好的选择。这就需要分布式锁框架提供 API，支持实例设置自定义的过期时长，通过设置一个更大的值，从而有效缓解由于过期自动释放锁而导致的正确性问题。

> 📝 **注意** 过期时长的自定义设置只会影响到本次获取的锁，是基于请求的，不是全局性的。

睡眠需要关注对存储服务产生的压力，简单的做法是固定一个时长，比如，一旦客户端新增资源状态失败，就睡眠 15ms。如果某个锁资源在多个实例之间有激烈的竞争，这种方式会使得未获取到锁的实例在一个较小的时间范围内同时醒来发起对存储服务的重试，无形中增加了存储服务的瞬时压力。如果实例中又以多线程并发的方式获取锁，会导致这个问题变得更糟，解决方式就是引入随机机制。可以通过指定最小睡眠时长 min 和随机睡眠时长 random 来计算本次应该睡眠的时长，即每次睡眠时长不固定，在 [min, min+random) 内随机取值。随机睡眠会使多个实例的重试变得离散，在一定程度上减轻了存储服务的压力。

13.4.3　Redis 分布式锁实现

分布式锁使用 Redis 之类的缓存系统来存储锁的资源状态，可以简化实现方式，毕竟不需要用编程的方式来清除过期的资源状态，因为缓存系统固有的过期机制可以很好地处理这项工作。通过实现 LockRemoteResource 接口，可以将 Redis 适配为分布式锁实现，并集成到框架中。Redis 能够满足拉模式分布式锁对存储服务的诉求，综合考虑性能和成本，它非常适合作为拉模式的分布式锁实现。

前文介绍了 Redis 分布式锁实现（lockRemoteResource）的构造函数以及涉及的参数变量，接下来从获取和释放锁两个方面来介绍实现内容。

1. Redis 分布式锁的获取

Redis 作为存储服务，在实现新增接口时，需要使用类似命令：SET $RN $RV NX PX $D。该命令通过 NX 选项，确保只有在键（也就是 $RN）不存在的情况下才能设置（添加），同时 PX 选项表示该键将会在 $Dms 后过期，而值 $RV 需要做到全局唯一。

使用 Lettuce 客户端，代码如下所示。

```
private boolean lockRemoteResource(String resourceName, String resourceValue,
    int ownSecond) {
    SetArgs setArgs = SetArgs.Builder.nx().ex(ownSecond);
    boolean result = false;
    try {
        String ret = syncCommands.set(resourceName, resourceValue, setArgs);
        //返回OK，则锁定成功，否则锁定资源失败
        if ("ok".equalsIgnoreCase(ret)) {
            result = true;
        }
    } catch (Exception ex) {
        throw new RuntimeException("set key:" + resourceName + " got exception.", ex);
    }
    return result;
}
```

上述方法实现了基于 Redis 的 addIfAbsent 语义，且支持过期时长的一并设置。参数 SetArgs 使用构建者模式创建，syncCommands 是 Lettuce 提供的 RedisCommands 接口，由于当前逻辑需要同步获得设置的结果，所以采用同步模式。

获取锁的方法，示例代码如下。

```
public AcquireResult tryAcquire(String resourceName, String resourceValue, long waitTime,
                                TimeUnit timeUnit) throws InterruptedException {
    //目标最大超时时间
    long destinationNanoTime = System.nanoTime() + timeUnit.toNanos(waitTime);
    boolean result = false;
    boolean isTimeout = false;

    Integer liveSecond = OwnSecond.getLiveSecond();
    int ownTime = liveSecond != null ? liveSecond : ownSecond;
    AcquireResultBuilder acquireResultBuilder;
    try {
        while (true) {
            //当前系统时间
            long current = System.nanoTime();
            //时间限度外，直接退出
            if (current > destinationNanoTime) {
                isTimeout = true;
                break;
            }
            //远程获取到资源后，返回；否则，执行spin()方法
            if (lockRemoteResource(resourceName, resourceValue, ownTime)) {
                result = true;
                break;
            } else {
                spin();
            }
        }
        acquireResultBuilder = new AcquireResultBuilder(result);
```

```
        if (isTimeout) {
            acquireResultBuilder.failureType(AcquireResult.FailureType.TIME_OUT);
        }
    } catch (Exception ex) {
        acquireResultBuilder = new AcquireResultBuilder(result);
        acquireResultBuilder
                .failureType(AcquireResult.FailureType.EXCEPTION)
                .exception(ex);
    }
    return acquireResultBuilder.build();
}
```

上述代码首先将获取锁的超时时间单位统一到纳秒，由超时时长 waitTime 计算出最大的超时时间 destinationNanoTime。在接下来的自旋中，如果当前系统时间 current 大于 destinationNanoTime 就会超时返回。如果调用存储服务返回新增失败，则会执行 spin() 方法进行睡眠，而睡眠的时长为 ThreadLocalRandom.current().nextInt(randomMillis)+minSpinMillis，它会在一个时间范围内进行随机，以此避免对存储服务产生无谓的瞬时压力。

可以通过 OwnSecond 工具对资源状态的占用时间（也就是 Redis 键值的过期时间）进行自定义设置。如果需要更改本次调用对于锁的占用时间，可以在调用锁的 tryLock() 方法之前，执行 OwnSencond.setLiveSecond(int second) 方法，该工具依靠 ThreadLocal 将实例设置的占用时间传递给框架。

2. Redis 分布式锁的释放

释放锁可以通过锁资源名称（RN）和锁资源值（RV）删除对应的资源状态，但过程必须是原子化的。如果先根据 RN 查出资源状态，再比对 RV 与资源状态中的值是否一样，最后使用 del 命令删除对应键值，那么这样的两步走逻辑会导致锁有被误释放的可能，如图 13-18 所示。

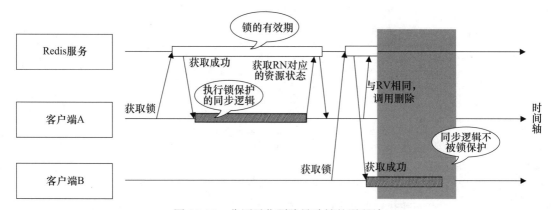

图 13-18 非原子化删除导致锁的误释放

客户端 A 在锁的有效期（也就是占用时长）快结束时调用了 unlock() 方法。如果采用两步走逻辑，在使用 del 命令删除键值前，锁由于到达超时时间而自动释放，客户端 B 成功获取到了锁，并开始执行同步逻辑。客户端 A 由于（旧）值比对通过，接着使用 del 命令删除资源状态对应的键值，这时运行在客户端 B 上的同步逻辑就不会再受到锁的保护，因为其他实例可以获取到锁。

Redis 可以通过 Lua 脚本支持原子化 CAD，脚本代码如下所示。

```
if redis.call("get", KEYS[1]) == ARGV[1] then
    return redis.call("del", KEYS[1])
else
    return 0
end
```

可以看到上述脚本其实就是两步走逻辑的 Lua 版本，只是 Redis 对于 Lua 脚本的执行是确保原子性的。

 注意 如果使用阿里云的 RDB 缓存服务，可以使用 CAD 扩展命令，不使用上述脚本。

释放锁的方法，示例代码如下。

```
public void release(String resourceName, String resourceValue) {
    try {
        syncCommands.eval(
                "if redis.call('get', KEYS[1]) == ARGV[1] then return redis.
                    call('del', KEYS[1]) else return 0 end",
                ScriptOutputType.INTEGER, new String[]{resourceName}, resourceValue);
    } catch (Exception ex) {
        // Ignore.
    }
}
```

上述方法通过调用 RedisCommands 的 eval() 方法执行 CAD 脚本来安全地删除资源状态，从而实现锁的释放。

13.4.4　Redis 分布式锁存在的问题

1. 主从切换带来的问题

如果存储服务出现故障，则会导致分布式锁不可用，为了确保其可用性，一般会将多个存储服务节点组成集群。以 Redis 为例，使用主从集群可以提升分布式锁服务的可用性，但是它会带来正确性被违反的风险。

Redis 主从集群会在所有节点上保有全量数据，主节点负责数据的写入，然后将变更异步同步到从节点。这种同步模式会导致在主从切换的一段时间内，由于新旧主节点上的数据不对等，导致部分分布式锁可能存在被多个实例同时获取到的风险，如图 13-19 所示。

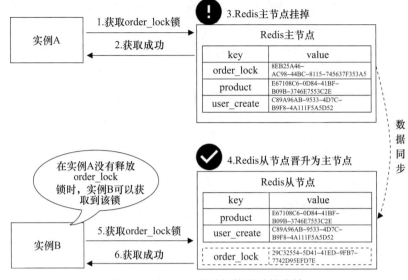

图 13-19　Redis 主从切换导致锁失效

主从集群可以提升分布式锁的可用性，避免出现由于 Redis 节点挂掉后导致的不可用。虽然可用性提升了，但是正确性会下降。在步骤 1 到步骤 2 的过程中，实例 A 先成功地在主从切换前的 Redis 主节点上新增了记录，也就是获取到了 order_lock 锁。随后 Redis 主节点挂掉，集群进行主从切换，数据仍在异步地向新晋升的 Redis 主节点上同步。在步骤 5 和步骤 6，实例 B 刚好获取锁，它会尝试在新晋 Redis 主节点上新增记录，由于此时数据并未完成同步，所以实例 B 成功地新增了记录并获取到了 order_lock 锁。在这一刻，实例 A 和 B 都会宣称获取到了 order_lock 锁，而相应的同步逻辑也会被并行执行，锁的正确性被违反。

2. 看似完美的 Redlock

Redis 单节点是 CP 型存储服务，使用它可以满足分布式锁对于正确性的诉求，但存在可用性问题。使用 Redis 主从集群技术后，Redis 又会变为 AP 型存储服务，虽然提升了分布式锁的可用性，但正确性又会存在风险。面对可用性和正确性两难的局面，Redis 的作者 Salvatore 设计了不基于 Redis 主从技术的 Redlock 算法，该算法使用多个 Redis 节点，采用基于法定人数过半（Quorum）的策略，期望做到兼顾正确性与可用性。

Redlock 需要使用多个 Redis 节点来实现分布式锁，节点数量一般是奇数，并且至少要 5 个节点才能使其具备良好的可用性。该算法是一个客户端算法，也就是说，它在每个客户端上的运行方式是一致的，且客户端之间不会相互通信。以 5 个节点为例，Redlock 算法过程如图 13-20 所示。

首先 Redlock 算法会获取当前时间 T，然后使用相同的锁资源名称 RN 和资源值 RV 并行地对 5 个 Redis 节点执行操作。执行的操作与获取单节点 Redis 分布式锁的操作一致，如果对应的 Redis 节点上不存在 $RN 则会成功设置，且过期时长为 $D。对 5 个 Redis 节点进行设置的结果分别为 R1 ～ R5，再取当前时间 T'，如果结果成功数量大于或等于 3 且 $(T'-T)$ 小于 $D，表明在多数 Redis 节点上成功新增了 $RN 且这些键均没有过期，代表客户端获取到了锁，有效期为 ET1 ～ ET5 的最小值减去 T。

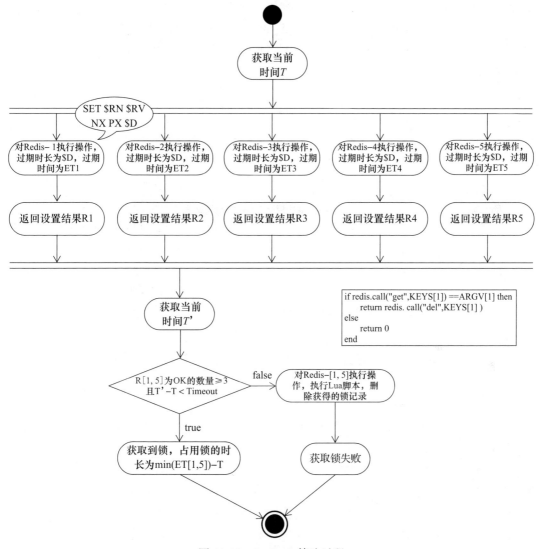

图 13-20 Redlock 算法过程

如果设置结果成功数量小于 3，表明这些 Redis 节点对于新增 $RN 没有寻得共识。如果 $(T'-T)$ 大于或等于 $D，表明当前客户端获取的锁已经超时。上述两种情况只要出现一个，则客户端获取锁失败。此时需要在所有 Redis 节点上运行无副作用的删除脚本，将当前客户端创建的记录（如果有的话）删除，避免记录要等到超时才能被清除。

分布式锁框架通过使用 Redisson 客户端，可以很容易地将 Redlock 集成到框架中，该分布式锁的实现代码可以参见分布式锁项目中的 distribute-lock-redlock-support 模块。

Redlock 算法看起来能够在分布式锁的可用性和正确性之间寻得平衡，少量 Redis 节点挂掉，不会引起分布式锁的可用性问题，同时正确性又得以保证。理想情况下，Redlock 看似很完美，但在分布式环境中，进程的暂停或网络的延迟会打破该算法，使之失效。以 Java 应用为例，如果使用 Redlock 算法进行锁的获取，当算法判定客户端获取到了锁，而客户端在随后执行同步逻辑时发生 GC 暂停时，则可能会导致该算法对于正确性的保证失效，如图 13-21 所示。

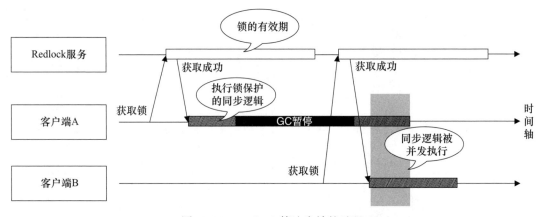

图 13-21　Redlock 算法失效的过程

客户端 A 获取到了锁，然后开始执行锁保护的同步逻辑，该逻辑在同一时刻只能有一个客户端执行。当客户端 A 开始执行逻辑时，由于 GC 导致进程出现停顿（GC 暂停，即 stop-the-world，它不会因运行的是业务线程而特殊对待，而是会暂停 Java 虚拟机中除 GC 外的所有线程），而暂停时长超出了锁的有效期，因此锁会由于超时而释放。

客户端 B 在锁超时后获取到了锁，然后开始执行同步逻辑，客户端 A 由于 GC 结束而恢复执行，此时原本被锁保护的同步逻辑被并发执行，锁的正确性被违反。

可以看到，虽然 Redlock 算法通过基于法定人数的设计，在理论上确保了正确性和可用性，但是在真实的分布式环境中，会存在正确性被违反的风险。有读者会问，如果使用没有 GC 特性的编程语言来开发应用，是不是就可以了？实际上除了 GC 导致进程暂停，还有很多原因可能导致进程暂停，比如，同步逻辑中有网络交互、TCP 重传等问题导致实际的执行时间超出了锁的有效期，最终导致两个客户端并发地执行同步逻辑。

单节点（或主从集群）的 Redis 分布式锁也存在上述问题，本质在于基于 Redis 实现的分布式锁对于锁的释放设置了超时时间。虽然超时避免了死锁，但是会导致锁超时（释放）后，两个客户端同时进行操作的可能，这是能够在理论模型上推演出来的，毕竟释放锁的不是锁的持有者，而是锁自己。

13.4.5　扩展：本地热点锁

拉模式分布式锁需要依靠不断地对存储服务进行自旋调用，来判断能否获取到锁，因此会产生大量的无效调用，平添了存储服务的压力。对于分布式锁而言，竞争的最小单位不是进程，而是线程，而实际情况中的（应用）实例都是以多线程模式运行的，这会导致竞争更加激烈。

在激烈的竞争中，如果遇到热点锁，情况会变得更糟。比如，使用商品 ID 作为锁的资源名称，对于爆款商品而言，多机多线程就会给存储服务带来巨大的并发压力，如图 13-22 所示。

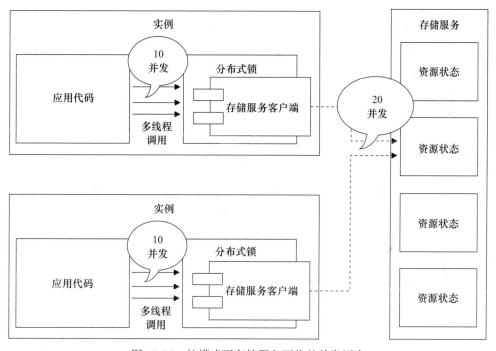

图 13-22　拉模式下存储服务面临的并发压力

可以看到实例内通过多线程并发的方式获取锁。在单个实例内，假设获取商品锁的并发度是 10，那么两个实例就能够给存储服务带来 20 个并发的调用。从线程的角度来看，这 20 个并发是合理的，虽然每次请求绝大部分都是无功而返（没有获取到锁），但是这都是为了保证锁的正确性，纵使再高的并发，也只能通过不断地对存储服务进行扩容来抵消增长的压力。

可以想象，存储服务所处理的请求基本都是无效的，不断扩容并不现实，是否有其他方法可以优化这个过程呢？答案就是通过本地热点锁来解决。通过使用（单机）本地锁可以有效地降低对存储服务产生的压力，如图 13-23 所示。

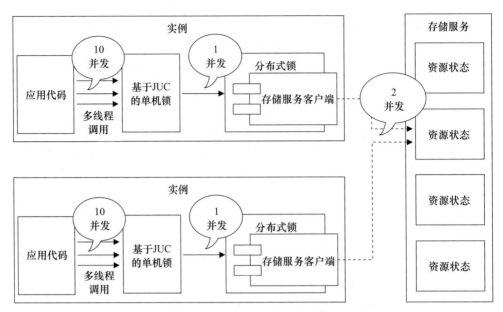

图 13-23　本地热点锁缓解存储服务的并发压力

可以看到实例中的多线程会先尝试竞争本地（基于 JUC 的单机）锁，只有成功获取到本地锁的线程才有资格参与实例间的分布式锁竞争。从实例的角度去看，如果都是获取同一个分布式锁，在同一时刻只能由一个实例中的一个线程获取到锁，那么理论上存储服务的并发上限只会和实例数一致，也就是 2 个并发就足够了。

可以通过在分布式锁前端增加一个本地锁实现，但事实上并没有这么容易，因为实例中的多线程需要使用同一把本地锁才有意义，所以需要有一个 Map 结构来保存锁资源名称到本地锁的映射。如果对该结构管理不当，对任意分布式锁的访问都会创建并保有本地锁，那就会使实例有内存溢出的风险。一个比较现实的做法就是针对某些热点锁进行优化，只创建热点锁对应的本地锁来有效减少对存储服务产生的压力。

> 🔖 **注意** 在实际工作场景中，可以根据生产数据发现有效的热点数据，比如，爆款商品 ID 或热卖商家 ID 等，将它提前（或动态）设置到分布式锁框架中，通过将分布式锁"本地化"，来优化这个过程。

由于本地锁的获取是在分布式锁之前，因此通过扩展分布式锁框架的 LockHandler 就可以很好地支持这一特性，对应的 LockHandler 扩展代码如下所示。

```
@Order(10)
public class LocalHotSpotLockHandler implements LockHandler, ErrorAware {
    private final LocalHotSpotLockRepo localHotSpotLockRepo;

    public LocalHotSpotLockHandler(LocalHotSpotLockRepo localHotSpotLockRepo) {
```

```
        this.localHotSpotLockRepo = localHotSpotLockRepo;
    }

    @Override
    public AcquireResult acquire(AcquireContext acquireContext, AcquireChain
        acquireChain) throws InterruptedException {
        AcquireResult acquireResult;
        Lock lock = localHotSpotLockRepo.getLock(acquireContext.getResourceName());
        if (lock != null) {
            // 先获取本地锁
            if (lock.tryLock(acquireContext.getRemainingNanoTime(), TimeUnit.
                NANOSECONDS)) {
                acquireResult = acquireChain.invoke(acquireContext);
                // 没有获取到后面的锁，则进行解锁
                if (!acquireResult.isSuccess()) {
                    unlockQuietly(lock);
                }
            } else {
                AcquireResultBuilder acquireResultBuilder = new
                    AcquireResultBuilder(false);
                acquireResult = acquireResultBuilder.failureType(AcquireResult.
                    FailureType.TIME_OUT)
                        .build();
            }
        } else {
            acquireResult = acquireChain.invoke(acquireContext);
        }
        return acquireResult;
    }

    @Override
    public void release(ReleaseContext releaseContext, ReleaseChain releaseChain) {
        releaseChain.invoke(releaseContext);
        Lock lock = localHotSpotLockRepo.getLock(releaseContext.getResourceName());
        if (lock != null) {
            unlockQuietly(lock);
        }
    }

    private void unlockQuietly(Lock lock) {
        try {
            lock.unlock();
        } catch (Exception ex) {
            // Ignore.
        }
    }
}
```

可以看到，本地热点锁都存储在 LocalHotSpotLockRepo 中，由使用者进行设置。通过 DistributeLock 获取锁时，框架会先从 LocalHotSpotLockRepo 中查找本地锁，如果没有找到，则执行后续的 LockHandler，反之，尝试获取本地锁。需要注意的是，成功获取到本地锁后，如果接下来没有获取到分布式锁，就需要释放当前的本地锁，避免阻塞其他线程获取分布式锁的行为。

对于释放锁而言，需要在"releaseChain.invoke(releaseContext);"语句之后释放本地锁，也就是在分布式锁（的存储服务）被释放后，再释放本地锁。如果释放顺序反过来，提前释放了本地锁，会使得（由于释放本地锁而）被唤醒的线程立刻向存储服务发起无效请求。

上述功能以插件的形式提供给使用者，只需要依赖如下坐标就可以激活使用：

```
<dependency>
    <groupId>io.github.weipeng2k</groupId>
    <artifactId>distribute-lock-local-hotspot-plugin</artifactId>
</dependency>
```

> **注意** 该插件会在应用的 Spring 容器中注入 LocalHotSpotLockRepo，通过调用它的 createLock(String resourceName) 方法完成本地锁的创建。

接下来通过两个测试用例——distribute-lock-redis-testsuite 和 distribute-lock-redis-local-hotspot-testsuite，来展示本地热点锁的优化效果。通过执行 Redis 提供的 info commandstats 查看 SET 命令执行数量的多少来判定优化效果，因为分布式锁就是依靠 SET 命令获取的。

两个测试用例都会运行 3 个实例，分两个批次执行，获取的分布式锁名称都是 lock_key。每个实例都会以 4 个并发获取分布式锁，尝试获取 400 次，如表 13-5 所示。

表 13-5　本地热点锁的对比测试

用例	执行前 SET 命令数量	执行后 SET 命令数量	获取锁成功数量	获取锁失败数量	对 Redis 的 SET 请求数量
Redis 锁测试集	183 168	204 413	1 099	101	21 245
Redis 锁测试集（包含本地热点锁插件）	204 413	210 518	1 147	53	6 105

可以看到本地热点锁插件能够显著地降低热点锁对存储服务的请求，有 70% 的无效请求被该插件阻挡。随着对 Redis 请求量的下降，分布式锁获取成功率也随之上升。

13.5　推模式的分布式锁

前文提到的 JUC 单机锁是一种推模式的锁，对于单机锁而言，每个等待获取锁的线程都会以节点的形式进入同步队列中，更多详细内容可以参考 2.2 节，这里只需要理解对锁的获取行为会进行排队。节点（对应的线程）获取锁，执行完同步逻辑后释放锁，释放锁的操作会通知处于等待状态的后继节点，后继节点（对应的线程）被通知唤醒后会再次尝试获取锁。

13.5.1 什么是推模式

（同步）队列中的节点除了包含获取锁的状态以外，还包含执行信息（实例以及线程）。JUC 单机锁的核心在于队列操作和节点事件通知。推模式分布式锁也一样，任意实例获取锁的行为都会以节点的形式记录在队列中，同时节点的变化会通知到等待获取锁的实例，这就需要存储服务具备（面向队列的）原子新增和删除的能力，并在此基础上支持发布/订阅功能。在推模式分布式锁中，实例和存储服务的结构如图 13-24 所示。

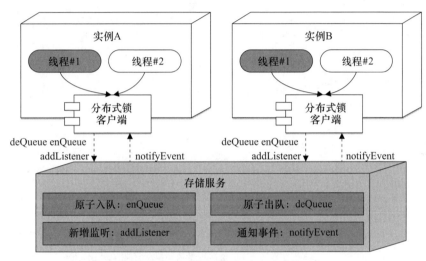

图 13-24　推模式分布式锁的结构

可以看到推模式分布式锁在获取锁时会使用 enQueue 将获取锁的线程以节点的形式加入同步队列，通过 addListener 来监听节点事件。释放锁时，会使用 deQueue 将节点从队列中删除，通过 notifyEvent 发布节点事件。存储服务提供的上述功能与描述，如表 13-6 所示。

表 13-6　推模式下存储服务提供的功能与描述

名称	参数说明	功能	描述
enQueue(queue, Node)	queue，锁对应的队列；Node，需要入队的节点	原子入队	将获取锁的线程（以及实例信息）转换为节点，顺序保存到队列尾部，该过程需要保证原子性
deQueue(queue, Node)	queue，锁对应的队列；Node，需要出队的节点	原子出队	将队列中指定的节点出队，该过程需要保证原子性
addListener(queue, Node, Listener)	queue，锁对应的队列；Node，需要监听变更的节点；Listener，监听器	新增监听	指定要监听的队列中的节点，当被监听的节点发生变化时，存储服务（相当于 Broker）会回调监听者，执行其预设的逻辑
notifyEvent(queue, Node)	queue，锁对应的队列；Node，发生事件的节点	通知事件	当节点发生变化时，比如修改或者删除，发送事件。存储服务会将事件通知到节点相应的监听者

每一个分布式锁，在存储服务上都会有一个队列与之对应。任意实例中的线程尝试获取

锁时，都会转换为节点加入锁对应的队列中，那怎样才算成功获取到锁了呢？因为 enQueue 能够确保原子化顺序入队，所以只要（当前线程对应的）节点为队列中的首节点，就表示该节点对应的实例（中的线程）获取到了锁。获取推模式分布式锁的流程如图 13-25 所示。

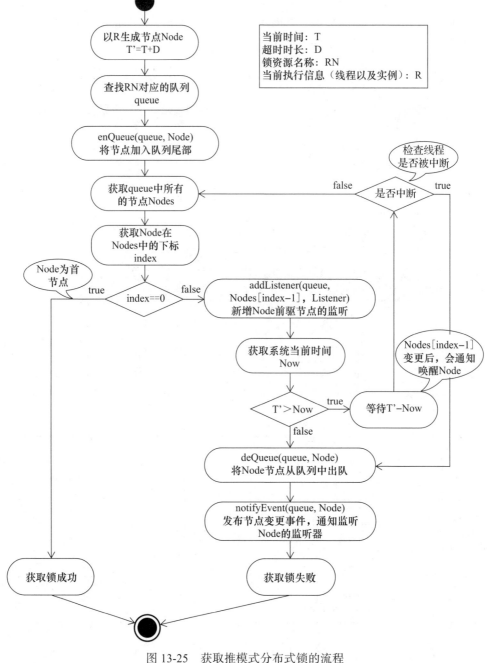

图 13-25 获取推模式分布式锁的流程

获取锁时的输入描述可以参考 13.4 节，这里不再赘述。可以看到推模式的分布式锁获取流程与（第 5 章中描述的）独占式超时获取同步状态的流程是相似的，当然也是复杂的。

获取推模式分布式锁时，首先会将执行信息（包括线程和实例）生成节点，然后通过 enQueue 将节点加入锁对应的队列。生成节点的主要目的是让获取锁的竞争者们进行排队，同时当轮到它们（被通知）出队时，能够按图索骥地唤醒它们对应的实例（或线程）。如果当前节点不是首节点，代表该节点对应的线程没有获取到锁，那么需要通过 addListener 来监听它的前驱节点。前驱节点的任何变更（包括获取锁超时、失败或者成功后的删除）都会以事件的形式通知到注册在相应节点上的监听逻辑 Listener，而通知会唤醒处于等待状态的节点，被唤醒后的节点会再次执行获取锁的逻辑。

获取锁失败的节点会进入等待状态，而被唤醒后执行的监听逻辑主要是判断节点自身在队列中的位置，如果当前节点是首节点那就表示成功获取到了锁，否则将会做超时判断，如果没有超时，会再次进入等待状态。如果获取锁超时（或被中断），则会将当前节点通过 deQueue 进行出队，并使用 notifyEvent 将节点删除事件通知注册在该节点上的 Listener。

每一个尝试获取锁的线程（以及实例）都会以节点形式穿在锁对应的队列上，除首节点外的任意节点都在监听其前驱节点的变化。释放锁时，会将首节点从队列中删除，并通知后继节点，这种击鼓传花的方式我们已经在单机锁释放过程中看到过，释放推模式分布式锁的流程如图 13-26 所示。

可以看到当前线程（以及实例）对应的节点为首节点时，就可以释放锁。释放锁时主要包含两个操作：节点出队和通知节点删除事件。前者会将当前节点从存储服务的队列中删除，后者会将删除事件通知到该节点的监听器。随着节点删除事件的发布，后继节点会被唤醒，而后继节点对应的线程将会尝试再次获取锁。

13.5.2　ZooKeeper 如何实现推模式的分布式锁

ZooKeeper（以下简称 ZK）是由雅虎研究院发起的一个项目，后被捐献给 Apache，旨在为分布式系统提供可靠的协作处理功能。ZK 作为一个树型的数据库，除了支持原子化的节点操作，还具备节点的监听与变更事件通知的能力，因此它非常适合作为推模式分布式锁的存储服务。

推模式分布式锁对存储服务的诉求主要包括原子出入队、新增监听和通知事件，共 4 个操作，ZK 并没有直接提供这些 API，那么它是如何满足推模式分布式锁对于存储服务的诉求呢？在介绍如何做到之前，我们先来快速了解一下 ZK，熟悉 ZK 的读者可以选择跳过。

1. ZooKeeper 简介

ZK 是一个 C/S 架构的系统，支持使用多种客户端来进行操作，客户端不仅包括应用使用的 Jar 包，也包括 ZK 提供的脚本等。这些客户端通过与 ZK 服务端建立长链接进行通信，服务端一般以集群的形式提供服务，而处于集群中的 ZK 节点有不同的身份类型，包括 Leader、Follower 和 Observer，其中只有 Leader 能够执行写操作，所以 ZK 对外的服务是能够保证顺序一致性的。ZK 客户端与服务端集群的结构如图 13-27 所示。

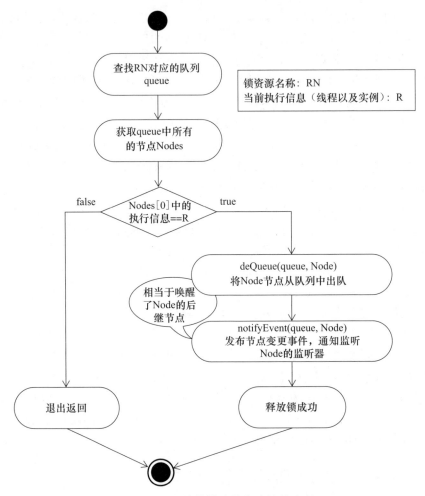

图 13-26　释放推模式分布式锁的流程

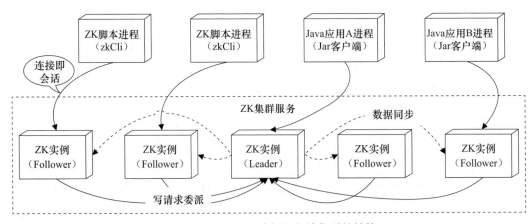

图 13-27　ZK 客户端与服务端集群的结构

如图 13-27 所示，多个不同种类的客户端（包括 ZK 自带的 zkCli 脚本和依赖 ZK 客户端的应用）会和 ZK 集群中的实例建立连接，该连接被称为会话（session）。会话通过心跳（也就是客户端和服务端之间连接上定时的 Ping-Pong）来保持，当客户端进程停止或心跳中断时，会话就会终止。集群中的 ZK 实例通过选举产生出一个 Leader，数据变更会从 Leader 向另外两种身份类型的实例同步，客户端会与集群中的任意实例建立连接，如果客户端向一个 Follower 实例发送写请求，该请求会被委派给 Leader。

> **注意** zkCli 脚本通过执行类似 shell 命令的方式来访问服务端，依赖 ZK 客户端的应用则需要基于 SDK 编程，虽然形式不同，但本质是一样的。ZK 的选举以及数据更新是通过 ZAB 协议实现的，这里不做展开。

许多知名项目，比如 Apache HBase、Apache Solr 以及 Apache Dubbo 等都使用 ZK 来存储元数据（或配置）。由于配置项会在运行时更改，所以 ZK 支持监听配置项（即节点）的变更。应用可以通过使用 ZK 客户端来监听某个节点，当节点发生变化时，ZK 会以事件的形式通知应用。这些配置项在 ZK 内部都会以节点（即 ZNode）的形式存在，而节点之间会以树的形式来组织，这棵树就如同 Linux 文件系统中的路径一样，其根节点为 /，它的存储结构示意如图 13-28 所示。

可以看到这是一个层高为 4 的树，而对任意节点的访问需要给出全路径，比如 / 军舰 /052/052D，新增节点也相同，比如 / 军舰 /055/055A。节点除了可以包含路径以外，还可以保存值，同时节点有多种类型，节点（部分）类型、描述及客户端命令示例如表 13-7 所示。

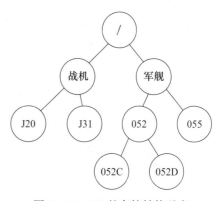

图 13-28　ZK 的存储结构示意

表 13-7　ZK 节点类型、描述及客户端命令示例

类型	描述	生命周期	zkCli 命令示例
持久化（PERSISTENT）	通过指定全路径可以创建该类型节点	持久，节点新增后（非删除）会一直存在，纵使创建节点的会话终止，节点也不会删除	新增: create / 军舰 /055/055A value，表示创建指定的路径节点，且节点的值为 value ；查看: get / 军舰 /055/055A，表示获取指定路径节点的值
持久化有序（PERSISTENT_SEQUENTIAL）	通过指定路径模式来创建该类型节点，节点全路径为路径模式＋自增 ID	同持久化类型	新增： create -s / 军舰 /052/052D/052D，按照路径模式创建有序节点，实际创建的节点全路径可能是: / 军舰 /052/052D/052D0000000000
临时（EPHEMERAL）	同持久化类型	会话，节点新增后，如果创建节点的会话终止，节点会自动删除	新增： create -e / 军舰 /055/055A，-e 选项表示节点类型为临时

（续）

类型	描述	生命周期	zkCli 命令示例
临时有序（EPHEMERAL_ SEQUENTIAL）	同持久化有序类型	同临时类型	新增：create -se / 军舰 /052/052D/ 052D

从创建节点的角度看，ZK 的节点类型主要包括两类，一类是指定全路径进行创建，另一类是指定全路径的前缀模式。将生命周期这一维度与它相交，就会有 4 种类型，而实现推模式分布式锁，就需要使用临时有序类型的节点。

可以访问 ZK 的官网下载 ZK 服务器，解压缩后，在 bin 目录下找到 zkServer 和 zkCli 脚本。前者是 ZK 服务器脚本，在类 UNIX 系统下，可以通过 zkServer.sh start 在本地启动一个单机版的 ZK 实例。后者是 ZK 客户端脚本，如果需要操作本地 ZK，可以通过 zkCli.sh -server localhost 2181 连接到 ZK 实例上。

 注意 需要在 conf 目录中准备一个 zoo.cfg 配置，可以复制该目录中的示例配置 zoo_sample.cfg。

接下来通过启动两个 zkCli 客户端（分别命名为客户端 A 和 B）来演示一下实现推模式分布式锁会用到的 ZK 操作，演示过程主要包括客户端各自创建节点，客户端 A 监听客户端 B 创建的节点变更。假定已经存在节点 /member-123，在该节点下，客户端 A 和 B 分别各自创建 3 个（共计 6 个）前缀为 /member-123/lock 的临时有序节点，如图 13-29 所示。

```
Auth scheme: User                                    [zk: localhost:2181(CONNECTED) 0]
ip: 0:0:0:0:0:0:0:1                                   [zk: localhost:2181(CONNECTED) 0] whoami
[zk: localhost:2181(CONNECTED) 1] create /member-123  Auth scheme: User
Created /member-123                                   ip: 0:0:0:0:0:0:0:1
[zk: localhost:2181(CONNECTED) 2] create -es /member-123/lock  [zk: localhost:2181(CONNECTED) 1] ls /
Created /member-123/lock0000000000                   [member-123, zookeeper]
[zk: localhost:2181(CONNECTED) 3] create -es /member-123/lock  [zk: localhost:2181(CONNECTED) 2] create -es /member-123/lock
Created /member-123/lock0000000001                   Created /member-123/lock0000000002
[zk: localhost:2181(CONNECTED) 4] create -es /member-123/lock  [zk: localhost:2181(CONNECTED) 3] create -es /member-123/lock
Created /member-123/lock0000000005                   Created /member-123/lock0000000003
[zk: localhost:2181(CONNECTED) 5] ls /member-123     [zk: localhost:2181(CONNECTED) 4] create -es /member-123/lock
[lock0000000000, lock0000000001, lock0000000002, lock0000000003, lock0000000004,  Created /member-123/lock0000000004
lock0000000005]                                      [zk: localhost:2181(CONNECTED) 5] █
```

图 13-29　创建节点（左边为客户端 A，右边为客户端 B）

通过执行 create -es /member-123/lock，能够在 /member-123 节点下创建前缀为 lock 的临时有序子节点。通过 ls /member-123 命令，可以列出该节点的所有子节点，如图 13-29 所示，/member-123 拥有 6 个子节点，节点名称为 lock 与自增 ID 的拼接。并发创建节点的请求能够被有序且安全地执行。

接下来客户端 A 监听客户端 B 创建的 /member-123/lock0000000003 节点，可以使用 get -w $node_path 命令进行监听，该命令能够获取节点的内容，并在节点变更时收到通知。随后客户端 B 通过执行 delete 命令删除了对应的节点，如图 13-30 所示。

可以看到当客户端 B 删除了 /member-123/lock0000000003 节点后，客户端 A 收到了 ZK 的节点删除事件通知。因为创建的子节点均为临时有序类型，所以当客户端退出，会话终止后，由会话创建的（临时类型）节点都会被删除。接下来演示该过程，客户端 A 监听客户端 B 创建的另外两个节点，然后将客户端 B 退出，再观察通知情况，如图 13-31 所示。

```
[zk: localhost:2181(CONNECTED) 7] get -w /member-123/lock0000000003
null
[zk: localhost:2181(CONNECTED) 8]
WATCHER::

WatchedEvent state:SyncConnected type:NodeDeleted path:/member-123/lock000000000
3
```
```
[zk: localhost:2181(CONNECTED) 2] create -es /member-123/lock
Created /member-123/lock0000000002
[zk: localhost:2181(CONNECTED) 3] create -es /member-123/lock
Created /member-123/lock0000000003
[zk: localhost:2181(CONNECTED) 4] create -es /member-123/lock
Created /member-123/lock0000000004
[zk: localhost:2181(CONNECTED) 5] delete /member-123/lock0000000003
[zk: localhost:2181(CONNECTED) 6]
```

图 13-30　删除节点（客户端 A 监听，客户端 B 删除）

```
[zk: localhost:2181(CONNECTED) 8] get -w /member-123/lock0000000002
null
[zk: localhost:2181(CONNECTED) 9] get -w /member-123/lock0000000004
null
[zk: localhost:2181(CONNECTED) 10]
WATCHER::

WatchedEvent state:SyncConnected type:NodeDeleted path:/member-123/lock000000000
2

WATCHER::

WatchedEvent state:SyncConnected type:NodeDeleted path:/member-123/lock000000000
4
```
```
[zk: localhost:2181(CONNECTED) 4] create -es /member-123/lock
Created /member-123/lock0000000004
[zk: localhost:2181(CONNECTED) 5] delete /member-123/lock0000000003
[zk: localhost:2181(CONNECTED) 6] quit

WATCHER::

WatchedEvent state:Closed type:None path:null
2022-01-20 20:29:14,461 [myid:] - INFO [main-EventThread:ClientCnxn$EventThread
@570] - EventThread shut down for session: 0x100006fbc650001
2022-01-20 20:29:14,462 [myid:] - INFO [main:ZooKeeper@1232] - Session: 0x10000
6fbc650001 closed
2022-01-20 20:29:14,463 [myid:] - ERROR [main:ServiceUtils@42] - Exiting JVM wit
h code 0
```

图 13-31　客户端退出（客户端 A 监听，客户端 B 退出）

　　随着客户端 B 的退出，客户端 A 收到了两个节点的删除事件通知。从上述演示可以看到，ZK 支持节点的创建、访问、列表查看、监听和通知，而这些特性可以被用来实现推模式分布式锁。

2. 如何实现队列操作

　　ZK 兑现原子出入队功能的方式是支持 enQueue 和 deQueue 操作，实际就是需要提供线程安全的分布式队列服务。不同客户端并发获取锁的请求都需要在这个分布式队列中排队，如何使用 ZK 来实现呢？答案是使用临时有序节点来构建（同步）队列，以前文的演示为例，如图 13-32 所示。

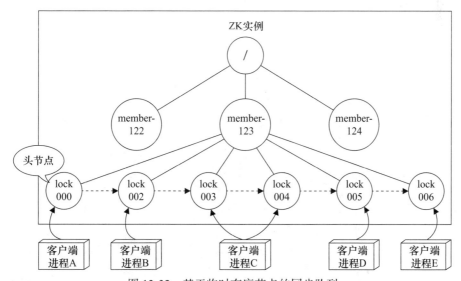

图 13-32　基于临时有序节点的同步队列

可以看到在根节点下有多个（位于第 2 层）子节点，这些节点可以被看作是不同的分布式锁，它们的名称可以是业务类型 + 业务主键的形式，比如，对主键为 123 的会员上锁，这个节点（或者锁）的全路径就是 /member-123。如果客户端要获取相应的锁，就需要在锁节点下创建临时有序类型的子节点，图 13-32 中的客户端进程 A ～ E 均尝试获取会员 123 的锁，这些获取锁的请求会在 /member-123 节点下创建（第 3 层）多个子节点。由于是顺序创建，所以这些节点可以被视作一个线程安全的队列，其中编号最小的子节点为头节点，新获取锁的请求会以更大编号的节点出现在队列尾部。

当进行 enQueue 操作时，以获取会员 123 的锁为例，使用 create -es /member-123/lock 命令创建一个临时有序节点即可，因为新增节点 ID 会全局自增，所以创建的节点自然就会在队尾。创建节点命令会返回节点的全路径，当进行 deQueue 操作时，可以使用 delete 命令删除节点。

不同客户端并发获取锁的请求会在锁对应的队列中排队，其实这些队列的底层实现更像一个数组，因为数组的下标会全局自增，而节点之间没有引用相互指引。如何判断排队中的节点获取到锁了呢？可以认为如果一个节点没有前驱节点，即它为首节点时，代表它获取到了锁。由于 ZK 没有提供获取首节点的 API，所以只能变相地通过获取全部子节点，然后判断自身在子节点数组中的下标是否最小来完成。

3. 如何实现节点监听通知

在之前的演示中，可以看到 ZK 是能够支持监听节点变更，并在节点发生变更时通知监听者的。当通过 enQueue 新入队一个节点时，如果该节点不是首节点，则需要监听它的前驱节点。在任意时刻去看队列里各节点之间的监听关系，会发现它们是链式的，以前文的演示为例，如图 13-33 所示。

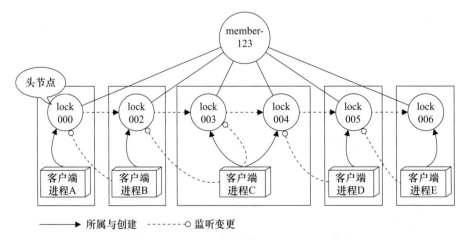

图 13-33　客户端进程与节点的结构

可以看到客户端进程 A ～ E 共创建了 6 个节点，当任意节点在入队后，它在队列中的位置（即下标）也就确定了，这时还需要获取 member-123 节点下的所有子节点，根据下标找到前驱节点进行监听。

当获取到锁的节点（即首节点）执行完同步操作后，就可以释放锁，释放锁会将该节点删除，而删除操作会以事件的形式通知到后继节点注册的监听逻辑。监听逻辑就是获取锁的逻辑，该逻辑会先获取锁节点下的全部子节点，如果当前节点为首节点，则获取锁成功，否则将会对前驱节点进行再次监听。为什么需要再次监听？节点入队时不是已经设置了吗？原因在于节点的删除不只是由锁的释放导致，也有可能是由队列中某个客户端进程崩溃或重启所致，需要再次监听来理顺监听关系。

在分布式环境中，客户端进程可能随时会重启，也可能会由于各种原因而突然崩溃，当客户端进程终止时，它创建的节点需要能被自动删除，否则同步队列中就会出现僵尸节点，使得通知链路断掉，无法保证锁的可用性。ZK 的临时有序节点能够很好地解决这个问题，因为一旦客户端进程退出，它和 ZK 之间的会话就会终止，而它创建的（临时）节点就会被 ZK 自动删除，如图 13-34 所示。

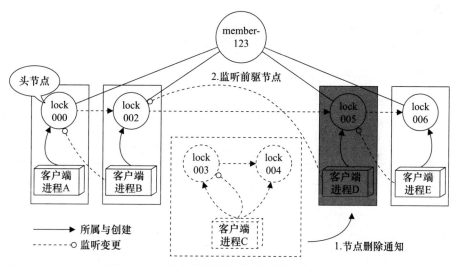

图 13-34　客户端退出与节点自动删除的过程

当客户端进程 C 退出后，它与 ZK 之间的会话会随之终止，而它创建的 lock003 和 lock004 节点会被自动删除。lock004 节点的删除事件会通知到客户端进程 D，客户端进程 D 执行监听逻辑时会将监听对象由 lock004 改为 lock002。

13.5.3　Curator 分布式锁

使用 ZK 来构建分布式锁时，不能使用 zkCli 脚本，而是需要依赖 ZK 客户端进行编程。ZK 原生客户端使用起来不是很方便，而网飞开源（并捐赠给 Apache）的 Curator 项目可以很好地提升使用体验，该项目不仅支持流式 API 来简化使用，还提供了诸如选举、分布式锁和服务注册与发现等多种功能组件（Recipes 子项目），对部分分布式问题场景做到了开箱即用。

通过依赖 curator-recipes 坐标，可以将分布式锁组件引入项目中，依赖如下：

```
<dependency>
    <groupId>org.apache.curator</groupId>
    <artifactId>curator-recipes</artifactId>
</dependency>
```

📷 **注意** 本书使用的 Curator 版本为 5.2.0。

在使用 Curator 分布式锁之前，需要先构造 CuratorFramework，该接口是 Curator 框架的入口，代码如下所示。

```
CuratorFramework curatorFramework = CuratorFrameworkFactory.builder()
    .connectString(connectString)
    .connectionTimeoutMs(connectionTimeoutMs)
    .sessionTimeoutMs(sessionTimeoutMs)
    .retryPolicy(new ExponentialBackoffRetry(baseSleepTimeMs, maxRetries))
    .build();
curatorFramework.start();
```

CuratorFramework 需要调用 start 方法完成启动后方可使用。通过 CuratorFrameworkFactory 创建 CuratorFramework 时，需要设置若干参数，上述代码中的参数与描述如表 13-8 所示。

表 13-8　创建 CuratorFramework 的参数与描述

参数名称	描　　述
connectString	ZK 服务端地址，包括 IP 和端口
connectionTimeoutMs	连接超时时间
sessionTimeoutMs	会话超时时间
baseSleepTimeMs	失败重试策略重试间隔时间
maxRetries	失败重试策略最大重试次数

Curator 分布式锁提供了多种实现，包括互斥的分布式锁 InterProcessMutex，以及分布式读写锁 InterProcessReadWriteLock 等。以 InterProcessMutex 为例，示例代码如下。

```
InterProcessMutex lock = new InterProcessMutex(curatorFramework, "/member-123");
lock.acquire(5, TimeUnit.MINUTES);
try {
    // 执行同步逻辑
} finally {
    lock.release();
}
```

可以看到 Curator 分布式锁对操作 ZK 的细节做了很好的封装，它不仅提供了良好的使用体验，还隐藏了推模式分布式锁复杂的逻辑。

13.5.4 ZooKeeper 分布式锁实现

推模式分布式锁的实现要比拉模式复杂，出于可靠性与难易度的考虑，可以将 Curator 分布式锁适配到 LockRemoteResource 接口。因为 InterProcessMutex 已经提供了锁操作的相关方法，所以适配过程非常简单，适配实现为 ZooKeeperLockRemoteResource。以获取锁为例，代码如下所示。

```
public AcquireResult tryAcquire(String resourceName, String resourceValue, long waitTime,
                                TimeUnit timeUnit) throws InterruptedException {
    InterProcessMutex lock = lockRepo.computeIfAbsent(resourceName,
            rn -> new InterProcessMutex(curatorFramework, "/" + rn));
    AcquireResultBuilder acquireResultBuilder;
    try {
        boolean ret = lock.acquire(waitTime, timeUnit);
        acquireResultBuilder = new AcquireResultBuilder(ret);
        if (!ret) {
            acquireResultBuilder.failureType(AcquireResult.FailureType.TIME_OUT);
        }
        return acquireResultBuilder.build();
    } catch (Exception ex) {
        throw new RuntimeException("acquire zk lock got exception.", ex);
    }
}
```

可以看到获取锁时，首先从 lockRepo 中获取锁资源 resourceName 对应的 InterProcessMutex，然后调用它获取锁，并将调用结果适配为 AcquireResult 返回。需要注意的是，每个创建出来的 InterProcessMutex 都会被认为是一个独立的锁实例（纵使它的路径是相同的），如果在每次调用 tryAcquire 方法时都创建 InterProcessMutex，结果就是各用各锁，起不到并发控制的作用，锁的正确性也无法保证，因此需要将锁资源与创建出来的 InterProcessMutex 缓存起来使用。

类型为 ConcurrentHashMap 的 lockRepo 缓存了 resourceName 与 InterProcessMutex。

释放锁的代码也很简单，这里不再赘述，感兴趣的读者可以查看分布式锁项目⊖中的 distribute-lock-zookeeper-support 模块。

13.5.5 ZooKeeper 分布式锁存在的问题

ZK 是一款典型的 CP 型存储，能够提供高可用以及顺序一致性的保证，因此基于它实现的分布式锁也会具备良好的可用性和正确性，但并不代表它实现的分布式锁就没有弱点，

⊖ https://github.com/weipeng2k/distribute-lock。

在性能和正确性上，ZK 分布式锁就存在一些问题。

首先是性能问题，主要体现在两方面：一是 I/O 交互多，二是 ZK 自身的读写能力一般。以客户端一次获取锁的过程为例，需要新增节点、获取子节点列表以及新增监听等多次对 ZK 的调用，而这些调用不是并行的，是存在顺序依赖的。与 Redis 分布式锁的一次 SET 命令相比，ZK 分布式锁交互次数变得更多，开销也比较大。当 ZK 处理新增节点请求时，需要将数据变更同步到 ZK 集群中的 Follower 节点才能返回，虽然同步过程优化了，只需要等待超过半数的 Follower 同步成功即可，但这种为了确保一致性的同步机制在性能上却有所损失。

其次是正确性问题，即仍存在多个实例能够同时获取到锁的情况。ZK 能够在分布式环境中保证一致性，而分布式锁正确性的本质其实也就是多个实例对于资源状态需要有一致的视图，从这点来说分布式锁的正确性和存储服务的一致性是正相关的。既然 ZK 能够保证一致性，为什么 ZK 分布式锁还会出现正确性问题呢？原因在于 ZK 会话存活的实现机制。

ZK 分布式锁依靠临时有序节点来避免由于客户端实例宕机导致的可用性问题，因为一旦客户端进程崩溃，它和 ZK 之间的会话就会终止，它创建的节点也会被自动删除。临时节点的存在与否和会话是相关的，而 ZK 检测会话是否存活的方式是通过（定时）心跳来实现的，如果客户端与 ZK 实例之间的心跳出现（一段时间）中断，ZK 会认为客户端可能出现了问题，从而将它们之间的会话终止。

> **注意** 通过心跳来判断存活是分布式环境中常用的策略，但心跳中断的原因不一定是对端崩溃，也有可能是对端负载过高、进程暂停或网络延迟，因此心跳没有问题表示对端一定存活，心跳出现问题则表示对端可能终止。

以 Java 应用为例，如果客户端获取到锁，但在执行同步逻辑时由于负载过高（网络请求堆积）引起心跳中断，则可能会导致 ZK 分布式锁对于正确性的保证失效，如图 13-35 所示。

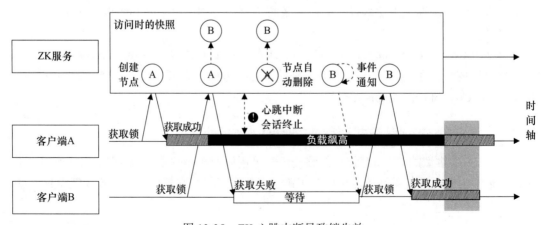

图 13-35　ZK 心跳中断导致锁失效

可以看到客户端 A 成功获取到锁，然后开始执行锁保护的同步逻辑。此时客户端 B 尝试获取锁，该过程会创建节点 B，由于不是首节点，所以获取锁失败，进入等待状态。客户端 A 执行同步逻辑时负载飙高（由于 GC 暂停或同步逻辑出现高消耗操作导致），它和 ZK 之间的心跳处理不及时，导致会话终止。客户端 A 与 ZK 之间的会话终止使得节点 A 被自动删除，因为节点 B 监听节点 A 的变化，所以会收到节点 A 的删除通知，而该通知会唤醒客户端 B，使之重新尝试获取锁。

客户端 B 尝试获取锁，此时节点 B 已经是首节点，因此客户端 B 能够成功获取到锁并开始执行同步逻辑。假如此时客户端 A 从高负载的桎梏中恢复过来，开始继续执行同步逻辑，那原本被锁保护的同步逻辑就被并发执行了，最终导致锁的正确性被违反。当然，可以通过修改心跳配置来使得客户端 A 与 ZK 之间的会话不会很快终止，虽然能够在一定程度上避免出现该问题，但问题的理论模型还是成立，风险依旧存在。

13.6　再看分布式锁

分布式锁能够保证获取锁的实例（或线程）看清锁的资源状态，并依赖存储服务提供具备正确性和可用性的锁服务。由于分布式环境存在网络分区且不可靠，所以分布式锁无法将正确性和可用性同时推向极致，因为它们之间存在矛盾。不论是为了正确性而选择推模式，还是为了性能而选择拉模式，比选择更重要的是确保同步逻辑具备面向失败的设计，拥有一定的自愈能力。

随着应用分拆以及微服务的不断落地，在分布式环境下遇到并发问题的概率也越来越高，而开发者应对这类问题的解法却很单一——分布式锁。通过引入分布式锁，将一个容易出问题的并发场景串行化，使之降低思考难度，从而便于理解和实现，但这么做真的好吗？答案是不一定的，通过深入分析问题场景，也许不使用分布式锁就能够更好地解决该问题。

13.6.1　比选择推与拉更重要的是什么

两种模式的分布式锁对存储服务的诉求不同，锁的（获取与释放）流程不同，所以它们在性能、正确性、可用性和成本上也不尽相同。一般来说，拉模式的性能较好且成本不高，适合面向用户操作的链路，也就是业务系统的核心（流量）链路，因为该链路要求更短的 RT、更高的 TPS。推模式在正确性上有优势，比较适合一些后台关键场景，这些场景可能会存在一些复杂计算或者高耗时的操作，因为推模式不需要机械地设置锁的占据时间，所以遇到同步逻辑耗时长短不一的情况也能从容应对。

我们先将如何选择推与拉放到一边，再看一下分布式锁的使用流程，如图 13-36 所示。

在使用分布式锁之前会先进行前置查询检验，此时会获取多方数据进行逻辑判断，如果符合要求，再进行加锁。锁的粒度一般是根据具体的业务实体来设计的，比如会员、商品或者订单粒度。被分布式锁保护的同步逻辑不一定只位于一个系统中，因为并发冲突往往不是在相同的业务场景（或系统）中产生的。多个不相干的业务场景中时常会产生并发冲突，比如，签到场景会更新用户积分，而用户确认收货也会更新用户积分，当系统进行自动确认收货，用户又刚好做了签到操作时，对用户的积分更新就会产生并发冲突，需要依赖用户维度的分布式锁保证多方逻辑的正确执行。成功获取锁后，会执行同步逻辑，而同步逻辑中也会做必要的查询检验，不会直接进行更新操作。

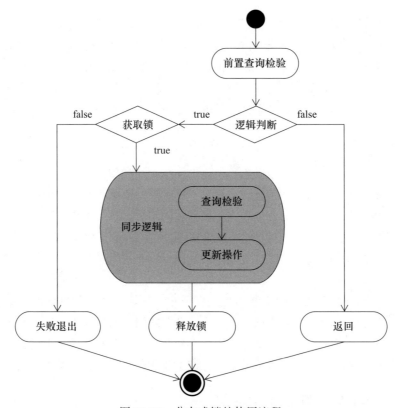

图 13-36　分布式锁的使用流程

分布式锁虽然被用来处理并发问题，但实际生产环境中的并发度并没有想象得那么高，就算 Alexa 排名前列的互联网公司也不例外。因为访问总量巨大，但是如果按照用户维度进行流量分组，会发现用户级别的并发度并不高，所以分布式锁承担的职责更多是保证正确性。虽然用户级别的并发度不高，但如果出现了问题则影响严重，轻则损害用户体验，重则导致资损，开发人员会疲于应对。

那么解决方案就是在推和拉中做出正确选择吗？答案是否定的，解决之道不是选择，而是如何编写同步逻辑。只有保证同步逻辑是健壮、可信和容错的，才能在锁失效或同步逻辑出现问题时表现得镇定自若，而提升同步逻辑可靠性的方式有许多种，主要方式与描述如表 13-9 所示。

表 13-9　提升同步逻辑可靠性的主要方式与描述

名称	描　　述	目　　的
数据约束	数据结构（比如关系数据库的表）需要根据自身业务要求建立适当的唯一约束	避免出现异常数据，保证最低限度的正确性
访问日志	对于锁的获取与释放，以及同步逻辑中的关键步骤需要打印结构化日志。日志中需要包含关键的业务信息，比如相关业务主键、关键业务数据等	便于掌握分布式锁的工作情况，以及同步逻辑的执行情况，包括：调用数量、耗时以及正确率等
监控报警	对结构化日志进行监控，发现错误或异常后会进行报警，比如通过短信通知应用负责人	防止遗漏问题，能够在问题发生的第一时间得到通知，进行处理
后台处理	对同步逻辑中的错误进行捕获，并将其记录到数据库中，通过后台可以查看出错记录，也可以触发重试	系统化处理问题，避免出现高风险的人工数据订正
自动补偿	同步逻辑执行出现错误后，会将错误记录下来，随后进行定时重试，而重试逻辑会进行相应的检查以及补偿操作	对于问题能够做到系统自愈，减少人工干预

> **注意**　结构化日志，即非自由格式日志，由事先定义好的数据格式来输出日志，目的是使日志的后续处理、分析或查询变得方便、高效。

表 13-9 中的这些方式由上至下分别着重于可观测性、健壮性和可恢复性，同时这些特性对技术的要求以及成本会随之变高。因此，在不同的场景中，也需要根据重要程度来运用这些手段，比如对于核心业务场景，需要不计成本，做到最好；而对于一般场景，至少需要确保可观测和有监控。可观测和有监控之所以是必要的，是因为系统出现问题往往不是偶然，而是由于长时间业务需求不断上线，系统缺少维护劣化所致。面对这种必然，有效的指标观测以及报警，会使得问题被提早暴露出来并得以修复、加固。

13.6.2　解锁胜于用锁

在分布式环境中遇到并发问题时，选择使用分布式锁能够快速且直接地解决问题，但是随着锁的引入，会对性能造成长久的影响。除了降低一定的系统性能，还需要系统的维护者在未来不仅要关注同步逻辑的执行情况，还要对依赖的锁服务状况进行持续监控，在任何业务活动来临时，都要提前给足容量。

正因为分布式锁的引入会带来一些问题，增加一些维护成本，所以在识别出具体场景中存在并发问题后，我们需要思考是否存在不使用分布式锁就能解决并发问题的实现方案。由于解锁是建立在具体场景上的，所以没有可以直接套用的模式和成熟的方法论，需要开发者仔细分析场景问题，不是只聚焦在一个点上，而是聚焦从数据的产生到消费的全链路，只有这样才可能找到好的解法。下面举两个解锁的例子。

场景一：多个使用方都会调用会员的属性更新接口，当并发冲突发生时，会因为数据覆盖而产生脏数据。该场景是分布式环境下基础服务经常面临的问题。如果使用分布式锁来解决，可以在接口实现上增加会员粒度的分布式锁，这样多方并行的更新请求就会在会员维度上排队，从而解决产生脏数据的问题。

如果不使用锁呢？可以通过在会员属性的存储结构中增加数据版本来解决。使用方在调用会员属性更新接口前，一般都会查询会员相关属性，然后传入需要修改的值调用接口进行更新，而数据版本的解决思路就是要求更新参数需要携带之前获取的会员数据版本。假设会员微服务使用关系数据库作为存储实现，数据更新过程如图 13-37 所示。

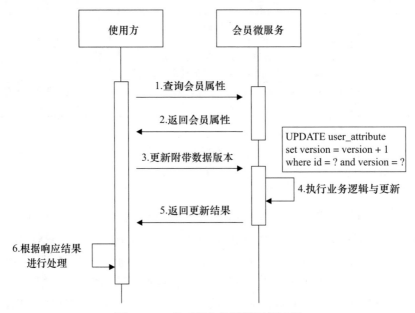

图 13-37　基于版本的数据更新过程

可以看到使用方查询出会员属性后，会将数据版本与更新参数一并发往会员微服务。会员微服务在处理更新请求时，使用 where 条件语句能够保证只有符合数据版本要求的更新请求才会被处理，同时数据版本也会在更新成功后自增。使用方得到更新结果后，可以选择返回错误或者重试。通过增加数据版本，使得会员属性更新在没有引入分布式锁的情况下也能做到线程安全。

场景二：异步接收商品变更消息，将商品信息查询出来并同步到其他系统，当消费端并发收到消息时，有可能出现旧数据覆盖新数据的情况。当消费端并行处理消息时，先收到商品变更消息的线程查出了旧的商品数据，而后收到消息的线程可能已经完成了同步处理，此时先收到消息的线程会将旧数据再次同步，从而产生脏数据。这种后发先至的问题经常出现在分布式环境中，且往往难以在测试环境中复现，并且在生产环境中也只是随着流量变高而偶现，是一种具备隐蔽性的问题。如果使用分布式锁来解决，可以在消费端处理逻辑中增加商品粒度的分布式锁，这样数据同步就会在商品维度顺序执行，从而不会出现脏数据的问题了。

如果不使用锁呢？可以将商品变更消息的类型改为顺序消息，消息路由策略可以选为按照商品 ID 取模，这样同一个商品变更消息的处理会被控制在相同的消费线程中，使得该处理逻辑从宏观上看是并行的，但从微观（具体商品）上看是串行的。通过引入顺序消息，不使用分布式锁也可以解决该场景并发冲突的问题。

> **注意** 顺序消息是消息中间件提供的一种严格按照顺序进行发布和消费的消息类型，比如 RocketMQ 和 Kafka 就具备这种特性。

由上述解锁的例子可以看出：对业务场景问题进行仔细分析，通过一定的技术方案调整或实施，是可以做到不使用分布式锁就能解决并发问题的。当然，并不是每个存在并发问题的场景都有无锁的解法。建议开发者不要放弃对无锁的追求，同时在工作中多加思考和总结。

13.7 本章小结

本章首先介绍了分布式锁以及实现分布式锁会遇到的问题。实现分布式锁要从性能、正确性、可用性以及成本来综合考量，不是简单的事情。分布式锁需要基于存储服务来实现。面对不同的存储服务，作者开发了一款简单的分布式锁框架，便于存储服务的适配，同时该框架还能够实现（获取 / 释放）锁链路的拦截功能。本章详细探讨了推和拉两种模式的分布式锁，包括它们的运作机制以及存在的问题，并基于分布式锁框架给出了实现。通过分析可以看出，在分布式环境中，没有一款完美的分布式锁，当选择使用分布式锁来解决并发问题时，可以再仔细分析一下问题场景，也许能找到无锁的解决之道。

分布式系统架构

前面的章节讲解的分布式架构协议偏理论，本章则偏实战，从实际场景出发，探讨如何设计一个分布式系统架构。

14.1 分布式场景下的限流架构方案

14.1.1 限流算法

在高并发系统中，我们可以使用缓存、限流和降级等多种手段保证系统的稳定性。其中，限流可以限制高并发场景下的请求量。常见的限流算法有漏桶算法和令牌桶算法等。

下面我们先来看看如图 14-1 所示的漏桶算法示意图。

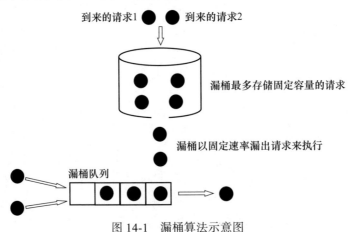

图 14-1　漏桶算法示意图

漏桶算法具有如下特点:

❑ 将每个请求当作水滴,放入漏桶中。

❑ 漏桶以固定速率漏出请求来执行。

❑ 如果漏桶装满了,多余的请求会被丢弃。

漏桶通常使用固定大小的队列来实现,请求会放入队列中,队列满了之后到来的请求会被丢弃,同时有一个处理器按照固定速率从队列中获取请求并执行。

下面我们再来看看如图 14-2 所示的令牌桶算法示意图。

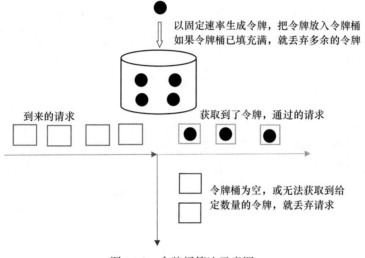

图 14-2 令牌桶算法示意图

令牌桶算法具有如下特点:

❑ 以固定的速率生成令牌并放入令牌桶中,如果令牌桶已满,就直接丢弃这个多余的令牌。

❑ 当请求到来时,尝试从令牌桶中获取令牌,获取到令牌的请求可以执行,如果桶为空或者获取不到期望数量的令牌,则请求将被丢弃。

漏桶与令牌桶算法有如下差异:

❑ 漏桶是按照固定速率从桶中流出请求,平滑流出速率,流入请求的速率可以是任意的;令牌桶是按照固定速率向桶中添加令牌,请求是否被处理要看桶中是否有令牌。

❑ 漏桶限制的是固定的流出速率;令牌桶限制的是固定的流入速率,且允许一定程度的突发请求,支持一次获取 1 个或多个令牌;单从功能上来说,令牌桶更强大、更灵活。

Guava 是 Google 的优秀 Java 开源项目,Guava 的 RateLimiter 使用令牌桶算法实现了限流,它包括平滑突发限流(SmoothBursty)和平滑预热限流(SmoothWarmingUp)。RateLimiter

只能用于单机限流，如果想要分布式限流，则需要引入 Redis/Nginx 或者使用 Sentinel 等中间件。

14.1.2　基于 Redis 的分布式限流

1. Redis+Lua

分布式限流需要考虑限流服务的全局性和原子性，常见的解决方案有 Redis+Lua 和 Nginx+Lua。这里介绍比较流行的 Redis+Lua 限流解决方案。

Redis 从 2.6.0 开始引入了对 Lua 脚本的支持，让用户在 Redis 服务器内置的 Lua 解释器中执行指定的 Lua 脚本。被执行的 Lua 脚本可以直接调用 Redis 命令。Redis 服务器以原子方式执行 Lua 脚本，在执行完整个 Lua 脚本及其包含的 Redis 命令之前，Redis 服务器不会执行其他客户端发送的命令和脚本。因此被执行的 Lua 脚本天然就具有原子性。而且 Lua 脚本的另一个好处是在脚本中一次可以执行多个 Redis 命令，提升了执行效率，减少了网络带宽的占用。基于这些特性，Redis+Lua 比较适合实现分布式限流服务。比如 Spring Cloud Gateway 就是基于 Redis+Lua 实现令牌桶算法的限流。我们如果需要高质量地实现基于 Redis+Lua 的限流服务，可以参考 Spring 的这个实现。下面，我们来看看这个实现的若干细节。

Spring Cloud Gateway 基于 Filter 模式，提供了限流过滤器 RequestRateLimiterGatewayFilterFactory。只需在配置文件中进行配置，就可以使用此限流功能。RequestRateLimiterGatewayFilterFactory 使用 RedisRateLimiter#isAllowed 方法来判断一个请求是否需要被限流。

```
public Mono<Response> isAllowed(String routeId, String id) {
    // 令牌桶的填充速率，即每秒生成的令牌数
    int replenishRate = routeConfig.getReplenishRate();

    // 令牌桶的容量，即令牌桶装满后的令牌总量
    int burstCapacity = routeConfig.getBurstCapacity();

    try {
        List<String> keys = getKeys(id);                        // 组装 Lua 脚本的 key
        // 组装 Lua 脚本的参数
        List<String> scriptArgs = Arrays.asList(replenishRate + "", burstCapacity + "",
            Instant.now().getEpochSecond() + "", "1");
        // tokens_left = redis.eval(SCRIPT, keys, args)
        Flux<List<Long>> flux = this.redisTemplate.execute(this.script, keys,
            scriptArgs);
                return flux.onErrorResume(throwable -> Flux.just(Arrays.
                    asList(1L, -1L)))
            .reduce(new ArrayList<Long>(), (longs, l) -> {
                longs.addAll(l);
                return longs;
            }) .map(results -> {
                boolean allowed = results.get(0) == 1L; // 获取到的令牌数是否为 1
                Long tokensLeft = results.get(1);          // 剩余的令牌数
                Response response = new Response(allowed, getHeaders(routeConfig,
```

```
                    tokensLeft));
                return response;
            });
    }
    catch (Exception e) {
        /*
         * 由于不希望硬性依赖 Redis100% 高可用来确保正常请求被通过
         * 这里通过告警日志来确保用户知晓此种异常情况的发生
         * 作者观察到的此限流模块的失败率约为 0.01%
         */
        log.error("Error determining if user allowed from redis", e);
    }
    return Mono.just(new Response(true, getHeaders(routeConfig, -1L)));
}
```

这里的 Lua 脚本参数共 4 个，分别是令牌填充速率、令牌桶容量、从 1970-01-01 开始到当前时间点的秒数、期望获取的令牌数。

接下来，我们看看 RedisRateLimiter#getKeys 方法的实现。

```
static List<String> getKeys(String id) {
    // 这里的 `{}` 内的值，用来作为 Redis 的散列标签
    // 这使得本方法可以适用于 Redis Cluster

    // 让每一个用户有一个 unique key
    String prefix = "request_rate_limiter.{" + id;

    // Token Bucket 需要两个 Redis key
    String tokenKey = prefix + "}.tokens";
    String timestampKey = prefix + "}.timestamp";
    return Arrays.asList(tokenKey, timestampKey);
}
```

在 Redis 的 KeySlot 算法中，如果 key 包含 {}，就会使用第一个 {} 内部的字符串作为 hash key，这样可以保证拥有同样 {} 内部字符串的 key 拥有相同的 slot。Redis 要求单个 Lua 脚本操作的所有 key 必须在同一个节点上，但是 Redis 集群会将数据自动分布到不同的节点。为了解决 Redis 集群键值映射问题，可以使用 getKeys 方法，该方法的 prefix 包含了 "{id}"。

redisTemplate.execute() 最终调用的是 DefaultReactiveScriptExecutor#eval 方法。

```
Flux<T> result = connection.scriptingCommands().evalSha (script.getSha1(),
    returnType, numKeys, keysAndArgs);                    // 使用 evalSha 执行脚本
    result = result.onErrorResume(e -> {
        if (ScriptUtils.exceptionContainsNoScriptError(e)) { // 如果是 NOSCRIPT 错误
            return connection.scriptingCommands().eval(scriptBytes(script),
                returnType, numKeys, keysAndArgs);
                // 使用 eval 执行脚本，执行完之后 Redis 会缓存此脚本
        }
```

```
        return Flux.error(e instanceof RuntimeException ? (RuntimeException) e :
            new RedisSystemException(e.getMessage(), e));
    });
    return script.returnsRawValue() ? result : deserializeResult(resultReader, result);
```

当我们定义 Lua 脚本后，通常会重复执行此脚本。一个简单的脚本可能只有几十到上百字节，而一个复杂的脚本可能会有几百甚至上千字节。如果客户端每次执行脚本时都需要将相同的脚本重新发送给 Redis 服务器，这对于宝贵的网络带宽来说无疑是一种浪费。针对这种问题，Redis 提供了 Lua 脚本缓存功能，允许用户将给定 Lua 脚本缓存在 Redis 服务器中，然后根据 Lua 脚本的 SHA1 校验和，从而避免了每次重复发送相同 Lua 脚本的问题。

DefaultReactiveScriptExecutor#eval 方法使用了 Redis 脚本缓存功能。首先，eval 方法使用 evalSha 命令执行 Lua 脚本，如果执行报错，且错误信息中包含了文本"NOSCRIPT"，说明此时 Redis 服务器还没有缓存这个 Lua 脚本。这时就用 eval 命令执行 Lua 脚本，从而让 Redis 服务器缓存此脚本。这样后面再次执行 DefaultReactiveScriptExecutor#eval 方法时，就可以使用 evalSha 命令执行这个 Lua 脚本了。

DefaultReactiveScriptExecutor#eval 方法中还缓存了 sha1 值。上面代码中的 script.getSha1() 就是获取 sha1 值，对应的实现代码是 DefaultRedisScript#getSha1()。这个方法第一次被调用或者修改了 Lua 脚本后，会计算一次脚本的 sha1 值并缓存起来，这样后面调用 getSha1() 时会直接使用缓存的 sha1 值。

通过 Lua 脚本缓存，可以将需要多次重复执行的 Lua 脚本缓存在 Redis 服务器中。通过 evalSha 方式执行已经缓存的脚本，将执行 Lua 脚本所需要耗费的网络带宽降至最低。

最后，让我们来看看 Lua 脚本的实现 request_rate_limiter.lua。这个 Lua 脚本文件实现了令牌桶算法，并返回是否能够获取到令牌。

```
local tokens_key = KEYS[1] -- request_rate_limiter.${id}.tokens 令牌桶剩余令牌数的 key 值
local timestamp_key = KEYS[2] -- request_rate_limiter.${id}.Timestamp 令牌桶最后
                            填充令牌时间 key 值

local rate = tonumber(ARGV[1]) -- replenishRate 令牌桶填充速率
local capacity = tonumber(ARGV[2]) -- burstCapacity 令牌桶容量
local now = tonumber(ARGV[3]) -- 从 1970-01-01 00:00:00 开始的秒数
local requested = tonumber(ARGV[4]) -- 消耗令牌数量，默认为 1

local fill_time = capacity/rate -- 计算令牌桶填充满令牌需要多长时间
local ttl = math.floor(fill_time*2) -- 定义键的以秒为单位的剩余生存时间

local last_tokens = tonumber(redis.call("get", tokens_key)) -- 获得令牌桶剩余令牌数
if last_tokens == nil then -- 第一次或者键已经过期时，桶是满的
    last_tokens = capacity
end
```

```
-- 令牌桶最后一次刷新的时间，也是令牌桶最后填充令牌的时间
local last_refreshed = tonumber(redis.call("get", timestamp_key))
if last_refreshed == nil then
    last_refreshed = 0
end

local delta = math.max(0, now-last_refreshed) -- 当前时间距离上一次刷新时间的间隔
-- 填充后的令牌数，计算新的令牌桶剩余令牌数，填充后的令牌总数不超过令牌桶的容量上限
local filled_tokens = math.min(capacity, last_tokens+(delta*rate))
local allowed = filled_tokens >= requested -- 如果填充后令牌总数大于或等于需要获取的令牌数
local new_tokens = filled_tokens
local allowed_num = 0
if allowed then -- 如果获取令牌成功，从令牌桶中减去需要消耗的令牌数（requested）
    new_tokens = filled_tokens -- requested
    allowed_num = 1 -- 设置成功获取 1 个令牌
end

redis.call("setex", tokens_key, ttl, new_tokens) -- 设置令牌桶剩余令牌数，同时设置
                                                       此键的过期时间
-- 设置令牌桶最后一次获取令牌的时间，同时设置此键的过期时间
redis.call("setex", timestamp_key, ttl, now)

return { allowed_num, new_tokens } -- 返回数组结果
```

Redis 用户可以使用 EVAL/EVALSHA 命令来执行 Lua 脚本。EVAL 命令格式为 "EVAL script numkeys key [key...] arg [arg...]"。EVALSHA 命令格式为 "EVALSHA sha1 numkeys key [key...] arg [arg...]"。EVALSHA 命令除了第一个参数接收的是 Lua 脚本对应的 SHA1 校验和而不是脚本本身之外，其他参数与 EVAL 命令的参数相同。其中：

❑ script 参数，用户传递脚本本身；sha1 参数，Lua 脚本对应的 SHA1 校验和。

❑ numkeys 参数，用于指定脚本需要处理的键的数量，之后的任意多个 key 参数用于指定被处理的键。通过 key 参数传递的键可以在脚本中通过 KEYS 数组进行访问。按照 Lua 惯例，KEYS 数组的索引从 1 开始，即访问 KEYS[1] 可以获取第一个传入的 key 参数，以此类推。

❑ 任意多个 arg 参数，用于指定传递给 Lua 脚本的附加参数，这些参数可以在 Lua 脚本中通过 ARGV 数组进行访问。与 KEYS 参数一样，ARGV 数组的索引也是从 1 开始。

用户可以在 Lua 脚本中执行 Redis 命令，调用格式为 "redis.call(command, ...)"，第一个参数是被执行的 Redis 命令名，后面紧跟任意多个命令参数。比如上面脚本中的 redis. call("get", ...) 和 redis.call("setex", ...)。redis.call("get", ...) 会调用 Redis 的 get 命令，get 命令接收一个字符串键作为参数，返回与该键相关联的值。如果给定的字符串键在 Redis 中没有与之关联的值，get 命令将返回一个空值。redis.call("setex", ...) 调用 Redis 的带 ex 选项的 set 命令 "set key value ex seconds"，这个命令可以达到同时执行 set 命令和 expire 命令

的效果。set 命令用于设置字符串键值；ex 选项用于设置键的秒级精度的生存时间（Time To Live，TTL），在指定秒之后键自动被 Redis 移除。使用 ex 选项的 set 命令除了可以减少命令的调用次数并提升程序的执行速度之外，还可以保证操作的原子性。

为了防止预定义的 Lua 环境被污染，Redis 只允许用户在 Lua 脚本中创建局部变量，不允许创建全局变量，所以我们可以看到在 request_rate_limiter.lua 脚本中定义的全部是局部变量。

2. redis-cell

Redis 从 4.0 开始支持扩展模块，redis-cell 是一个用 Rust 语言编写的 Redis 限流扩展模块，它提供原子性的限流功能，可以很方便地应用于分布式环境中。

redis-cell 实现了一种被称为通用信元速率算法（Generic Cell Rate Algorithm，GCRA）的漏桶算法的变体。GCRA 提供 ATM 网络的流量整形的功能，它假设信元之间具有一个最小的时间间隔，这个时间间隔由峰值信元速率设定。每次到达一个信元的时候，漏桶中会被填充一个等效的令牌，同时令牌又以确定的速率从桶中流出，令牌流出的速率也由设定的峰值信元速率确定。如果真实的信元速率总是小于峰值信元速率，那么漏桶中永远不会填充多个令牌；如果真实的信元速率大于峰值信元速率，那么漏桶将趋向于被填满。任何引起漏桶溢出的信元都会被丢弃。图 14-3 是 redis-cell 的 GCRA 示意图。

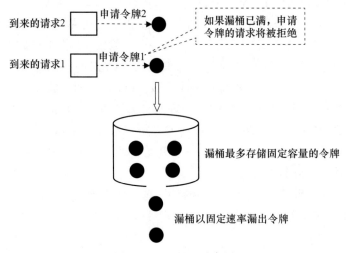

图 14-3　GCRA 示意图

redis-cell 模块只有一个 CL.THROTTLE 命令。

```
CL.THROTTLE <key> <max_burst> <count per period> <period> [<quantity>]
```

这里的 key 是 redis-cell 限流的标识符，可以是用户账号、IP 或者全局唯一的静态字段。下面是 CL.THROTTLE 命令的参数说明。

```
CL.THROTTLE user123 15 30 60  1
```

上面这个命令的意思是键为"user123"的限流服务期望消费 1 个令牌，每 60 秒产生 30 个令牌，漏桶的容量为 15 个令牌。CL.THROTTLE 命令用两个参数相除的结果来表达速率。每次调用都会提供速率参数，以便轻松地动态重新配置限流速率。

该命令将返回一个整数数组。

```
CL.THROTTLE user123 15 30 60
1) (integer) 0    # 0 表示令牌申请被允许，1 表示令牌申请被拒绝
2) (integer) 16   # 漏桶的容量 capacity
3) (integer) 15   # 漏桶的剩余令牌数 left_quota
4) (integer) -1   # 如果令牌申请被拒绝了，用户需要多长时间之后再试，单位为秒；
                  #   如果令牌申请被允许，这里则为 -1
5) (integer) 2    # 多少秒之后，漏桶会完全空出来
```

14.1.3　基于 Sentinel 的分布式限流

目前比较知名的开源限流组件有 Hystrix 和 Sentinel。Hystrix 是 Netflix 开源的一款限流组件，Netflix 官方已停止在 Hystrix 开源版本上提供新功能。Sentinel 是阿里开源的一款面向分布式服务架构的轻量级、高可用流量控制组件。Sentinel 主要以流量为切入点，从流量控制、熔断降级、系统自适应保护等多个维度来帮助用户保障服务的稳定性。Sentinel 会根据对应资源配置的规则，为资源执行相应的流量控制、降级、系统保护策略。在 Sentinel 中资源定义和规则配置是分离的。用户先通过 Sentinel API 给对应的业务逻辑定义资源，然后在需要的时候动态配置规则。

Sentinel 支持多个维度的流量控制策略，可以覆盖不同的流量场景。

❑ 根据不同指标：QPS、并发线程数。

❑ 根据调用关系：按调用来源限流、按调用链路限流、关联限流等。

❑ 流量塑形控制效果：直接拒绝、冷启动模式、匀速器模式、预热排队模式等。

❑ 不同的资源维度：服务接口、服务方法、热点参数、自定义资源。

❑ 集群维度的分布式流量控制。

Sentinel 可以解决由于每台机器流量不均匀导致集群总流量还没有到达上限的情况下，某些机器就已经开始限流的问题。此问题如果仅靠单机维度去限制，则无法精确地限制总体流量。而 Sentinel 集群流控可以精确地控制整个集群的调用总量，结合单机限流兜底，可以更好地发挥流量控制的作用。

Sentinel 集群流控有两种身份，分析如下。

❑ Token Client：集群流控客户端，用于向所属 Token Server 通信请求 Token。集群限流服务端会返回给客户端结果，决定是否限流。

❑ Token Server：集群流控服务端，处理来自 Token Client 的请求，根据配置的集群规则判断是否应该发放 Token（是否允许通过）。

Sentinel 集群限流服务端有两种启动方式。

❑ 独立模式：作为独立的 Token Server 进程启动，独立部署，隔离性好，但是需要额外的部署操作。独立模式适合作为全局速率限制器（Global Rate Limiter）给集群提供流控服务。

❑ 嵌入模式：作为内置的 Token Server 与应用服务在同一进程中启动。在此模式下，集群中各个实例都是对等的，Token Server 和 Token Client 可以随时进行转变，因此不需要单独部署，灵活性比较好。但是此模式的隔离性不佳，需要限制 Token Server 的总 QPS，防止影响应用本身。嵌入模式适合某个应用集群内部的流控。

另外，Sentinel 还支持对 Spring Cloud Gateway、Zuul 等主流的 API Gateway 进行限流。Sentinel 1.6.0 引入了 Sentinel API Gateway Adapter Common 模块，此模块包含网关限流的规则和自定义 API 的实体和管理逻辑。

❑ GatewayFlowRule：针对 API Gateway 的场景定制的网关限流规则，可以针对不同 Route 或自定义的 API 分组进行限流，支持针对请求中的参数、Header、来源 IP 等进行定制化的限流。

❑ ApiDefinition：用户自定义的 API 定义分组，可以看作是一些 URL 匹配的组合。比如我们可以定义一个 API 叫 my_api，将请求 path 模式为 /foo/** 和 /baz/** 的都归到 my_api 这个 API 分组下面。需要限流时可以针对这个自定义的 API 分组进行限流。

14.2　分布式场景下的秒杀架构方案

14.2.1　背景

电商中所谓"秒杀"，就是网络卖家发布一些超低价格的商品，所有买家在同一时间在网上抢购的一种销售方式。大家在网上购物的时候，经常会遇到这种营销活动，比如在晚上 20 点在某电商超市 1499 元秒杀 ×× 酒，双 11 凌晨秒杀 ×× 手机等。那么在技术上应该如何设计一个秒杀架构呢？

14.2.2　需求分析

当我们拿到一个秒杀需求时，首先要分析几个关键要素。第一个是秒杀的峰值 TPS 是多少。第二个是商品的库存是多少。比如我们要在晚上 11 点秒杀 3 部手机，峰值流量可能是 100 000TPS。第三个是如何防作弊，如果用户通过作弊工具来秒杀物品，会导致其他人都很难抢到物品，这样影响了秒杀的公平性，时间长了很多用户就不会继续参加秒杀活动了。

14.2.3　用例分析

我们首先分析一下秒杀的用例，如图 14-4 所示，秒杀一共有以下几个用例。

- ❑ 查询秒杀活动：用户要查询秒杀活动的基本信息，包括秒杀的物品数量、开始时间、结束时间和秒杀的条件等。
- ❑ 发起秒杀请求：秒杀开始后，用户可以发起秒杀请求参与秒杀。
- ❑ 接收秒杀成功通知：系统只对秒杀成功的用户发送通知，告诉用户秒杀成功，并在五分钟内完成下单。
- ❑ 获得秒杀成功令牌：用户秒杀成功后会获得一个令牌，令牌也被称为 Token。
- ❑ 下单秒杀商品：用户有了令牌之后，可以对秒杀商品进行下单购买，下单购买成功后令牌失效。
- ❑ 超时失效秒杀令牌：如果用户超过五分钟没有使用令牌，令牌会自动失效。

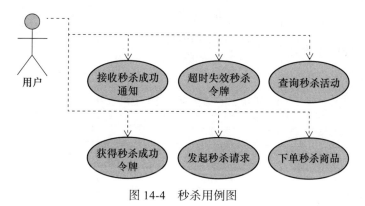

图 14-4　秒杀用例图

14.2.4　秒杀流程图

如图 14-5 所示，秒杀分为三个阶段：秒杀活动准备、发起秒杀请求和下单结算。

1）**秒杀活动准备**。在秒杀前用户会不断访问秒杀活动页面，并且重复刷新页面准备秒杀，所以瞬间查询量非常大。当秒杀开始后，系统会将秒杀按钮从不可用状态变成可用状态，然后用户才能开始发起秒杀请求。秒杀开始后可能会触发接口限流，如单机最大 QPS 是 10 000，此时系统可以提示用户"参与活动人数太多，请刷新后重试"。

2）**发起秒杀请求**。第一步是判断秒杀活动是否有效，秒杀时间是否已开始或结束，因为可能有用户提前拿到秒杀的请求地址，在秒杀活动开始前就发起秒杀请求。第二步是判断秒杀是否准入，比如同一个 IP 地址下有大量不同账户在短时间内进行购买，或者同一个账户用多个 IP 地址发起请求，针对这种情况，应该把账号加入黑名单，直接拦截后续请求。

第三步是扣减库存。最后生成秒杀令牌并发给用户。

　　3）**下单结算**。用户持有秒杀令牌之后可以进行购物。系统对令牌进行解密，检查令牌的可用性。可用性包括秒杀商品 ID、令牌是否有效和令牌是否过期。如果令牌可用，则允许用户下单，下单成功后删除令牌。

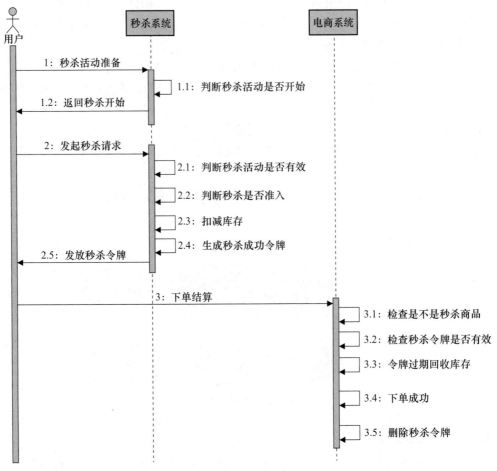

图 14-5　秒杀流程时序图

14.2.5　关键设计：库存设计

　　秒杀系统必须防止超卖现象，因为秒杀商品的价格很便宜，超卖一件就是资金损失。出现超卖的主要原因是查询和扣减库存这两步操作不是原子的。但是，如果秒杀系统和库存系统是两个独立的系统，要保证原子性性能将消耗很大。所以通常做法是在秒杀开始前将库存取出来存放在本地库存队列中，每次秒杀时从本地库存扣减，如果本地没有库存就通知用户秒杀结束，如果秒杀结束之后用户下单失败，再将本地库存归还，整个过程如图 14-6 所示。

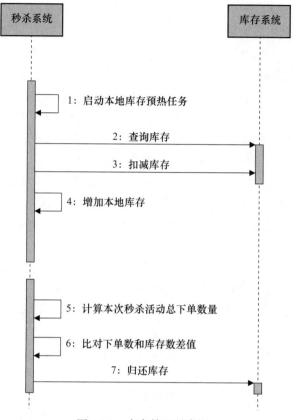

图 14-6　库存管理时序图

14.2.6　关键设计：秒杀令牌

设计秒杀令牌的好处是将秒杀系统和业务系统做解耦和隔离，因为秒杀系统瞬间请求量非常大，容易出问题，所以，为了避免影响业务系统，如库存和电商等系统，必须将秒杀系统独立出来，通过令牌来建立两个系统之间的连接。在秒杀系统中发送令牌给用户，令牌是将用户 ID、商品 ID 和过期时间进行加密，然后在电商系统中验证令牌的有效性，如果有效就允许用户加购物车和下单，下单成功后销毁令牌。

14.3　分布式场景下的高并发架构方案

14.3.1　应对高并发的常用策略

应对高并发的常用策略有以下几种。

通过蓄洪削峰填谷：大促时机器是固定的，但是流量有波峰和波谷。如果业务对时效性要求不高，可以在流量陡增时将请求进行蓄洪，如把请求作为一个任务保存在数据库中，当波峰过了之后再按照指定的 TPS 进行泄洪，这样既能有效地保护下游系统，也能保证服务的可用性，还能节约机器资源。当被调用系统长时间无响应或失败笔数超过 20% 左右时，可采取自动蓄洪的策略。同时可以在大促高峰期手动开启蓄洪功能。

读写分离：在集群环境中，有的系统可能会出现读多写少，比如在支付业务中，支付咨询就是读多的场景，支付就是写少的场景，但是从高可用角度看，支付（写流量）的高可用要求要高于支付咨询（读流量）的，所以将支付咨询功能和支付功能按照读写分离的原则拆分成两个系统。同样，如果遇到读少写多的场景，也可以进行读写分离拆分。

限流控制设计：增加限流，对外服务增加限流，注意限流的值最好是压测过的，如果没有压测过，最高只能设置成平时的峰值流量，默认情况下低于峰值 20% 更保险，否则当流量超过一定的数值时，系统将不能提供服务；控制流量，避免异常流量对应用服务器产生影响，可以对指定服务设置流量限制，如 QPS、TPS、QPH（每小时总请求量）和 QPD（每天总请求量）。

超时和重试策略设计：应用和数据库、系统、OSS 等建立连接时，一定要关注默认超时时间是否合理。连接超时和读超时不应该设置得太大，如内部调用连接超时设置成 1s，读超时设置成 3s，外部系统调用连接超时设置成 3s，读超时设置成 10s。如果超时时间设置过长，那么当请求流量非常大时，会把当前系统的线程池打满，导致系统无法提供服务。

设置重试策略：当调用外部服务异常时可以设置重试策略，每次重试时间递增，可以参考斐波那契数列设置，如 1、1、2、3、5、8、13、21、34 等，即第 1 次重试是 1s，第 3 次重试是 2s。注意，这里需要设置最大重试次数，不能无限制重试，当重试到一定的次数时系统报警，由人工介入处理，避免对下游系统产生影响。设置重试开关，当重试有问题时可以紧急关闭重试。

服务降级设计：如果系统出现响应缓慢等状况，可以关闭部分功能，从而释放系统资源，保证核心服务的正常运行。需要识别哪些服务可以降级，比如突然有大量消息流入，导致服务不可用，可以把消息直接丢掉。再如通过设置流控拒绝为低级别系统提供服务。

限制循环次数：避免无限死循环，导致 CPU 被百分百占用，可以设置 for 循环的最大循环次数，如 1000 次。我曾经看过一个错误代码是在 a 方法的实现中继续调用 a 方法，导致无限循环调用。

使用代码扫描：我每次在审查别人代码之前都会先使用 IDEA 自带的代码分析工具扫描被审查的代码，经常能发现比较低级的 Bug，如空指针异常、循环依赖等。

14.3.2 减少强依赖

减少强依赖的方法有以下几种。

第一种是将同步改异步。将同步通信改成异步通信，解决远程调用故障或调用超时对系统的影响。常用的做法是把 RPC 通信改成依赖消息通信，把所有给下游的通信换成消息发送，这样系统不需要等下游响应就能继续处理新请求，避免因下游故障影响本系统可用率。

　　第二种是减少远程调用。优先调用本地 JVM 服务，其次是同机房服务，再次是同城服务，最后是跨城服务。如 A 调用 B，B 调用互联网的 C 系统获取数据，B 系统可以把数据缓存起来，并设置数据的保鲜度，减少 B 对 C 的依赖。配置中心把注册服务的地址推送到调用服务的系统本地。参数中心把参数配置信息推送到系统的本地内存，而不是让系统去远程服务器获取参数信息。

　　第三种是减少 DNS 依赖。减少远程服务依赖，DNS 依赖可以尝试设置本地 host，用工具给所有服务器推送最新的域名映射关系，通过本地缓存或近端服务减少 RPC 调用。减少外部依赖，能不依赖就不要依赖，能少依赖一个系统就少依赖一个系统。系统和模块间不能互相依赖，如 A 依赖 B，B 不能再依赖 A，但是 AB 间可以通过消息间接依赖。

　　第四种是依赖简化。减少系统之间的依赖，比如 A 和 B 系统使用数据库进行读写分离，A 系统负责往数据库中写数据，B 系统负责读数据，因为数据存放在数据库中，当 A 不可用时，短时间内不影响 B 系统提供服务。

　　第五种是减少单点。首先要识别整个系统所有主链路的单点，包括机房（同城异地双机房）、应用服务器、DNS 服务器、SFTP 服务器、LBS、缓存服务器、数据库、消息服务器、代理服务器和专线等。例如，系统通过专线调用对方服务，需要考虑同时拉联通和电信的专线，虽然联通或电信的专线有一定概率会出现问题的，但是同时出问题的概率会小很多，此时可以优先使用软负载，使用硬负载兜底。

　　第六种是无状态。在集群环境中应用服务器不能保存用户状态数据，因为用户的第一个请求可能访问应用的 A 机器，第二个请求可能访问应用的 B 机器，如果在集群环境下用static 变量保存用户数据，或者把用户文件放在服务器本地，第二个请求就访问不到用户的数据，而且服务器会很难扩容。

14.3.3　多层故障隔离

　　故障隔离分为机房隔离、任务隔离、模块隔离和分层隔离。

　　机房隔离：用户按照 ID 进行分片，不同尾号 ID 的用户放在不同的机房提供服务，这样即使单一机房有问题，其他机房用户也可以正常使用。

　　任务隔离：可以按照优先级，不变和变几个维度来隔离应用和模块，如抽象和不变的代码放在一个模块，这个模块的代码几乎不会修改，可用性高，经常变的业务逻辑放在一个模块里，这样就算有问题，也只会影响到某一个业务。不同的业务使用不同的线程池，避免低优先级任务阻塞高优先级，或高优先级任务过多时影响低优先级任务永远不会执行。不允许在应用中自行显式创建线程，统一使用线程池。

　　模块隔离：多人同时开发系统，不同的业务代码放在不同的模块，之间互不影响。公共代码一定要保证稳定性，尽量不要修改，避免互相影响，公共代码修改拿不准时，可以考虑复制一份到业务代码模块中再进行修改。

　　分层隔离：各层使用单独的接口和 POJO，故障不在各层之间传递，如持久层使用

Repository 和 entity，Web 层使用 Control 和 VO，不要把一个对象从头传到尾。

14.3.4　五种架构选型

业务系统的数据通常分为状态型和流水型。状态型数据又可分为合约型和账务型。流水型数据又可以分为交易型、事件型和任务型。所以，相应地，有五种数据架构。

合约型数据架构。合约型数据有用户合同渲染、签约和解约等数据。合约型数据的特点是高并发和读多写少，用户只用签署一份合约，但是在用户每次交易的时候全链路各个系统都需要读用户的合约。通常的架构方案是使用数据库写合约，使用分布式缓存读合约。

账务型数据架构。账务型数据有用户的余额、积分、授信等数据。账务型数据的特点是高并发和读多写多，一个用户在每次交易的时候需要读取余额、在每次支付的时候要消耗余额。通常的架构方案是将用户的多笔交易合并处理来减少读写次数。

交易型数据架构。交易型数据有用户的交易单、支付单、还款单和退款单等数据。交易型数据是典型的多写少读的场景，用户每次交易都要创建一笔交易单，但是只有当用户查询的时候才会读交易单。通常的架构方案是分库分表存储和读写分离。

事件型数据架构。事件型数据有通过支付事件触发用户支付成功提醒、支付后统计总支付金额等场景。事件型数据的特点是广播型和多写，每次事件后触发。通常的架构方案是通过流式计算汇总金额，通过蓄洪和任务表创建后续任务。

任务型数据架构。任务型数据有批量采集任务、批量还款任务和批量查询任务等数据。任务型数据的特点是任务量大和读多写多。通常的架构方案是任务打散到多个时间段、任务多机并行处理和单机并发处理。

14.3.5　三种缓存设计方案

避免热点缓存。对热点数据进行缓存，降低 RPC 调用。如果 B 系统需要提供名单服务，那么它可以通过一个 Client SDK 提供近端缓存服务，定期去服务器端取数据，减少 RPC 调用。

设计分级缓存。当流量比较大时，为了减少缓存服务器压力，可以使用本地缓存，优先读本地缓存，其次读分布式缓存。当缓存失效时，可以通过推模式更新本地缓存。

设计缓存容灾。当数据库不可用时，可以使用缓存的数据，并设置分级缓存，如优先读本地缓存，其次读分布式缓存。

14.4　分布式场景下的资损防控

14.4.1　资损的定义

资损是指在业务活动中，因业务规则和实际资金流动不一致，导致业务参与方中的任何一方或多方遭受了资金损失。简单理解就是系统的某个功能出现了 Bug，导致用户或者公司出现了资金损失。比如在营销过程中多给某个用户发了 10 元红包，或者用户领取了 10 元红包无法使用。再如用户在支付时看到的订单金额是 100 元，结果支付了 101 元或 99 元，用户支付了 101 是用户损失 1 元，用户实际支付了 99 元是公司损失 1 元。

为什么要重视资损防控？因为如果资金损失金额巨大会直接毁掉一个业务。比如在某业务的某次运营活动中把 9 折优惠券配成 1 折，然后发给几百万个用户，最终可能导致几千万元的资金损失。

14.4.2　如何进行资损防控

要进行资损防控，首先要定一个目标，对于核心业务常用的目标是 1-5-10，即 1 分钟发现、5 分钟定位、10 分钟解决。比如针对上述优惠券折扣配错的问题，我们的目标是在 1 分钟之内发现这个错误，在 5 分钟内定位是优惠券配置错了还是系统其他 Bug，在 10 分钟内停止发放优惠券。

要做到 1-5-10 这个目标，需要建立好事前规避、事中定位、事后应急这三道资损防控的防线。

14.4.3　第一道防线：事前规避

事前规避，主要是指通过建立编码规范和发布规范在事前规避各种可能出现的资损问题。

1. 建立编码规范

你可以根据业务需要建设对应的编码规范，举例如下。

业务代码不允许使用 ThreadLocal。假设你的系统使用线程池，线程池里的线程是共享的，如果你在某个线程里使用 ThreadLocal 存放数据，但是因为异常原因没有清除存储在 ThreadLocal 的数据，会引发各种奇怪的问题且非常难排查，我们已经遇到过多次线上问题，所以统一规定业务代码不使用 ThreadLocal。比如会出现用户 A 的状态和用户 B 的状态串掉，发给 A 的优惠券 B 可以使用。当然，一些不影响业务的工具类或技术框架是可以使用 ThreadLocal 的。

幂等控制。所谓幂等就是第一次请求和第二次请求得到的结果是一样的，通常需要设计一个幂等号出来，一般使用业务阶段 + 唯一业务号来做幂等号，业务阶段包括支付、打款、售中退款和售后退款等，唯一业务号如支付单和交易单等。因为在这几个业务阶段过程中支付单都是一样，所以需要增加业务阶段来让幂等号唯一。

2. 建立发布规范

系统发布规范包含三要素：可灰度、可监控和可回滚。

可灰度就是在发布系统或发布活动的时候逐渐切流，这里不仅可以按照系统进行灰度，还可以按照用户、商家或银行机构等维度进行灰度。在灰度的过程中观察系统是否有异常，比如有个运营活动要给几千万个用户发放优惠券，千万不要一次性全部发放，而是先发给几个内部用户，观察有没有异常，再发给几百个用户，观察有没有异常，再发给几万个用户、几十万个用户、几百万个用户，直至全部用户。

可监控就是问题能通过系统监控到，监控通常分为业务监控和系统监控。以支付业务为例，业务监控指标包括每秒的交易创建笔数、支付笔数、支付金额、退款笔数和退款金额等，需要监控这些业务指标有没有在短时间内增长或下跌 10% 以上，如果出现陡增或陡降，很有可能是系统变更导致。这里需要注意的是业务暴增也可能是系统问题，比如不应该打开的交易场景打开了，引发了支付流量增加。系统监控需要关注的指标有 LOAD、TPS、QPS、TPM、磁盘 I/O 和磁盘容量等。

可回滚是所有的变更都可以回滚到最初的状态。

14.4.4　第二道防线：事中定位

事中定位包括找变更点和排查日志两种方法。

1. 找变更点

大部分线上问题都和线上变更有关系，比如发布一个功能或推送一个配置上线，这些都属于线上变更。所以快速定位问题的关键是首先找到变更点是什么，然后评估业务流量陡增是不是和这个变更点有关系。有时候一次发布可能包含多个变更点，你也可以用发布系统管理所有的变更点，当出现变更的时候，自动在群里同步变更内容。如果你没有发布系统，也可以让开发人员在变更前在群里同步所有变更内容。同步的变更内容如下：

```
变更点：1002×× 功能上线
变更类型：系统 +SQL
变更系统：×× 系统
变更人：张三
变更环境：生产
变更开始时间：10 月 2 日 12 点 00 分
变更结束时间：10 月 2 日 14 点 00 分
```

2. 排查日志

快速排查日志要做到两点：管理日志级别和做好日志打印。

管理日志级别。如果线上出现问题，首先要排查系统错误日志和系统指标是否异常，分析这些错误和异常是否和线上问题关联。要提高排查日志的效率，就必须保证线上的错误日志尽量少，这需要日常就做好日志维护，我的要求是线上只要有错误日志就必须排查，如果确认不是线上问题还打了很多 ERROR 日志，那么出现真正线上问题的时候就会被这些错误日志淹没。可以把非线上问题的日志级别从 ERROR 改成 WARN 级别，这样做的好处是只要线上有错误日志就很有可能是线上问题，增加大家运维保障的敏感度，如果线上全是错误日志，就像"狼来了"的故事一样，没有人相信这些错误是线上问题。

做好日志打印。要通过日志排查问题，代码中很多关键的地方就必须打印日志，比如每个关键方法的入参、异常和出参等。所有方法的入参必须增加强制校验，参数有问题直接抛出异常，避免异常扩散，导致定位问题困难。没有日志排查问题，你就必须通过看代码一行一行地分析和推理，效率和准确度都非常低，而且当出现线上问题时压力也非常大。多打点日志没有坏处，现在的存储成本相对不高，如果遇到大促流量非常大时，可以关掉细节日志打印，保留关键日志打印。

14.4.5　第三道防线：事后应急

事后应急的核心目标是以最小成本解决问题，包括回滚应急和降级应急。

1. 回滚应急

回滚应急包含管理回滚内容和提升回滚效率两部分。

管理回滚内容：包含回滚内容管理和回滚顺序管理。回滚内容包括代码回滚、缓存回滚、配置回滚和数据库回滚等。一次回滚可能涉及多个系统的代码回归、多个 SQL 回滚，且各种回滚之间存在先后顺序，必须按照一定的顺序逐个回滚，如果回滚顺序搞错了，有可能引发新的故障。

提升回滚效率：提升回滚的速度，比如我在提交变更 SQL 的时候，也会同时提交一份回滚 SQL，保障这个数据能快速回滚，以避免数据库里的数据更新错了，也不知道原来的数据是什么。我之前的一位同事有一个非常好的习惯，就是对于电脑上的文件，他基本上只新增不删除，不用的文件统一归档到一个地方。他的这个习惯影响了我很多年，我现在写文档也会保存多个版本，在关键时候的确救了几次场，我想这也是在建设一种回滚能力。

2. 降级应急

降级能力就是通过推送一个配置项把某个功能关闭，或把某个场景流量直接关闭。降级应急分为无损降级和有损降级。

无损降级，就是降级之后对业务无任何影响。假设你做了一次架构升级，把流量引入新链路，但是运行了几个小时后在新链路上发现了一个 Bug，这时你通过降级开关，对新链路降级，把流量导入老链路，实现无论新老链路都能支持业务。

有损降级，就是降级之后对业务有影响。假设你推送了一个降级开关把某个场景的流量关掉了，那么对业务来说交易量就变少了，这就是有损降级。为什么要执行有损降级？因为这个场景如果不关闭会导致更大的资损，资损带来的影响大于流量减少的影响，所以必须通过降级关闭这个场景。

14.4.6 如何进行资损演练

资损类的问题一年也很难遇到几次，但是遇到了一次可能就是致命的。如果我们把三道防线都建立好了，如何知道三道防线的有效性和正确性，怎样检测三道防线能否实现 1-5-10 的目标呢？

我们需要模拟真实资损场景进行演练，定期组织资损演练主动对我们系统进行资损攻击和错误注入。比如在线上故意配置几张错误折扣的优惠券发给内部用户，检测系统是否能做到 1 分钟发现这个资损问题，5 分钟定位问题，10 分钟内解决这个问题。如果做不到，再看看是哪些防线有问题。进行资损演练的人最好和布控资损防线的人分开，因为这样他就能天马行空地进行攻击，从而增加未知错误的概率，更好地检测三道防线的有效性。

这个世界上最难防御的是未知的错误，如果你已经知道会出现某个错误，那么你可以使用监控和核对等手段防止错误发生。所以我们需要通过演练来创造未知错误。

14.5 分布式场景下的稳定性保障

14.5.1 什么是稳定性保障

稳定性保障简单理解就是不让系统出现不可用的情况，或者不可用的情况每年只能发生几十分钟。为什么要提供稳定性保障？因为现在很多的电商和支付系统已经属于社会基础系统，持续一段时间不可用会影响比较大，同时也损失了用户的信任。

稳定性保障的场景非常多，只要流量非常大的业务就需要系统性地进行稳定性保障，包括直播、电商秒杀、电商大促等场景。每年电商网站 618、99、双 11 和双 12 大促就是稳定性保障场景。除了大促以外，很多亿级用户的场景也需要稳定性保障，如电商交易、第三方支付、演唱会直播等场景。还有很多秒杀的场景，如每晚 8 点某电商网商秒杀、在 12306 网站提前 N 天抢票等也都需要稳定性保障。

14.5.2 明确稳定性保障目标

做稳定性保障的第一件事是明确保障的一级目标，比如某明星直播要明确保障目标是 3 亿还是 6 亿人次观看，某大促支付峰值是 ×× TPS。

1. 明确一级目标

高可用的目标通常是减少某个业务全年不可用的时间，例如某业务全年可用率目标是 99.995%，已知一年一共有 525 600 分钟，所以每年的不可用时间必须控制在 26（525 600 × 0.000 05）分钟以内。

系统稳定性目标是峰值 QPS（每秒请求数）和 TPS（每秒写入数）达到多少。注意一定是峰值目标！这个峰值分为日常峰值和大促峰值，所以稳定性保障有日常保障目标和大促保障目标。从成本角度考虑，每场大促需要做单独保障，大促保障完之后需要回收服务器和各种资源，线上运行的机器一般只能支撑日常峰值或小促。那么如何知道今年大促峰值要支撑多少 TPS 呢？这只能根据经验估算，且尽量估大，一般大促峰值是日常峰值的十倍，或是去年大促峰值的两倍。

2. 拆解二级目标

如果一级目标是支付峰值，那么需要进一步拆解支付咨询量、交易创建量等二级指标，针对这些二级指标做稳定性保障。否则交易创建失败了，只做支付 TPS 的一级目标保障也没有任何用。

14.5.3　如何进行稳定性保障

稳定性保障的过程分为七个步骤，包括全链路梳理、全链路压测、集群扩容、服务限流、提前预案、紧急预案和系统监控，如图 14-7 所示。

图 14-7　稳定性保障的步骤示意图

为了让大家更清楚地了解如何实施这七个步骤，这里会以秒杀业务为例进行说明。

1. 全链路梳理

全链路梳理是指梳理各系统之间的调用量，包括主链路系统、消息中间件和数据库等，如图 14-8 所示。

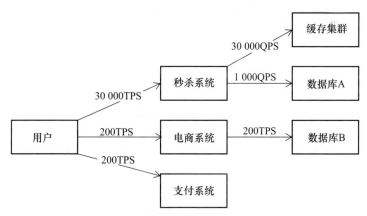

图 14-8　秒杀全链路梳理示意图

主链路中需要改造的点分析如下。

❑ 减少依赖：部分服务直接依赖缓存，如果电商系统查询某数据依赖 A 系统，数据更新不频繁，可以把 A 系统的数据直接放在缓存集群里。这是保障稳定性最关键的手段。我负责的支付线每年架构升级做的最核心的事情就是降低下游依赖，把下游的服务依赖改成缓存依赖或数据库依赖，把依赖两个系统服务改成依赖一个系统的服务。

- ❑ 同步改异步：对于性能要求高，又不需要及时得到响应的接口，我们将它改成了同步受理，然后异步处理。
- ❑ 增加限流配置：主链路中用到的接口都要配置限流。
- ❑ 增加降级开关：如果秒杀系统负载过大，可以通过降级配置拦截一部分秒杀请求。

2. 全链路压测

全链路压测是检验稳定性最重要的手段。秒杀系统是一个高并发的系统，由于并发请求量很大很容易出现高可用问题。所以系统开发完成之后，需要通过压测了解系统高可用水位，比如系统最大能承受的 QPS 是多少万，系统最大能承受的 TPS 是多少万，单机最大承担的 TPS 是多少。

压测前需要注意以下几点：

1）优先在线上压测，压测时需要通知链路上系统 OWNER。

2）压测前需要配置限流，压测流量逐渐摸高触发限流，检查限流是否生效。触发限流时，可以打开限流提高流量压测。

3）区分读流量压测和写流量压测。读流量逐渐摸高，对线上影响不大，一旦有问题停止压测。写流量对线上会有影响，需要写影子表，即压测流量写到单独的表和线上数据隔离。

4）每次变更后会再次进行压测，确保变更无性能问题。

压测过程中需要观察以下指标，如图 14-9 所示。

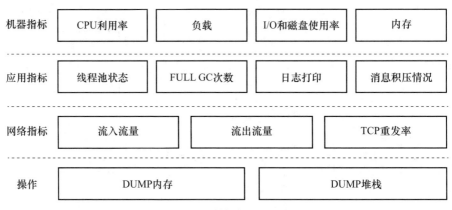

图 14-9　压测观察指标示意图

1）检查机器指标，包括 CPU 利用率、负载、I/O 和磁盘使用率、内存等。

2）检查应用指标，包括线程池状态、FULL GC 次数、日志打印、消息积压情况等。检查应用的线程池的容量，活跃线程是否已经达到最大线程，阻塞队列是否已满。应用的线程池包括消息客户端线程池、消息接收线程池、消息处理线程池和 RPC 线程池等。消息是否有积压，如果有，积压多长时间可以处理完。是否会影响正常业务，如果影响就直接抛弃掉。

3）检查网络指标，包括流入流量、流出流量、TCP 重发率等。

如果压测之后发现 TPS 一直很低，需要 DUMP 内存和堆栈，帮助你做进一步分析。如果代码没问题又需要追求更高的 TPS 或 QPS，那么需要考虑扩容。

3. 集群扩容

集群扩容包括服务器集群扩容、缓存集群扩容、分布式存储扩容和数据库容量扩容等。

全链路梳理的是集群流量，服务器扩容时要考虑单机承担的 QPS，比如集群承担的 QPS 是 200 000，单机最多能承受 2000QPS，所以一共需要 100 台机器。扩容需要注意几个关键点，因为限流配置是针对单机的，所以扩容之后需要重新配置限流。每个机房的机器数和流量要匹配，比如 A 机房有 60% 的流量，那么 60% 的机器要在 A 机房，不过高稳定性业务单机房能承担所有流量，即当 B 机房不可用时，A 机房虽然只有 60% 的机器但仍然能支撑 100% 的流量。检查机器是否有状态，比如机器需要在白名单里才能访问某个 IP，CPU 是独享还是共享，如果机器有状态，则扩容会出现问题。适当多准备一些机器，如果秒杀过程中刚好遇到了几台机器宕机，这时最佳的处理办法就是下线这几台机器，因为排查机器问题并修复的时间会比较长。

需要定期对容量进行评估。如大促前进行压测和容量预估，根据需要进行扩容。根据资源的使用率自动或手动进行扩容。如带宽不够用时，快速增加带宽。

4. 服务限流

为了保护系统稳定性，服务必须设置限流，如果单机压测到了 3000QPS 和 1000TPS，且系统性能在一个 60% 水位，配置的限流最好低于 3000QPS 或 1000TPS。每次压测完之后记得调整限流。限流配置分为单机限流配置、机房限流配置和集群限流配置，可以通过单机限流配置计算机房限流数值和集群限流数值。

5. 提前预案

提前预案是指在大促开始之前执行的预案。各系统负责人需要记录提前预案并录入预案平台或者存放在某个 Excel 里，记录是为了回滚，放到预案平台是为了方便执行。预案列举如下。

1）服务降级：打开和关闭某些功能，比如消息量过大，系统处理不了，把开关打开后直接丢弃消息不处理。上线新功能增加开关，如果有问题则关闭该功能。

2）主链路依赖服务的限流配置。

3）关闭大数据同步任务，关闭把大量数据从离线同步到在线数据库，减轻数据库压力。

4）关闭部分可降级的业务入口，比如签约和解约等，这样可以减少集群压力和线上问题。

5）关闭变更入口，如大促期间不允许发布和变更配置。

6. 紧急预案

如果在秒杀的场景下，流量太大导致服务器出现问题，则直接进行秒杀功能降级，让用户的秒杀请求跳转到一个纯静态的 HTML 页面，提示用户秒杀活动结束。在执行紧急预案时，我们会找其他人员进行双重检查，以确保紧急预案能够正确执行。我们曾经差点出现紧急预案执行错误的情况。

增加熔断机制，当监控到线上数据出现大幅跌涨时，及时中断，避免对业务产生更大影响。如我们做指标计算时，计算可以慢，但是不能算错，如果发现某个用户的指标环比或同比增长一倍或跌零，会考虑保存所有消息，并中止该用户的指标计算，将大促之后再进行指标计算。

7. 系统监控

系统监控主要从两个维度进行配置：业务流量监控和系统问题监控。

业务流量监控：主要监控业务流量的波动，进而及时发现系统问题。业务数据包括秒杀活动访问量、秒杀请求量和秒杀成功量。因为秒杀业务在几秒内完成，所以可以配置秒级监控。

系统问题监控：主要监控应用错误数、CPU、内存，以及是否触发限流等指标。精准监控 CPU 利用率、负载、内存、带宽、系统调用量、应用错误量、系统 PV、系统 UV 和业务请求量，避免内存泄露和异常代码对系统产生影响，配置监控一定要精准，如平时内存利用率是 50%，监控可以配置成 60% 进行报警，这样可以提前感知内存泄露问题，避免应用在大促出现雪崩现象。

14.5.4 大促稳定性保障

大促保障除了要做以上七件事情以外，还要做大促计划、大促准备、大促值班和大促复盘。

1. 大促计划

整个大促计划需要准备的事情非常多，如图 14-10 所示。

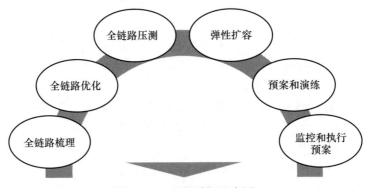

图 14-10 大促计划示意图

❑ 全链路梳理：确认保障目标，并根据目标梳理全链路所有系统之间的执行链路。执行链路包含本域系统、外域系统、DB 和消息中间件之间的调用关系和强弱依赖，并梳理出系统间调用的 QPS 和 TPS 分别是多少。

❑ 全链路优化：根据全链路梳理找出系统执行链路过程中的不稳定因素并进行优化，针对容量不足的系统进行扩容。为可降级的功能增加降级开关，如消息过大或流量过大，直接抛弃。配置部分服务直接依赖缓存而不是系统。进行消息队列拆分，将消息队列拆分成 VIP 队列和非 VIP 队列，配置不同的限流策略，保证 VIP 队列消息优先处理，非 VIP 队列的消息慢慢处理。有些系统的处理能力有限又不能通过扩容解决，可以将任务优化成同步受理任务，然后异步处理任务。

❑ 全链路压测：优化完之后，再根据峰值 TPS 或 QPS 目标进行全链路压测。这里需要考虑多业务叠压的场景，因为线上是多个业务一起发生的，需要考虑多个业务一起压测。我认为压测是检验全链路稳定性的唯一标准，在压测的过程中会发现很多问题，比如压测中遇到有些链路不在之前的梳理范围里，有些业务流量一旦上去数据库连接就异常，还会出现调用下游异常，某些系统限流不生效，某些系统 CPU 和负载持续偏高并且消息处理不过来等。针对压测发现的问题要继续对系统进行优化。

❑ 弹性扩容：根据压测结果进行扩容。

❑ 预案和演练：对提前预案开关和紧急预案开关进行演练，确保开关没有问题。

❑ 监控和执行预案：在大促期间监控业务数据和系统性能是否正常，如果系统有问题则执行紧急预案。

2. 大促准备

大促前一天需要确认以下几件事情：

❑ 确认数据库权限是否申请好。

❑ 确认服务器权限是否申请好。

❑ 确认监控系统访问权限是否申请好。

❑ 检查每个服务器指标是否正常，如 I/O、内存、CPU、GC、带宽、硬盘（日志）和数据库指标。

❑ 确认提前预案是否都已经执行完成。

❑ 业务方检查后台使用权限，如果系统出现问题，大促当天可能要让业务方挂公告等。

❑ 确认紧急预案是否都录入应急平台。

❑ 主链路系统进行重启，重启是避免部分机器缓存和 CPU 运行了一段时间达到了比较高的水位。

❑ 准备大促执行手册，指导大促当天如何查问题和数据，规范大促当天操作步骤。

3. 大促值班

大促当天所有值班人员需要做以下几件事情：

❑ 看监控大盘，是否有问题。

❑ 看服务器性能指标，是否正常。

❑ 执行紧急预案。

❑ 紧急预案执行和变更时，请先在群里同步一下。

❑ 非问题排查统计不要使用 pgm，而是使用单机捞取。

❑ 大促当天某台机器出问题，直接将这台机器下线，而不是解决机器的问题，所以需要多预留一些机器。

4. 大促复盘

大促复盘主要是总结这次大促整体的性能指标和业务效果，以及在这次大促保障过程中做得好的地方和做得不好的地方，做得好的地方是和上次大促比较，是否减少了大促资源投入，是否降低了大促保障的成本。另外就是分析和总结本次大促过程中遇到的所有线上问题，为什么会出现、下次大促如何避免等。

14.6 本章小结

本章前面主要是讲分布式环境下的各种架构方案，相对于单机环境，分布式环境更为复杂也更容易出现问题，很多在单机环境中适用的方案在分布式环境中并不适合，优秀的分布式架构方案不仅要考虑功能性架构方案，还要考虑非功能性架构方案，所以后面重点讲解了分布式环境下的资损防控和稳定性方案，读者除了要掌握实战技巧以外，更要掌握资损防控和稳定性保障方案，相信在不久的将来你会成长为分布式架构的大师。